After Effects モーションデザイン

すぐに使える 実用アイデア見本帳

この / サプライズ栄作 / ナカドウガ / ヌル1 / minmooba 著

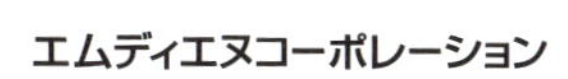

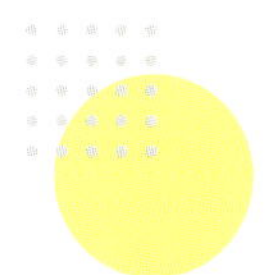

はじめに

本書を手に取っていただきありがとうございます。

After Effectsはとても多機能なアプリケーションです。基本操作をひと通り学んでも、どこでどのようにエフェクトやシェイプレイヤーの機能を使えばいいのか迷ってしまうこともあるでしょう。この本は、そんな基礎から実践への架け橋となることを目指して制作しました。

「モーションデザイン（モーショングラフィックス）」という分野が成熟するに連れ、「映像制作」と「デザイン」との垣根が無くなってきました。映像クリエイターがグラフィックを手掛けたり、Web／グラフィックデザイナーがモーションを制作するなど、表現の幅が広がっています。こうした需要に応えるため、本書ではAfter Effectsの中でも「モーションデザイン」に特化し、誰もが作りたくなるようなデザイン性の高い作例を紹介しています。

著者である私たち5名は、After Effectsを長年愛用し、さまざまなモーションデザインワークを手掛けてきました。その経験から得た実用性と再現性の高いテクニックや演出方法を元に、55本の作例をご用意しました。使いどころごとに章を分け、一つひとつていねいに解説しています。
全作例のAfter Effectsプロジェクトファイルがダウンロードできるので、実際に触って、学習していただけるようになっています。さらに配布ファイルには、本書で紹介しきれなかったテクニックも盛り込まれているので、ぜひ、紐解いてご自身のものにしてください。

After Effectsには同じ機能や効果に対しても多くのアプローチ方法があり、今もなお「こんな使い方があったんだ」という新しい発見があります。そのワクワクを、あなたにも味わっていただけたら嬉しいです。

この本が、あなたのモーションデザインの引き出しを増やし、より豊かな表現を作り出すきっかけになることを心から願っています。

著者一同

目次 CONTENTS

Chapter 4
シーン切り替えモーションのアイデア 165

Chapter 5
背景モーションのアイデア 191

Chapter 6
仕上げのアイデア 241

Appendix
よく登場する機能まとめ 261

本書を読む前に

ここでは、After Effectsのインターフェイスや環境設定、この本で紹介するデザイン作例のサンプルデータなどについて解説します。Chapter 1以降を読み進める前に確認しておきましょう。

After Effectsの作業画面とツール

ワークスペースとパネル

After Effectsの作業画面は「ワークスペース」と呼ばれ、複数の「パネル」で構成されています。ここでは、本書でよく使用される基本的な「パネル」をピックアップしてご紹介します。

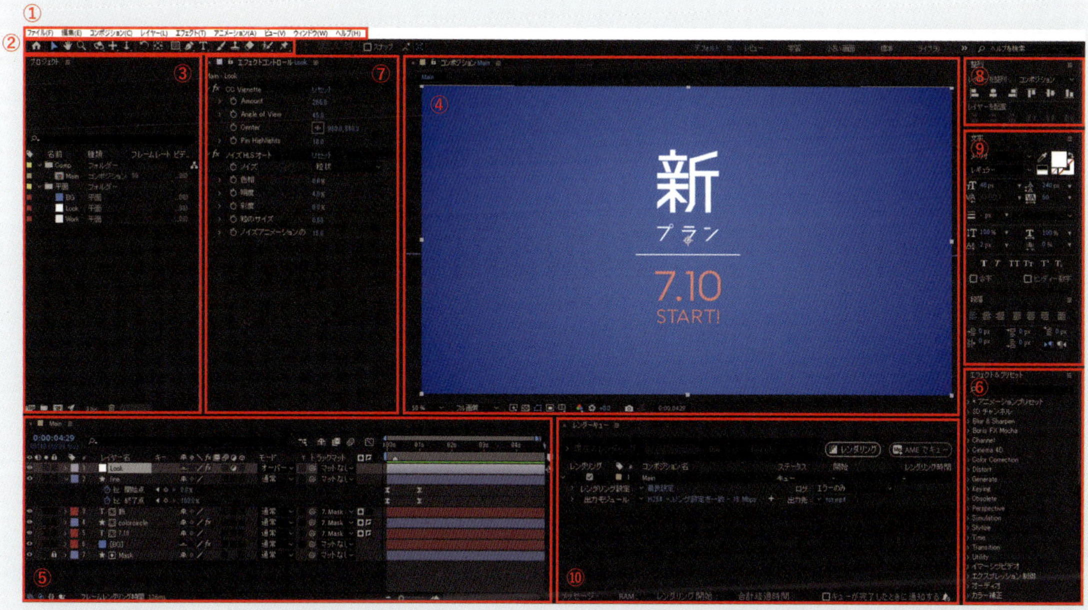

①メニューバー
ファイルの管理や編集、各種設定、エフェクトの適用、ワークスペースの切り替えなど、After Effectsの基本機能をまとめた場所です。

②ツールパネル
選択ツールやペンツール、長方形ツールなど、作業に必要な各種ツールが集まっています。

③プロジェクトパネル
プロジェクトに含まれるファイルやコンポジションを管理するパネルです。

④コンポジションパネル
現在のコンポジションのエフェクトやアニメーションの描画結果をリアルタイムで確認・編集できる作業パネルです。

⑤タイムラインパネル
コンポジションの時間軸を表示するもので、レイヤーの配置やキーフレームの設定を行うことができます。

⑥エフェクト＆プリセットパネル
エフェクトやアニメーションプリセットが一覧表示されるパネルです。検索バーも付随し、目的のエフェクトを容易に探すことができます。

⑦エフェクトコントロールパネル
レイヤーに適用されているエフェクトの詳細設定を行うパネルです。

⑧整列パネル
レイヤーを整列させるためのツールが揃っています。

⑨文字パネル・段落パネル
テキストのフォント、サイズ、カラーなどを設定するためのパネルです。段落パネルはテキストの行揃えや間隔の設定を行います。

⑩レンダーキューパネル
動画に書き出すための設定と、レンダリングの進行状況を確認するパネルです。

これらのパネルは、使いやすいようにレイアウトを変えることが可能です。作業内容によって複数のワークスペースを使い分けるのが一般的です。最適なワークスペースは人によって違うので、作業する中で使いやすいようにカスタマイズしましょう。

カスタマイズして気に入ったワークスペースは、保存することができます。メニューバー“ウィンドウ”→“ワークスペース”→“新規ワークスペースとして保存…”から名前をつけておきましょう。

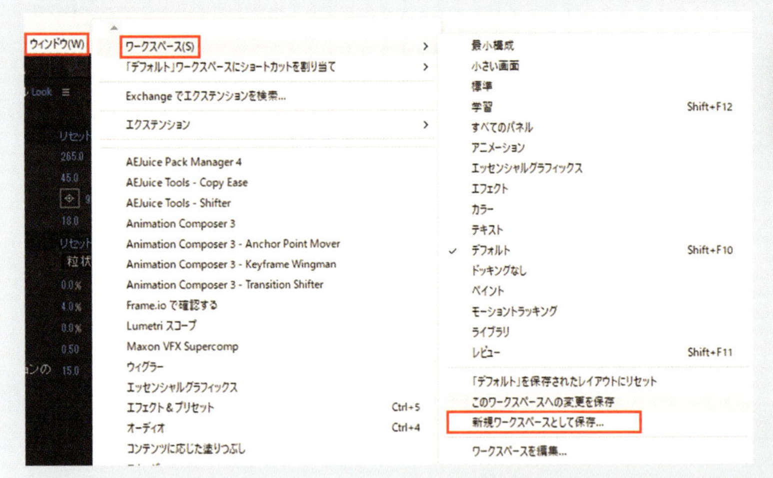

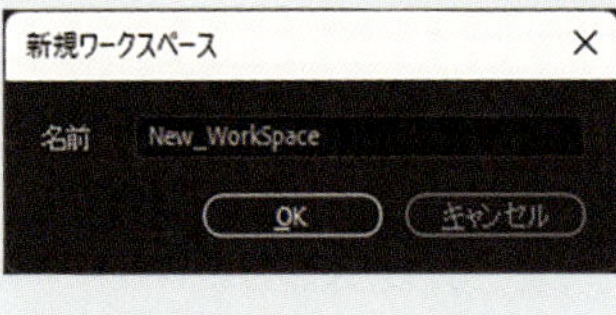

保存したワークスペースは、メニューバー“ウィンドウ”→“ワークスペース”、あるいは画面右上部からアクセスすることができます。

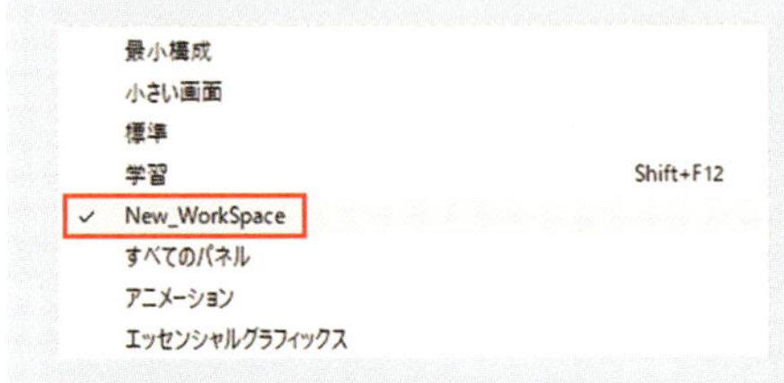

よく使うツール

各ツールはアイコンから呼び出すことができるほか、ショートカットで素早く切り替えることもできます。さらにアイコンを長押しすることで、似た属性のツールに切り替えることができます。一部を抜粋してご紹介します。

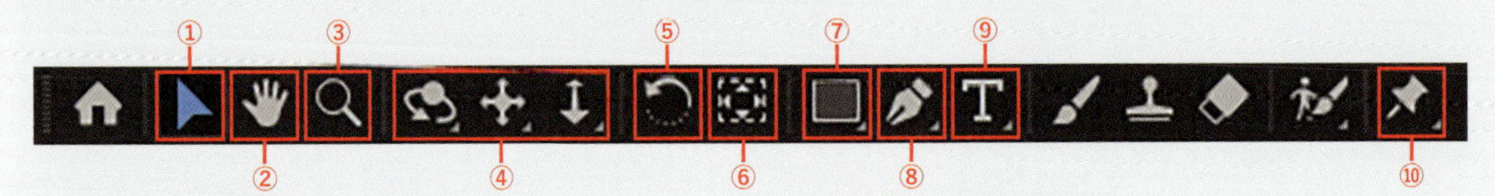

①選択ツール（ショートカットV）
レイヤーやパスの頂点を選択・移動するための基本ツール。

②手のひらツール（H）
拡大表示時の画面移動に使用。スペースキー＋マウスドラッグでも、同様の操作が可能。

③ズームツール（Z）
コンポジション内をクリックすることで画面を拡大表示できます。縮小表示したい場合はAltまたはoptionを押しながらクリックします。

④カメラツール類
カメラレイヤーの動きを制御するツール。周回・パン・ドリーなど、3つの操作方法があります。

⑤回転ツール（W）
レイヤーを回転させるツール。

⑥アンカーポイントツール（Y）
アンカーポイントの位置を調整するツール。

⑦長方形ツール（Q）
四角や丸など基本的なシェイプレイヤーを作るツール。外部フッテージやテキストレイヤーに使用する場合は、自動的にレイヤーマスクが作成されます。

⑧ペンツール（G）
ベジェ曲線でパスやマスクパスを描くことができます。その頂点を編集するツール群も含んでいます。

⑨文字ツール（Ctrl〔⌘〕+T）
テキストを入力するためのツール。横書きと縦書きを切り替えることができます。

⑩パペット位置ピンツール（Ctrl〔⌘〕+P）
写真やグラフィック、シェイプに「ピン」と呼ばれる印を刺し、その印を支点にアニメーションさせる機能。手描きのイラストや写真を動かす際に使用します。

文・ナカドウガ

おすすめ環境設定

After Effectsを効率的に使用するためにおすすめの環境設定を紹介します。
本書では、次の設定を前提に解説しています。

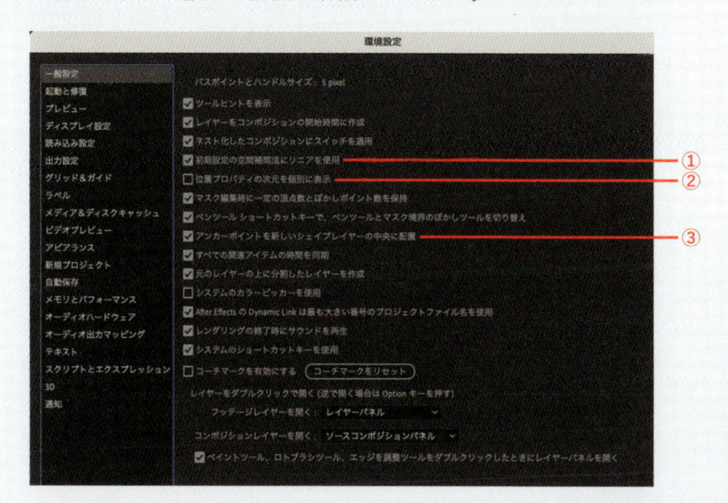

①[初期設定の空間補間法にリニアを使用]
チェックボックスをオンにすることで、新しく作成するキーフレーム間の動きがデフォルトでリニア(直線的)になります。オフの場合は自動的にベジェ曲線で補間され、意図しない動きになることが多いので、有効にしておきましょう。

②[位置プロパティの次元を個別に表示]
オフにすることで、位置プロパティがX、Y、Z軸に分かれずに1つの値として表示されます。値が1つになるので管理がしやすく、モーションパスをベジェ曲線で編集できるという特徴があります。本書では、初期状態を無効として必要に応じて次元分割をしています。

③[アンカーポイントを新しいシェイプレイヤーの中央に配置]
オンにすることで、新しく作成するシェイプレイヤーのアンカーポイントが自動的にシェイプの中央に配置されます。アンカーポイントが中央に無い場合、回転やスケールを調整する際に意図しない動きになるので、有効にしておきましょう。

文・ヌル1

作例の解説について

本書の作例のプロジェクト構成

After Effectsを操作する際、プロジェクトの管理は非常に重要です。本書の作例では、簡易なフォルダーを作成し、それぞれのフォルダーにデータを格納しています。フォルダー構成は次の通りです。

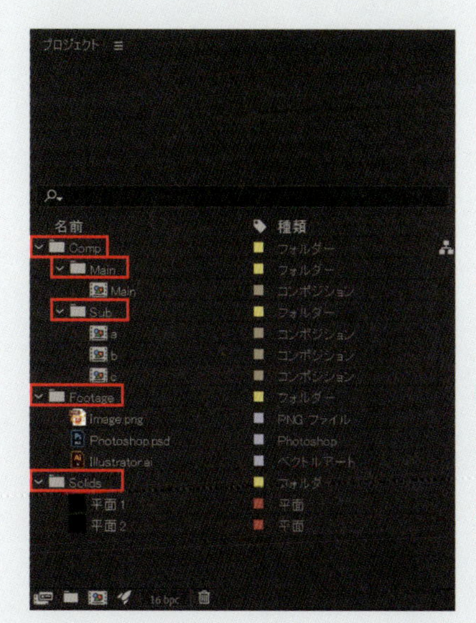

「Comp」フォルダー
映像を構成するコンポジションを、「Main」と「Sub」のフォルダー別に格納しています。

「Main」フォルダー
最終的なレンダリング出力やプレビューに使用するコンポジションを格納しています。レンダリングを行うコンポジション名は、「Main」という名前に設定しています。

「Sub」フォルダー
プリコンポーズしたコンポジションなどを格納しています。「Main」コンポジションで使用するための素材用のコンポジションです。

「Footage」フォルダー
外部読み込みの素材ファイルを格納しています。画像、音声、PhotoshopやIllustratorなどのデータといった各種メディアが含まれます。

「Solids」フォルダー
After Effects内で作成された平面レイヤーや、調整レイヤーといったレイヤーが格納されています。

コンポジション設定

本書の作例で使用するコンポジションの設定は次の通りです。

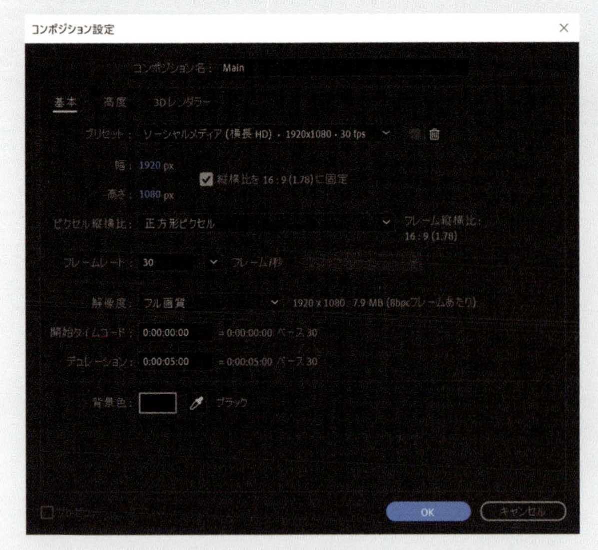

コンポジション名:Main
最終的なレンダリング出力を行うコンポジションは、「Main」という名前にしています。

サイズ:1920 × 1080
ピクセル数は幅1920px、高さ1080pxに設定します。

フレームレート: 30fps
30フレーム毎秒（fps）に描画されるように設定します。

デュレーション: 作例によって異なります
コンポジションのデュレーション（動画の長さ）は、作例によって異なります。

プリセットから"ソーシャルメディア（横長HD）・1920 × 1080・30 fps"を選択することで簡単に同じ設定にすることができます。

文・サプライズ栄作

Windows と Mac の違いについて

本書の内容はMacとWindowsの両OSに対応しています。紙面では、どちらを基本にしているかはセクションによって異なります。MacとWindowsで操作キーが異なるときは、操作キーを Alt〔option〕のように表記しています。

作例のプレビュー動画

各セクションの冒頭にある2次元バーコードから、各作例のプレビュー動画を閲覧することができます。ぜひ学習の参考にしてください。

作例のサンプルデータについて

本書の解説に用いているAfter Effectsの編集可能なサンプルデータは、下記のURLからダウンロードしていただけます。

https://books.mdn.co.jp/down/3224303009/

（3224303009：数字）

ダウンロードできないときは

- ご利用のブラウザーの環境によりうまくアクセスできないことがあります。その場合は再読み込みしてみたり、別のブラウザーでアクセスしてみてください。
- 本書のサンプルデータは検索では見つかりません。アドレスバーに上記のURLを正しく入力してアクセスしてください。

注意事項

- 解凍したフォルダー内には「お読みください.html」が同梱されていますので、ご使用の前に必ずお読みください。
- 弊社Webサイトからダウンロードできるサンプルデータは、本書の解説内容をご理解いただくために、個人の学習利用の場合にのみ使用できる参照用データです。商用利用などその他の用途での使用や配布などは一切できませんので、あらかじめご了承ください。
- 弊社Webサイトからダウンロードできるデータを実行した結果については、著者および株式会社エムディエヌコーポレーションは一切の責任を負いかねます。お客様の責任においてご利用ください。

Chapter 1

テキストモーションのアイデア

Section

01 イキイキと書き順で現れる！ テキストストローク

動画で確認！

勢いよく動くラインに沿って書き順で現れるテキストアニメーションです。筆記体の英語や手書き文字にマッチする表現です。

制作・文

この

主な使用機能

パスのトリミング ｜ トラックマット ｜ モーションパス ｜ エコー

Step 1 テキストを用意する

1-1 ベースとなるテキストを作る

「Main」コンポジションに新規平面レイヤーをCtrl〔Macでは⌘〕+Yで作成し、カラーを黄色（#F9F578）にします。そのレイヤーの前面にテキストレイヤーを作成し、「Spring fair」とテキスト入力します。作例では、Adobe Fontsから提供されているフォントを使用しています。

メインテキスト「Spring fair」
［フォント：Botanica Script］

サブテキスト「Motion Design Collection」
［ITC Avant Garde Gothic Pro］

1-2 テキストの模様を作る

ツールパネルから「楕円形ツール」を選択し、それぞれの値を［塗り：#7690B0］［線：なし］とし、ビュー上でテキストに重なるようにいくつか円を描きます。このレイヤー名を「Text_pattern_gray」にします。
次に［塗り：#FEA891］に変更して同様にいくつか円を描き、レイヤー名を「Text_pattern_pink」とします。新規平面レイヤーをCtrl〔⌘〕+Yで作成し、カラーを紺色（#2D3074）にします。このレイヤーを「Text_pattern_gray」と「Text_pattern_pink」シェイプレイヤーの背面になるようレイヤー順を変更します。

また、これら3つのレイヤーを選択した状態でCtrl〔⌘〕+Shift+Cでプリコンポーズし、コンポジション名を「Text_pattern」とします。

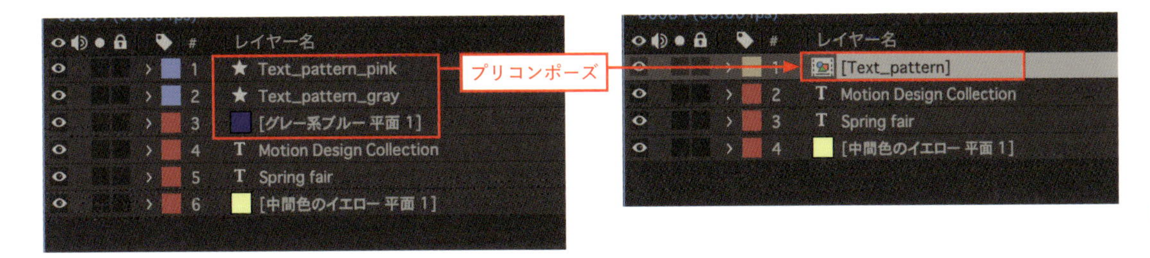

1-3 テキストの模様に「トラックマット」設定する

「Text_pattern」コンポジションレイヤーの「トラックマット」にメインのテキストレイヤー「Spring fair」を設定します。「Text_pattern」コンポジションレイヤーと「Spring fair」テキストレイヤーを選択した状態でCtrl〔⌘〕+Shift+Cでプリコンポーズします。コンポジション名を「Text_Spring_fair」とします。

Step 2 ペン先の軌道アニメーションを作る

2-1 シェイプレイヤーのパスで軌道を描く

ツールパネルから「ペンツール」を選択し、それぞれの値を［塗り：なし］［線のカラー：#D2197B（見やすい任意の色）］［線幅：5px］とし、画像のようにビュー上で軌道のラインを描きます。一筆書きになるように1本のパスで表現しましょう。シェイプレイヤー名は「Pen_point_stroke」とします。

2-2 円型のペン先をシェイプレイヤーで作る

ツールパネルから「楕円形ツール」を選択して[線：なし]でビュー上に円を3つ描きます。シェイプレイヤー名は「Pen_point」とします。
タイムラインパネルから「Pen_point」シェイプレイヤーのプロパティを開き、それぞれ次のように値を変更します。

[コンテンツ＞楕円形 3＞楕円形パス 1＞サイズ：7,7]
[コンテンツ＞楕円形 3＞塗り 1＞カラー：#7690B0]
[コンテンツ＞楕円形 3＞トランスフォーム：楕円形パス 3＞位置：-20,10]

[コンテンツ＞楕円形 2＞楕円形パス 1＞サイズ：15,15]
[コンテンツ＞楕円形 2＞塗り 1＞カラー：#2D3074]
[コンテンツ＞楕円形 2＞トランスフォーム：楕円形パス 2＞位置：7,7]

[コンテンツ＞楕円形 1＞楕円形パス 1＞サイズ：20,20]
[コンテンツ＞楕円形 1＞塗り 1＞カラー：#FEA891]
[コンテンツ＞楕円形 1＞トランスフォーム：楕円形パス 1＞位置：0,0]

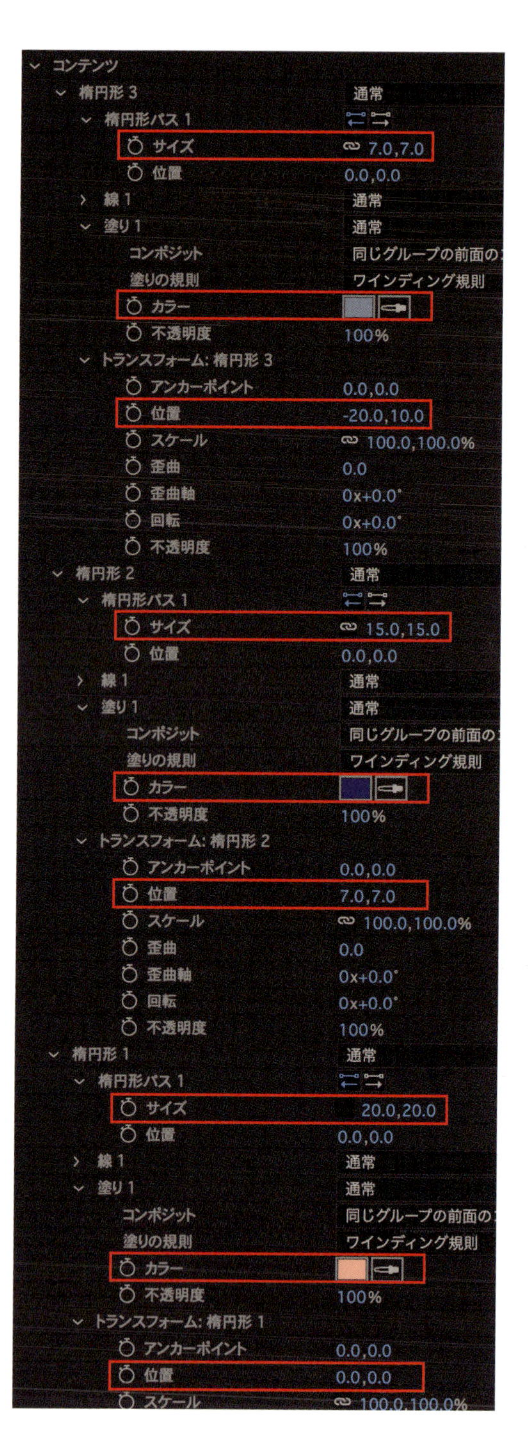

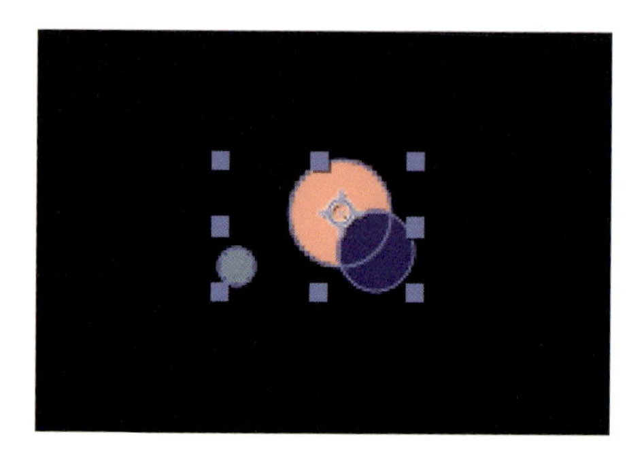

MEMO

この時、他のレイヤーを非表示にしながら作業を行うとスムーズです。

2-3 「エコー」を適用する

「Pen_point」シェイプレイヤーを選択した状態で、メニューバー“エフェクト”→“時間”→“エコー”を適用します。また、プロパティの値は次のように変更します。

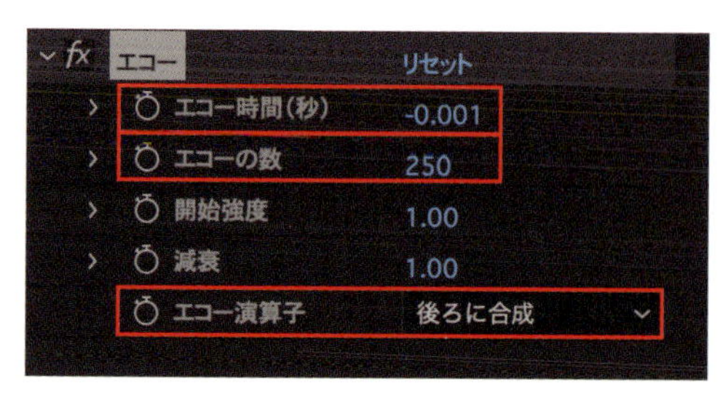

[エコー時間(秒)：-0.001]
[エコーの数：250]
[エコー演算子：後ろに合成]

MEMO

「エコー」とは、アニメーションに残像を作るエフェクトです。

2-4 ヌルオブジェクトを作成する

メニューバー“レイヤー”→“新規”→“ヌルオブジェクト”を選択します。ヌルオブジェクトのレイヤー名を「Pen_point_null」とします。「Pen_point」シェイプレイヤーの「親とリンク」に「Pen_point_null」ヌルオブジェクトレイヤーを設定します。

2-5 モーションパスを作成する

2-1 で作成した「Pen_point_stroke」シェイプレイヤーの［コンテンツ＞シェイプ 1＞パス 1＞パス］の値を「Pen_point_null」ヌルオブジェクトの［位置］の値にコピー＆ペーストします。すると、パスの情報を使い自動的にモーションパスが生成されます。モーションパスができたら「Pen_point_stroke」シェイプレイヤーは非表示にしておきましょう。

MEMO

「モーションパス」とは、ビュー上に表示されるパスで軌道をコントロールできる機能です。

2-6 モーションパスに緩急をつける

2-5 で「Pen_point_null」ヌルオブジェクトの［位置］に自動生成されたモーションパスは、デフォルトの[00:00 ～ 02:00]で一定の速度に設定されています。そこで、「グラフエディター」の「速度グラフ」を表示し、動きに緩急をつけていきます。軌道が大きく放物線を描いているいくつかのポイントで、アニメーションカーブを下方向へ下げて速度を落とします。全体の尺も[～ 02:00]から[～ 04:15]まで延ばしていきます。試しに再生を繰り返しながら地道に調整していきましょう。

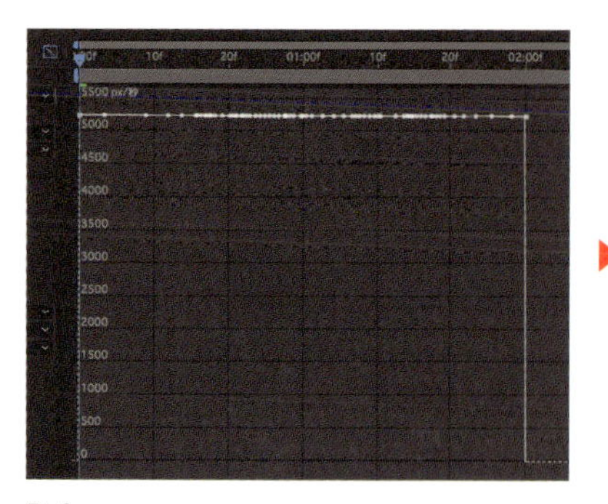

Before

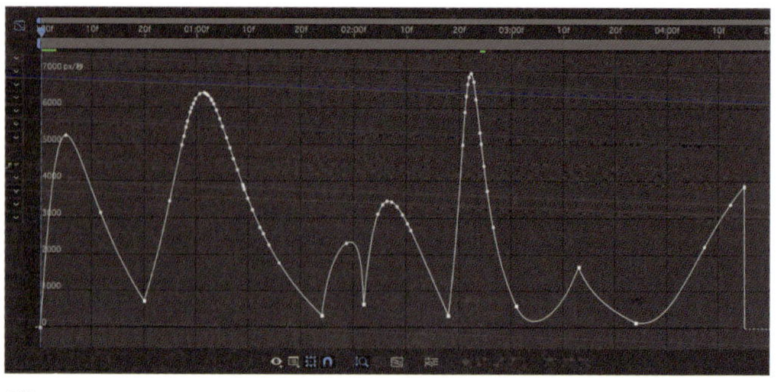

After

MEMO

グラフエディターは、P.262で解説しています。

2-7 「エコー」にアニメーションをつける

2-6 でつけた動きの緩急に合わせて、2-3 でつけた「Pen_point」シェイプレイヤーの「エコー」のプロパティ［エコーの数］に、アニメーションをつけます。［エコーの数：1 ～ 250］の間でキーフレームを追加し、残像効果が伸び縮みするように調整しましょう。ここでも試しに再生を繰り返しながら、心地の良い動きを地道に探っていきましょう。

Step 3 テキストが書き順で出現するアニメーションを作る

3-1 テキストに沿ってパスを描く（トラックマット用）

ツールパネルから「ペンツール」を選択し、［塗り：なし］［線：#FFC4F0（見やすい任意の色）］［線幅：5px］に設定します。「Text_Spring_fair」コンポジションレイヤーを下絵にして、ビュー上で書き順の通りパスを描きます。作例のような太さに強弱のあるフォントの場合は、この後の 3-2 で線幅の調整がしやすいように、ストローク毎にシェイプグループを分けておくのがおすすめです。タイムラインパネルに生成されたシェイプレイヤーはレイヤー名を「Text_matte」に変更します。

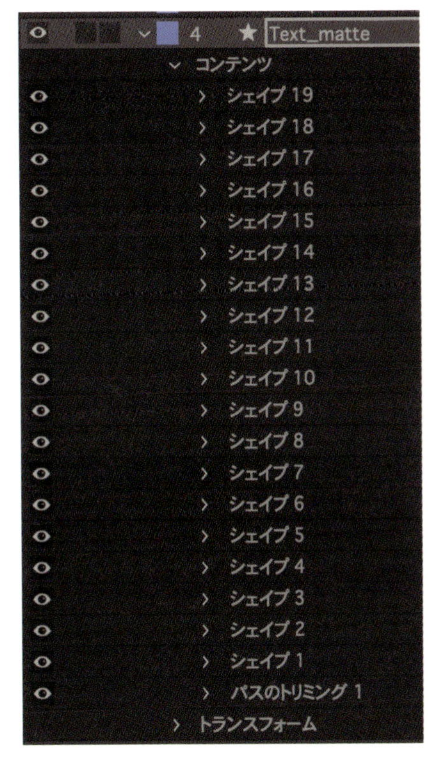

MEMO

ストロークを1本描いたら、タイムラインパネルのシェイプレイヤーを一度クリックします。再びビュー上に戻り「ペンツール」で描き始めると自動的に新しいシェイプグループとしてパスが生成されます。

3-2 太さの強弱に合わせて線のプロパティを調整する

「Text_matte」シェイプレイヤーの線のプロパティを、それぞれのテキストの太さや形状に合わせて変更します。
また、[シェイプ1 > 線1 > 線端:丸型]にすることで、出現時の形状が自然な印象になります。同様に他のシェイプグループに対しても調整しましょう。

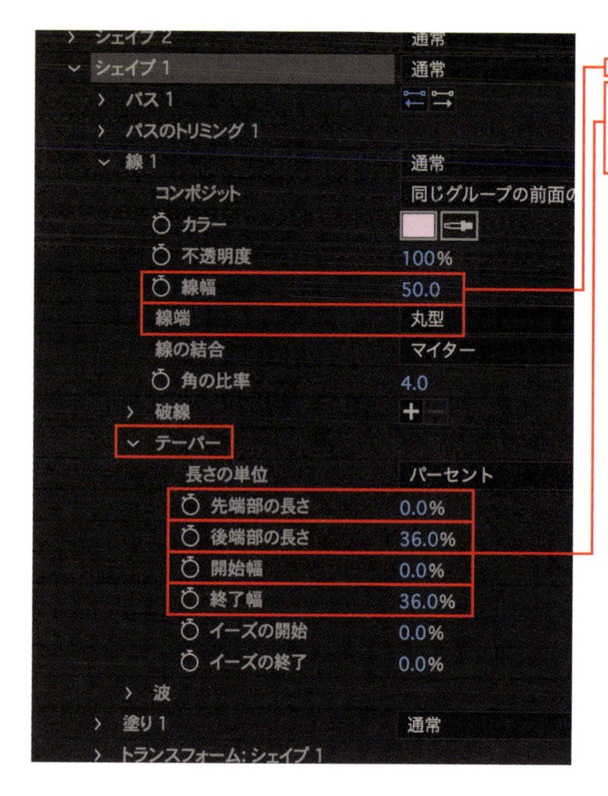

調整するプロパティ
[コンテンツ > シェイプ1 > 線1 > 線幅]
[コンテンツ > シェイプ1 > 線1 > テーパー > 先端部の長さ]
[コンテンツ > シェイプ1 > 線1 > テーパー > 後端部の長さ]
[コンテンツ > シェイプ1 > 線1 > テーパー > 開始幅]
[コンテンツ > シェイプ1 > 線1 > テーパー > 終了幅]
※最適な値はテキストの形状によって異なります。

MEMO
元のテキストが隠れるように調整します。ただし、線が太すぎると隣り合わせの線にも干渉してしまうため、注意が必要です。

3-3 「パスのトリミング」にアニメーションをつける

「Text_matte」シェイプレイヤーの[コンテンツ > シェイプ1]を選択した状態で、追加▶から“パスのトリミング”を選択します。同様に他のシェイプグループにも「パスのトリミング」を追加します。
各シェイプグループの「パスのトリミング」の[終了点]にキーフレームを追加します。試しに再生しながら、2-6でつけた「Pen_point_null」ヌルオブジェクトの動きに合わせて[終了点:0%]と[終了点:100%]でキーフレームを追加し、線が現れるアニメーションをつけます(右ページの画像参照)。

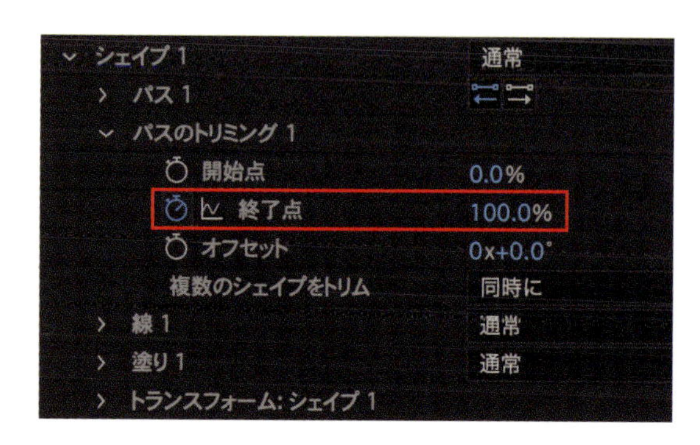

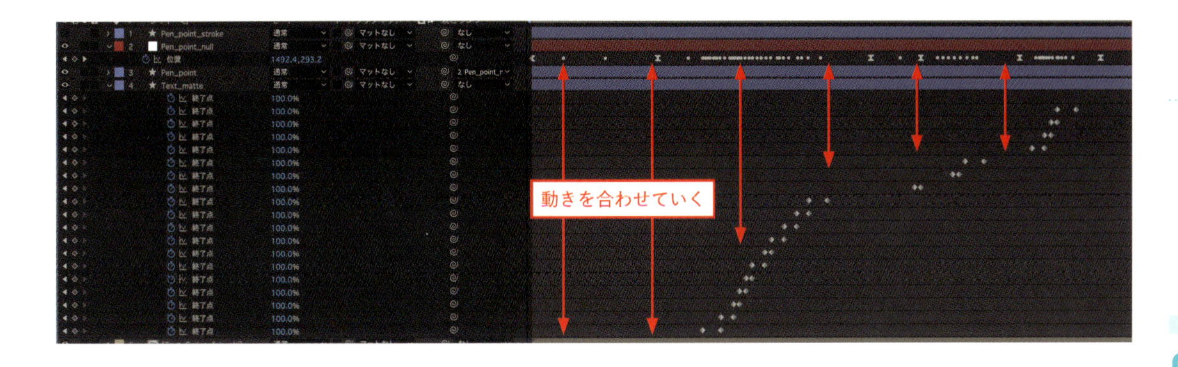

3-4 「トラックマット」を設定する

「Text_Spring_fair」コンポジションレイヤーの「トラックマット(アルファマット)」を「Text_matte」シェイプレイヤーに設定します。これで書き順で現れるテキストストロークのできあがりです。

MEMO

2-1 でモーションパス用に作成した「Pen_point_stroke」シェイプレイヤーを、そのままトラックマットに利用する方法もありますが、今回は線幅やタイミング調整のしやすさから、「Text_matte」シェイプレイヤーを別で用意することをおすすめしています。

WHAT'S MORE

はねる水滴を加える

作例では、動きのアクセントにはねる水滴を加えています。このように軌道の形状や緩急に合わせて演出をすると、さらに動きが際立って見えます。ぜひ、様々なアレンジに挑戦してみてください。

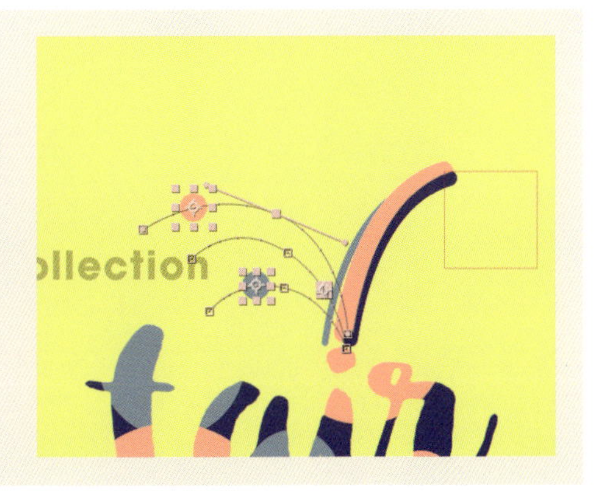

Section

02 線を使ってひと工夫！ アウトライン先行テキスト

動画で確認！

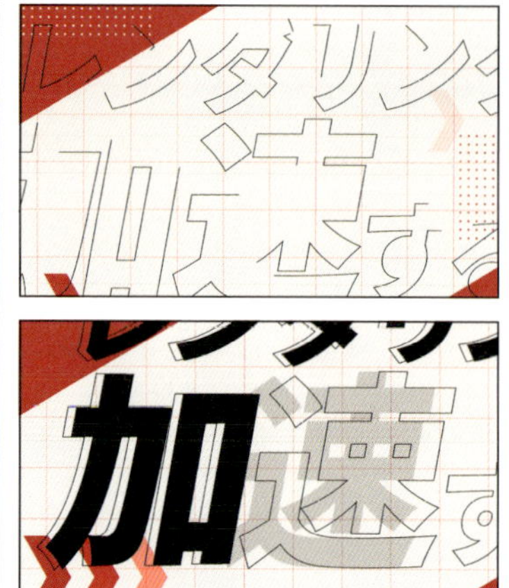

テキストを塗りと線に分けて出すことでアクセントを加える手法です。テキストのみを使用したシンプルで使い勝手の良い表現のため、さまざまなジャンルの映像で使用されています。

制作・文

ヌル1

主な使用機能

テキストからシェイプを作成 ｜ パスのトリミング ｜ アニメーター

1 テキストレイヤーをシェイプレイヤーへ変換する

メニューバー“レイヤー”→“新規”→“テキスト”を選択し、「新規テキスト」レイヤーを作成します。

文字パネルからフォントや色味、斜体などを設定しましょう。この作例では、フォントをAdobe Fontから提供されている「Noto Sans CJK JP Black」を使用します。設定が済んだらレイヤー名を「Title」に変更します。

「Title」レイヤーを選択した状態で、メニューバー“レイヤー”→”作成”→”テキストからシェイプを作成”を選択し、テキストレイヤーをシェイプレイヤーに変換します。するとレイヤー名の後に自動的にアウトラインという文字が追加され、「Titleアウトライン」レイヤーが作成されます。

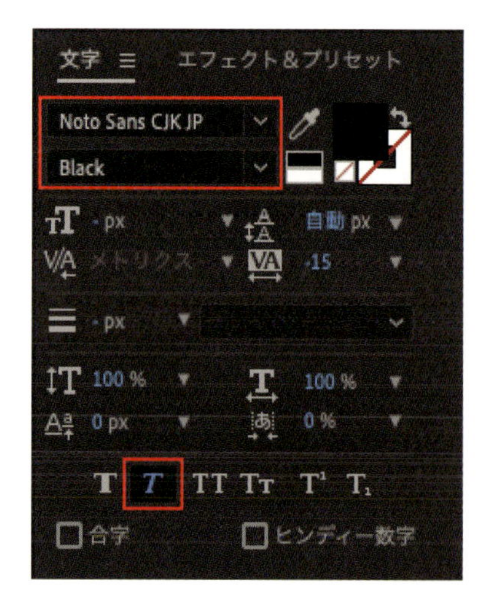

2 シェイプレイヤーをアウトライン化する

「Titleアウトライン」レイヤーを選択したまま、画面上部のツールパネルの「塗り」をクリックして「塗りオプション」を開きます。[塗りオプション：なし]を選択します。

同様にツールパネルの「線」をクリックして「線オプション」を開き、[線オプション：単色]を選択します。[線幅]を任意に設定しましょう（ここでは[2px]としています。）。

MEMO

"テキストからシェイプを作成"で作成したシェイプレイヤーでは、テキストが1文字ずつ別々のグループに分けられます。「塗りオプション」と「線オプション」を使用することで、別々のグループの[塗り]と[線]を一括で[オン／オフ]することが出来ます。

WHAT'S MORE

管理しやすいグループ化

ここで、「Titleアウトライン」レイヤーの「コンテンツ」内を、管理しやすいようにグループ化することをオススメします。コンテンツ右側の追加▶から"空のグループ"を選択します。各文字のグループを全て選択して、作成された「グループ1」へドラッグします。

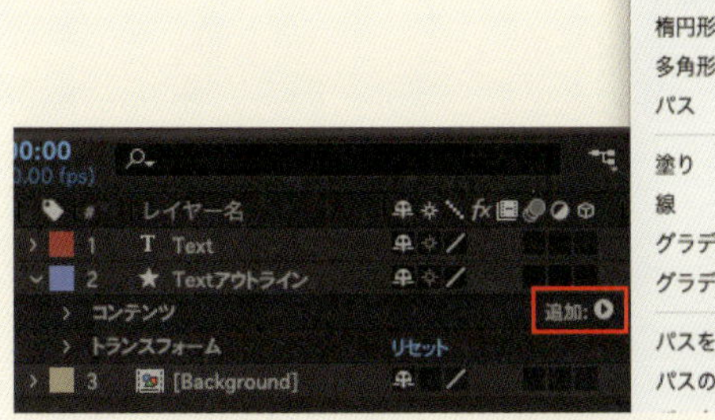

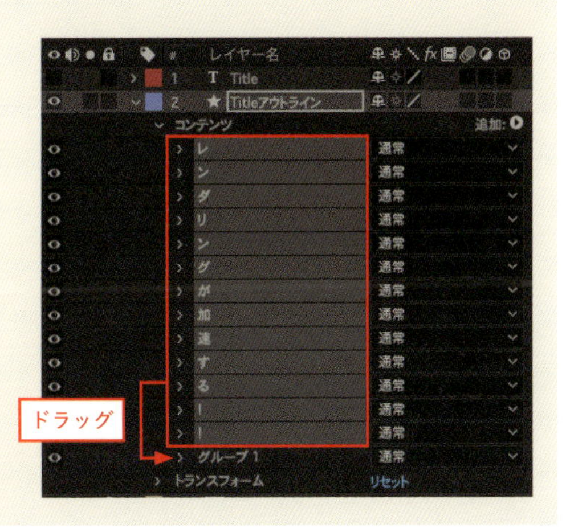

3 アウトラインをアニメーションさせる

「Titleアウトライン」レイヤーを展開し、コンテンツの追加▶から"パスのトリミング"を選択します。

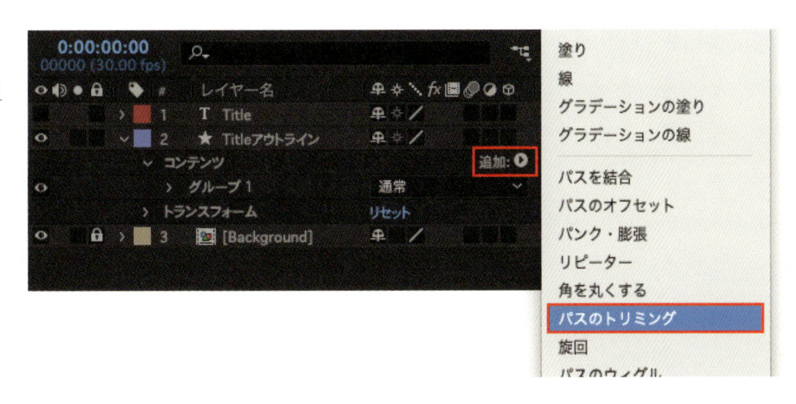

「パスのトリミング1」の[終了点]にキーフレームを打ち、アウトラインが出現するアニメーションを付けます。[オフセット] にもキーフレームを打ち、アウトラインが文字を周りながら出現するように調整しましょう。

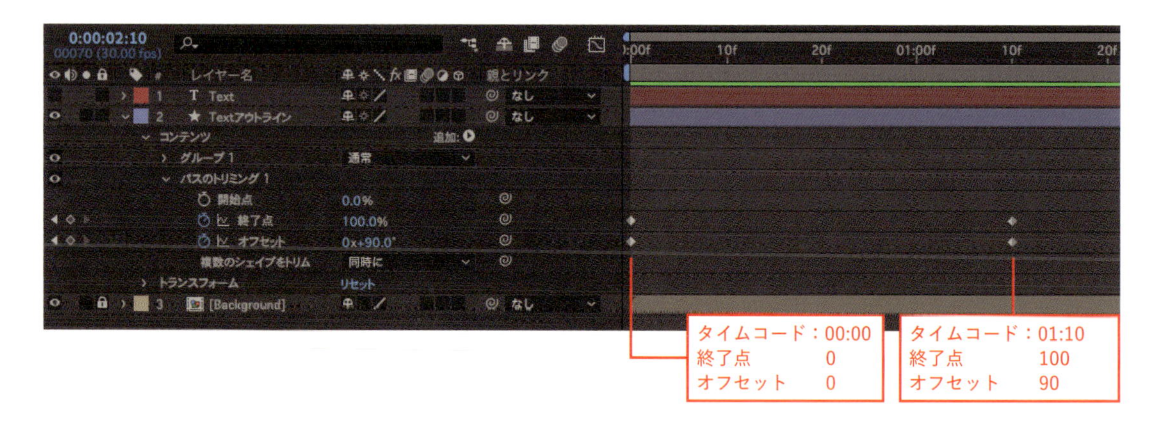

[終了点]と[オフセット]の[01:10]のキーフレームを選択して、F9 キーを押してイージーイーズを付けます。これでアウトラインのアニメーションは完成です。

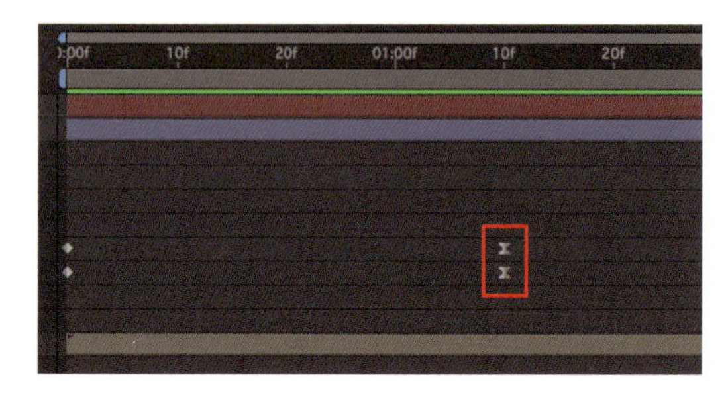

4 テキストをアニメーションさせる

「Title」レイヤーを展開させ、テキストのアニメーター▶から"位置"を選択します。

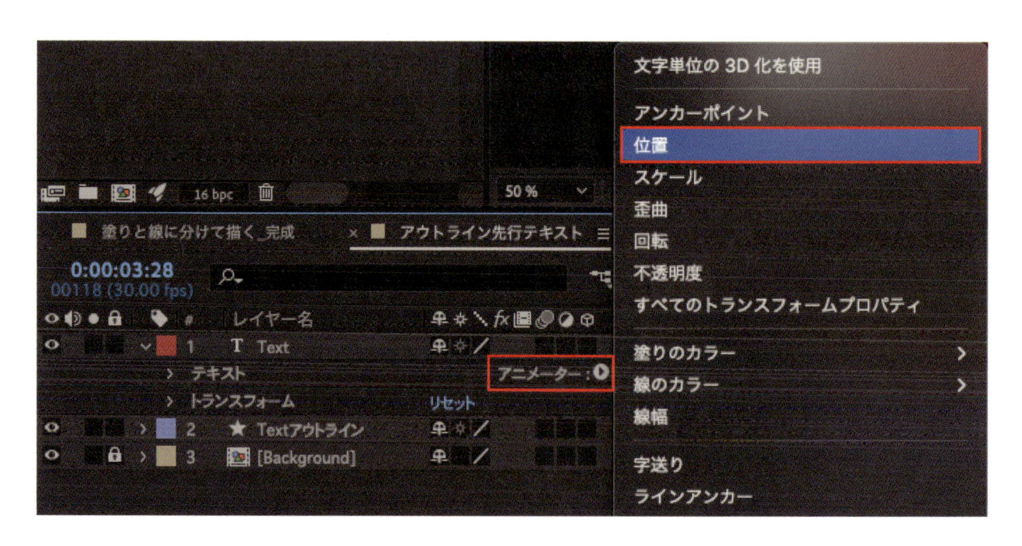

作成された「アニメーター1」の追加▶から"プロパティ"→"不透明度"を選択して、不透明度プロパティを追加します。

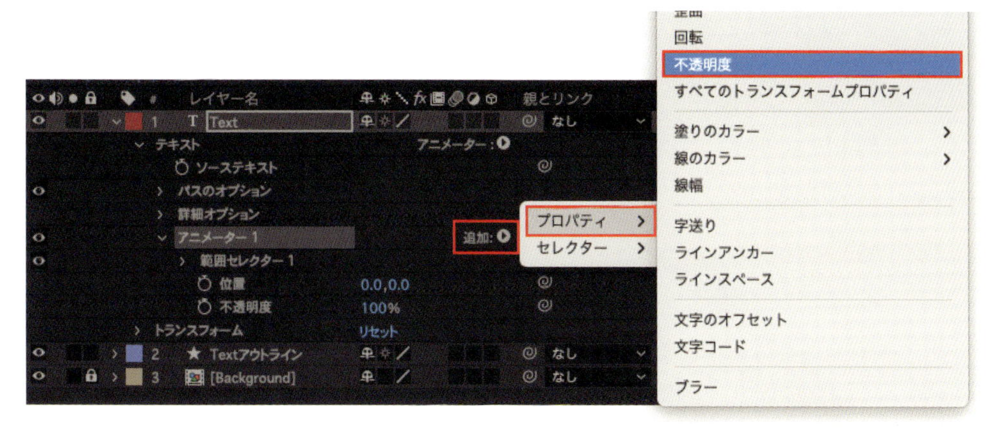

「アニメーター 1」のプロパティを[位置：-100,0]、[不透明度：0]に変更します。「範囲セレクター 1」を展開して［オフセット］にキーフレームを打ちます。［02:00］のキーフレームを選択した状態でF9キーを押し、イージーイーズを付けましょう。

本作例では、テキストとアウトラインの位置をずらすことでアクセントを加えています。「Titleアウトライン」レイヤーを少し左に移動して見た目を整えれば完成です。

Section

03 点滅しながら現れる ランダムフリッカーテキスト

動画で確認！

テキストレイヤーのアニメーターを使い、ランダムに点滅しながら登場するアニメーションの作成方法を紹介します。

制作・文

サプライズ栄作

主な使用機能

テキストレイヤー

1 テキストレイヤーを作成する

ツールパネルから「横書き文字ツール」をダブルクリックしてテキストレイヤーを作成し、文字を入力します。
作例ではテキストを「Update」と入力しています。

[フォント：Futura PT]
[フォントスタイル：Bold]
[フォントサイズ：215px]
[塗りのカラー：#F7F7F7]
[線のカラー：なし]

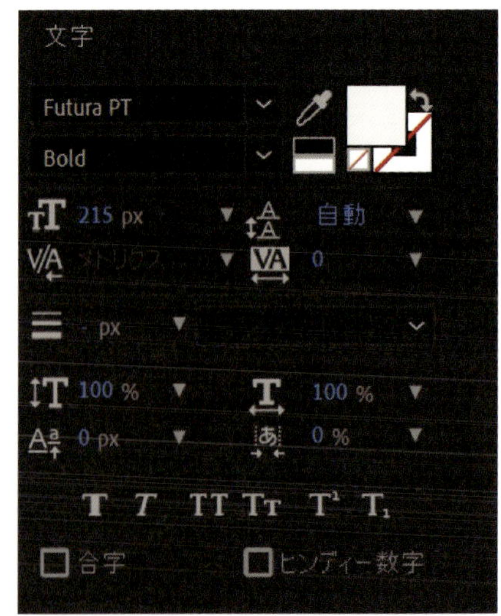

2 テキストをランダムに出現させる

テキストレイヤーを展開し、右側のアニメーター▶から“不透明度”を追加します。

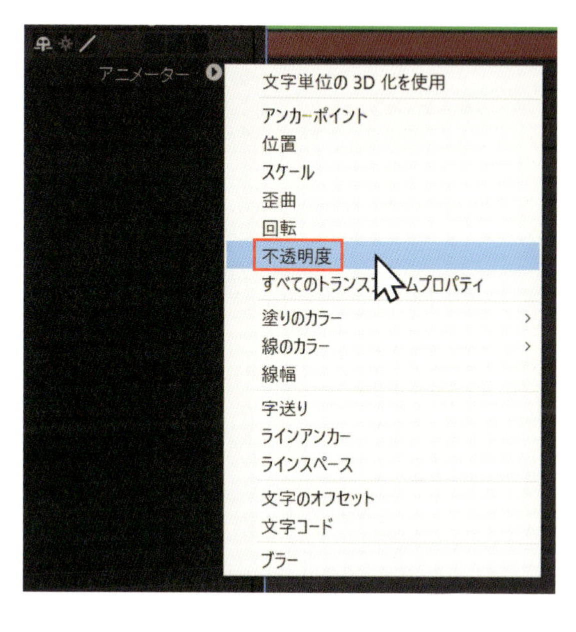

追加された「アニメーター」を展開して［不透明度：0%］に変更します（この設定により、一時的に文字が非表示状態になります）。

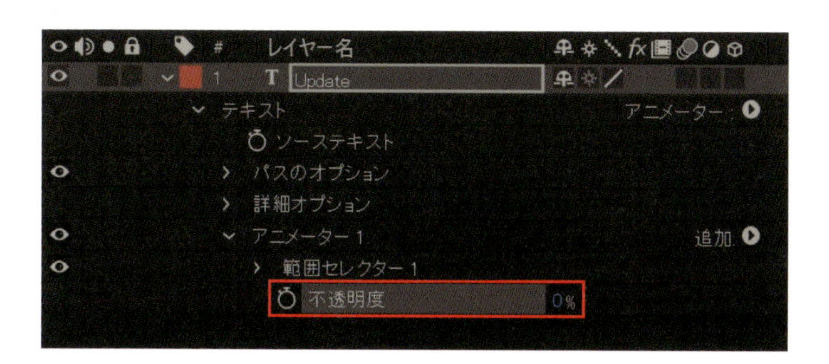

続いて、「範囲セレクター 1」の［開始］にキーフレームを設定し、文字が出現するアニメーションを作成します。
範囲セレクターを動かしたことにより、文字が徐々に現れるようになりました。
さらに設定を変更して動きを追加していきます。

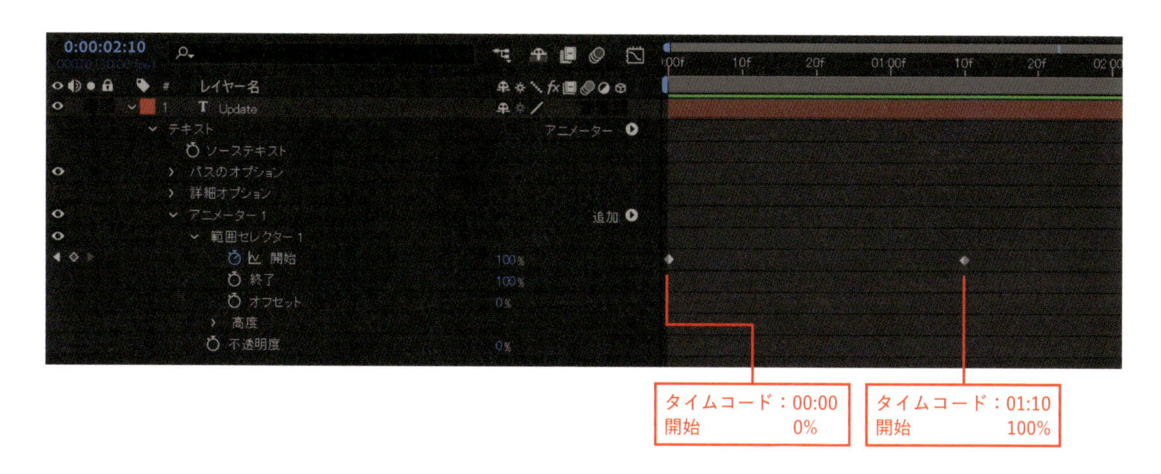

範囲セレクター内の「高度」を展開し、[なめらかさ：0%] に変更します。この設定により、不透明度が 0% か 100% かの極端な数値で表示されるようになります。
文字が現れるタイミングにランダム性を与えるため、[順序をランダム化：オン] に変更します。

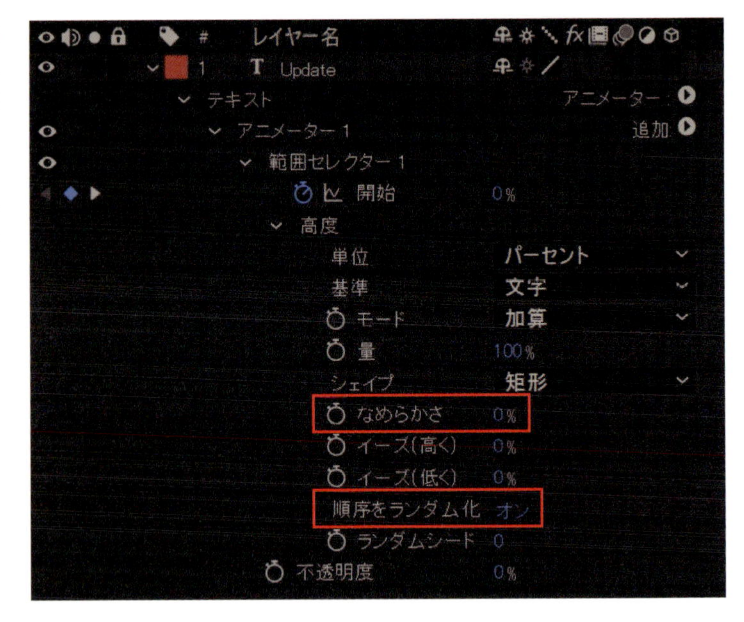

文字をランダムに点滅させるために [ランダムシード] にキーフレームを設定して動かします。

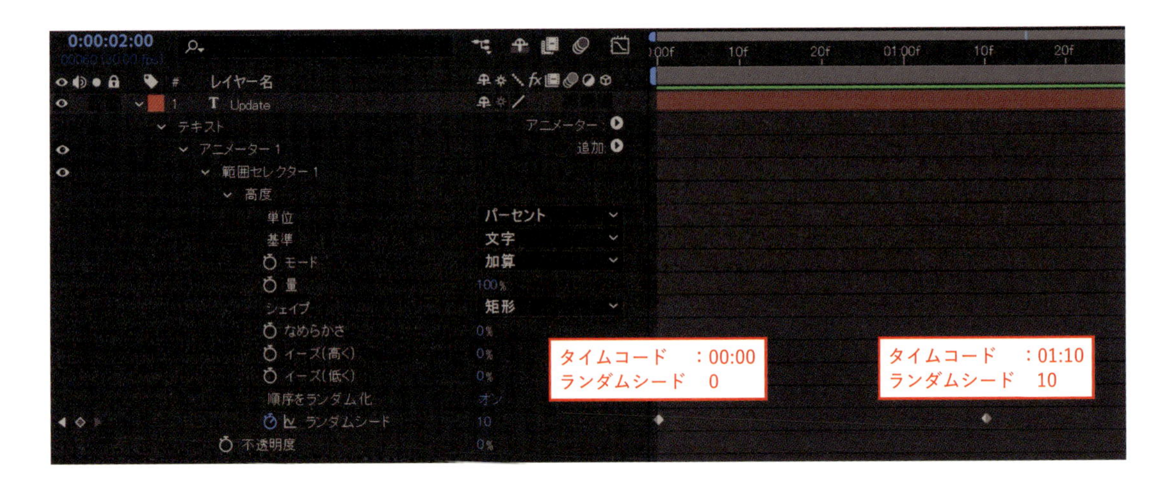

3 線のみのテキストを作成

テキストレイヤーを選択して、メニューバー“編集”→”複製”を選択するか、Ctrl〔Macでは⌘〕+Dでテキストレイヤーを複製します。複製したテキストレイヤーを選択し、文字パネルから [塗りと線を入れ替え] をクリックして [線のカラー] の状態に切り替えます。

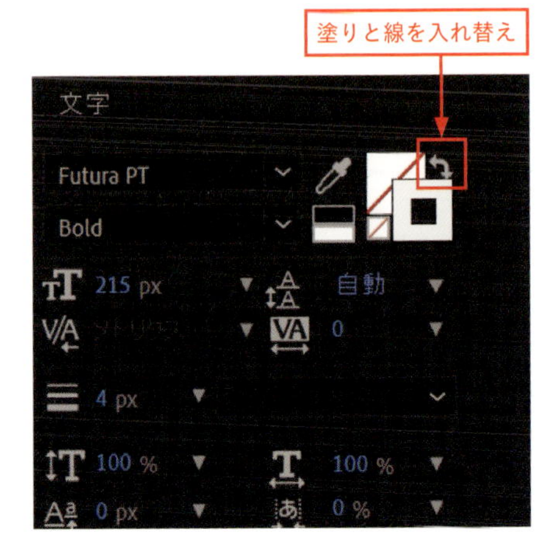

❶で作成したテキストレイヤー「塗り」のテキストとの違いを出すために、[ランダムシード]に設定された値を調整して完成です。

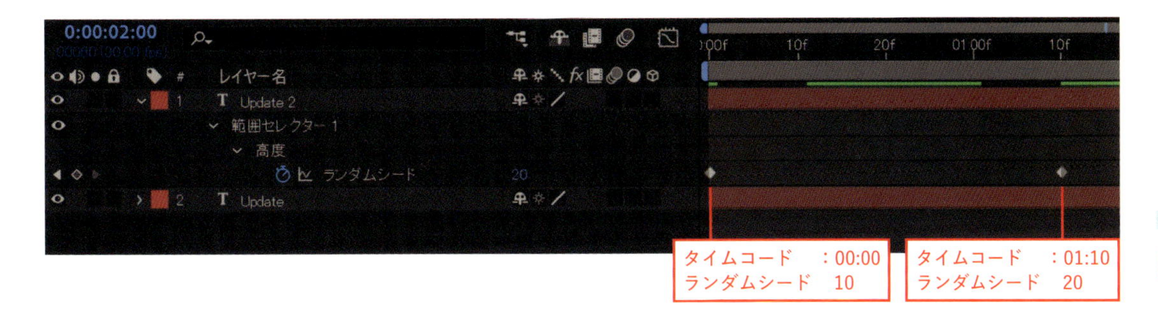

WHAT'S MORE

サンプルデータのバリエーション

サンプルデータでは、今回紹介したテキストアニメーションの他に、シェイプレイヤーとエフェクトを使用したアニメーションや、描画モードの「差」を利用した色反転などのサンプルムービーを作成しています。例えば、線の円形が拡大するアニメーションでは、エフェクトでイメージを変化させてバリエーションを作成しています。

その他、画面全体を覆ったシェイプレイヤーの[不透明度]を使い点滅させたり、線幅の異なる斜線を複数用意して配置しています。また、それらのレイヤーの[描画モード]を[差]に変更して合成することで、レイヤーが重なった箇所の明度を反転する効果を加えています。白と黒が交互に入れ替わり点滅することで、インパクトのある演出を簡単に作ることができます。サンプルデータを是非ご確認ください。

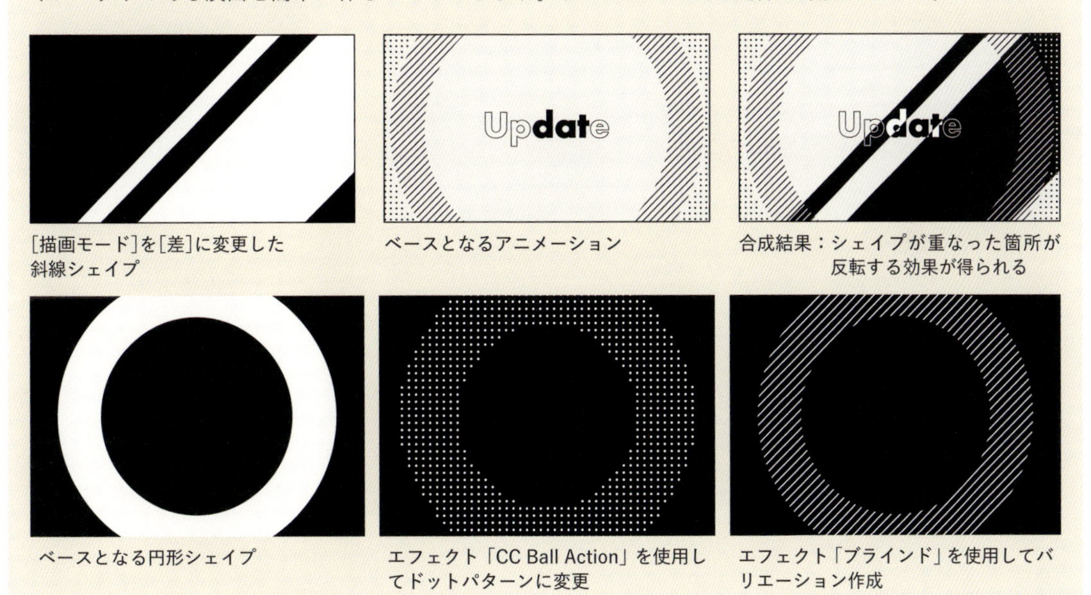

[描画モード]を[差]に変更した斜線シェイプ

ベースとなるアニメーション

合成結果：シェイプが重なった箇所が反転する効果が得られる

ベースとなる円形シェイプ

エフェクト「CC Ball Action」を使用してドットパターンに変更

エフェクト「ブラインド」を使用してバリエーション作成

Section

04 ポップな動きの大定番！ ビニョビニョバネバウンスアニメーション

動画で確認！

回転やスケールプロパティを使ったアニメーションに、ゆがめる、傾けるなどディストーション系のエフェクトを使い、バネのようなダイナミックなテキストモーションを作りましょう。

制作・文

ナカドウガ

主な使用機能

CC Bender ｜ CC Bend It ｜ エコー

Step 1 テキスト素材を作る

まず初めに、あらかじめサンプルデータの「AE_ch01-04.aep」をAfter Effectsに読み込んでおきましょう。

1-1 テキストを作る

読み込んだファイル内にあるコンポジション「Main」にテキストを作ります。この作例は画面全体を使用するダイナミックなモーションですので、文章量の多いものにすると見栄えが良くなります。背景のキノコのイラストに被らないことに配慮し、中央よりやや上寄りにレイアウトします。

フォント：
Otomanopee One
「それいけ！」
サイズ：140px
「きのこ」「まつり」
サイズ：235px

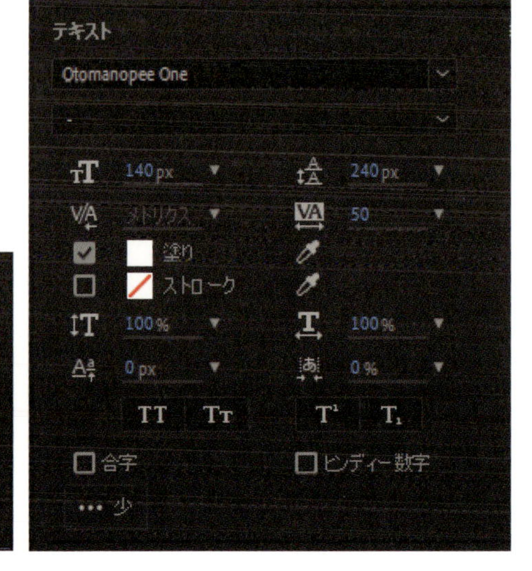

レイアウトが完了したら、テキストレイヤーを選択し、右クリック→“作成”→“テキストからシェイプを作成”を選択してテキストをシェイプに変換します。
[塗り：白（#FFFFFF）][線：黒（#160C05）、太さ：3px]の設定をしておきましょう。

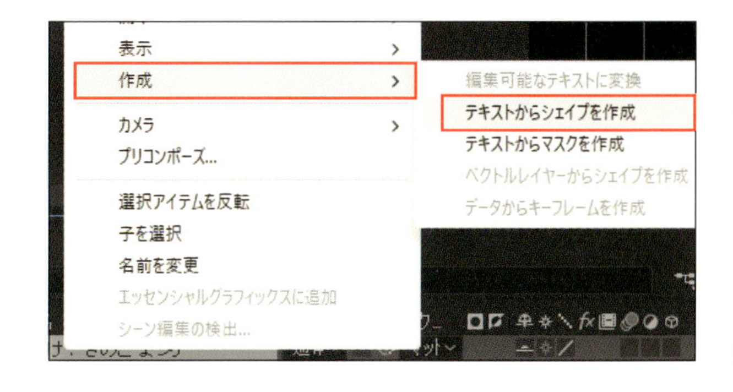

1-2 アンカーポイントの位置を修正する

次に、文字ごとにアンカーポイントの位置を修正していきます。アンカーポイントツールに切り替え、コンテンツ内のグループを選択すると、図のようなアンカーポイントの位置が表示されるので、これを文字の中央に配置します（厳密でなくてかまいません）。その他の文字も同じようにアンカーポイントの位置を修正しておいてください。

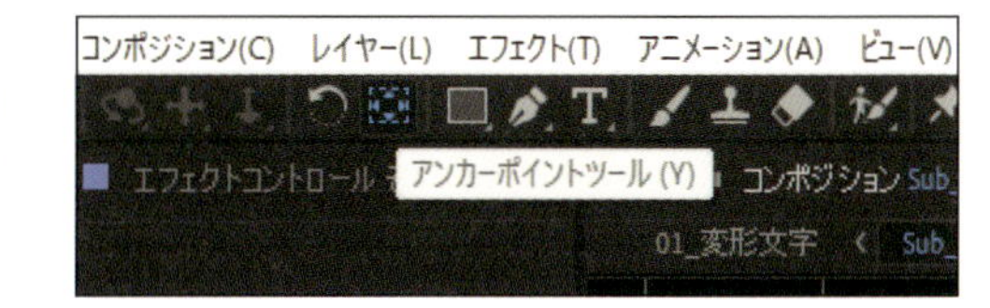

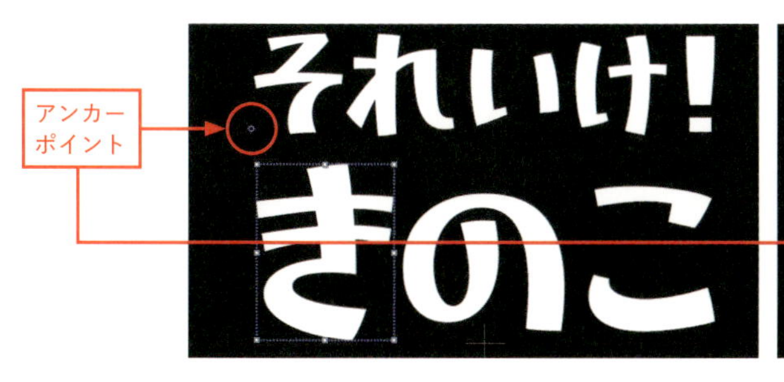

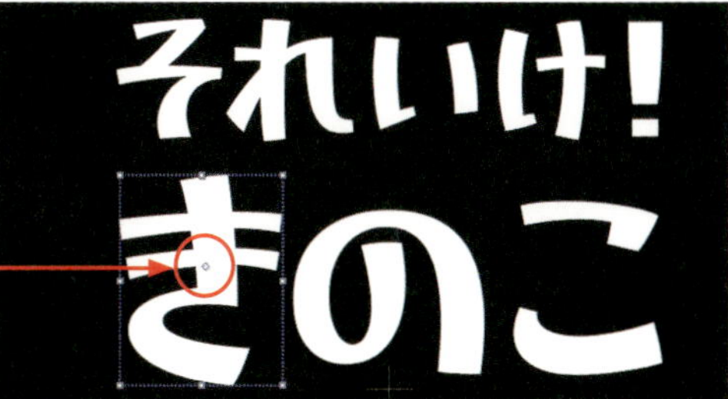

Step 2 個別の文字の動きを作る

ここからは、各文字に個別のアニメーションを作っていきます。まずはレイヤー内［コンテンツ］を展開し、すべてのグループを選択します。

その状態のまま、タイムラインの検索バーに「スケール」と入力します。これで各グループ内の検索したプロパティのみを表示することができ、それぞれの文字に対し個別にキーフレームをつけることができます。[00:00]の位置を[0,0%]とし、[00:10]の位置を[100,100%]として、すべてのキーフレームにF9キーでイージーイーズをかけます。

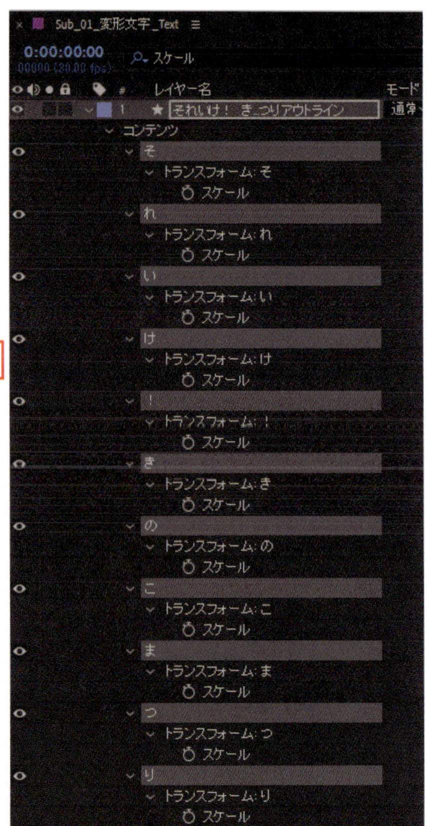

同じ要領で、検索バーに「回転」と入力し、[00:00]の位置を[-90%]、[00:10]の位置を[0%]として、こちらにもイージーイーズをF9キーでかけておきます。

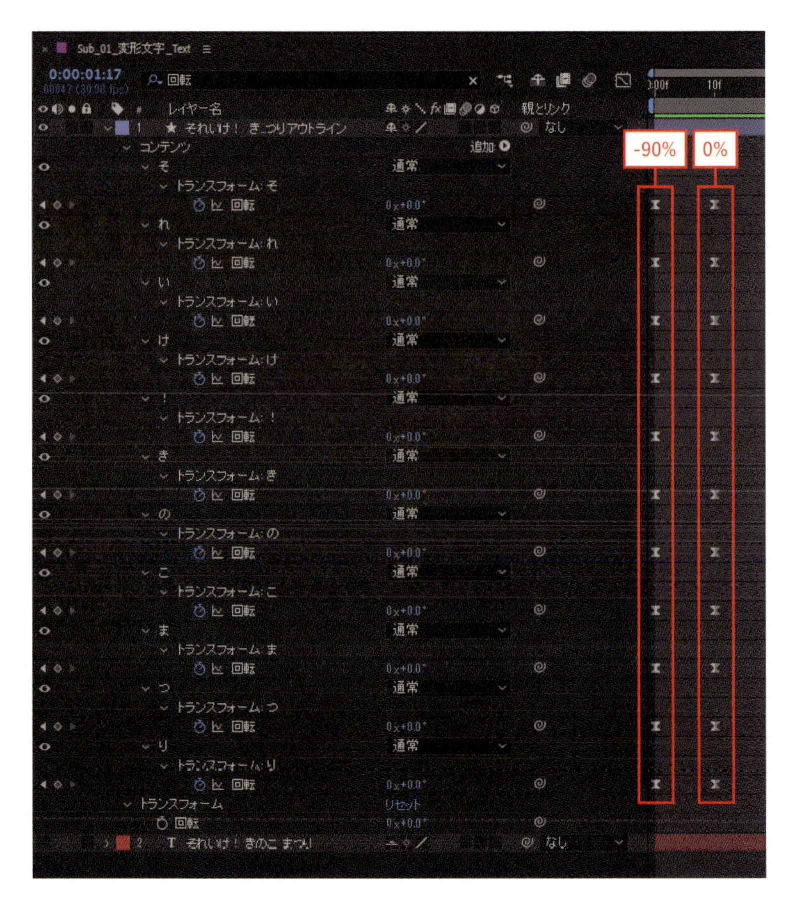

Uキーを押し、レイヤー内のすべてのキーフレームを表示させます。文字の出現を3フレームずつずらし、1文字ずつ順番に出てくるようにします。移動させたいキーフレームを選択した状態で、Alt〔option〕+左向き矢印でスムーズに移動させることができます。図のようにキーフレームをずらせたらOKです。

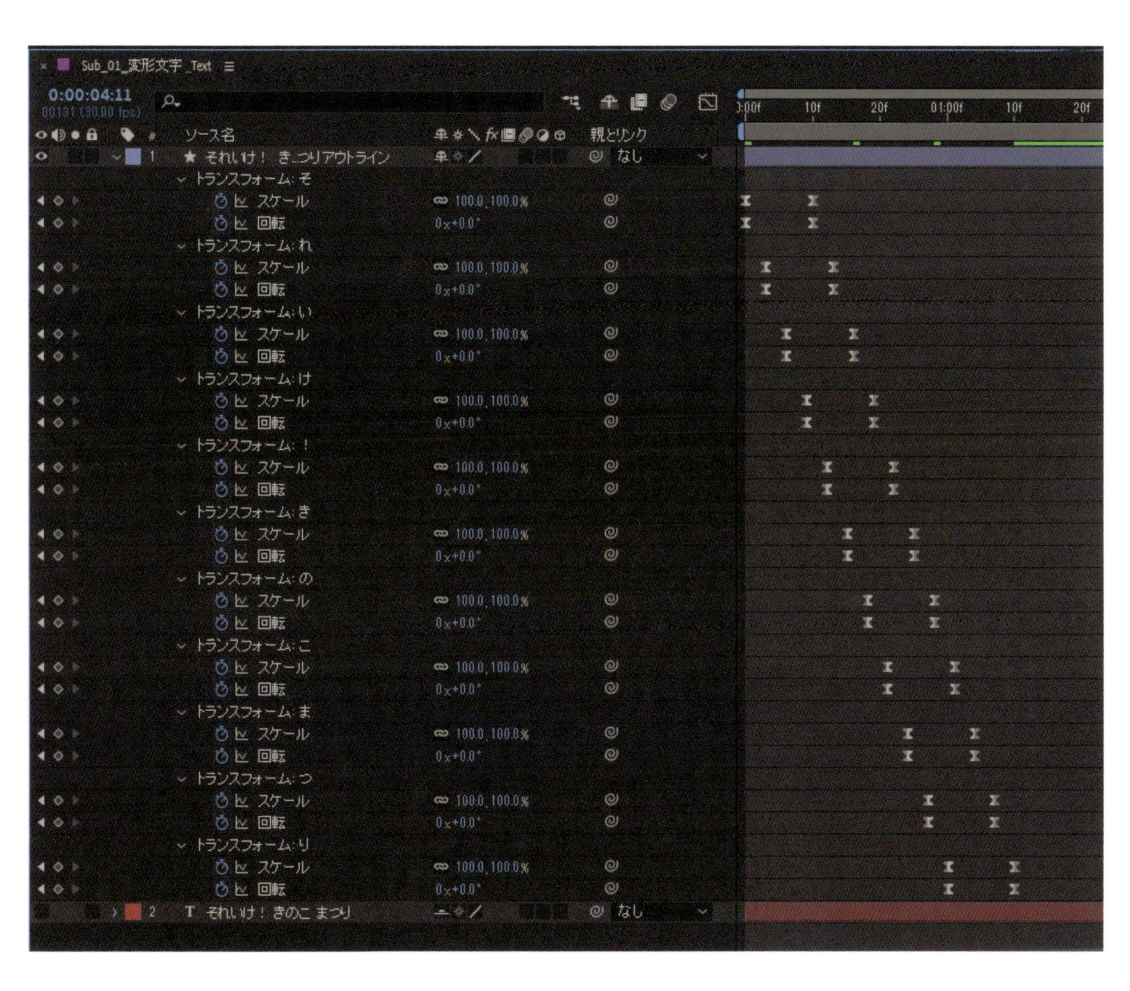

Step 3 テキスト全体の動きを作る

3-1 エフェクト「CC Bend It」と「CC_Bender」

個別のアニメーションをつけ終わったら、エフェクト「CC Bend It」を追加します。このエフェクトで左右に大きく揺さぶられるバネアニメーションを作ります。
まずは、「CC Bend It」の影響範囲を設定します。影響の起点を［Start：960,960］、終点の起点を［End：960,-1080］とします。この時、テキストに途切れやノイズが出ることがあります。その場合は数値を調整してください。

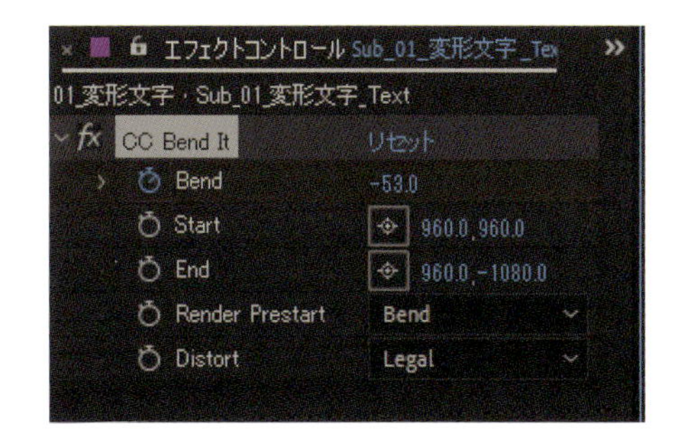

見切れている例　　　ノイズが出ている例

MEMO

illustratorなどの外部ファイルを使用する場合に限り、別途エフェクト「範囲拡張」を使用すると意図しない途切れを修正することができます。

続いて揺さぶられるアニメーションをつけていきます。「Bend」を次のように設定してください。リアルなバネの動きを再現するには、1つめのキーフレームから最後のキーフレームにかけて、徐々に数値を少なくしていくことで余韻を感じさせる動きを作ることができます。

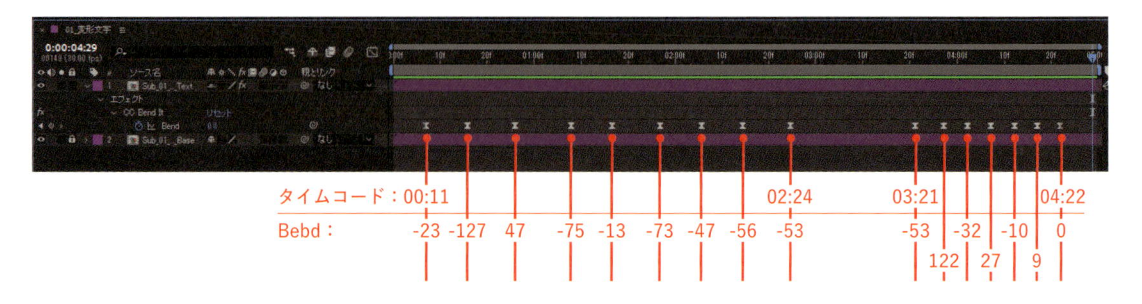

キーフレームを打ち終えたら、全てのキーフレームを選択し、Ctrl〔⌘〕+Shift+Kで「キーフレーム速度」ダイアログを開き、
［入る速度　影響：30%］
［出る速度　影響：85%］
としておきます。

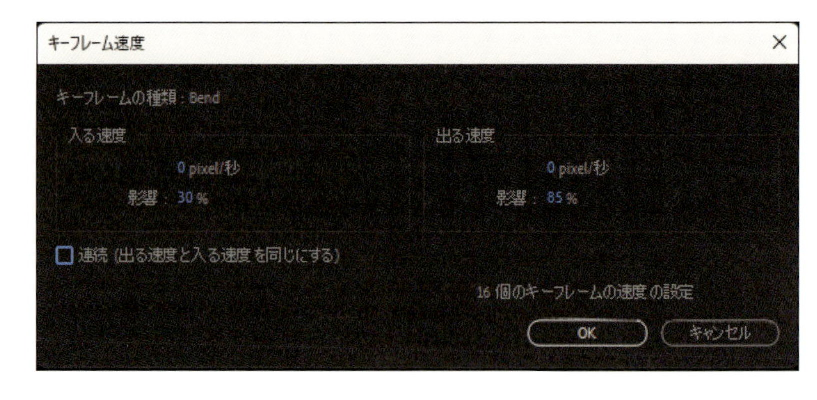

3-2 エフェクト「CC Bender」

さらに誇張したアニメーションにするため、エフェクト「CC Bender」を使いましょう。こちらも「CC Bend It」と同じく歪ませるエフェクトです。まずは「Top」と「Base」でテキストの稼働域を決めます。［Top：960,750］［Base：960,-1080］とします。続いて［Style：Marilyn］にします。これによりくねくねとしたニュアンスの動きになります。
指定しているキーフレームは次のページの図を参照にしてください。「CC Bend It」のキーフレームと少しズラすことで、より効果を強調することができます。

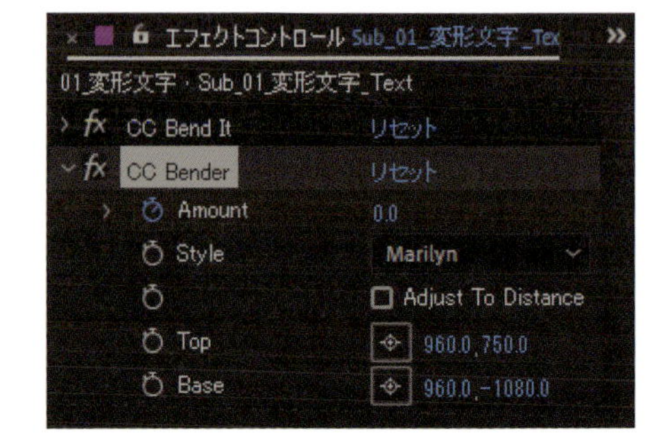

タイムコード：00:11 -30
00:20 20
01:00 -10
01:12 5
01:21 0

3-3 エフェクト「エコー」

エフェクト「エコー」を追加します。残像感や軌跡を演出するエフェクトですが、ここではテキストの形をさらに歪ませるために使用します。プロパティの設定は右の図のようにします。これ以前に追加した、2つのエフェクトの上にかけるようにしてください。高負荷がかかるエフェクトなので、使用するタイミングには注意が必要です。

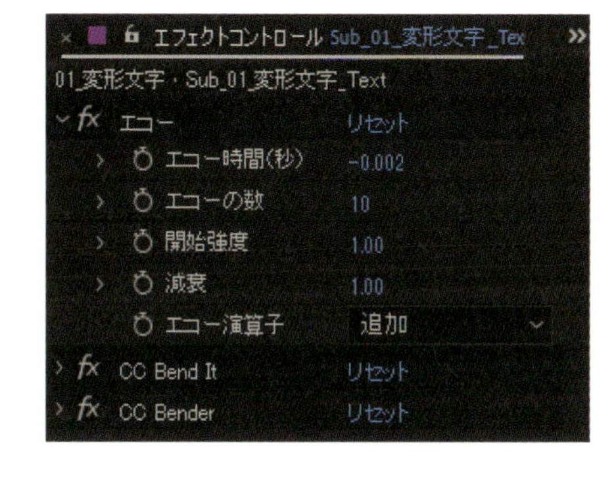

MEMO

エフェクトを重ね掛けする場合、各々のエフェクトが影響しあい、個別の効果が分かりにくい場合があります。エフェクトパネルの「fx」アイコンで一時的にエフェクトを非表示にできますので、適宜切り替えて使いましょう。

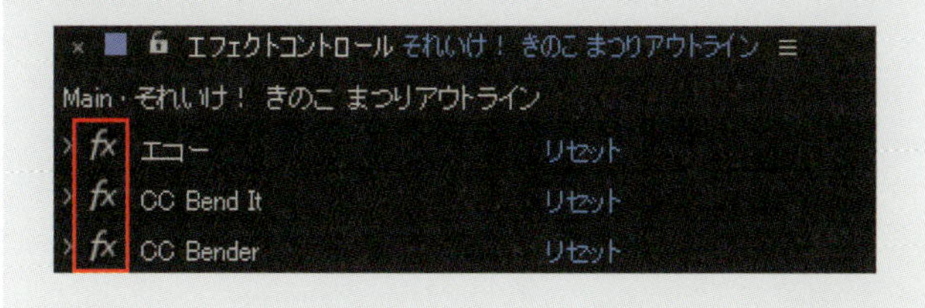

Step 4 Loookの作りこみ

最後にLookを作っていきましょう。ここではやや古さを感じるような質感を目指します。新規調整レイヤーにエフェクト「ブラー（ガウス）」を追加し、全体を均一にぼかします。さらにエフェクト「シャープ」を使い、一度ぼかしたLookを敢えて引き締めるようにします。これによりテキストの境界線などにノイズやにじみのような効果を付けることができます。

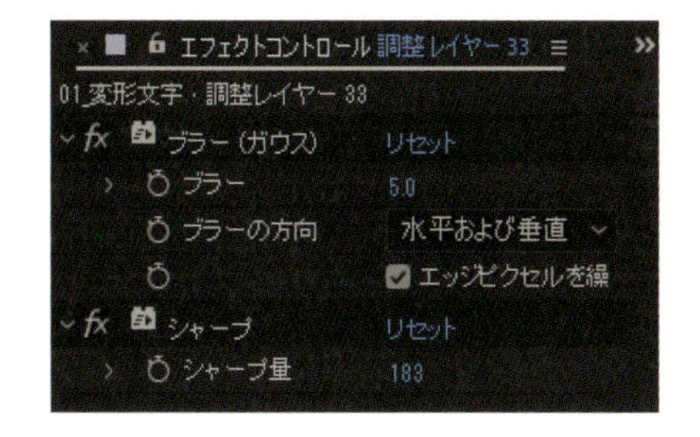

さらに調整レイヤーを新規作成し、エフェクト「ポスタリゼーション時間」を追加して少しカクカクとした雰囲気を追加します。以上でこの作例は完成です。

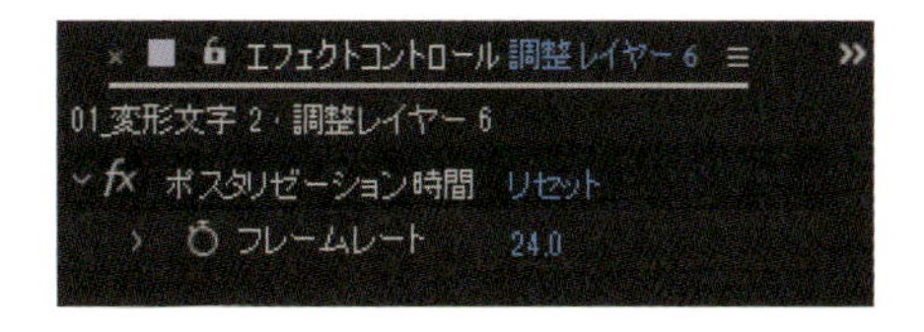

Section

05 汎用性バッチリ! オープン・ユア・テキスト

先行するラインから出現する定番のテキストモーション。シンプルだからこそ、どんな作品にも取り入れやすい高い汎用性が魅力です。一度作り方を覚えてしまえば、テキストに限らず、さまざまな応用が可能です。

制作・文
ナカドウガ

主な使用機能

パスのトリミング | トラックマット | マット設定 | カラーマット削除

1 テキストを作る

2つのテキストレイヤーを、作り込んでいきます。テキストパネルからフォント、カラーを設定します。ここでのフォントは、Adobe Fontsから提供されている「マキナス 4」を使用しています。

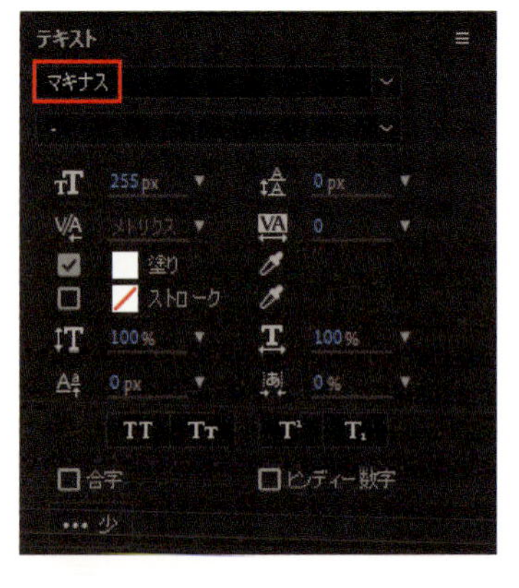

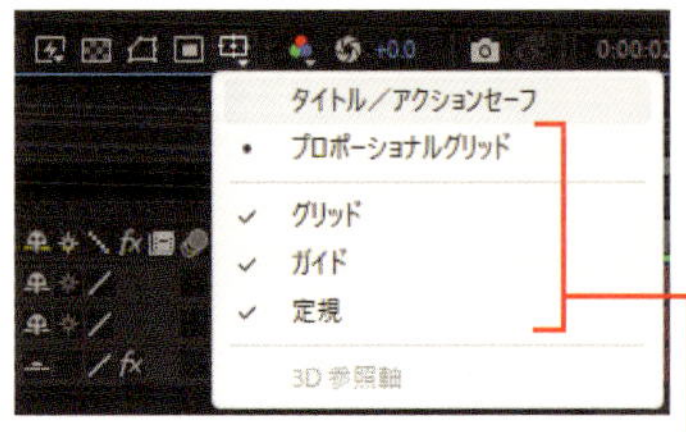

図のように上下の2段組になるようにレイアウトします。ガイドやグリッドを使いながら、各テキストの横幅や間隔を合わせ、整えます。

メニューバー“レイヤー”→“トランスフォーム”→“アンカーポイントをレイヤーコンテンツの中央に配置”を選択することで、アンカーポイントの位置をレイヤーの中央に配置します。

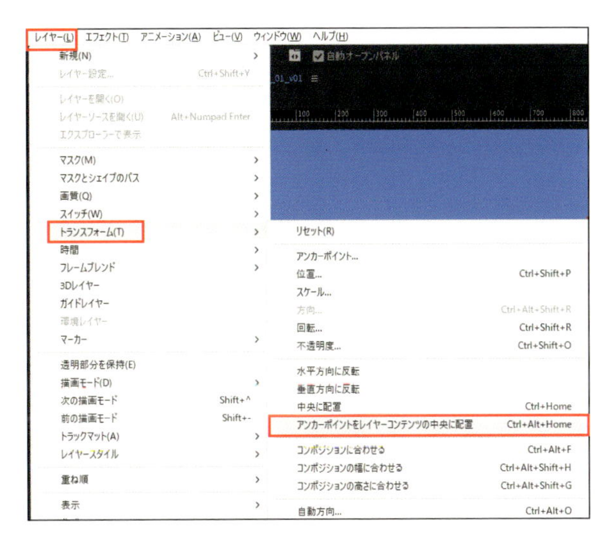

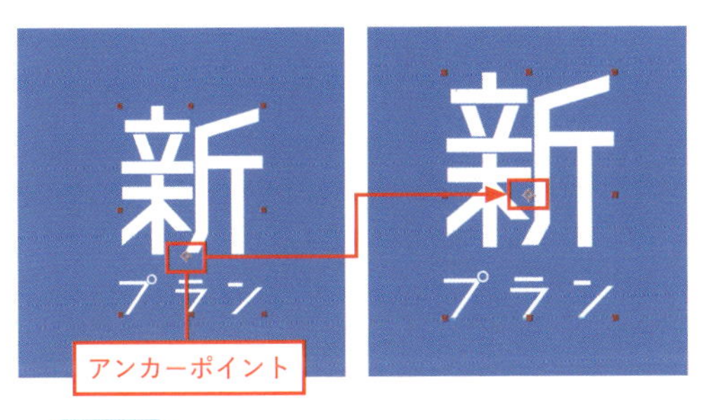

MEMO

「アンカーポイントをレイヤーコンテンツの中央に配置」のショートカットキー
Windows：Ctrl + Alt + Home
Mac：⌘ + option + home

2 パスでラインを作る

ペンツールを使ってラインを引きます。2つのテキストレイヤーで挟み込むように、コンポジションの中央に配置します。

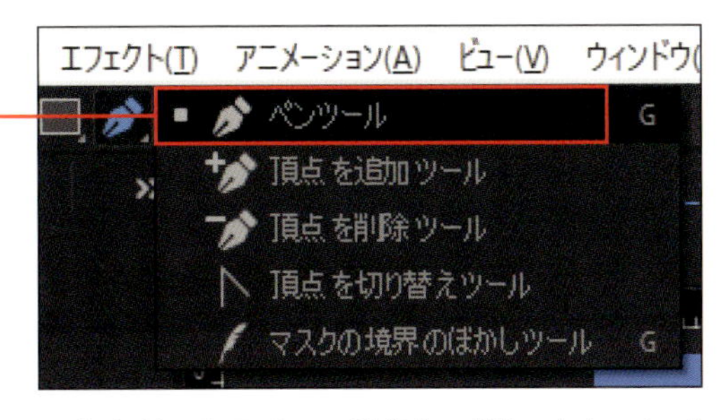

でき上がったラインの設定を、［線の太さ：4px］［カラー：白（#FFFFFF)］［塗り：なし］にしておきます。

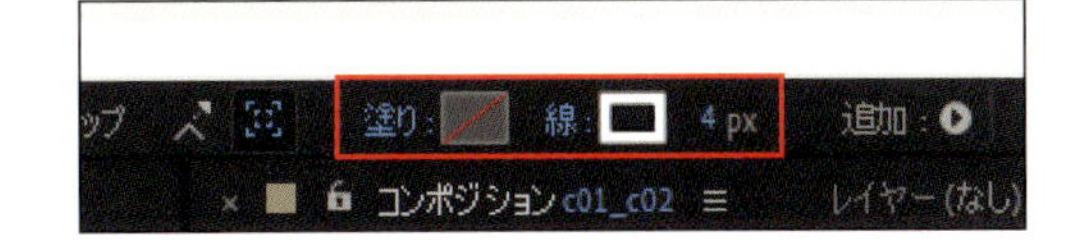

続いて、レイアウトを整えます。すべてのレイヤーを1つの塊りと捉え、コンポジションの中央になるように位置を移動させましょう。

MEMO

「プロポーショナルグリッド」を表示させることで、直感的にレイアウトを組むことができます。

3 ラインが伸びるモーションを作る

コンテンツの追加▶から“パスのトリミング”を適用します。開始点・終了点ともに図で示したタイムコードにキーフレームを打ち、ラインが中央から両端に向かって開くようなモーションを作りましょう。

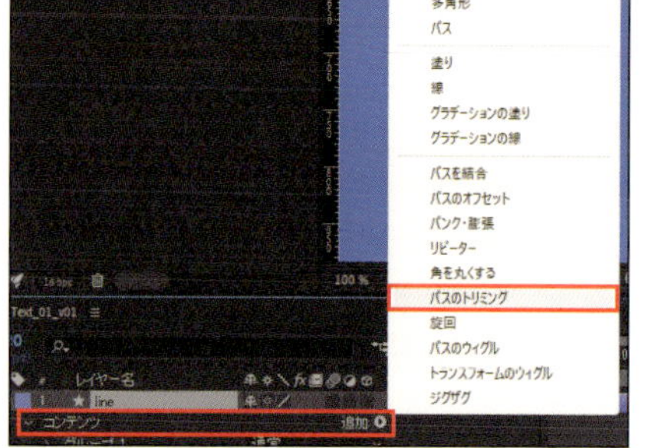

4 テキストの動きを作る

2つのテキストにモーションを付けます。[位置]プロパティを使って、各テキストが上下に移動するようにモーションを付けてください。

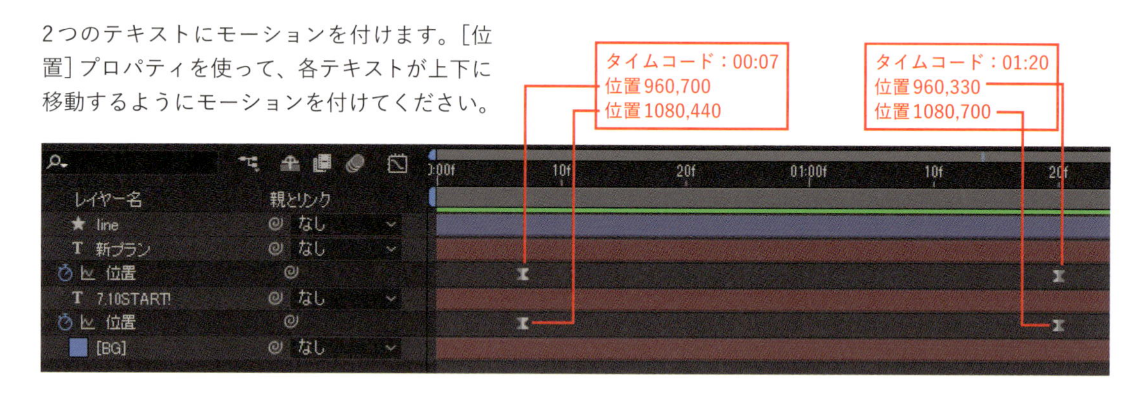

5 ラインから出現するようにマスクの範囲を決める

マスク用のシェイプを用意します。長方形ツールを使って、コンポジションの上半分をすべて覆うようにシェイプを作ります。

MEMO

このとき、中央のラインの縁に対しピッタリ合わせるのではなく、ラインをやや含めるようにしてください。

「トラックマット」を使って、2つのテキストレイヤーをマスク用のシェイプに割り当てます。この状態だと、下段のテキストのマスク範囲が反対になっているので、［マットの反転］をオンにして、2つのテキストレイヤーが中央から出現するようにしておきます。

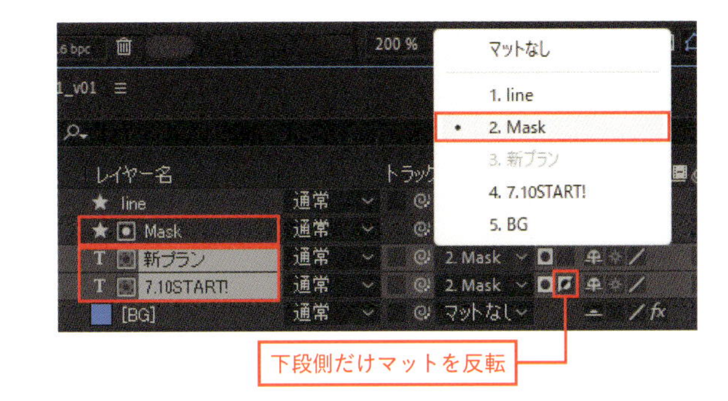

6 テキストの内部に広がる円形シェイプを作る

新たにシェイプを作ります。Ctrl＋Shiftキー〔Macでは⌘＋shift〕を押しながら楕円形ツールをダブルクリックすることで、コンポジションサイズに合った正円を作ることができます。

スケールを15％程度に縮小して、下段テキストの中央に合わせるように移動させます。作ったシェイプにエフェクト「マット設定」を追加します。［レイヤーからマットを取り込む］の参照先を下段テキストに設定します。するとテキストのアウトラインに沿って正円シェイプがマスクされました。

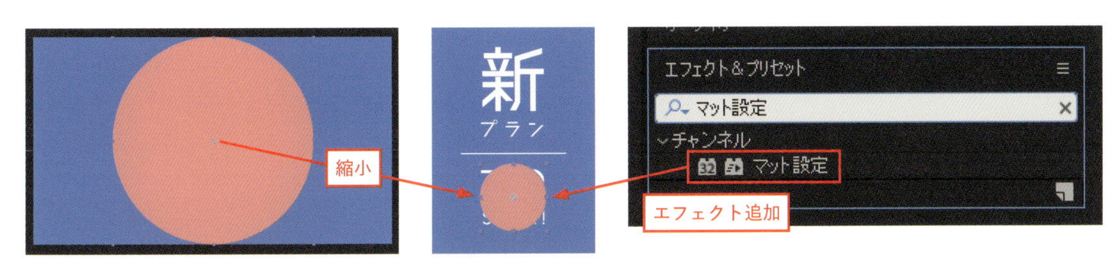

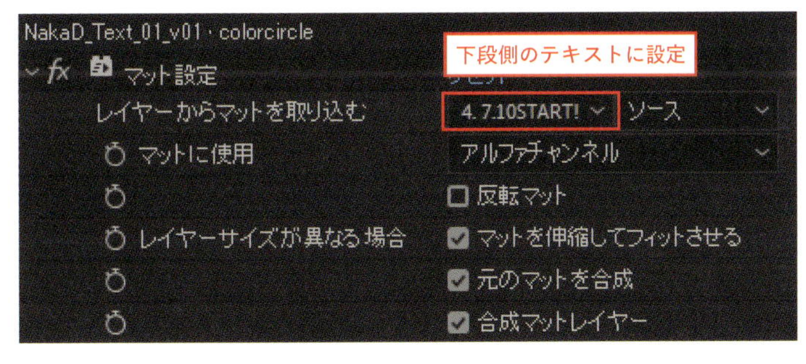

さらにクオリティを上げるため、ひと工夫を加えます。エフェクト「カラーマット削除」を追加し、［背景色］をテキストと同じ色に設定します。これで境界線のギザギザ感を緩和できます。
最後に円形シェイプを下段のテキストに親子付けし、スケールを使いじわじわと大きくなるモーションを付けて完成です。

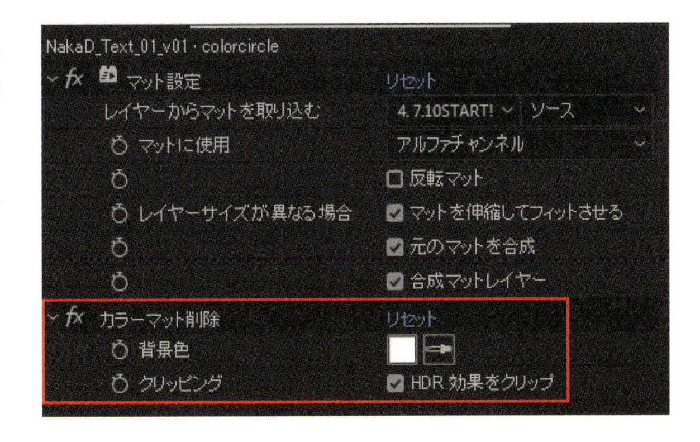

Section

06 1レイヤーで完結! バリアブルボックス

動画で確認!

After Effectsの標準機能では作るのが難しい、範囲を自動調整してくれるテキストボックス。実は、複数のエフェクトを組み合わせることで実現することが可能です。1つのレイヤーで管理しやすいのも大きな特徴です。

制作・文

ナカドウガ

主な使用機能

チョーク | 反転 | CC Composite | アニメーションプリセット

Step 1 自動調整するテキストボックスを作る

まず初めに、あらかじめサンプルデータ「AE_ch01-06.aep」をAfter Effectsに読み込んでおきましょう。

1-1 チョーク

最初に任意のテキストを用意します。この作例のデザインの特性上、太くインパクトのあるフォントとの相性が良いでしょう。後の工程でアニメーションさせることを見越して、段落を[左揃え]にしておきます。

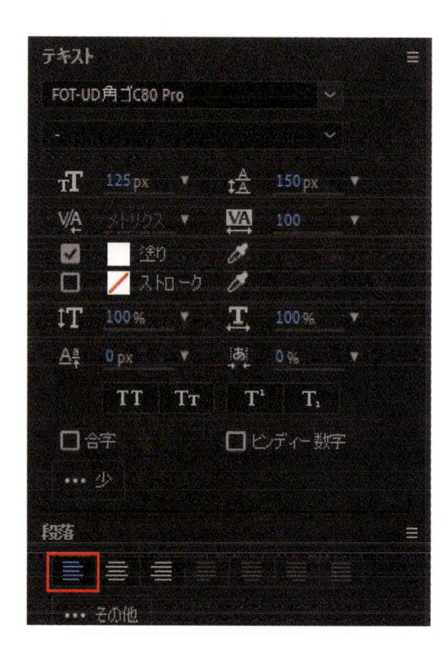

MEMO

この作例ではたくさんのエフェクトを重ね掛けしますので、エフェクト＆プリセットパネルを常に表示させ、確認しやすいようにしておくことをおすすめします。

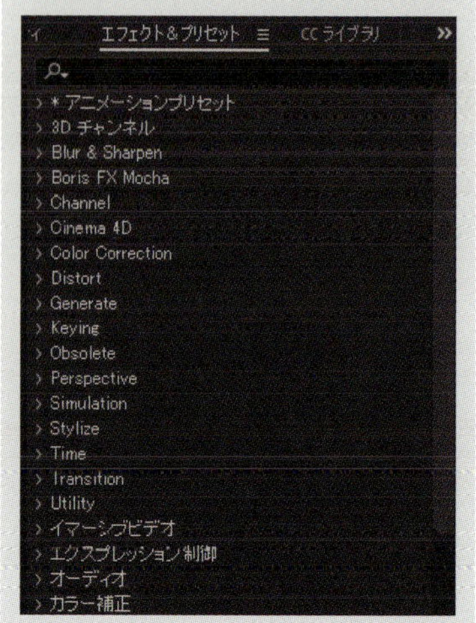

エフェクト＆プリセットパネルから「チョーク」を検索し、ドラッグ＆ドロップで追加します。

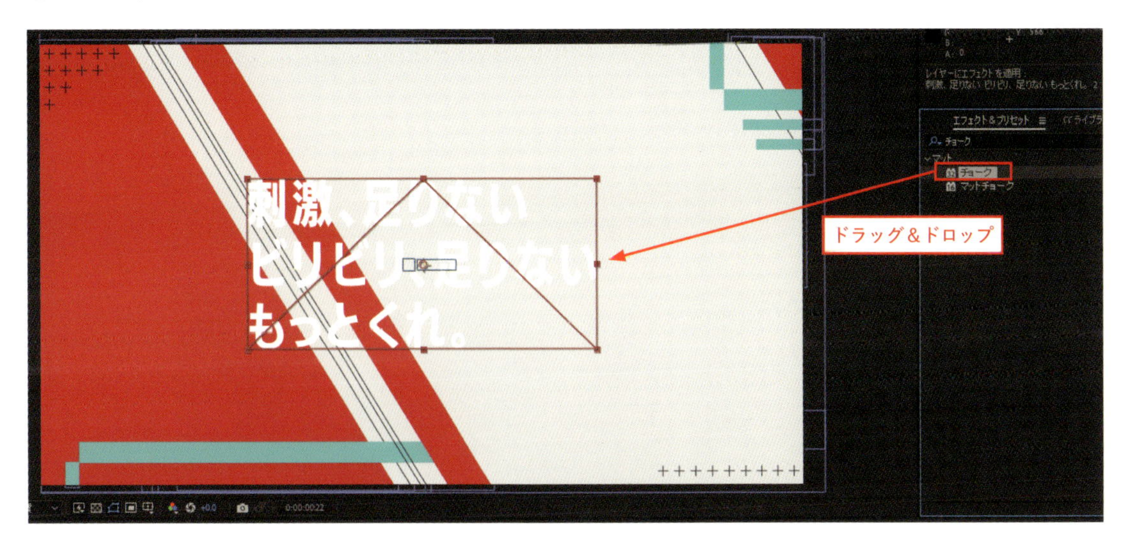

テキストが完全に消えるまで［チョークマット］の数値を上げましょう。作例では値を［35］にしています（この数値は使用するフォントやサイズにより変わります。）。

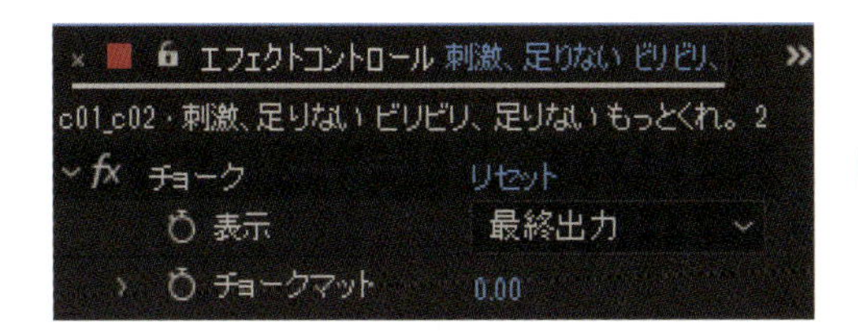

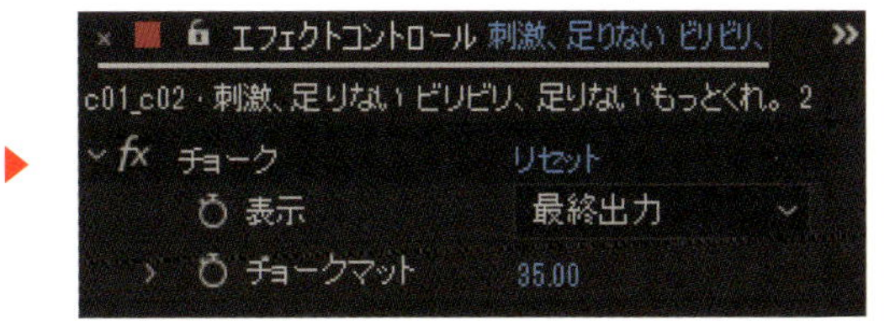

1-2 反転

エフェクト「反転」を追加します。［チャンネル：アルファ］にしておきます。この時点では文字の周囲にギザギザが出てしまっていますが、後の工程で改善します。

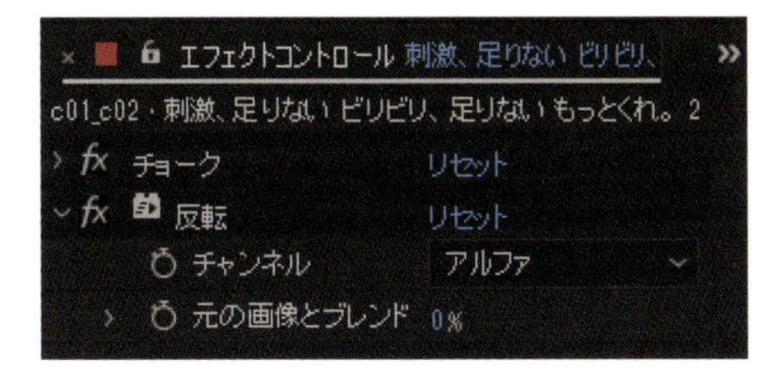

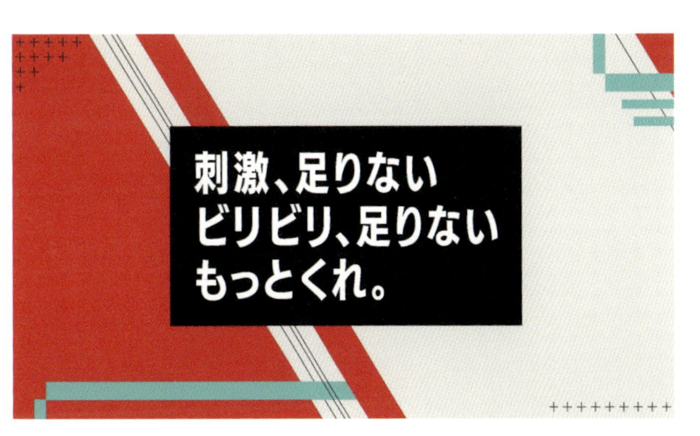

境界線にギザギザの模様が認められる

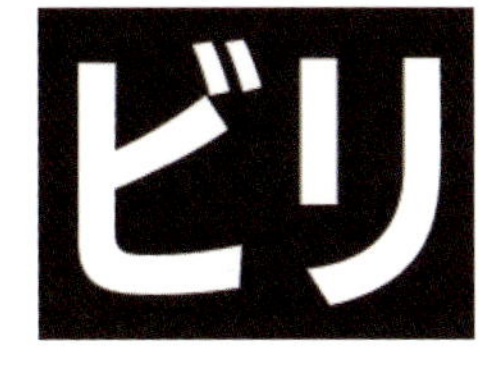

1-3 塗り

このエフェクト「塗り」は、テキストボックスの色を決めるものです。テキストそのものの色は、テキストパネルから設定して下さい。ここでは［カラー：暗赤色(#240306)］にしておきます。このエフェクトを追加すると、一時的にテキストが見えなくなることに留意して下さい。

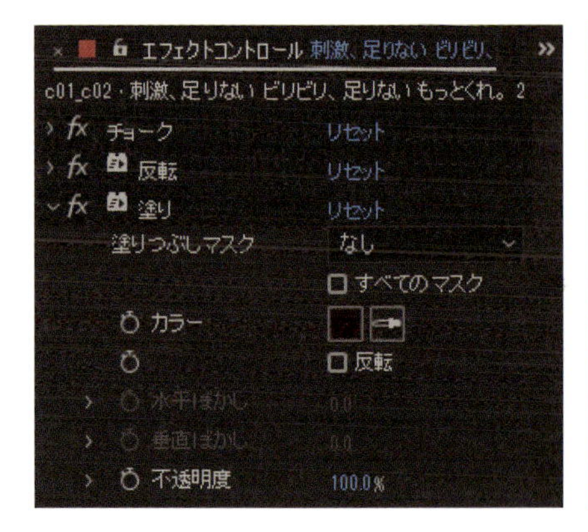

1-4 CC Composite

続いてエフェクト「CC Composite」を追加します（ここでは設定変更は必要はありません）。するとテキストが表示されるようになり、境界線のギザギザ模様が緩和されています。これで、テキスト範囲に対し自動調整するテキストボックスを作ることができました。

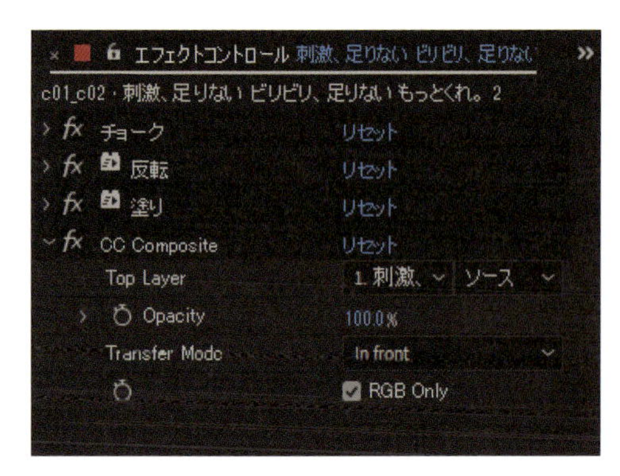

Step 2 テキストボックスの形状をアレンジする

2-1 グラデーション

1-3 で紹介した単色の「塗り」の代わりに「グラデーション」使うことで、ボックスの色をグラデーションに変更できます。「グラデーション」を使う場合は「塗り」をオフにしておいてください。

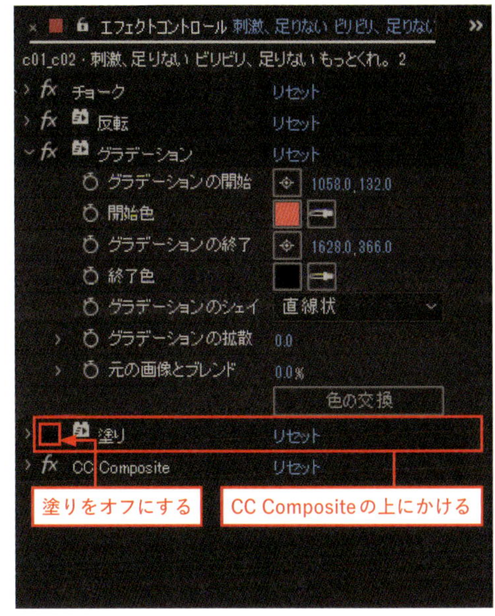

2-2 マットチョーク

テキストボックスを角丸にしたい場合は、「CC Composite」の下にエフェクト「マットチョーク」を追加します。[ジオメトリックソフト1]の数値を[65]まで上げると、ボックスの角が丸みのある形状に削れていきます。このままだとボックスの境界線がぼやけているので、[グレーレベルソフト]を[1%]にしてぼやけ具合を緩和させます。また 1-1 で説明した［チョーク］の数値を可変することで、テキストボックス自体の大きさを調整することもできます。

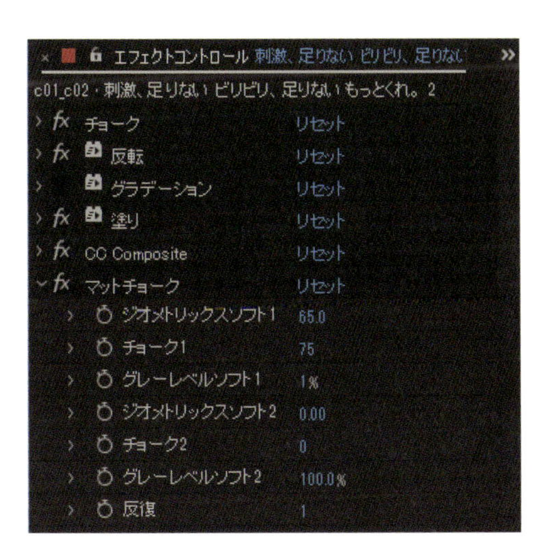

2-3 ドロップシャドウ

この作例ではエフェクト「ドロップシャドウ」も効果的です。ここでは［柔らかさ］を［0］にしてソリッドな雰囲気を狙いましょう。

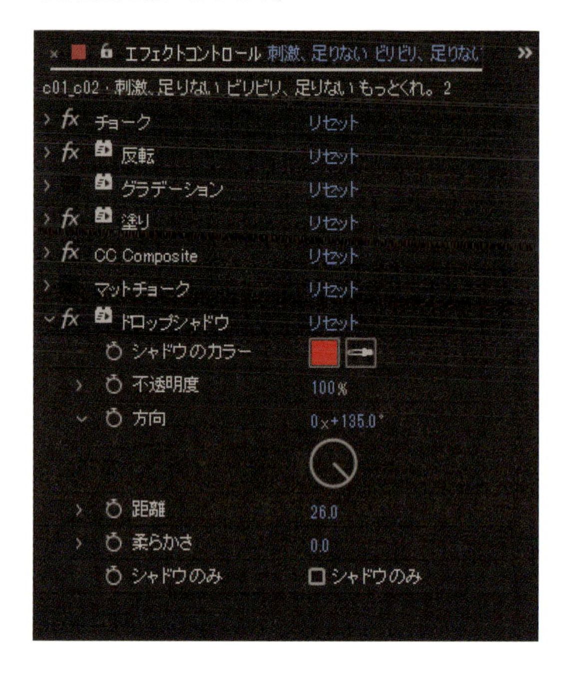

2-4 CC Slant

ボックス自体に斜体効果を付けることも可能です。［Floor］の数値をテキストレイヤーの「位置」と同じ数値にしておくことで、エフェクトによる位置のズレを無くすことができます。傾き具合を調整する［Slant：20］にしておきましょう。

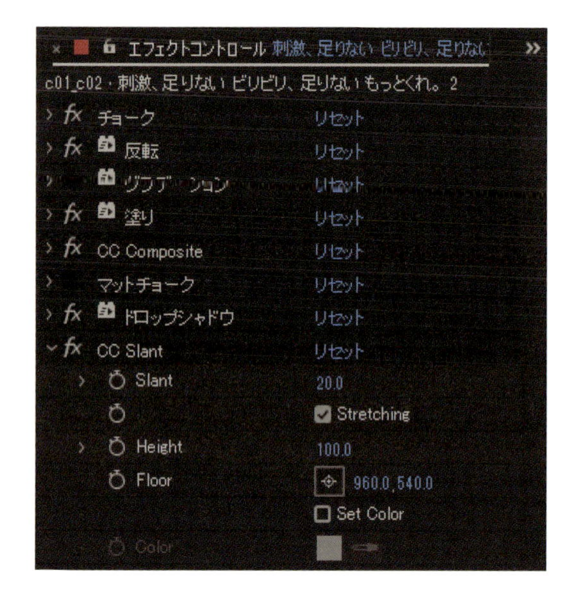

Step 3 おすすめの動かし方

この作例の構造上、テキスト本体とテキストボックスを別々に制御することは困難です。そのため、表現できるアニメーションも限られてしまいますが、おすすめのアニメーションを紹介します。

3-1 アニメーター：字送り

テキストのアニメーター▶から“字送り”を追加します。［高度］セクション内の［シェイプ］を［上へ傾斜］にしておくことを忘れないようにしてください。より滑らかなイージングのための［イーズ（高く・低く）］はともに［70%］にしておきます。

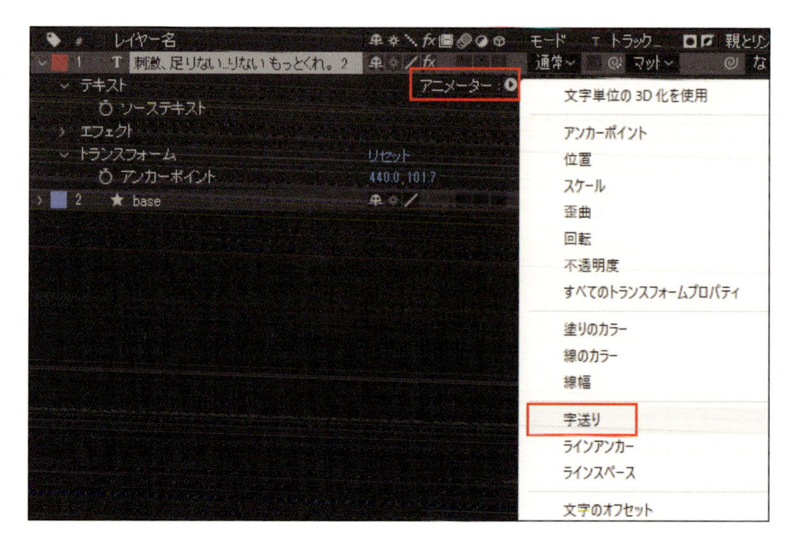

タイムコード：00:02
オフセット：-100

タイムコード：00:22
オフセット：100

シェイプ：上へ傾斜
イーズ（高く）：70%
イーズ（低く）：70%
トラッキングの量：200

3-2 アニメーションプリセット

アニメーションプリセットを使用して、文字が1文字ずつ出現するアニメーションを作ることができます。エフェクト＆プリセットパネルで「カーソル」と検索しましょう。「点滅するカーソルタイプライターコンソール」という候補がでてきます。文字が出現する尺を調整したい場合はアニメーションの［スライダー］を、［カーソルのオン／オフ］［カーソルの形状］を変えたい場合はそれぞれの項目を調整してみてください。

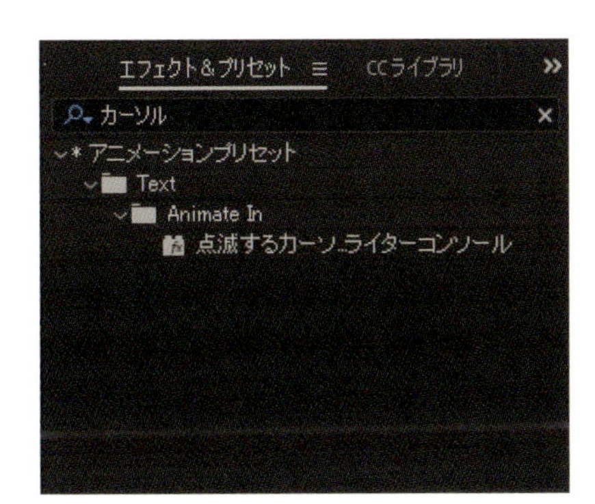

P.32で紹介した「トラックマット」を使用したアニメーションや、P.65の「グリッチ」とも好相性です。作品のテイストに合わせてうまく組み合わせてみてください。

Section

07 数を増やして華やかに！ テキスト分身の術

動画で確認！

テキストをタイリングして作成するインパクトのある表現です。伝えたいメッセージを強く印象付けることが出来るため、幅広い分野で役立つ手法です。

制作・文

ヌル1

主な使用機能

エクスプレッション ｜ スライダー制御 ｜ ブラインド

Step 1 テキストレイヤーを作成する

1-1 テキストレイヤーを画面中央に配置する

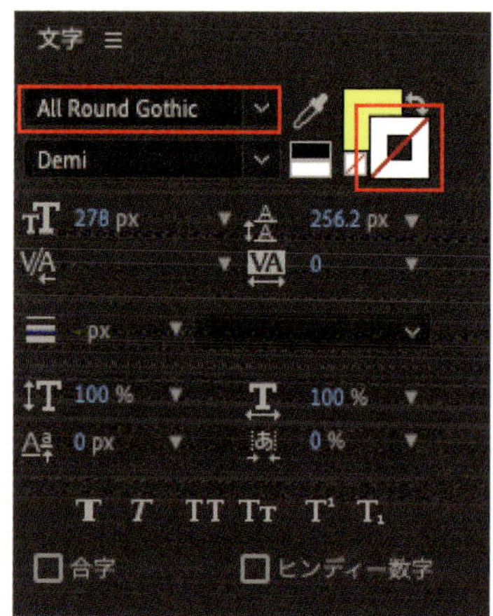

テキストレイヤーを作成し、文字パネルからフォントや色を設定します。文字の線カラーは［なし］にしておきましょう。この作例では、Adobe Fontから提供されている「All Round Gothic」フォントを使用しています。

テキストレイヤーを選択した状態で、Ctrl＋Alt＋Home〔Macでは⌘＋option＋Home〕キーを押して、レイヤーの中央にアンカーポイントを配置します。続けて、Ctrl〔Macでは⌘〕＋Homeキーを押してテキストレイヤーを画面中央に配置しましょう。

テキストレイヤーの［位置］を右クリックして、“次元に分割”を選びます。位置プロパティが「X位置」と「Y位置」に分割されます。

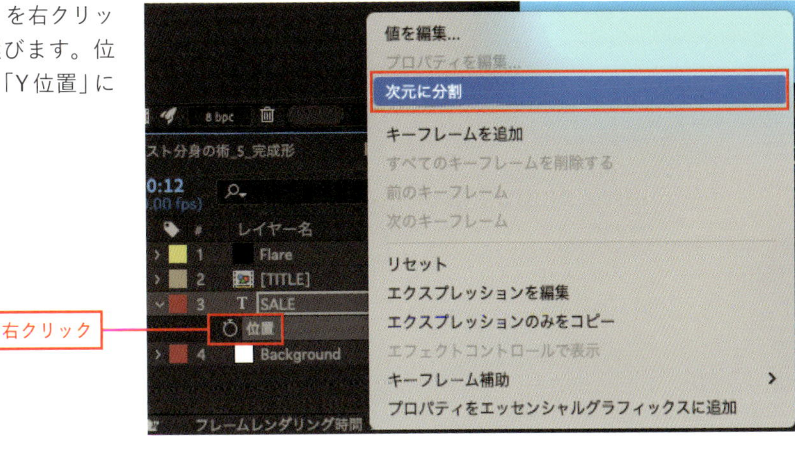

1-2 テキストレイヤーを複製する

上下に移動するテキストレイヤーを作成します。テキストレイヤーを選択した状態で、Ctrl〔Macでは⌘〕+ D を2回押してレイヤーを2つ複製します。

MEMO

複製したテキストレイヤーは、管理しやすいようにレイヤー名とラベルカラーを変更しておきましょう。作例では複製元のテキストレイヤーを「SALE」、上に広がるテキストを「SALE_UP」、下に広がるテキストを「SALE_DOWN」としています。

1-3 Y位置をエクスプレッションで制御する

「SALE」レイヤーを選択した状態で、メニューバー“エフェクト”→“エクスプレッション制御”→“スライダー制御”を追加します。
「SALE_DOWN」レイヤーの［Y位置］にある、ストップウォッチアイコンを Alt〔Macでは option〕キーを押しながらクリックして、エクスプレッションを記入します。

```
y = thisComp.layer("SALE").transform.yPosition;
s = thisComp.layer("SALE").effect("スライダー制御")("スライダー");
y+s*2
```

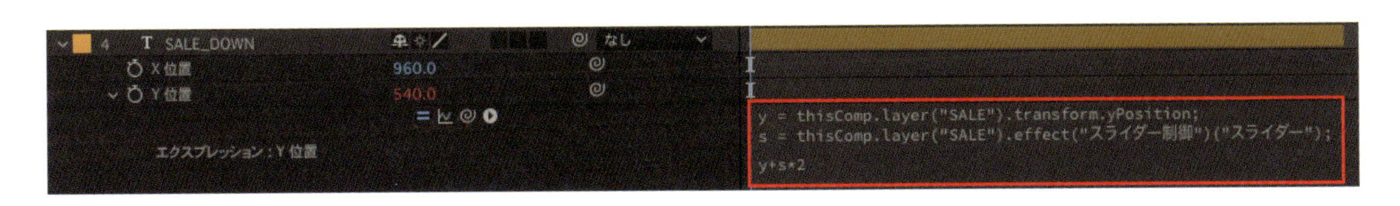

同様に「SALE_UP」レイヤーのY位置にも下記エクスプレッションを追加します。「SALE_DOWN」レイヤーに追加したエクスプレッションと殆ど一緒ですが、3行目の数値の前に-（マイナス）を付けることで上方向へ移動するようになります。

```
y = thisComp.layer("SALE").transform.yPosition;
s = thisComp.layer("SALE").effect("スライダー制御")("スライダー");
y+s*-2
```

これでスライダー制御の操作により、「SALE_DOWN」レイヤーと「SALE_UP」レイヤーが上下に移動できるようになりました。スライダー制御の値を変更して動作を確認しましょう。

Step 2 アニメーションを作り込む

2-1 更に複製して、移動幅と速度を調整する

「SALE_DOWN」レイヤーと「SALE_UP」レイヤーを選択した状態で、Ctrl（Macでは⌘）+ D を2回押して各レイヤーを2つずつ複製します。

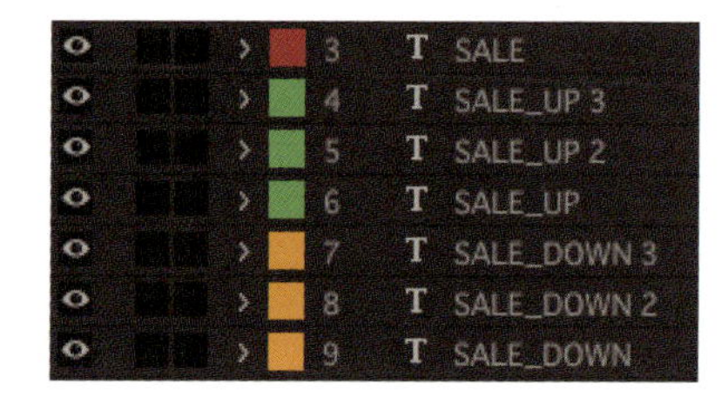

「SALE_DOWN 2」レイヤーのエクスプレッション3行目を「y+s*4」に変更します。

```
y = thisComp.layer("SALE").transform.yPosition;
s = thisComp.layer("SALE").effect("スライダー制御")("スライダー");
y+s*4
```

「SALE_DOWN 3」レイヤーのエクスプレッション3行目を「y+s*6」に変更します。

```
y = thisComp.layer("SALE").transform.yPosition;
s = thisComp.layer("SALE").effect("スライダー制御")("スライダー");
y+s*6
```

「SALE_UP 2」レイヤーのエクスプレッション3行目を「y+s*-4」に変更します。

```
y = thisComp.layer("SALE").transform.yPosition;
s = thisComp.layer("SALE").effect("スライダー制御")("スライダー");
y+s*-4
```

「SALE_UP 3」レイヤーのエクスプレッション3行目を「y+s*-6」に変更します。

```
y = thisComp.layer("SALE").transform.yPosition;
s = thisComp.layer("SALE").effect("スライダー制御")("スライダー");
y+s*-6
```

「スライダー制御」にキーフレームを打ち、テキストレイヤーが上下に広がるアニメーションを付けましょう。テキストサイズによって、適切なスライダーの数値は増減します。

これで、テキストレイヤーが上下に広がるアニメーションができました。

続けて動きにメリハリを付けましょう。[00:10]のキーフレームを選択して、Ctrl（Macでは⌘）+Shift+Kで「キーフレーム速度」を開きます。[出る速度：400/秒][影響：20%]に変更します。

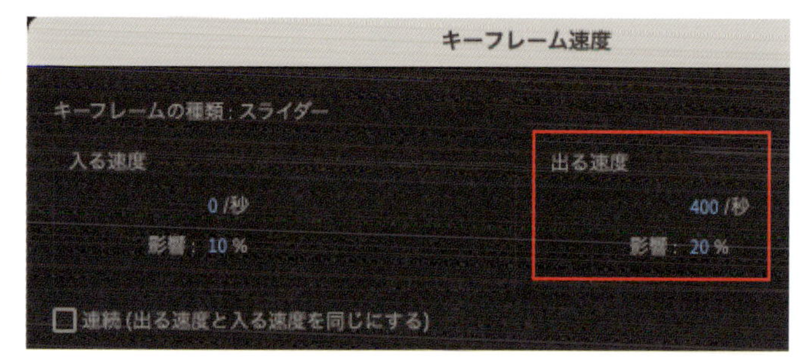

同様に[01:13]のキーフレームの[入る速度：0/秒][影響：35%]にしましょう。

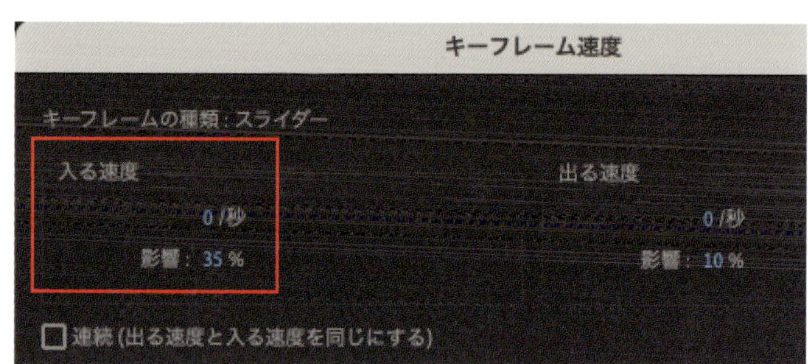

Step 3 バリエーションを増やす

3-1 テキストのアウトラインを作成

「SALE_DOWN」レイヤーと「SALE_UP」レイヤーを選択して、文字パネルのカラーボックス右上の双方矢印マークをクリックします。塗りと線の色が入れ替わり、テキストがアウトラインになります。同じく文字パネルから[線幅]を任意に設定しましょう（本作例では[5px]としています。）。

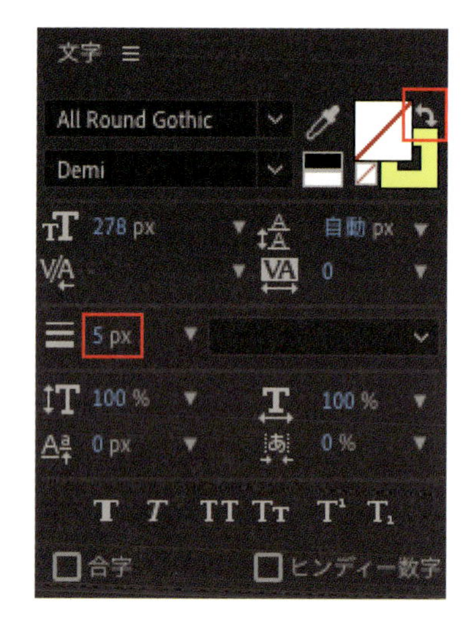

3-2 ストライプ柄のテキストを作成

「SALE_DOWN 2」レイヤーと「SALE_UP 2」レイヤーを選択して、メニューバー"エフェクト"→"トランジション"→"ブラインド"を追加します。プロパティを、[変換終了：50%][方向：30.0°][幅：15]に変更しましょう。

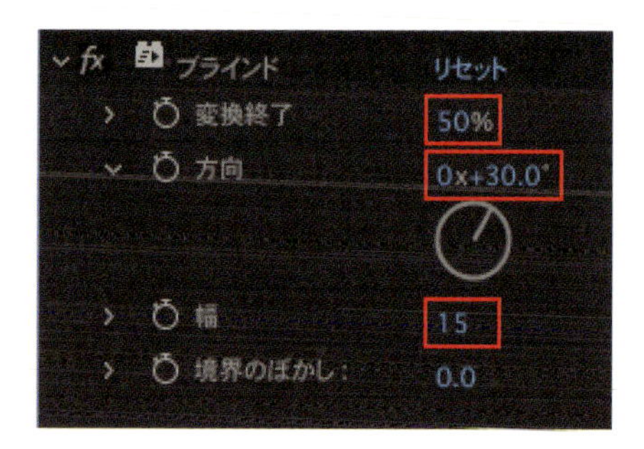

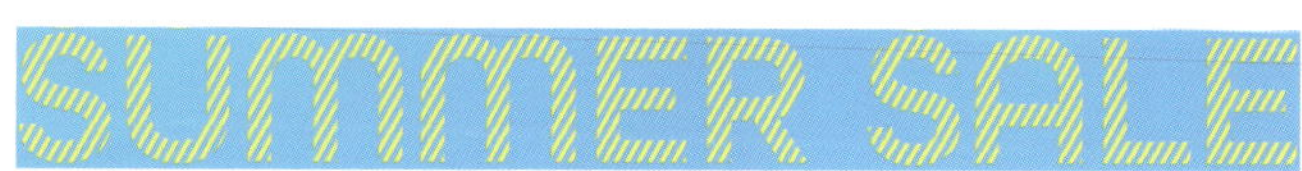

Step 4 テキストをフレームアウトさせる

4-1 キーフレーム設定

「SALE」レイヤーの[X位置]にキーフレームを打ち、
テキストを右へスライドしてフレームアウトさせます。

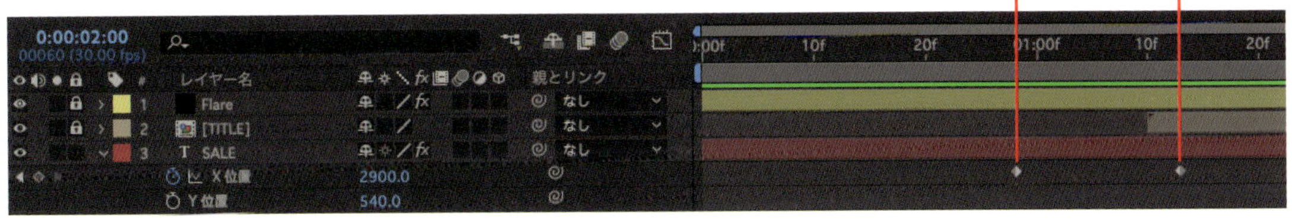

徐々に加速しながらフレームアウトするようにイージング調整します。「00:28」のキーフレームから「キーフレーム速度」を開き、[出る速度：0 pixel/秒][影響：100%]に変更します。

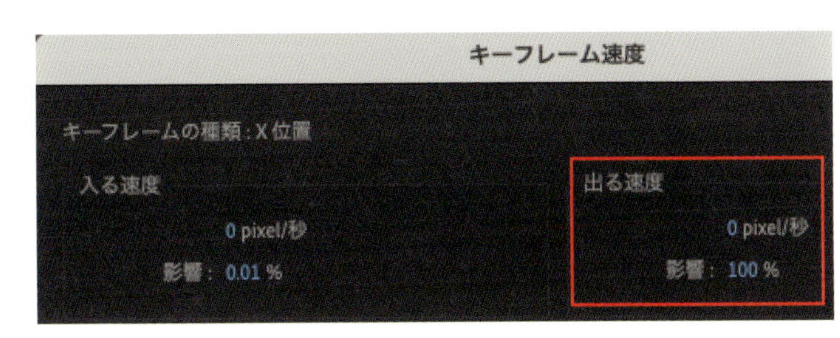

4-2 タイミング調整

画面中央にあるレイヤーから先行してスライドするように、キーフレームのタイミングを調整しましょう。本作例では1フレームずつタイミングをずらしています。テキストがフレームアウトするタイミングと、セールタイトルがフレームインするタイミングを合わせて完成です。

MEMO

本作例では、Y位置をエクスプレッションで制御しましたが、X位置も同様にエクスプレッション制御することで上下左右に並べて配置することができます。写真などを並べて動かす場合に役立つので、場面に応じて使用してみてください。

Section

08 モーションで目線誘導 アテンションテキスト

動画で確認！

文字を個別に動かしたり、テキストボックスのアテンションで視線を誘導するテキストモーションの作成方法を紹介します。

制作・文
minmooba

主な使用機能

テキストレイヤー ｜ シェイプレイヤー ｜ トラックマット ｜ マット設定 ｜ ポスタリゼーション時間

Step 1 テキスト作成

ツールパネルの「横書き文字ツール」で、「ビビッドカラーのネオンバッグで個性発揮！」と入力します。各種パラメーターは次の通りです。

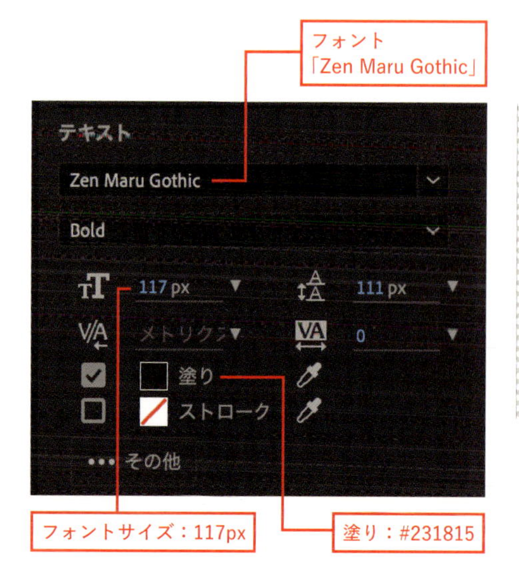

ビビッドカラーの
ネオンバッグで個性発揮！

Step 2 シェイプレイヤー変換

テキストレイヤーを右クリックし、"作成"→"テキストからシェイプを作成"を選択します（例：「ネオンバッグ」）。

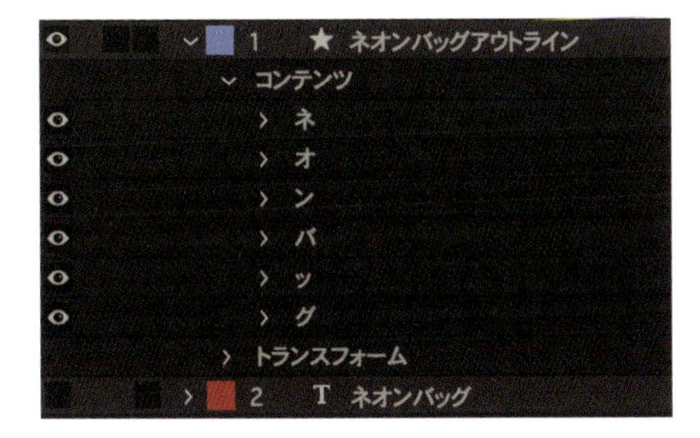

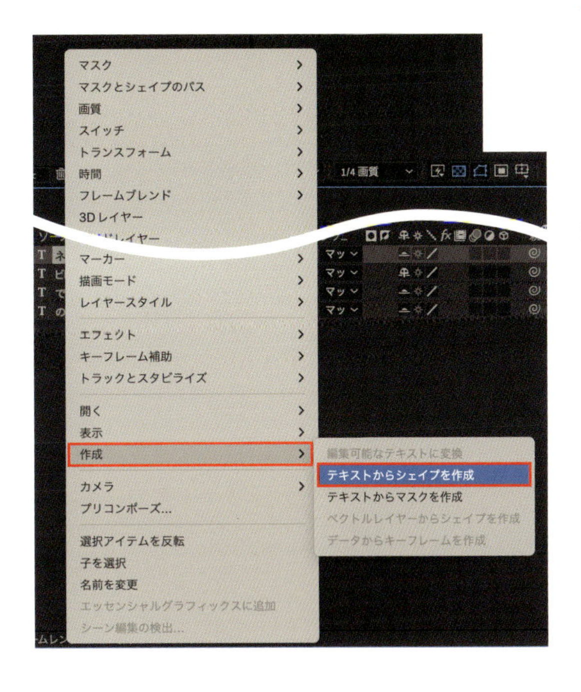

変換されたシェイプレイヤーを複製（Ctrl〔⌘〕+D）して不要なグループを削除し、テキストの状態だと位置調整が難しいため各文字を個別のシェイプレイヤーに分割します。

MEMO

「Explode Shape Layers」スクリプトを使うと、シェイプレイヤー内のシェイプを分解・統合する作業が簡単にできます。

Step 3 テキストボックス

3-1 ボックスを作成する

長方形ツールで図の設定のテキストボックスを作成します。

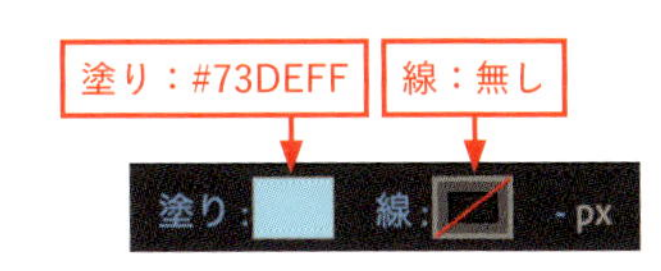

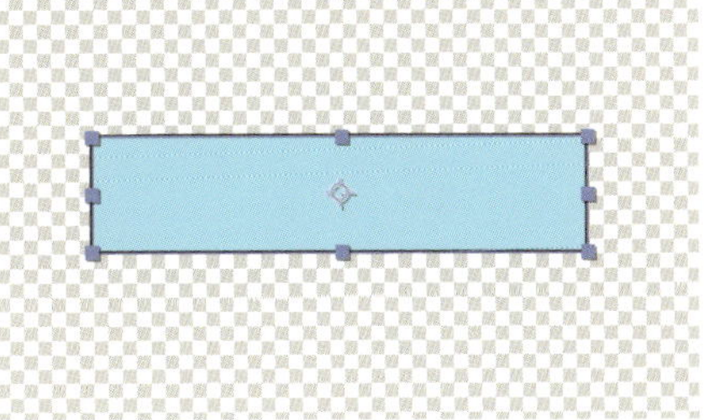

作成したレイヤーを右クリックで、"レイヤースタイル"→"境界線"を追加して次のように設定します。

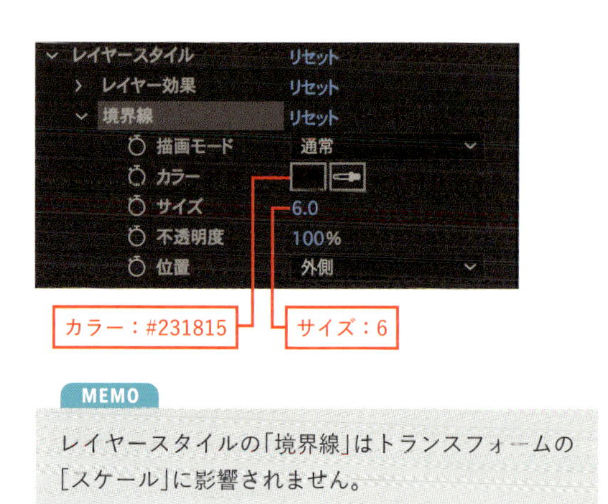

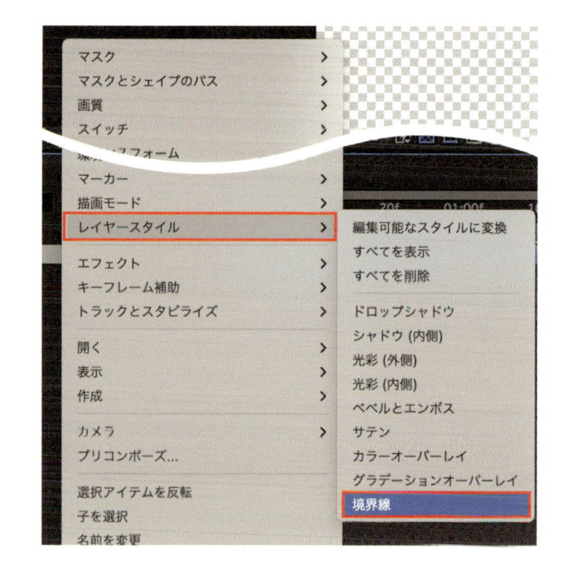

MEMO

レイヤースタイルの「境界線」はトランスフォームの[スケール]に影響されません。

3-2 ボックスモーション

「アンカーポイントツール」でアンカーポイントをレイヤーの左端に設定します（Ctrl〔⌘〕を押しながらドラッグでスナップ）。

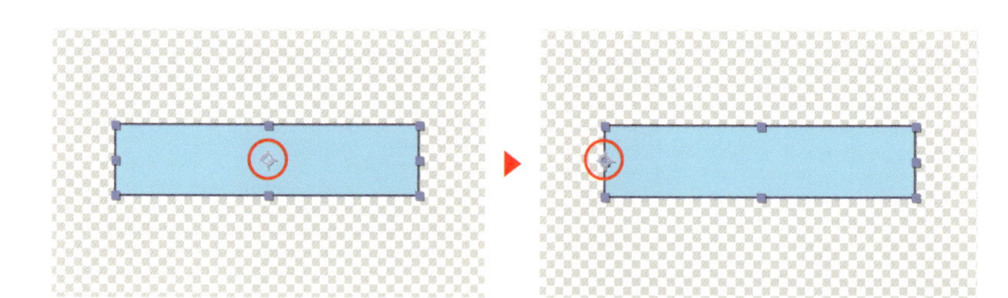

[00:00] で [スケール] の左側にある「縦横比の固定」のリンクのチェックを外し、[スケール：0, 100]（Xのスケールを0%）に設定します。[00:26]で、Xのスケールを[100%]にします。両方のキーフレームを選択し、F9キーでイージーイーズを適用します。

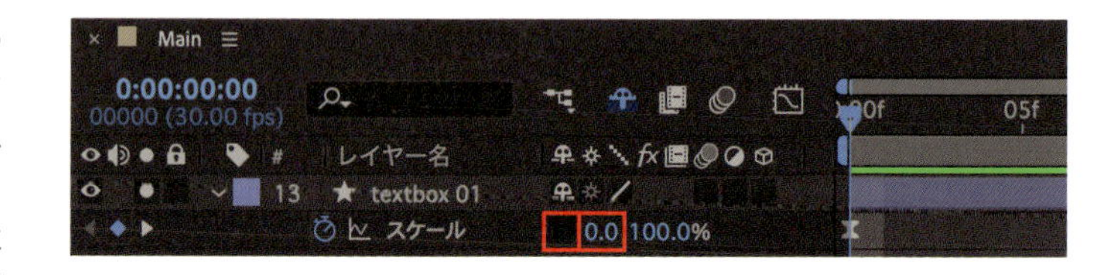

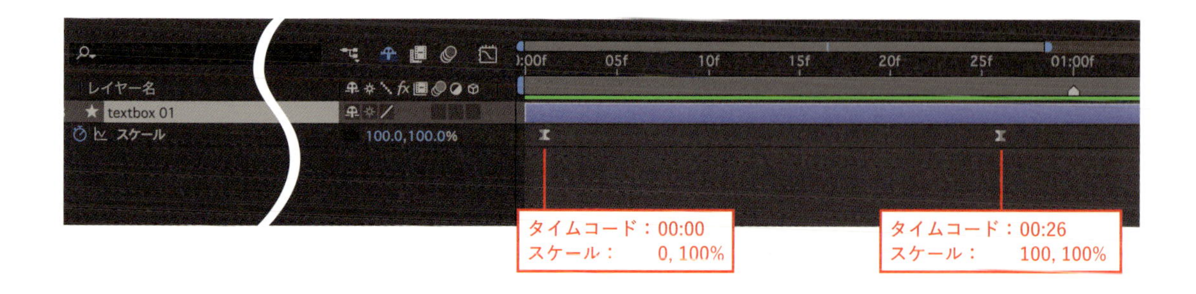

徐々に勢いを増し、着地で減速する動きをつけます。キーフレームをひとつずつ選択し、Ctrl〔⌘〕+ Shift + K でキーフレーム速度ダイアログを開き、[入る速度]と[出る速度]の[影響]の数値を入力して緩急をつけます。[00:00] の値は右のように設定し、[00:26] では入る速度を [100%]、出る速度を [17%] にします。影の部分も、同じ工程で作ります。

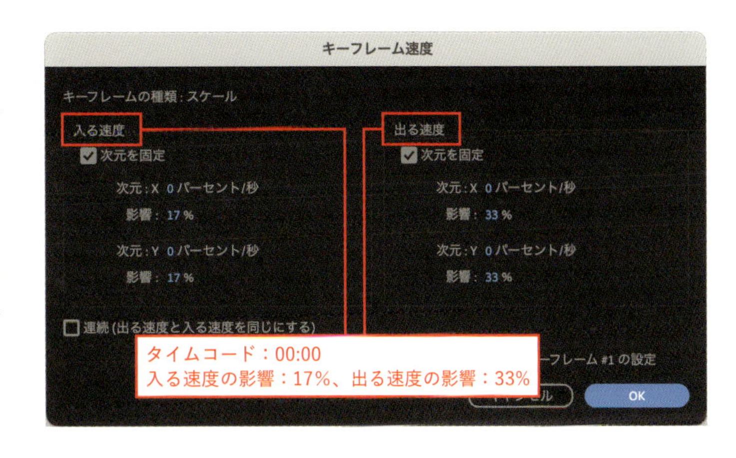

Step 4 文字を個別に動かす

4-1 モーション

Step 2 で一文字ずつに分解したテキスト（「ビビッドカラー」）に、[位置]、[スケール]、[回転]のキーフレームを設定し、文字が落ちてきてバウンスする動きをつけます。

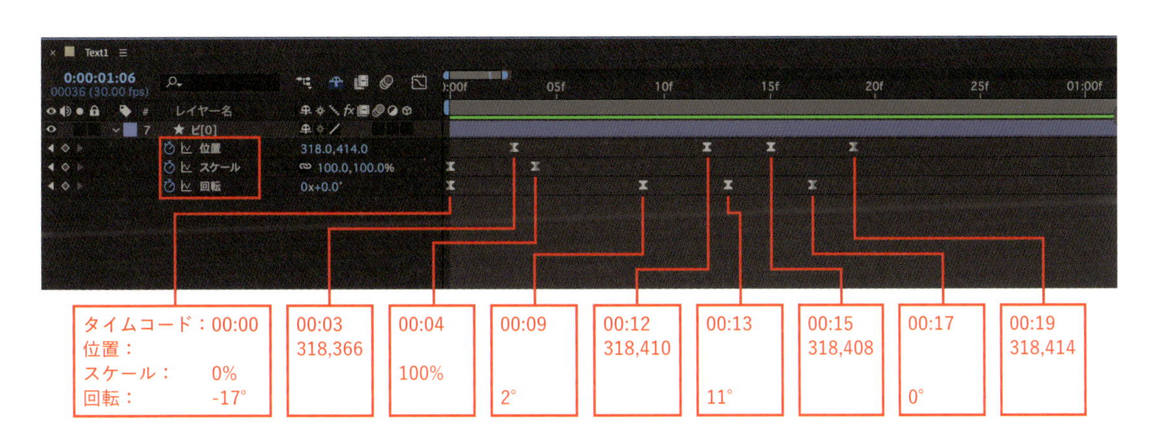

レイヤーをドラッグして、各文字のシェイプレイヤーを2フレームずつずらして配置します。

4-2 プリコンポーズ

全ての文字のシェイプレイヤーを Ctrl〔⌘〕+ Shift + C でプリコンポーズし、「Text」コンポジションと名付けます。「Text」コンポジションをメインコンポジションに配置し、メニューバー“エフェクト”→“チャンネル”→“マット設定”を適用し、Step 3 で作成したテキストボックスをマットとして設定します。これで、テキストがボックスでマスクされます。

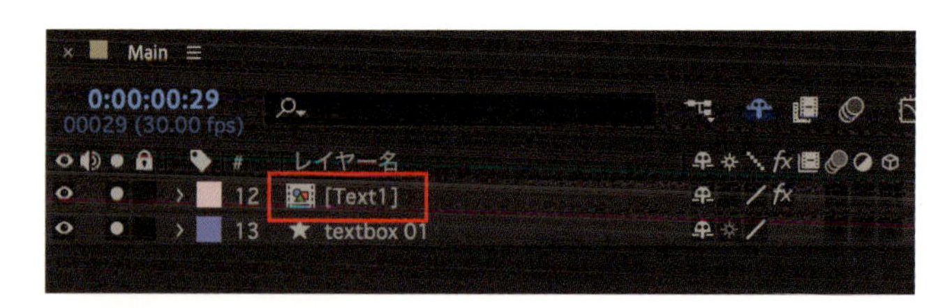

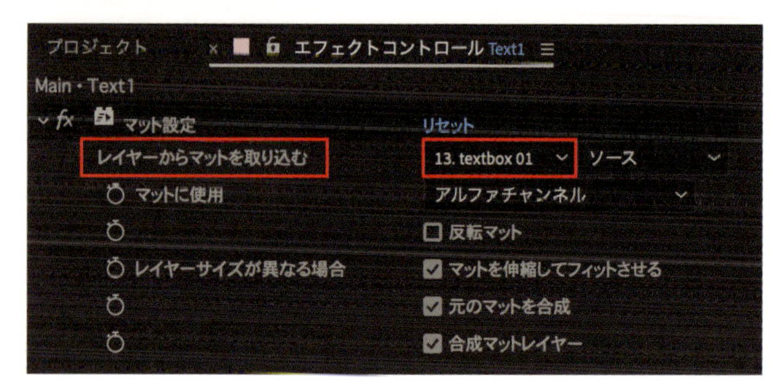

MEMO

「マット設定」エフェクトは、「トラックマット」（P.268参照）でも代用可能です。

Step 5 ポスタリゼーション時間

その他の文言と背景を加え、画面を仕上げ、Ctrl + Alt〔⌘ + option〕+ Y で新規調整レイヤーを作成し、メインコンポジションの最前面に配置します。コマ落ちしたポップな印象を作るため、メニューバー“エフェクト”→“時間”→“ポスタリゼーション時間”で[フレームレート：12]に設定します。

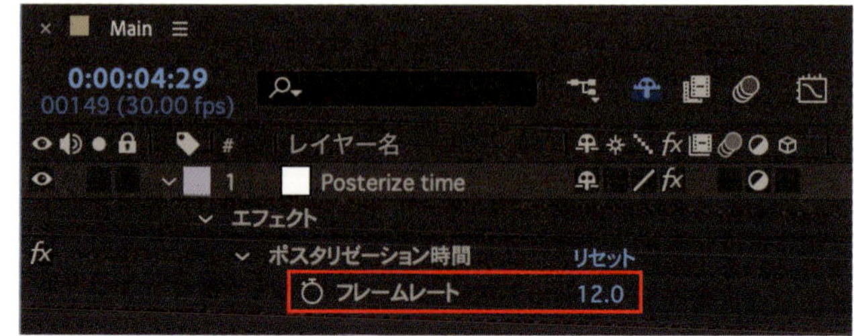

WHAT'S MORE

シャイ

本作例では、解説していない部分にも動きをつけています。未解説箇所は非表示にしています。「シャイレイヤーを隠すコンポジションスイッチ」をクリックしてシャイレイヤー表示をオン（表示）／オフ（非表示）できますので、サンプルデータをダウンロードして、実際に触ってみてください。

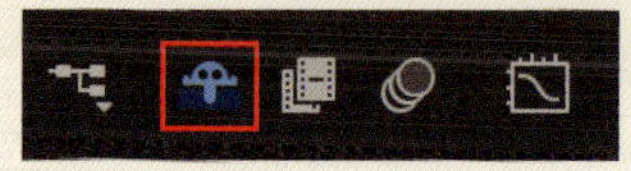

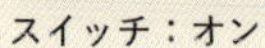

スイッチ：オン

スイッチ：オフ

Section
09 エレガントさをプラス グラデ背景テキスト

動くグラデーションの背景とテキストを組み合わせて、シンプルながらも魅力的なデザインを作りましょう。モダンな見た目に仕上がります。

制作・文
minmooba

主な使用機能

テキストレイヤー ｜ 4色グラデーション ｜ ラフエッジ ｜ 高速ボックスブラー ｜ ノイズ HLS

Step 1 グラデーション背景を作成する

1-1 4色グラデーション

新規平面を作成（Ctrl〔Macでは⌘〕+Y）し、メニューバー“エフェクト”→“描画”→“4色グラデーション”を適用します。

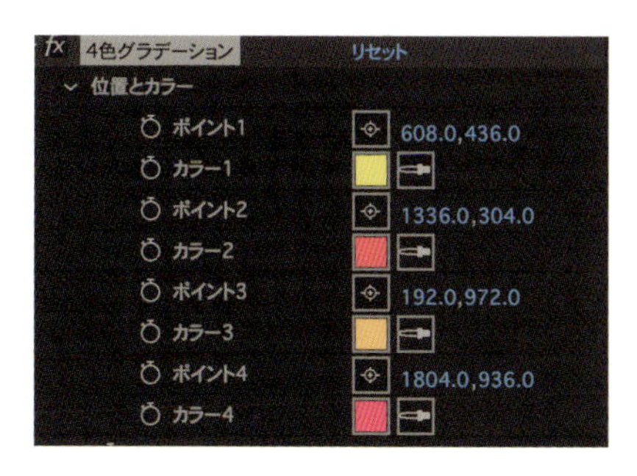

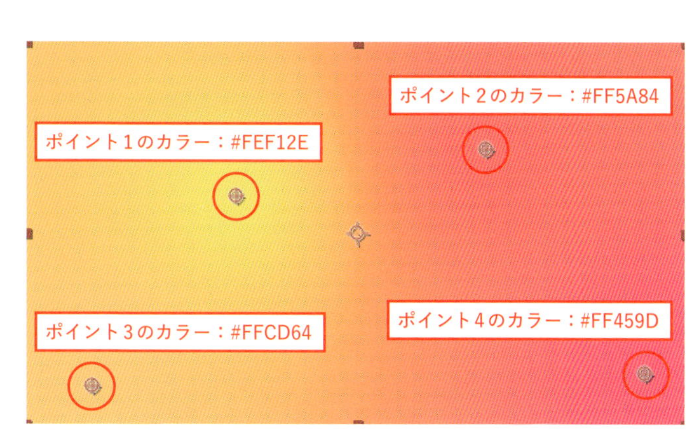

ポイント1～4のストップウォッチアイコンを、Alt〔option〕を押しながらクリックし、エクスプレッションを適用します。これでポイントがランダムに動きます。レイヤーは最背面に配置します。

```
wiggle(0.5, 500)
```

1-2 シェイプレイヤー

ペンツールで有機的な形のシェイプレイヤーを6つほど作成し、追加▶ボタンから"グラデーションの塗り"を適用します。「グラデーションの塗り」の［開始点］、［終了点］、トランスフォームの［位置］にキーフレームを設定し、8秒かけてゆっくり移動させます。

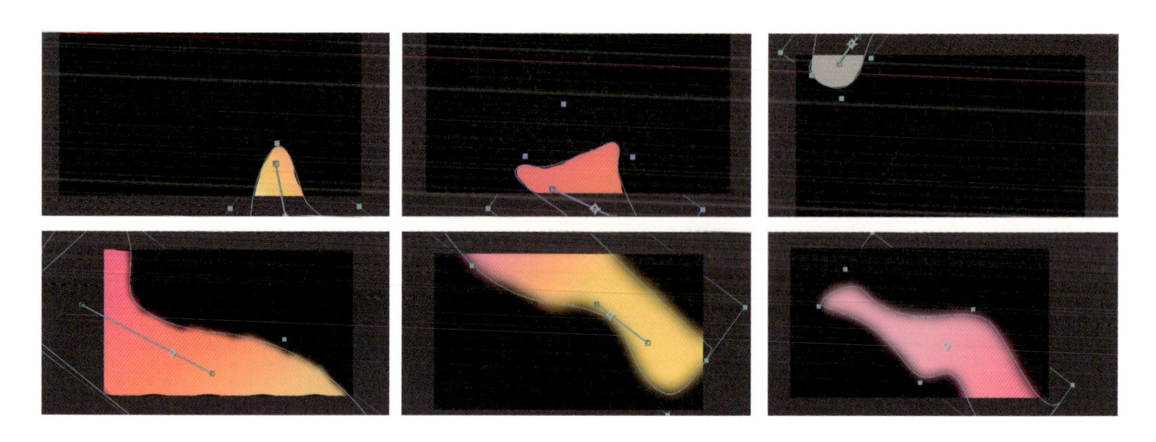

メニューバー"エフェクト"→"スタイライズ"→"ラフエッジ"を適用し、［展開］にエクスプレッションを適用します。

```
time*100
```

MEMO

「*」のあとの値で動きの具合が変わるので、好みで調整してください。

その他のエフェクトを適用します。
"ブラー＆シャープ"→"高速ボックスブラー"
"ディストーション"→"波形ワープ"

「Shape Layer 2」で編集したパラメーターは次の通りです。このレイヤーでは"波形ワープ"エフェクトも使用しています。数値はレイヤー毎に変えています。

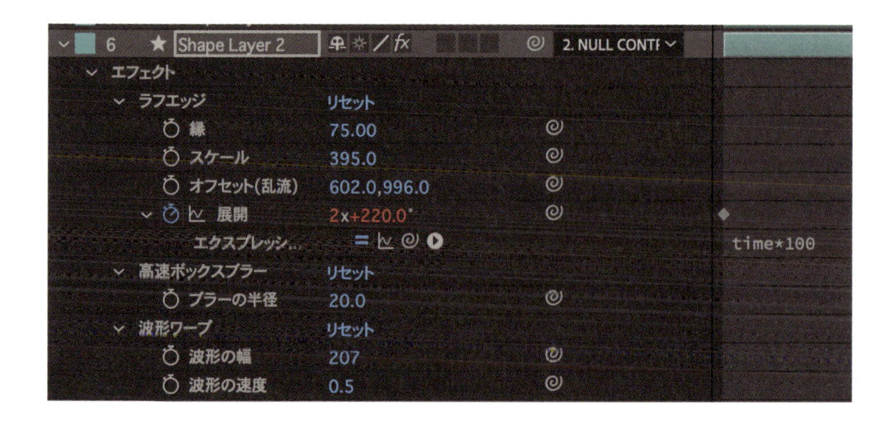

1-3 ヌルで制御

メニューバー“レイヤー”→“新規”→“ヌルオブジェクト”を作成し、すべてのシェイプレイヤーの親にします。ヌルオブジェクトの[回転]を8秒かけて123°回転させます。

1-4 調整レイヤー

新規調整レイヤー（Ctrl+Alt〔⌘+option〕+Y）を作成し、最前面に配置します。メニューバー“エフェクト”→“ブラー＆シャープ”→“高速ボックスブラー”を適用し、[ブラーの半径:70]に設定します。

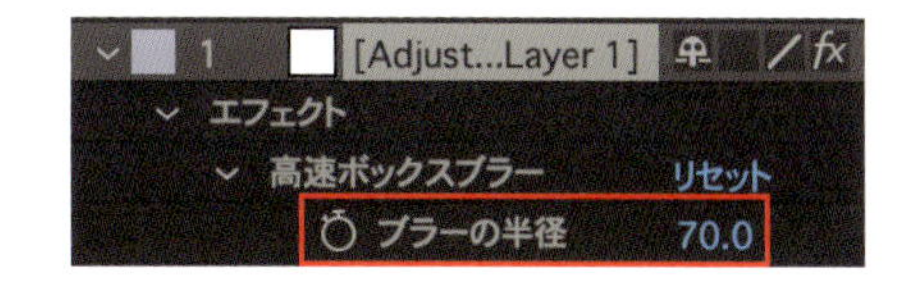

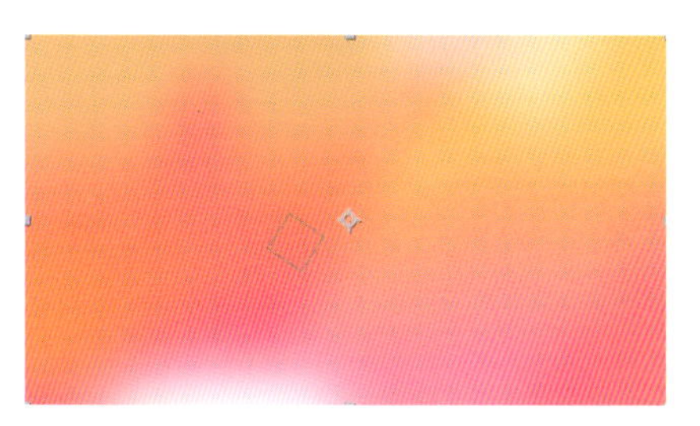

すべてのレイヤーをプリコンポーズ（Ctrl〔⌘〕+Shift+C）し、名前を「Gradient」にします。メインコンポジションに入れ、「Gradient」コンポジションレイヤーに、メニューバー“エフェクト”→“ノイズ＆ブラー”→“ノイズHLS”を適用します。［明度：15%］［彩度：10%］に設定し、［ノイズフェーズ］には下記エクスプレッションを適用します。

```
time*200
```

MEMO

今回の方法は効率より見た目重視です。決まった方法はないので、エフェクトを色々試して自分の望む仕上がりを探してください。

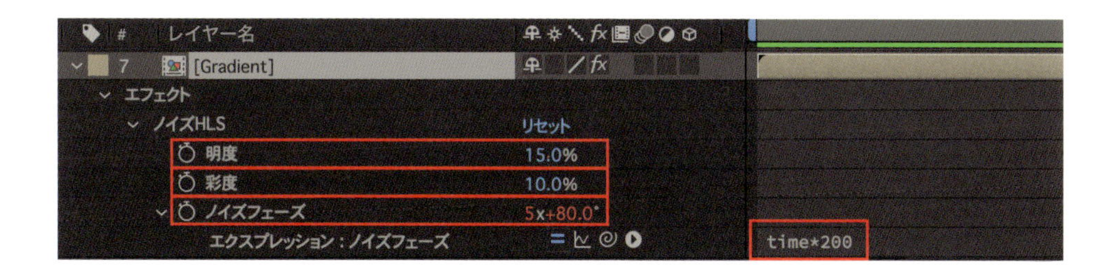

Step 2 テキスト

2-1 レイアウト

「横書き文字ツール」で、コンポジションパネルに「徹底解剖。」と入力します。フォントを「Noto Sans CJK JP」［サイズ：274pt］［塗り：#FFFFFF］に設定します。
テキストのままだと位置調整が難しいため、レイヤーを右クリックし、"作成"→"テキストからシェイプを作成"を選択し、シェイプに変換します。

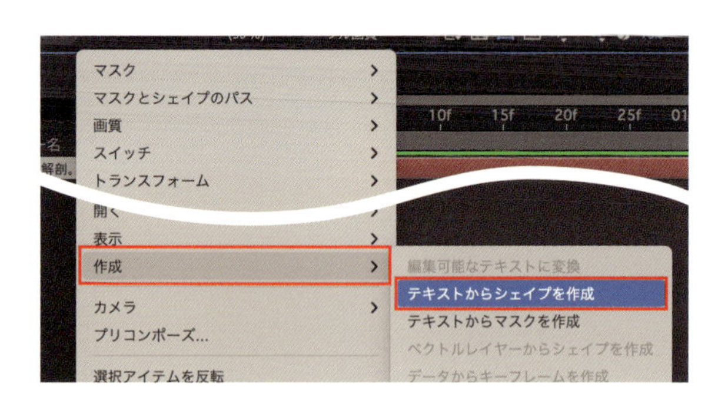

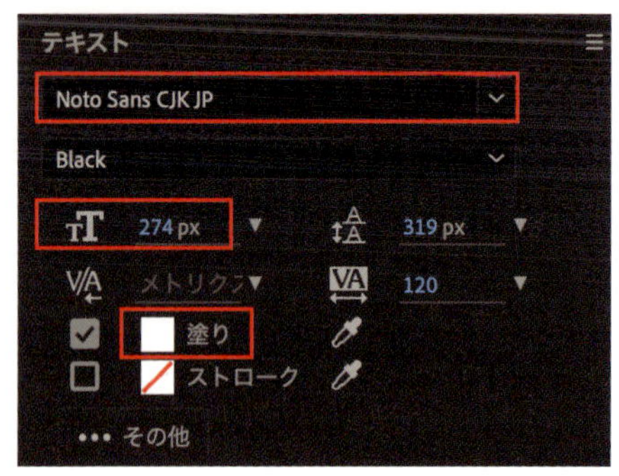

2-2 モーション

シェイプに変換したレイヤーを複製（Ctrl〔⌘〕+D）し、不要なグループを削除して1文字ずつに分けます。各文字が20フレームかけて画面外側から中央に移動する動きを、徐々にゆっくりになるキーフレームを3点打って設定し、イージーイーズ（F9キー）を適用します。

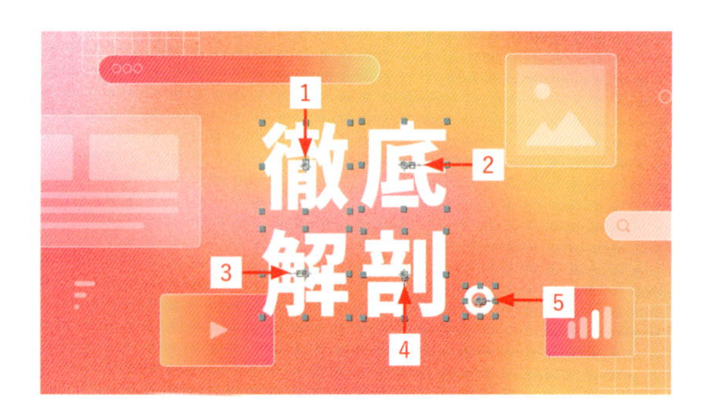

MEMO

XとYのどちらか一方の軸だけを動かす場合は、レイヤーを右クリックして、"トランスフォーム"→"位置"→"次元に分割"をすると作業がしやすくなります。

5 X 位置：2040	1342	1330
4 Y 位置：1250	726	717
3 X 位置：-173	788	804
2 X 位置：2139	1127	1103
1 Y 位置：-210	389	401

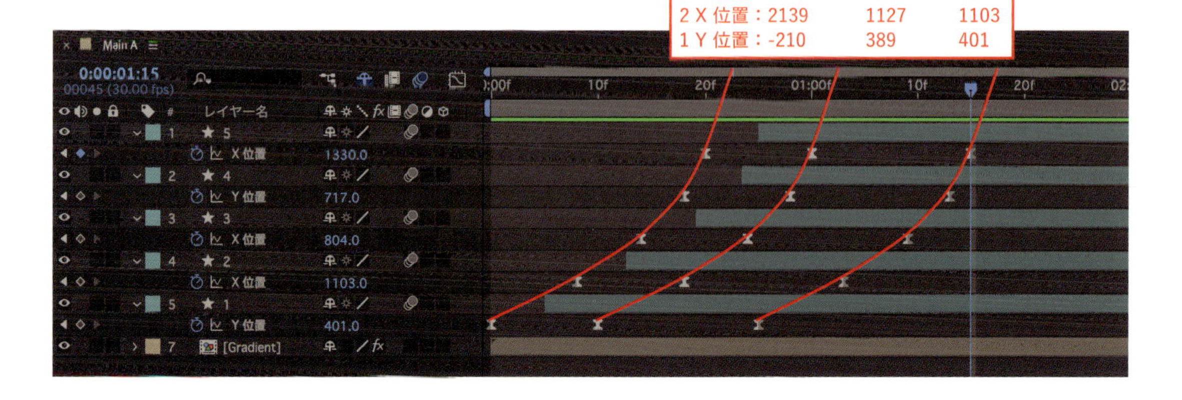

Section

10 飾り文字に動きを テキストタイルモーション

タイル状に並べたデザインテキストを、電光掲示板やスロットのように枠内で動かし、背景に動きをつけましょう。

制作・文

minmooba

主な使用機能

テキストレイヤー ｜ ガイドレイヤー ｜ 関心領域

Step 1 レイアウト

「長方形ツール」でテキスト配置のラフレイアウトを作成します。

MEMO

メニューバー“ビュー”→“定規の表示”で定規を表示し、メモリからドラッグするとガイドが引けます。ガイドをうまく利用してラフをレイアウトしてみてください。

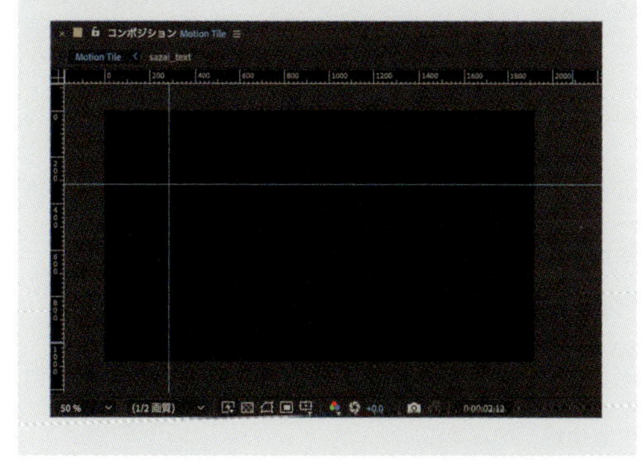

レイヤーを右クリックし、“ガイドレイヤー”に設定します。

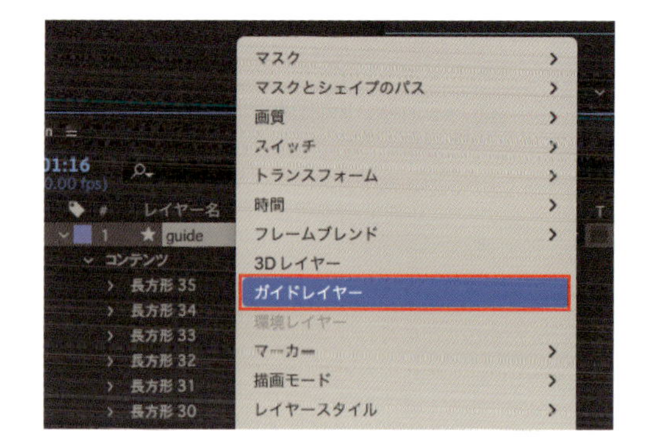

MEMO

ガイドレイヤーはプレビューでは見えますが、レンダリングには反映されません。

Step 2 テキスト配置

ラフレイアウトに従ってテキストを配置し、それぞれのテキストをプリコンポーズ（Ctrl〔Macでは⌘〕+Shift+C）します。
プリコンポーズしたテキスト（例：「装飾」）のコンポジション内で、ビュー画面下部にある「関心領域」アイコンをクリックし、テキスト周辺をドラッグします。メニューバー“コンポジション”→“コンポジションを目標範囲にクロップ”を選択し、トリミングします。
メインコンポジションに戻り、クロップされた文字のコンポジションをガイドに合わせて位置を調整します。これをすべてのテキストに対して繰り返します。

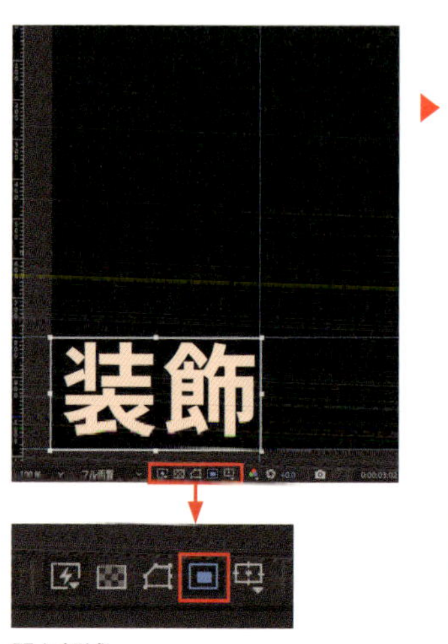

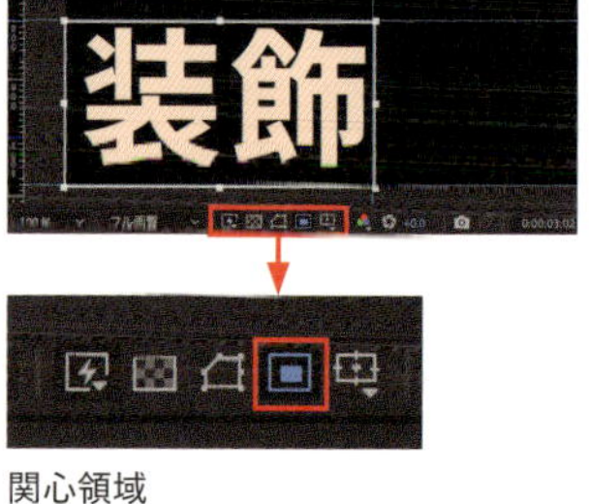

関心領域

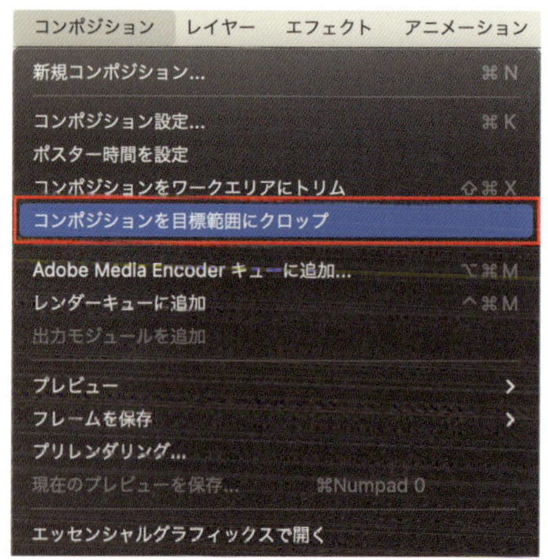

▶ 装飾

WHAT'S MORE

Auto Cropスクリプト

「Auto Crop」スクリプトを使うと、関心領域を使わなくても自動的にコンポジションをクロップできます。アニメーションがあるコンポジションにも対応しています。

Step 3 テキストモーション

Case A スクロール

テキストが横にスライドするモーションを作成します。例として「スタイリング」のテキストを使用し、キーフレームを打ってX軸に移動するアニメーションを作成します。
テキストが移動する分を補うために、「スタイリングスタイリング」のように同じテキストを繰り返します。

MEMO
X、Yどちらか一軸のみの動きの場合は、「トランスフォーム」の[位置]を右クリックして"次元に分割"しておくとキーフレーム管理がしやすくなります。

スタイリングスタイリング
▼
スタイリング　移動

Case B スロット

この方法ではコンポジションは3階層になります。

(1)メイン → (2)テキストモーション → (3)テキストを並べたもの

①テキストを並べる

Step 1で作成した文字のコンポジション(2)内でテキストレイヤーを再度プリコンポーズし、そのコンポジション(3)内でテキストレイヤーを複製し縦(画面外)に並べます。

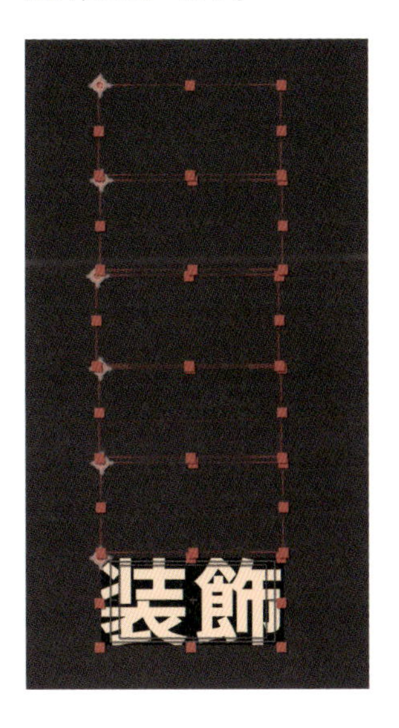

②テキストモーション

再び上の階層のコンポジション(2)に戻り、文字数分のレイヤーを複製します。例として「装飾」のテキストを使用し、各レイヤーに1文字ずつ長方形ツールでレイヤーマスクを適用してクロップします。

下層のコンポジション(3)で画面外にテキストを配置したため、コラップストランスフォームをオンにして表示させます。

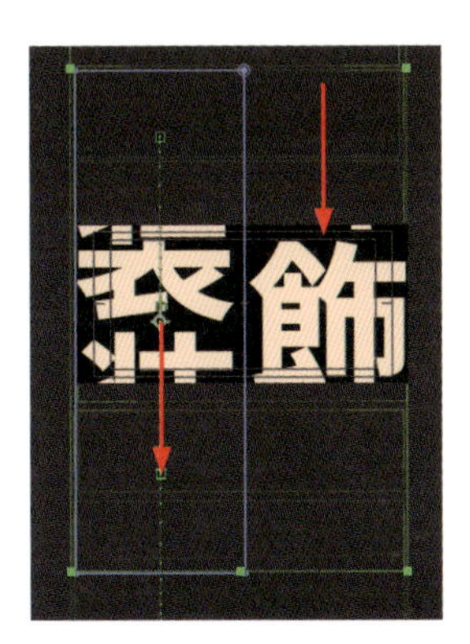

各レイヤーごとに垂直にロールする動きをキーフレームで設定し、イージーイーズをF9キーで適用します。文字ごとにロールするタイミングを少しずらして、全体の動きを不規則にします。

MEMO
前面でも多くの要素が動くので、背景のテキストの速度は遅めに調整して全体のバランスを取りましょう。

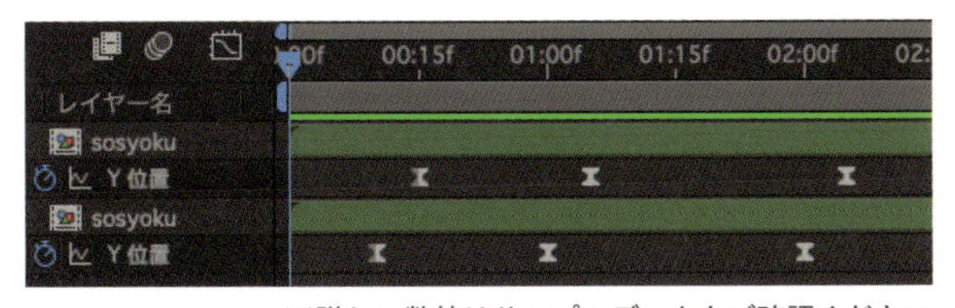

※詳しい数値はサンプルデータをご確認ください

Step 4 フレームイン

各テキストのコンポジション内のモーションが完了したら、[01:00] で定位置にキーフレームを打ち、[00:00] で画面外にテキストを散らします。イージーイーズを F9 キーで適用します。

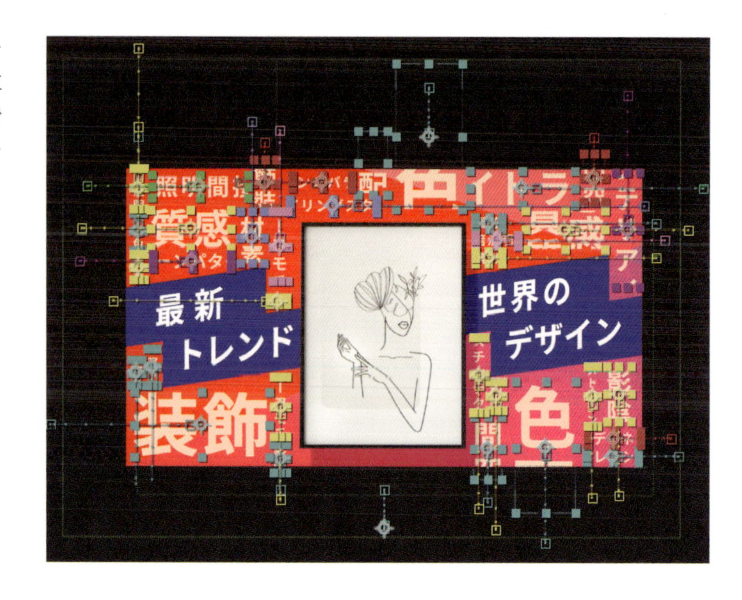

これでテキストが画面内に入ってくるモーションが完成しました。最後に、テキストごとにフレームインのタイミングをずらしてランダムにします。

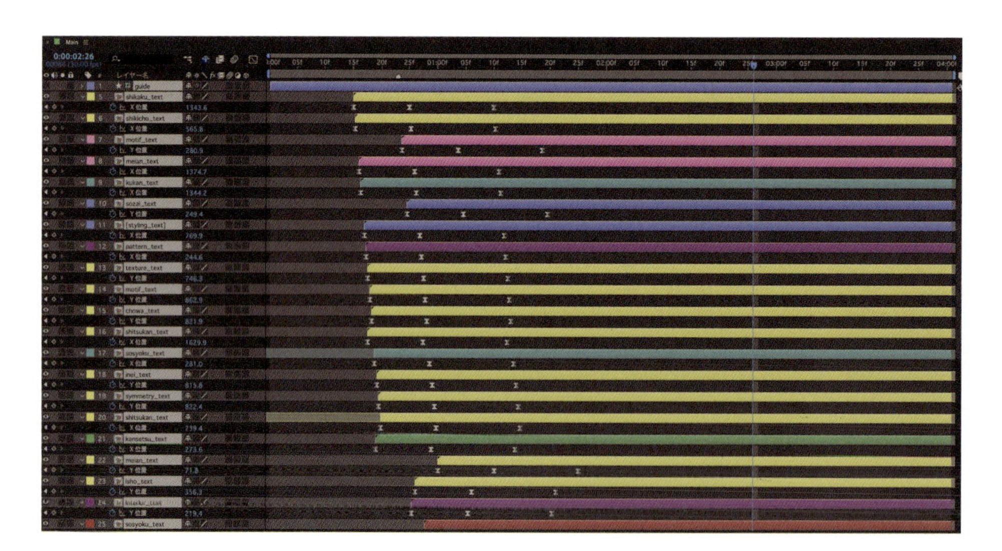

MEMO

この工程により、映像の導入がインパクトのあるものとなり、視聴者の注意を引きます。

WHAT'S MORE

デュレーションによりエフェクトを使い分ける

この作例では、短いデュレーションのため [位置] でモーションを作成しましたが、長いデュレーションの場合はエフェクト「モーションタイル」を使うのがよいでしょう。サンプルデータにコンポジション「Motion Tile」を入れているので、ダウンロードして参照してみてください。

Section 11

湯気のように現れる！ ほかほかテキスト

動画で確認！

できたてのお料理や温かい商品に添える、おすすめのテキスト出現方法です。出現した後もゆらゆらと動かし続けることができるため、やさしい印象を与えることができます。

制作・文

この

主な使用機能

波形ワープ ｜ 波紋

1 テキストを1文字ずつ分ける

新規コンポジションをCtrl〔Macでは⌘〕+Nで作成し、[コンポジション名：Text_ho][幅：500px][高さ：500px]とします。

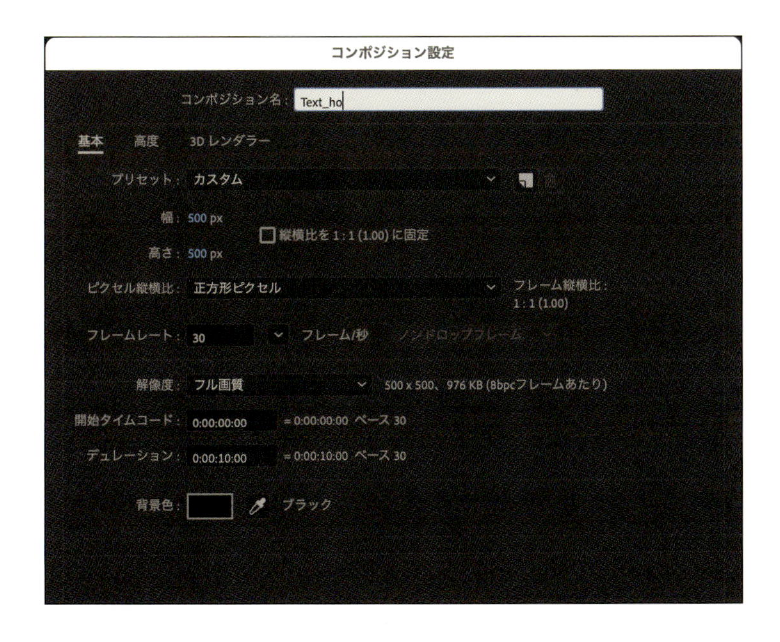

プロジェクトパネルで文字数分（この作例では「ほかほか」なので2つ）を複製します。それぞれのコンポジションの中に1文字ずつテキストレイヤーを作成します。この作例では、Adobe Fontsから提供されている「Tsukimi Rounded」を使用しています。

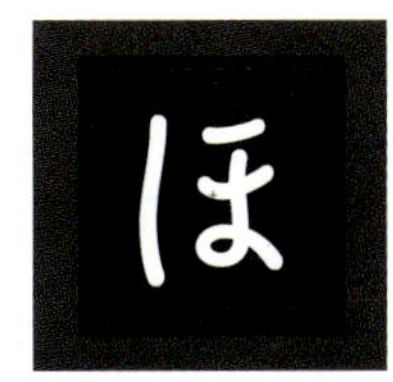

「Text_ho」コンポジション

「Text_ka」コンポジション

2 テキストに動きをつける

「Main」コンポジションを開きます。プロジェクトパネルから、「Text_ho」と「Text_ka」コンポジションをドラッグ&ドロップで配置します。「Text_ho」と「Text_ka」コンポジションレイヤーの［位置］［スケール］に、次のようにアニメーションをつけます。
すべてのキーフレームを選択した状態で F9 キーを押し、イージーイーズをかけます。

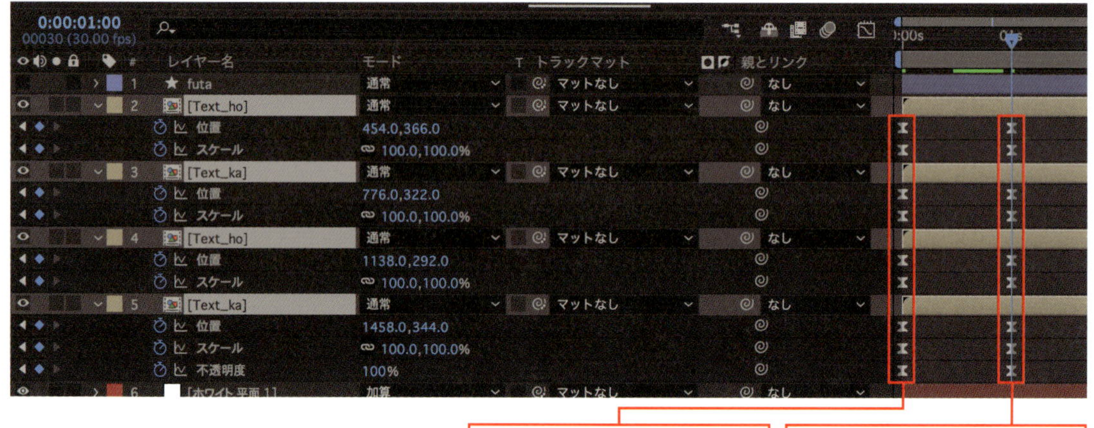

タイムコード：00:00
位置：　出現させたい位置
スケール：　0%

タイムコード：01:00
位置：　停止させたい位置
スケール：　100%

3 エフェクトを追加する

「Text_ho」「Text_ka」コンポジションレイヤーに、メニューバー“エフェクト”→“ディストーション”→“波形ワープ”で「波形ワープ」のエフェクトを追加します。
続けて、メニューバー“エフェクト”→“ディストーション”→“波紋”で「波紋」のエフェクトを追加します。

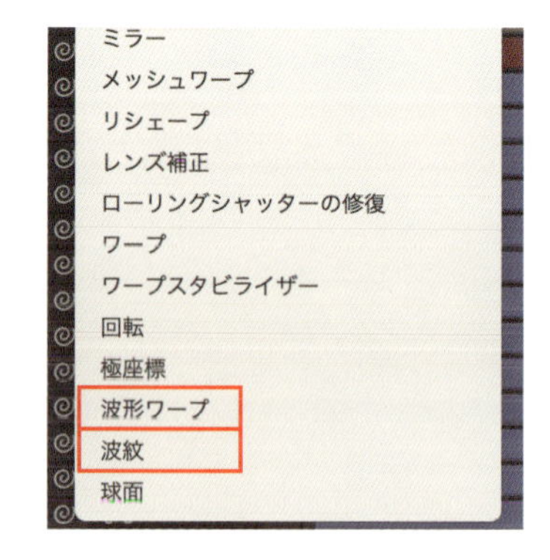

プロパティの値を次のように変化させ、アニメーションをつけます。すべてのキーフレームを選択した状態でF9キーを押し、イージーイーズをかけます。

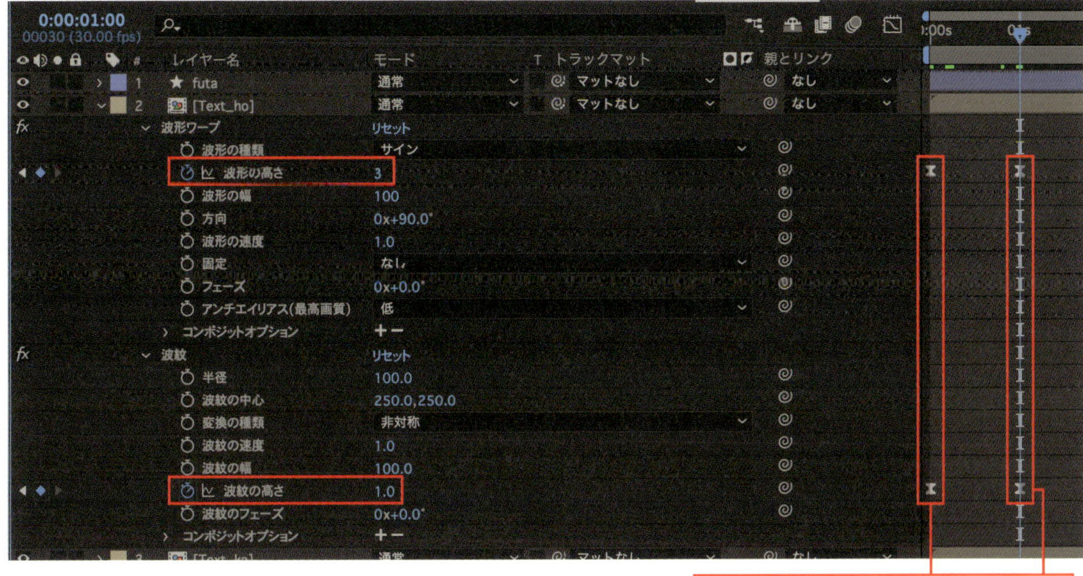

タイムコード：	00:00	01:00
波形ワープ［波形の高さ］	100	3
波紋［波紋の高さ］	400	1

4 レイヤーの始まり位置をずらす

レイヤーの始まり位置をずらして、1文字ずつ順番に出現するように調整します。
この作例では、鍋のフタの動きに出現のタイミングを合わせています。これでできあがりです。

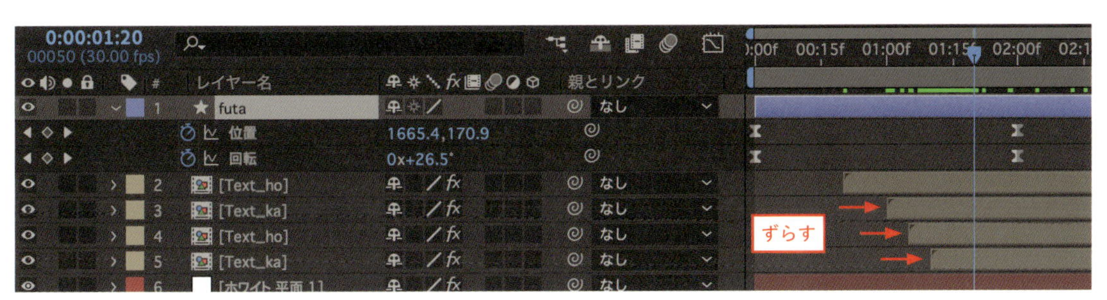

WHAT'S MORE

アニメ調の湯気を作る

白い平面レイヤーを作成します。大まかに湯気の形をマスクで囲います。作例のように「鍋のフタの動きに合わせて湯気が上がる」場合は、マスクにアニメーションをつけます。
そこに、メニューバー“エフェクト”→“ディストーション”→“タービュレントディスプレイス”を追加します。プロパティの値は次の通りに変更します。

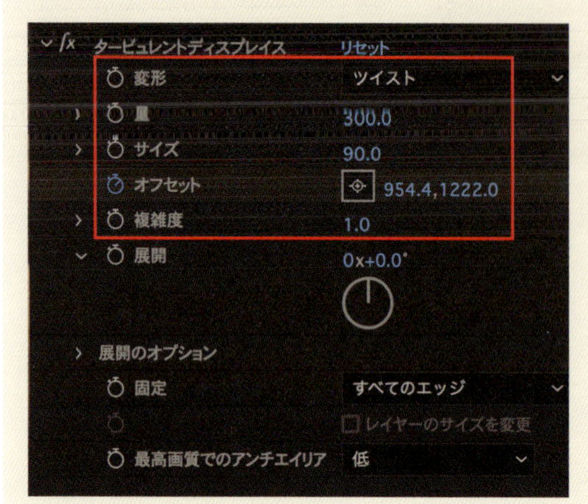

[変形:ツイスト]、[量:300]、[サイズ:90]、[複雑度:1.0]

[オフセット] の値は、ビュー上でポイントを指定します。[00:00] で画面の下の方、[09:29] で画面の上の方にキーフレームを設定します。

最後に平面レイヤーを[描画モード:加算][不透明度:25%]に変更し、見え方を調整すれば完成です。

Section

12 10種類の効果を選べる！ ギラギラグリグリグリッチ

動画で確認！

ここで紹介する方法は、各種エフェクトを付与した調整レイヤーを重ねることで表現します。この調整レイヤーの重ね方によって、グリッチエフェクトの激しさを加減できます。作品のトンマナによって調整してください。

制作・文

ナカドウガ

主な使用機能

トランスフォーム ｜ 時間置き換え ｜ グリッド ｜ 波形ワープ ｜ オフセット ｜ レンズ補正

まず初めに、あらかじめサンプルデータの「AE_ch01-12.aep」をAfter Effectsに読み込んでおきましょう。

MEMO

この作例では①～⑩の以下のエフェクトを作成します。調整レイヤーに対してそれぞれのエフェクトを追加することで表現します。

エフェクト① スキャンライン
エフェクト② レトログロー
エフェクト③ 色収差
エフェクト④ 横(縦)ズレ ブラー
エフェクト⑤ ひっかきノイズ
エフェクト⑥ 横(縦)ズレノイズ
エフェクト⑦ ゆがみ
エフェクト⑧ ブロックノイズ
エフェクト⑨ 残像
エフェクト⑩ タイムラグ

Step 1 グミ部分のエフェクトを作る

1-1 エフェクト① スキャンライン

コンポジション「Sub_Object_v01」を開きます（VRグミ本体の作り方は、P.82を参照にしてください）。調整レイヤーを新規作成し、エフェクト「グリッド」を追加します。「グリッド」は格子状の模様を作るもので、これを利用してアナログな水平方向のノイズを再現します。
次のように設定します。[グリッドサイズ：幅＆高さスライダー]に変更します。縦方向のノイズが消えるように[幅：4000][高さ：3]にします。さらに[ぼかし　高さ：2.5]にしましょう。最後に[描画モード：加算]に変更します。

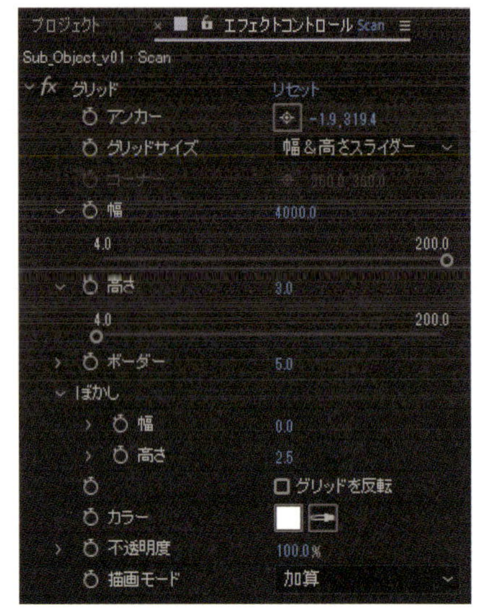

垂直方向にスクロールさせるため、[アンカー]に以下のエクスプレッションを書き込みます。

```
y=value+time*5;
[0,y[0]]
```

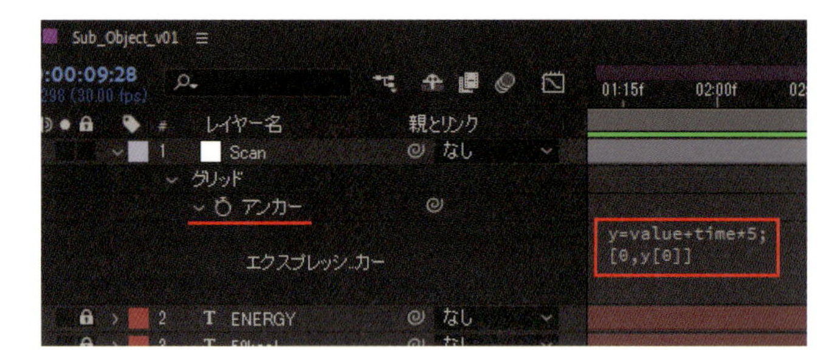

そして、この調整レイヤーの描画モードを「焼き込みカラー」に変更して完成です。

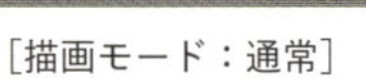
[描画モード：通常]

[描画モード：焼き込みカラー]

1-2 色を変更する

さらに調整レイヤーを作成し、エフェクト「色相/彩度」を追加します。グミの色を変更できるようにしておきます。ここでは[マスターの色相：-45]としておきます。この色相を変更することで、一括で別の色に変えることができます。

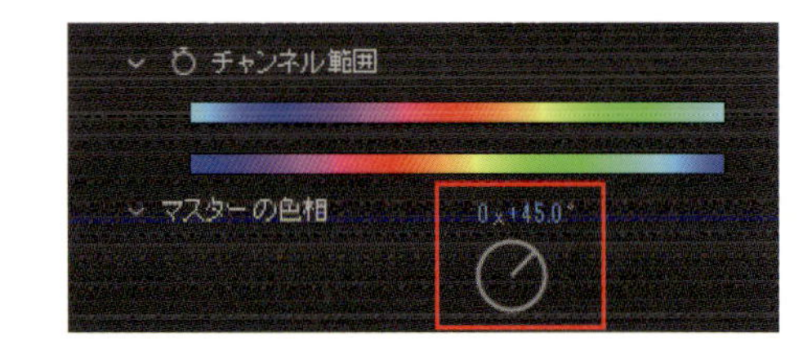

1-3 エフェクト② レトログロー

もう1つ調整レイヤーを作成し、エフェクト「グロー」と「モザイク」を追加します。プロパティは次の図を参照してください。あえて解像度を低くさせる効果により、レトロ感を強めることができます。

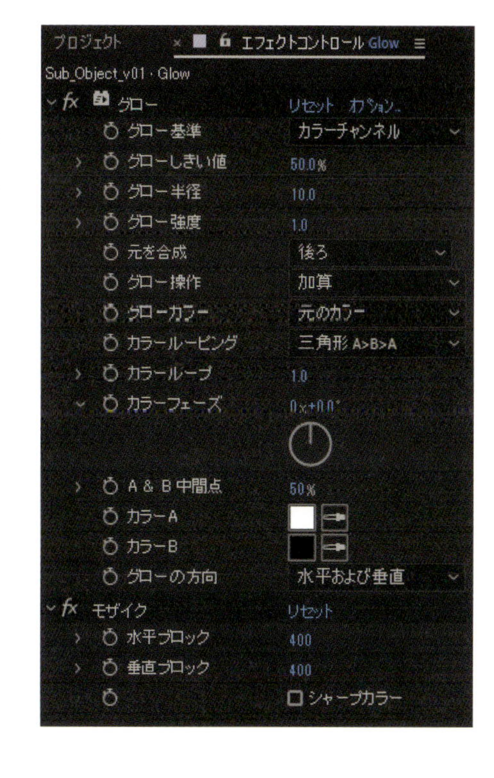

Step 2 テキスト部分のエフェクトを作る

2-1 エフェクト③ 色収差

コンポジション「Sub_Text_v01」を開きましょう。あらかじめ用意されたプリコンポジションレイヤー「Element_Text1_v01」を複製し、複製したレイヤーにエフェクト「ドロップシャドウ」を追加します。[シャドウのカラー：赤（#FF4646）]にして色収差を表現します。それ以外のプロパティは下の図を参照してください。

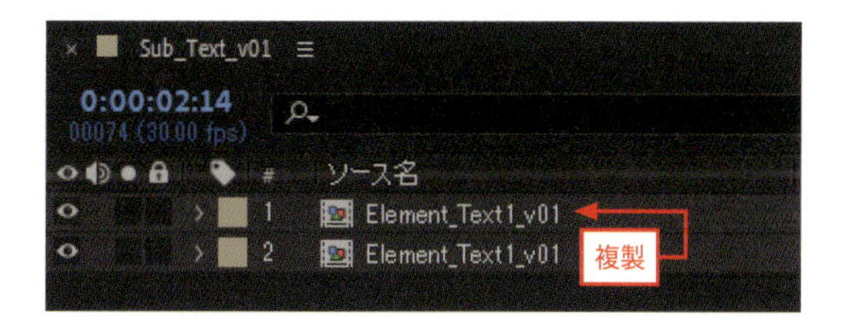

さらに「CC Composite」を追加し、[Transfer Mode]を[Slihouette Alpha]に変更します。これによってドロップシャドウ部分だけを残すことができます。

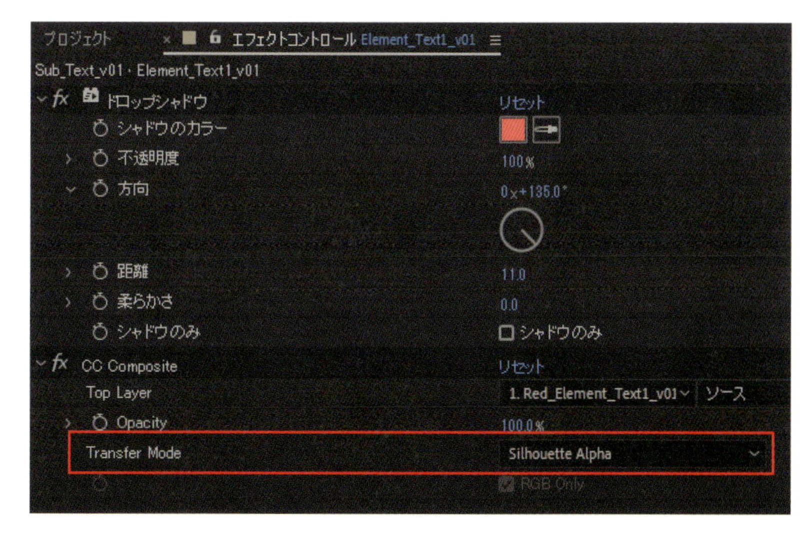

同じ要領でレイヤーを複製し、［シャドウのカラー：シアン（#08E7E4）］に変更し、［方向：315°］にしておきましょう。最終的に3つのレイヤーで下図のようになればOKです。

プリコンポジションレイヤー「Element_Text2_v01」にも同様の処理をしておいてください。

2-2 グリッチエフェクトを作りこむ

続いて、グリッチエフェクトを作りこんでいきます。1つの調整レイヤーに対し1つの完成形のエフェクト、というように設計し、効果を付与したいタイミングに調整レイヤーを重ねるという運用をします。次の図のようなタイムラインをイメージしてください。

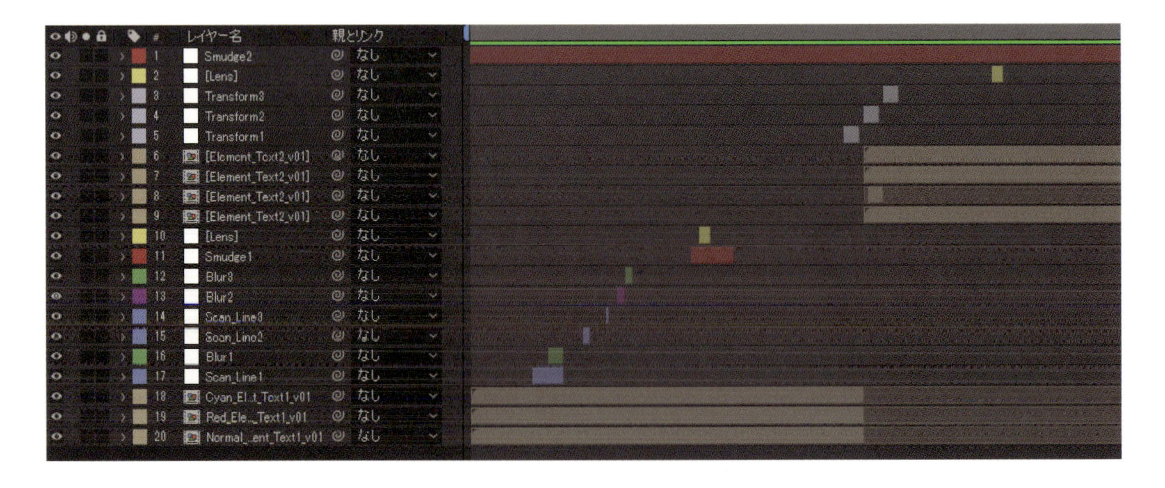

2-3 エフェクト④ 横(縦)ズレブラーを作る

エフェクト「ブラー（方向)」を追加します。［方向：90°］［ブラーの長さ：150］とします。これにより水平方向に伸びるブラーを作ることができ、エフェクト①で紹介したスキャンラインと合わせて使用することを前提としています。

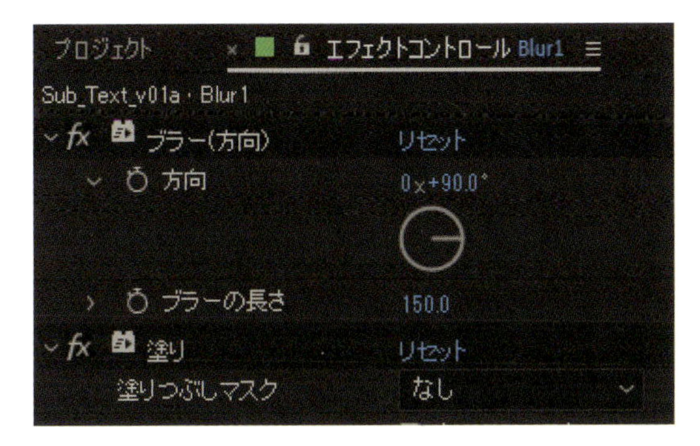

2-4 エフェクト⑤ ひっかきノイズを作る

エフェクト④で使用した調整レイヤーを複製し、新たにエフェクト「シャープ」を追加します。あらかじめぼかされた境界線を、敢えてシャープにすることで、ひっかいたようなノイズを作ることができます。

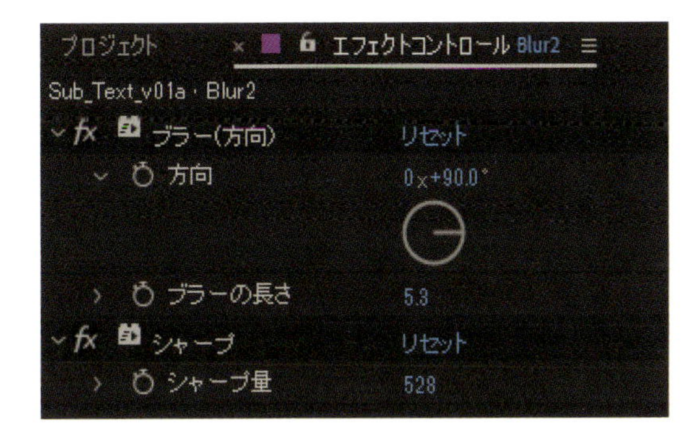

2-5 エフェクト⑥ 横（縦）ズレノイズを作る

エフェクト「波形ワープ」を追加します。［波形の種類：矩形］にしてブロック状のズレを表現します。また、［波形の高さ］でズレの量を加減することができます。キーフレーム［固定］やエクスプレッション「wiggle」などでアニメーションをつけるのも効果的です。

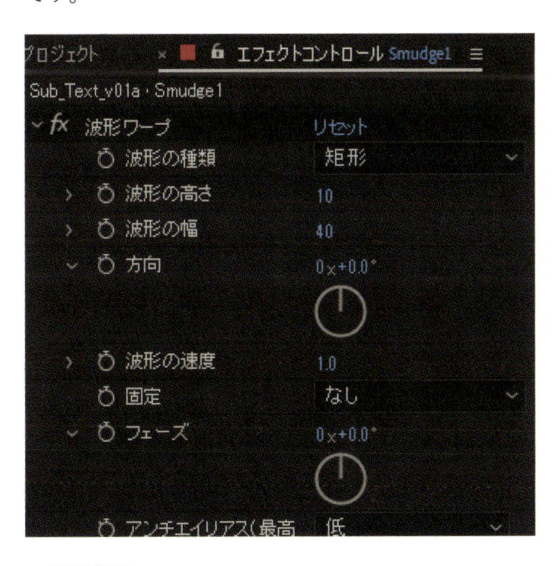

MEMO

［波形の幅］で分割量を加減できます。数値を最小の［1］にすることで、後述する「ゴースト」と同じような効果を求めることができます。

2-6 エフェクト⑦ ゆがみを作る

エフェクト「レンズ補正」を追加します。［レンズディストーションを］にチェックを入れ、［視界の中心：600.540］にしてテキストの中央付近に変更します。［視界］の数値を［100～］にすると画面外に広がるようなゆがみ効果を付けることができます。

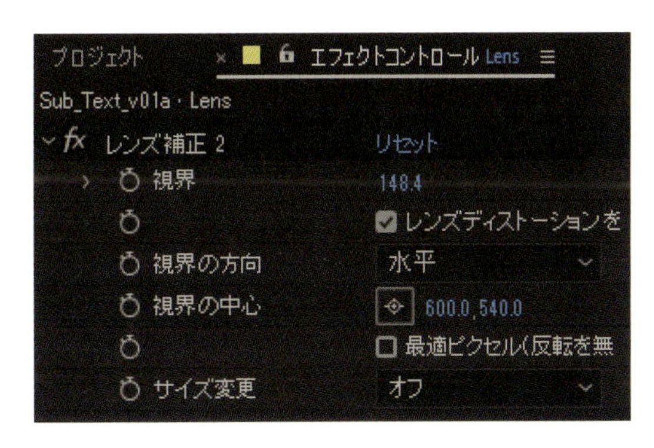

MEMO

［視界の中心］にキーフレームを追加して中心を回転させるようなアニメーションを作るのも効果的です。

2-7 エフェクト⑧ ブロックノイズを作る

調整レイヤーに「トランスフォーム」を追加します。このエフェクトはこの調整レイヤー以下に配置されるオブジェクトの大きさや位置を変更できます。[スケール：120]、[位置] をテキストの中心付近 [1030,540] にします。

ただし、この状態では全体的な位置や大きさが変わるだけです。部分的なズレを表現するため、この調整レイヤーにマスクを追加します。長方形ツールに切り替え、エフェクトを残したい部分だけを囲います。2～4個程度マスクを用意してランダム感を出すと良いでしょう。
作例ではテキストの切り替わりエフェクトとして使用しています。

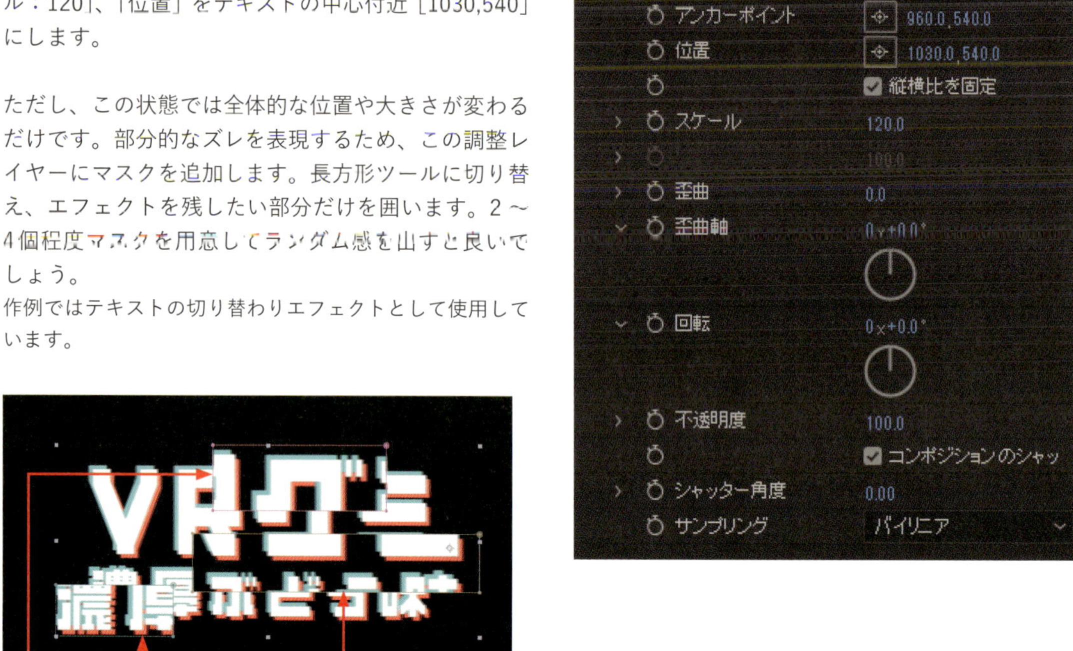

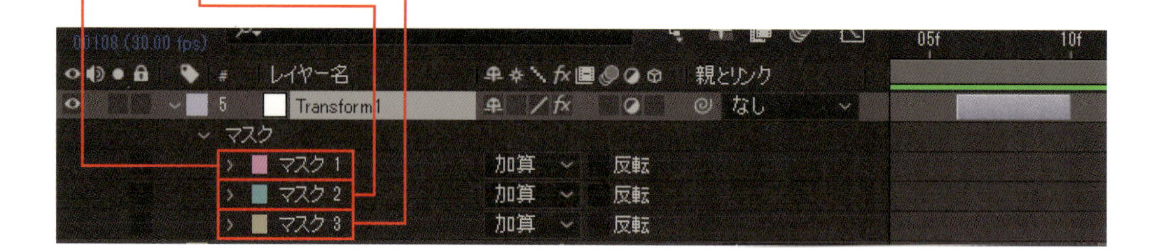

2-8 エフェクト⑨ 残像を作る

エフェクト「オフセット」でテキストが周囲にダブって見える残像効果を作ります。これは例外的にコンポジションレイヤー「Element_Text2_v01」に直接エフェクトを追加します。

［中央をシフト］を任意の数値にすることで、位置をずらしたり等間隔に配置することができます。キーフレームを追加してランダムに散らばせると雰囲気がより高まります。仕上げにレイヤー自体の［不透明度］を「40」程度に下げ、残像感をより強調しましょう。

Look を作る

メインのコンポジション「Main」に移動し、さらに調整レイヤーで全体のLookを作ります。

3-1 エフェクト⑩ タイムラグを作る

新規調整レイヤー「Gradation_Map」を作成して、タイムラインの一番下に移動させます。

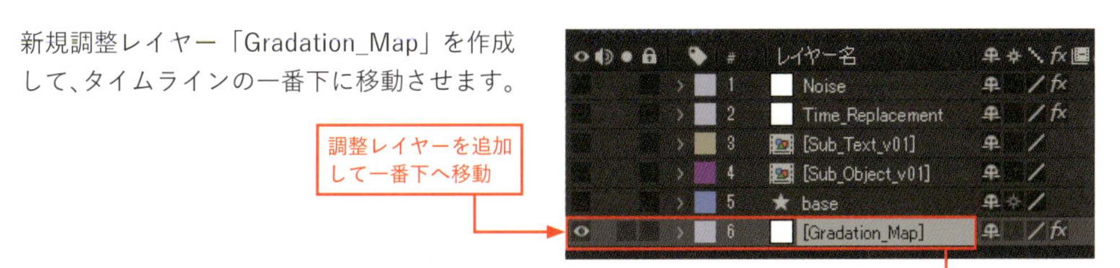

その調整レイヤーにエフェクト「グラデーション」を追加し、上から下に向かって黒→白のグラデーションを作ってください。

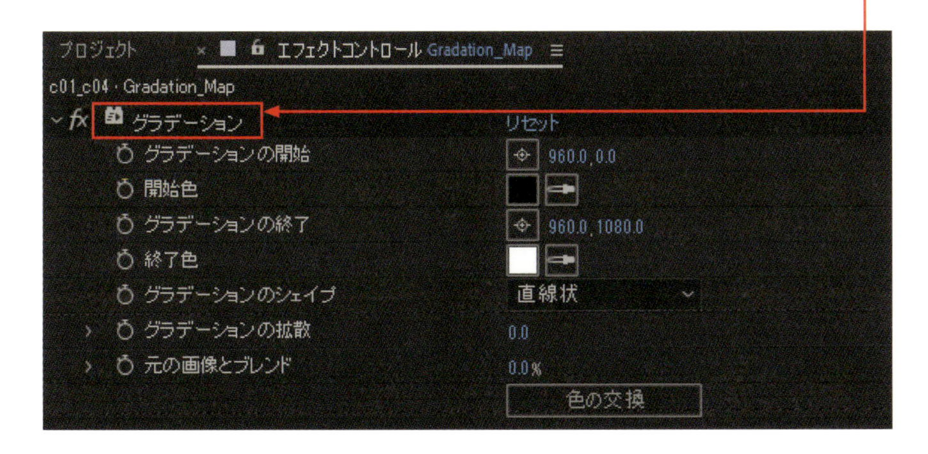

さらに「ポスタリゼーション」を追加し、[レベル：7] にして帯状にグラデーションに変化させます。
この調整レイヤー「Gradation_Map」は、後述する「時間置き換え」マップ用として使用します。

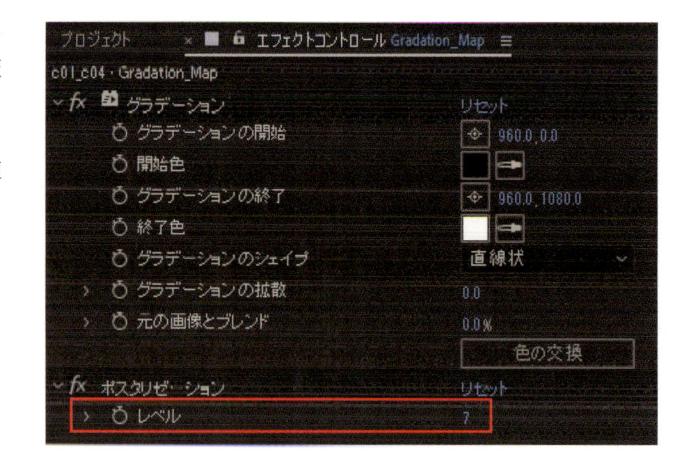

続いて調整レイヤーを新規作成し、エフェクト「時間置き換え」を追加します。[時間置き換えレイヤー] を先ほど作成した、マップ用の調整レイヤーを指定して [エフェクトとマスク] に変更します。その他のプロパティを図のように変更しておきましょう。
このエフェクトは、「時間置き換え」用と「グラデーションマップ」用2つの調整レイヤーをセットで利用することで効果を発揮します。

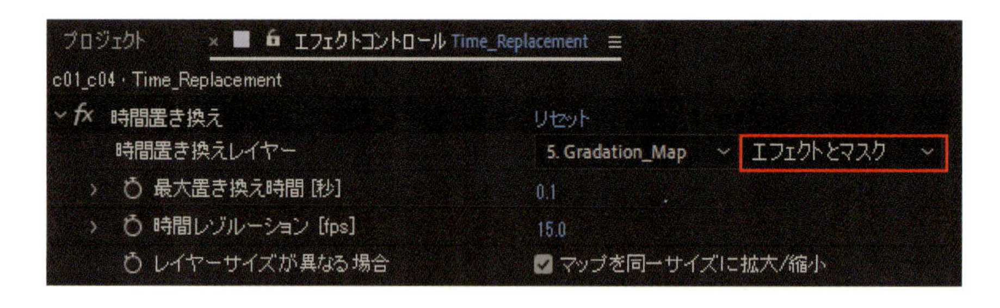

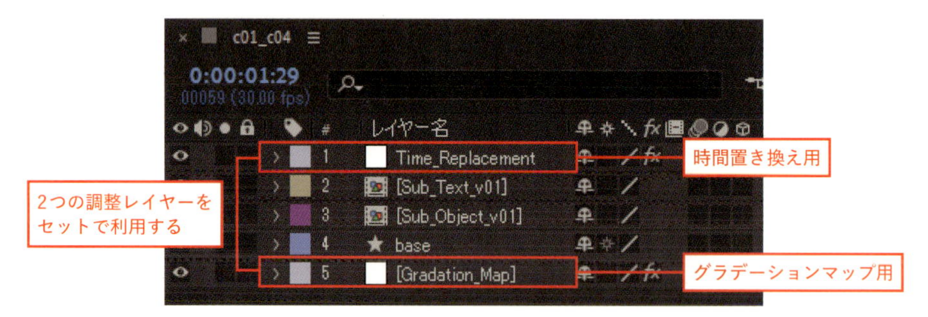

Chapter 2

あしらいモーションのアイデア

Section

01 軌跡をグラフィカルに表現！ なみなみ軌跡モーション

動画で確認！

飛んでいる物の軌跡としてはもちろん、勢いの強い表現であることを活かして、成長・進展などの前向きなイメージにするモーショングラフィックスにも役立ちます。

制作・文

ヌル1

主な使用機能

ベジェパスに変換 ｜ 波形ワープ ｜ ミラー ｜ 破線 ｜ エクスプレッション

Step 1 波のベースとなる三角形を作る

多角形ツールをダブルクリックして、シェイプレイヤーを作成し、レイヤー名を「Wave_01」に変更します。

「Wave_01」レイヤーを展開し、「コンテンツ＞多角形1＞多角形パス1」を［頂点の数：3］［回転：90］に変更して横向きの三角形を作ります。

「Wave_01」レイヤーを選択した状態で、Ctrl（Macでは⌘）Shift＋Cを押してプリコンポーズし、［コンポジション名：Wave］［幅：2880］［高さ：1620］へ変更します。

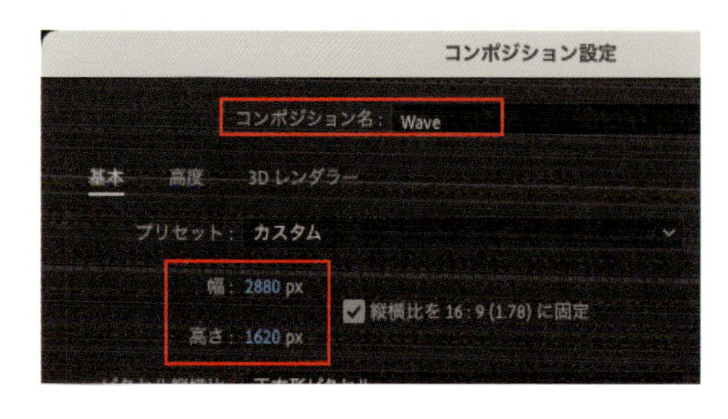

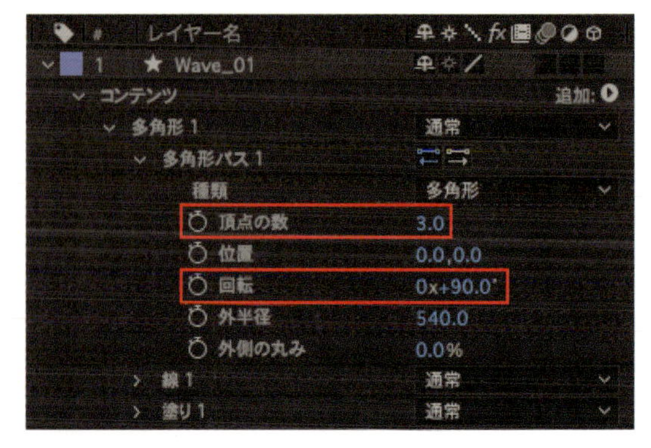

MEMO

この後に使用するエフェクト「波形ワープ」の画面端の処理をキレイに保つために、ひと回り大きなコンポジションサイズへ変更しています。

「多角形パス1」のプロパティを［外半径：1920］として、「トランスフォーム」を［位置：960,810］へ変更しましょう。

「Wave_01」レイヤーのサイズが「Wave」コンポジションの横幅と一致します

この後の工程で三角形のサイズを変更するため、「Wave_01」レイヤーの「多角形パス1」を選択した状態で、メニューバー“レイヤー”→“マスクとシェイプのパス”→“ベジェパスに変換”をクリックし「多角形パス1」を「ベジェパス」へ変換します。

Step 2 波エフェクトをつくる

2-1 レイヤーの上下幅を調整する

「Wave_01」レイヤーの「パス」を選択した状態で、「コンポジションビュー」から「ベジェパス」をダブルクリックします。トランスフォームボックスが表示されるので、上下のポイントをドラッグして上下幅を縮めましょう。

MEMO

ドラッグする際、Ctrl〔⌘〕キーを押しながら操作すると、上下対照に調整することができます。

2-2 波エフェクト追加する

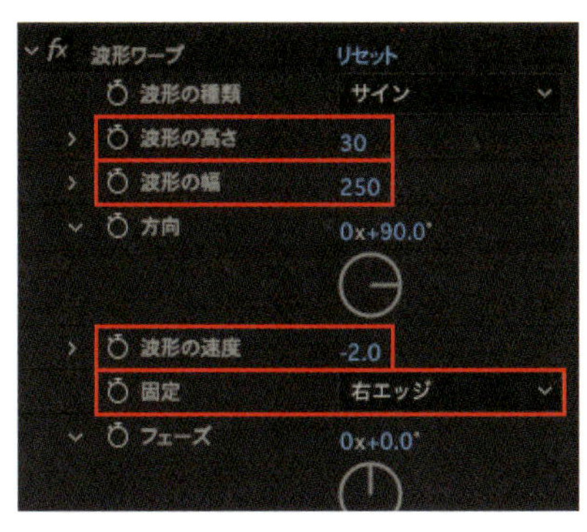

「Wave_01」レイヤーに、メニューバー“エフェクト”→“ディストーション”→“波形ワープ”を追加してプロパティを調整します。［波形の高さ:30］［波形の幅:250］［波形の速度:-2］［固定:右エッジ］とすることで、波が緩やかに右から左へ流れるようになります。

「Wave_01」レイヤーをCtrl〔⌘〕+Dで複製して「Wave_02」レイヤーを作り、2-1と同様の手順で上下幅を縮小します。複製元よりも幅が狭くなるよう調整し、任意の色へ変更しましょう。更に複製して「Wave_03」レイヤーを作り、上下幅を縮小して任意の色へ変更します。

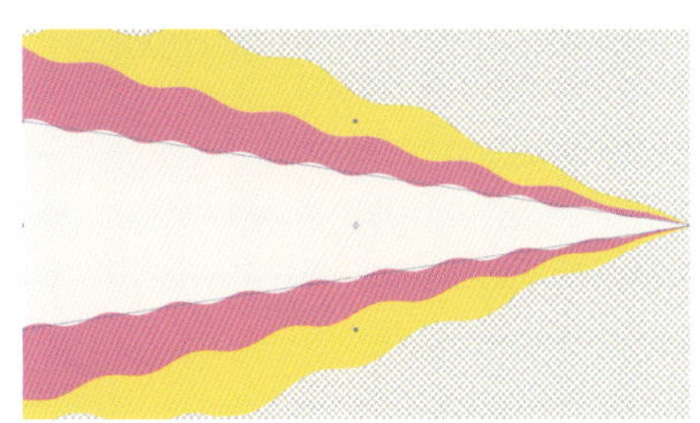

MEMO

「Wave_01」、「Wave_02」、「Wave_03」レイヤーの「波形ワープ」プロパティを調整して、それぞれの波の動きに程よいランダム感が出ると、見栄えが良くオススメです。

「Main」コンポジション内の「Wave」コンポジションレイヤーを選択した状態で、メニューバー“エフェクト”→“ディストーション”→“ミラー”を追加して、[反射角度：90]に変更します。これで波が上下対称の動きとなり、波エフェクトは完成です。

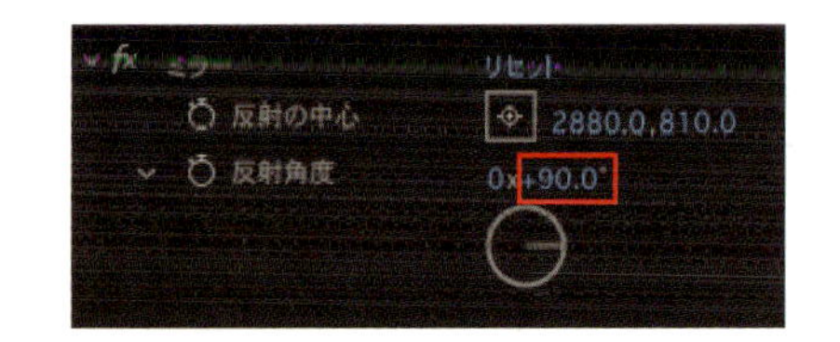

Step 3 波線・破線であしらいをつくる

3-1 波線をつくる

「Wave_03」レイヤーを複製して「Wave_04」レイヤーを作ります。「塗り」を無効にして「線」を有効にします。「線1」の[カラー][線幅]を任意に変更します。本作例では[線幅：5]としています。

2-1 と同様の手順で波線の上下幅を任意に調整しましょう。

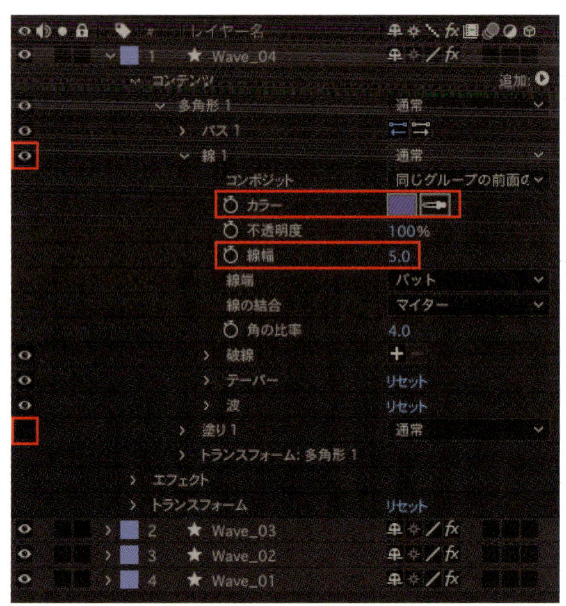

3-2 破線をつくる

3-1 で出来上がった「Wave_04」レイヤーを複製して「Wave_05」レイヤーを作り、破線を設定しましょう。「Wave_05」レイヤーを展開して[コンテンツ＞多角形1＞線1＞破線]の右にある「+」をクリックして、[線分：20]へ変更します。

2-1 と同様の手順で波線の上下幅を任意に調整しましょう。

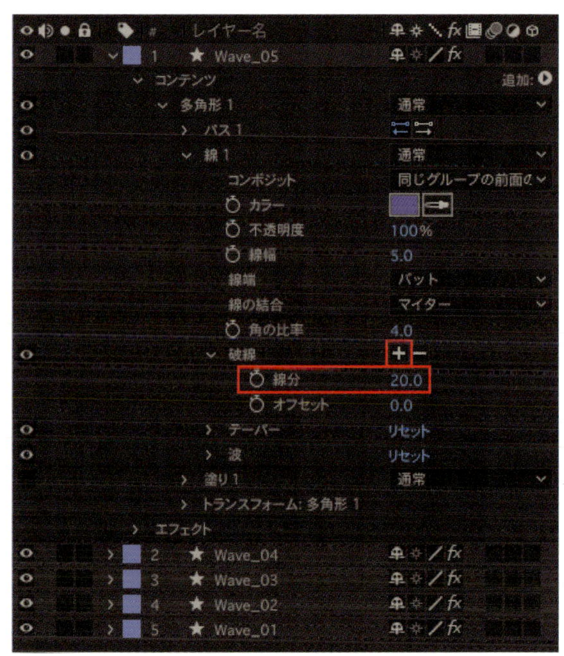

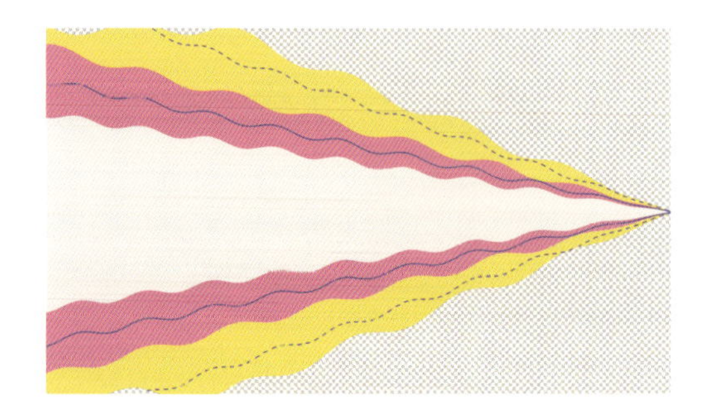

3-3 ボールを作り、波とつなげる

「Main」コンポジション内で「楕円形ツール」をダブルクリックしてシェイプレイヤーを作成し、レイヤー名を「Ball」に変更します。「Ball」レイヤーを展開して[コンテンツ＞楕円形1＞楕円形パス1]プロパティから[サイズ：350,350]へ変更します。

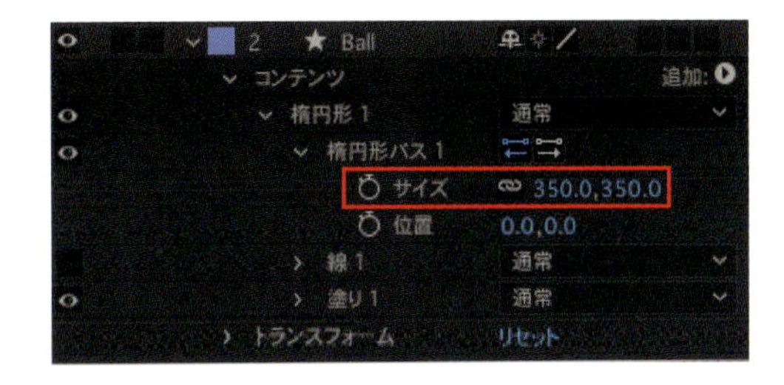

MEMO

本作例では、「Ball」レイヤーをプリコンポーズしてテクスチャと回転を加えています。「Ball」レイヤーに質感を付けたい場合はサンプルデータを参考にしてください。

「Wave」レイヤーの「親とリンク」列から、「Ball」レイヤーへピックウイップをドラッグして、親子関係を設定します。「Wave」コンポジションレイヤーを[位置：-1440]に変更して、「Ball」レイヤーの中心と「Wave」コンポジションレイヤーの右端を揃えます。

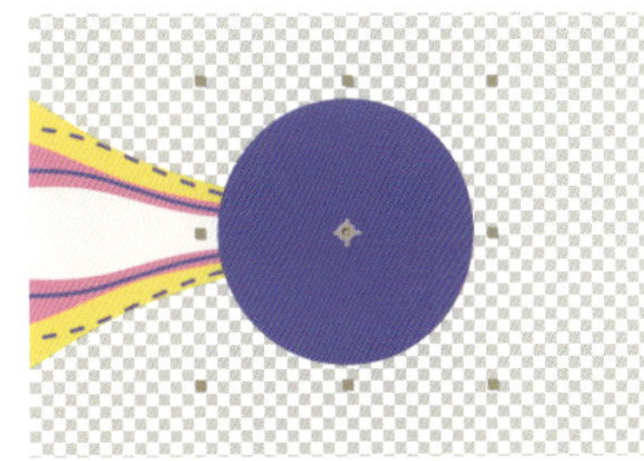

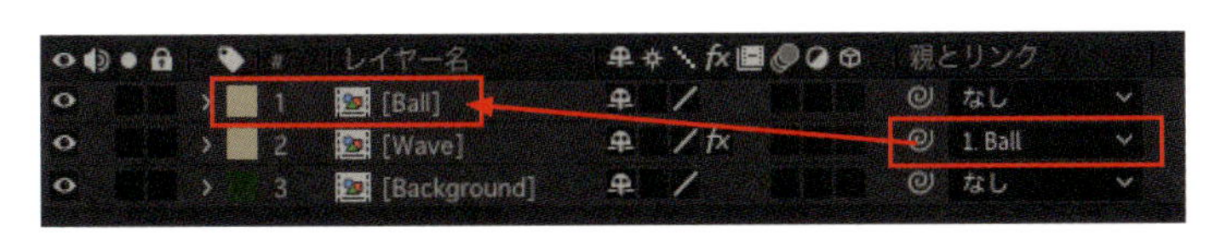

「Ball」レイヤーを左右に動かします。「位置」プロパティにキーフレームを追加しましょう。

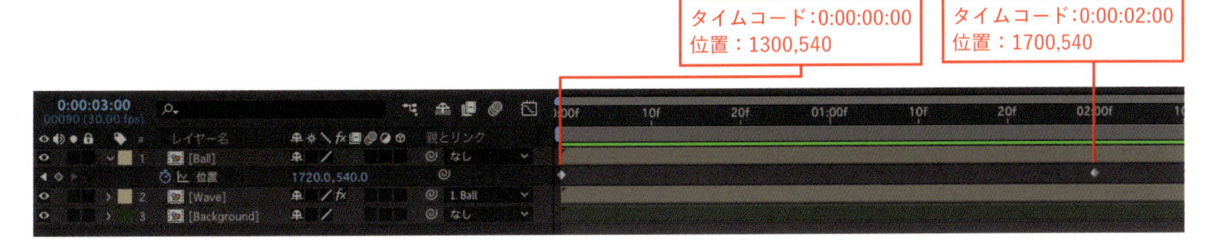

キーフレームを全て選択した状態で、キーボードの F9 を押してイージーイーズを付けます。
[位置] プロパティのストップウォッチアイコンを Alt〔option〕を押しながらクリックして、エクスプレッションを記入しましょう。これで横へ移動する動きがループして本作例は完成です。

```
loopOut ("pingpong")
```

Section

02 スタイライズされた 波紋エフェクト

動画で確認!

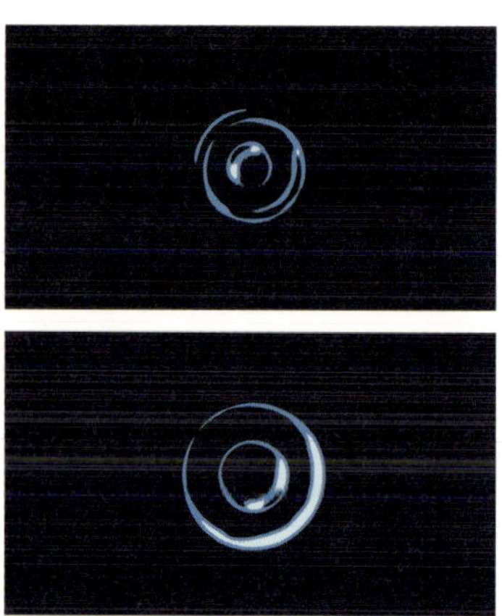

エフェクトを組み合わせて、形状や色を単純化した波紋エフェクトの作り方を紹介します。物体が水の上に落下したときの効果や、テキストを出現させる際の衝撃波としても使用できます。

制作・文
サプライズ栄作

主な使用機能

円 | 波紋 | ラフエッジ | チョーク

Step 1 エフェクト「円」で基本形状を作成する

メニューバー"レイヤー"→"新規"→"平面"をクリックして平面レイヤーを作成します(Ctrl〔Macでは⌘〕+Y)。作成した平面レイヤーに、メニューバー"エフェクト"→"描画"→"円"を適用します。

エフェクトコントロールから各種設定を行います。[エッジ:エッジの半径]に変更し、円の外側と内側を個別に制御できるようにします。

[エッジの内側のぼかし:40]に変更します。エッジの内側をぼかすことで、後に波紋エフェクトを適用した際の形状にランダム性を加えることができます。

[カラー:#0094D3]に設定します。

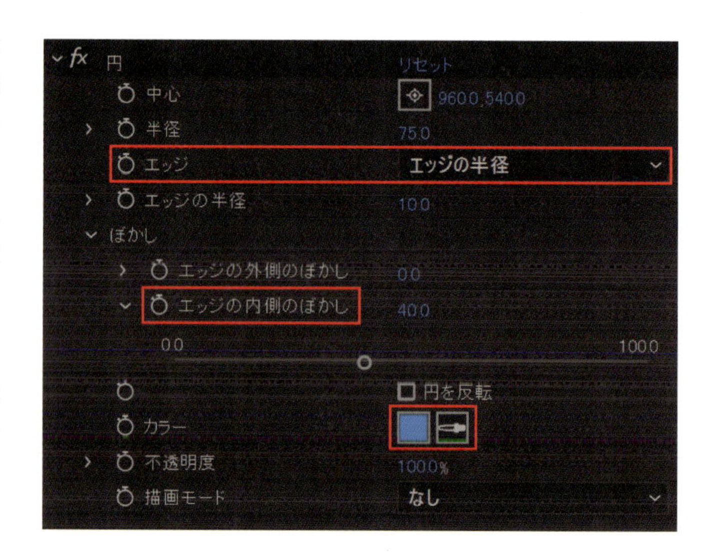

MEMO

エフェクト「円」とは、単色の正円やリングを作成するエフェクトです。

[半径]と[エッジの半径]を制御してリングが広がるアニメーションを作成します。

半径
00：00　0
01：00　350

エッジの半径
00：00　0
01：10　350

Step 2 動きに緩急を加える

リングが広がるにつれて減速するイメージで編集します。「半径」に打たれた2つ目のキーフレームを右クリックして、"キーフレーム速度"を選択します(キーフレームを選択し、Ctrl〔⌘〕+Shift+Kでもキーフレーム速度を開くことができます)。入る速度を[0/秒][影響：70%]に変更します。同じ工程を「エッジの半径」に対しても行います。

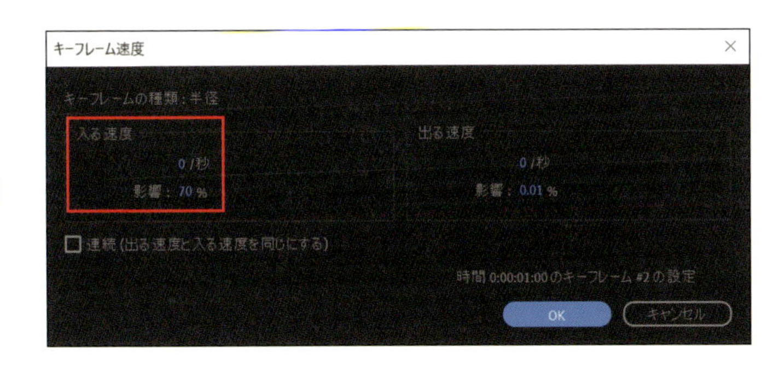

Step 3 レイヤーのアウトポイント(終点)を調整する

エフェクトの「円」は[半径][エッジの半径]を同じ値にしても輪郭が残るため、レイヤーのアウトポイントを調整してアニメーション終了後に非表示になるように調整します。
「現在の時間インジケーター」をタイムコード[01:10]に合わせます。Alt〔option〕+](右角括弧)で、選択したレイヤーのアウトポイントを「現在の時間」にトリムします。

MEMO
レイヤーのアウトポイントをドラッグして合わせても問題ありません。

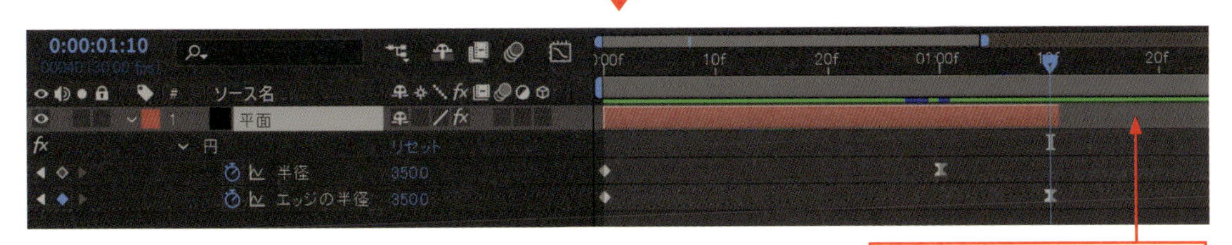

レイヤーの終点を調整して
終点以降は表示されないようにする

Step 4 エフェクト「波紋」を適用する

メニューバー“エフェクト”→“ディストーション”→“波紋”を適用します。波紋のパラメーターを次のように調整して形状を作ります。[半径：50] [波紋の幅：35] [波紋の高さ：100] に変更します。パラメーターは一例です。値を調整することで、様々なバリエーションの波紋エフェクトを作成することができます。

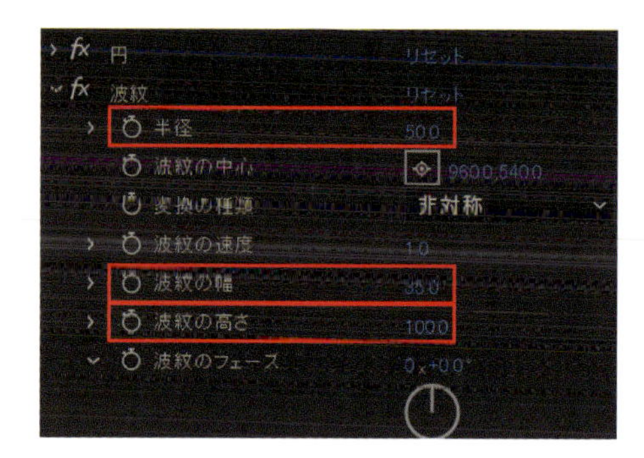

MEMO

エフェクト「波紋」とは、水面の効果を模倣しながら外側へ広がっていく効果を作るエフェクトです。

「波紋」適用前

「波紋」適用後

Step 5 エフェクト「ラフエッジ」を適用する

メニューバー“エフェクト”→“スタイライズ”→“ラフエッジ”を適用します。ラフエッジのパラメーターを調整してさらに作りこみます。[エッジの種類：カット] [縁：10] [エッジのシャープネス：10] [スケール：350]にそれぞれ変更します。

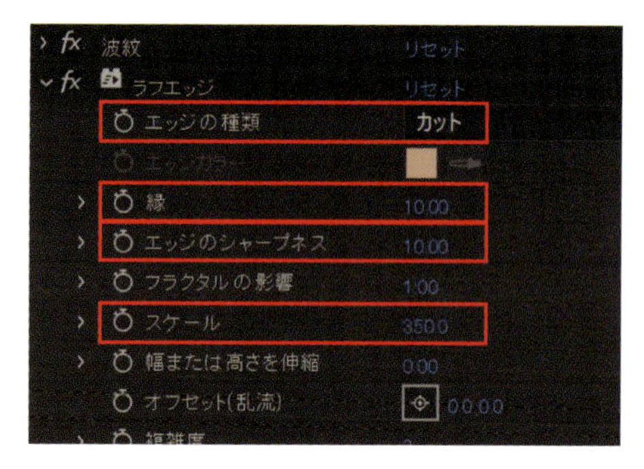

MEMO

エフェクト「ラフエッジ」とは、エッジに不規則な外観を追加することができるエフェクトです。

「ラフエッジ」適用前

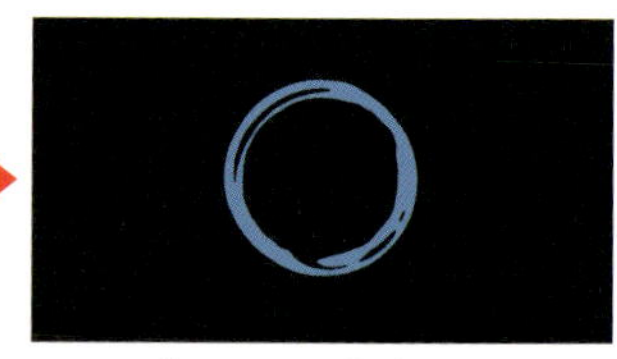
「ラフエッジ」適用後

Step 6 小さい波紋を作成する

波紋を作成した平面レイヤーを選択して、メニューバー“編集”→“複製”でレイヤーを複製します（Ctrl〔⌘〕+D）。複製したレイヤーの「円」を調整してひと回り小さい波紋を作成します。[半径] と [エッジの半径] に作成された2つ目のキーフレームを[180]に変更します。[波紋の高さ：80]に変更します。

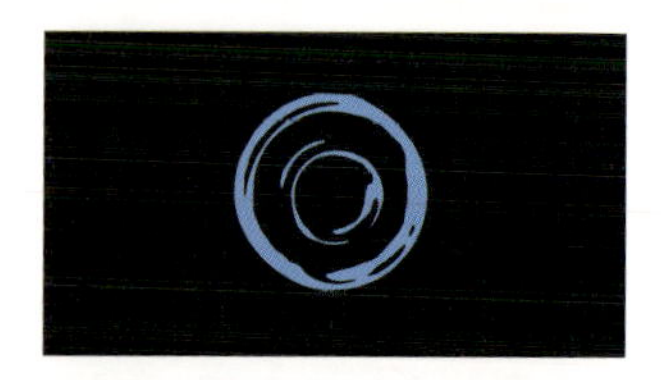

Step 7 「調整レイヤー」を作成し各種エフェクトを適用する

現在単色となっていますが、波紋の芯となる部分と外側の色を分ける作業を行います。メニューバー“レイヤー”→“新規”→“調整レイヤー”で調整レイヤーを作成します(Ctrl+Alt〔⌘+option〕+Y)。調整レイヤーに以下のエフェクトを順番に適用して完成です。

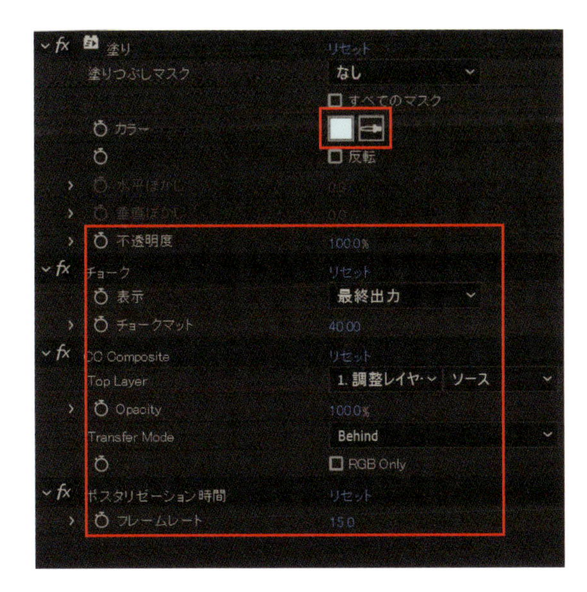

作成した波紋はそのまま水面を表現したり、なにかを表示する際の衝撃波としても使用できます。
サンプルデータでは、水面にオブジェクトが当たった際の波紋エフェクトとして利用しています。是非ご確認ください。

7-1 “エフェクト”→“描画”→“塗り”

波紋の芯(内側)となる部分の色を指定します。作例では[カラー:#D0EDF6]を使用しています。

7-2 “エフェクト”→“マット”→“チョーク”

[チョークマット:40]にして輪郭を削ります。

7-3 “エフェクト”→“チャンネル”→“CC Composite”

調整レイヤーによって変化したイメージと、変化前の元イメージを合成します。[Transfer Mode:Behind] に変更。[RGB Only] のチェックを外します。

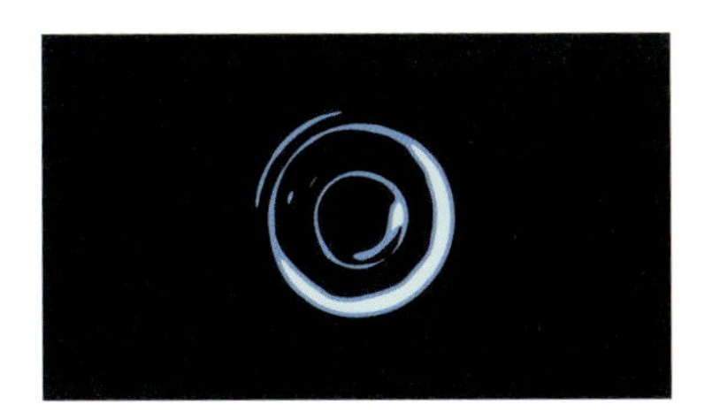

7-4 “エフェクト”→“時間”→“ポスタリゼーション時間”

フレームレートを低下させることで、アニメ調のスタイルを強調させます。
[フレームレート:15]に変更して完成です。

Section
03 全方位をカバーする！
3Dカードモーション

動画で確認！

フラットかつ、立体感のあるカードオブジェクトはモーショングラフィックスで多用されるモチーフです。この作例では特別な3D機能を使わずに作成します。新たにローンチされるアプリなど、様々な場面でのアレンジを想定しています。

制作・文
ナカドウガ

主な使用機能

3Dレイヤー ｜ コラップストランスフォーム

まず初めに、あらかじめサンプルデータ「AE_B_ch02-03.aep」をAfter Effectsに読み込んでおきましょう。

Step 1 カードを作る

カードは、6枚のコンポジションを立方体形状に張り合わせることで表現します。カードのバリエーションを増やしやすくするため、以下のような構造で作ります。

長方形シェイプと配布素材で面を作る

Element_Card_Top
Element_Card_Front
Element_Card_Right
Element_Card_Left
Element_Card_Bottom
Element_Card_Back

6つのプリコンポジションにする

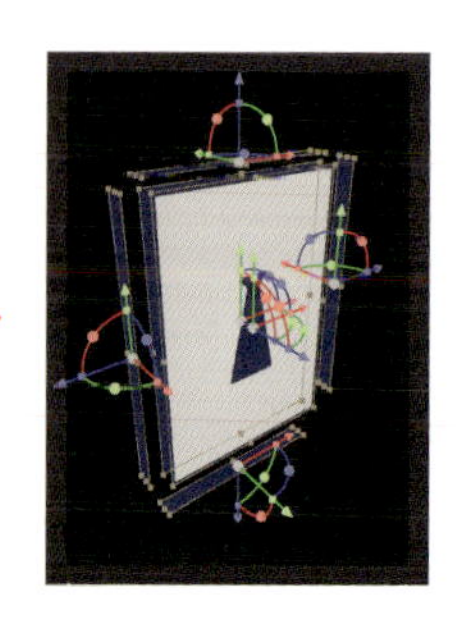

各面を張り合わせる

1-1 表裏面用コンポジションを作る

まずは、次の通りに2つのコンポジションを作ります。
コンポジション名
①「Element_Card_Front _A」
②「Element_Card_Back」
[幅：500px]
[高さ：700px]

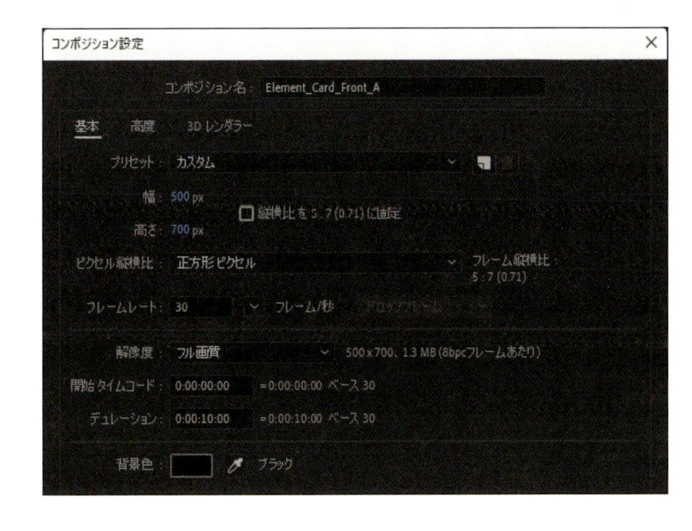

その中に長方形シェイプで元となるベースを作ります。Footageフォルダ内の「Card_Front_A .png」を表面に、「Card_Back.png」を裏面にそれぞれ追加します。

「Element_Card_Front _A（表面）」
[塗り：白(#D9D9D9), 線：紺(#16365F)]

「Element_Card_Back（裏面）」
[塗り：紺(#16365F)]

1-2 側面用コンポジションを4枚作る

この作例では、カードの厚さを50pxと設定します。この数値を増減させることでさらに薄く、あるいは正方形など、さまざまなバリエーションを作ることができます。

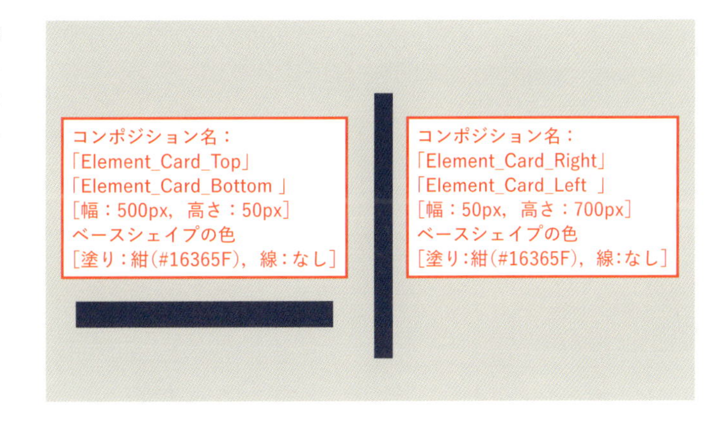

1-3 各コンポジションを張り合わせてカードを作る

新規コンポジション「Sub_Card_A」を[幅：500px] [高さ：700px]で作ります。このコンポジションに、先ほど作成したコンポジション6枚を追加します。
この時に画面上部の「スナップ」にチェックをいれておくと、マウスドラッグでの面貼り作業が直感的になりスムーズです。

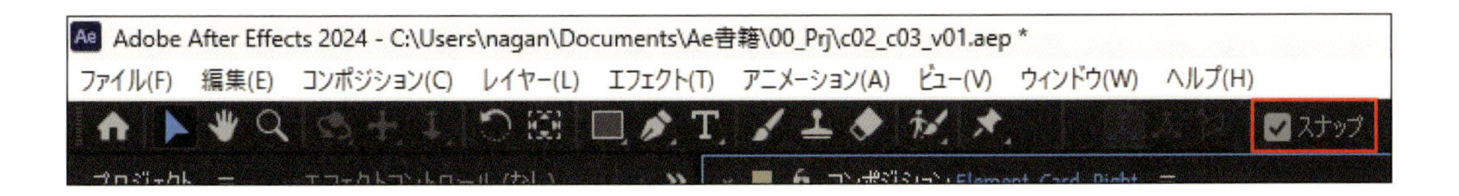

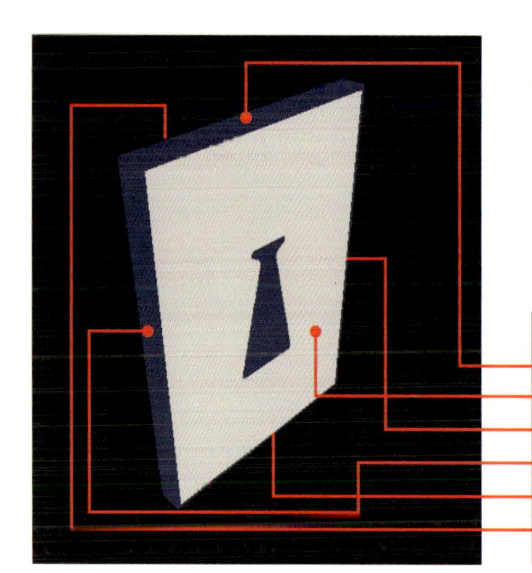

すべてのレイヤーに対し「3D レイヤースイッチ」をクリックして3D レイヤーに変換します。以下のプロパティを参照にして、各面をピッタリ張り合わせましょう。

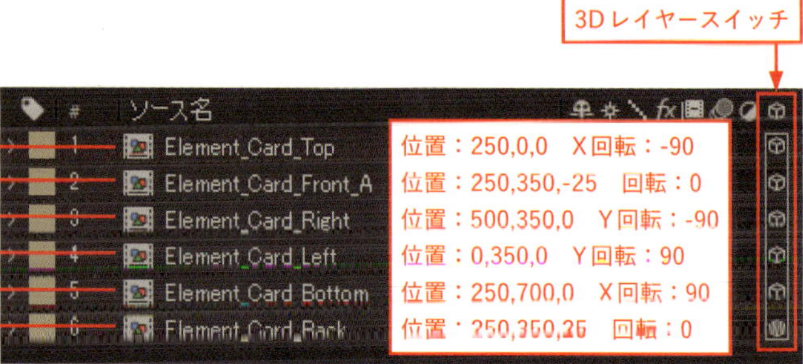

1-4 別バリエーションのカードを作る

さらに別の図柄のカードを作ります。プロジェクトパネル上で「Sub_Card_A」を複製し、それぞれの末尾に「B」「C」「D」「E」と名前を変更しておきましょう。「Sub_Card」のシリーズは都合5枚作られる形です。同じく「Element_Card_Front_A」も複製し、「B」「C」「D」「E」を新たに作成します。「Element_Card_Front」のシリーズも5枚となります。

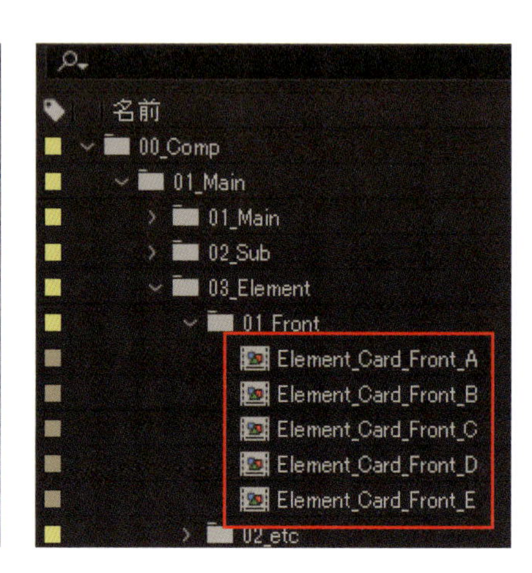

複製した「Element_Card_Front_B ～ E」の表面の図案を入れ替えます。

Card_Front_A

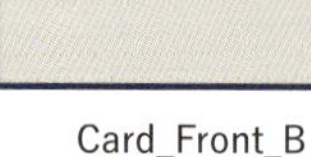
Card_Front_B

Card_Front_C

Card_Front_D

Card_Front_E

次に「Sub_Card_ B～E」の構造を入れ替えていきます。「Sub_Card_ B～E」を開き、その中の「Element_Card_Front_A」を選択してください。プロジェクトパネルにある「Element_Card_Front_B」を選択した状態で、Alt〔Macでは option〕を押しながら、「Element_Card_Front_A」へドラッグ＆ドロップしてください。

こうすることで既存のエフェクトやプロパティを保ったまま、別のフッテージに入れ替えることができます。残る「C～E」も同じ要領でコンポジションを入れ替えておきましょう。

Step 2 カードをレイアウトする

2-1 新規コンポジションを作る

新規コンポジション「Main」を作り、そこに「Sub_Card」シリーズを追加します。立体形状を活かすために「コラップストランスフォーム」をオンにしておきましょう。

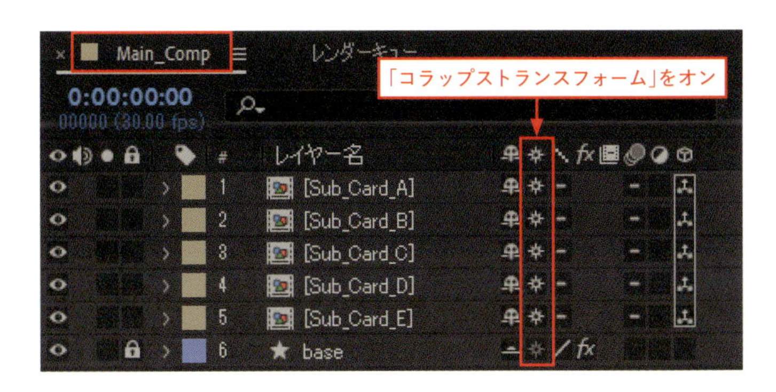

各カードのレイアウトを作っていきます。参考画像のように、レイアウトしてください。構図のメインとなる「Sub_Card_A」が1番目立つようにメリハリのあるレイアウトが良いでしょう。

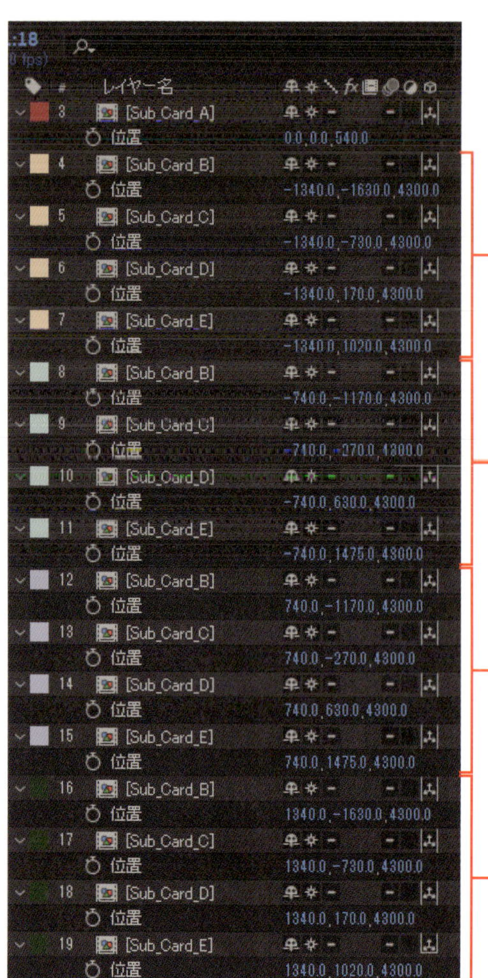

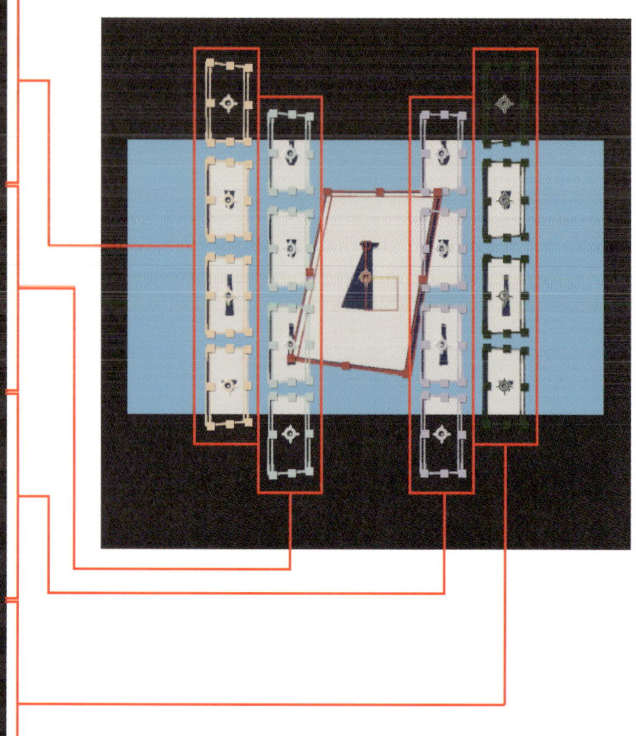

2-2 ヌルオブジェクトを追加する

新規ヌルオブジェクト「ALL_Control」を追加し、こちらも3Dレイヤーに変換しておきます。そしてこのヌルオブジェクトにすべてのカードコンポジションを親子付けしてください。すべてのカードをこのヌルオブジェクトで一括制御します。アニメーションの詳細は以下を参考にしてください。

2-3 カードごとのアニメーションを作る

最後にカードごとのアニメーションを作り、この作例は完成です。

Sub_Card_Aのプロパティ

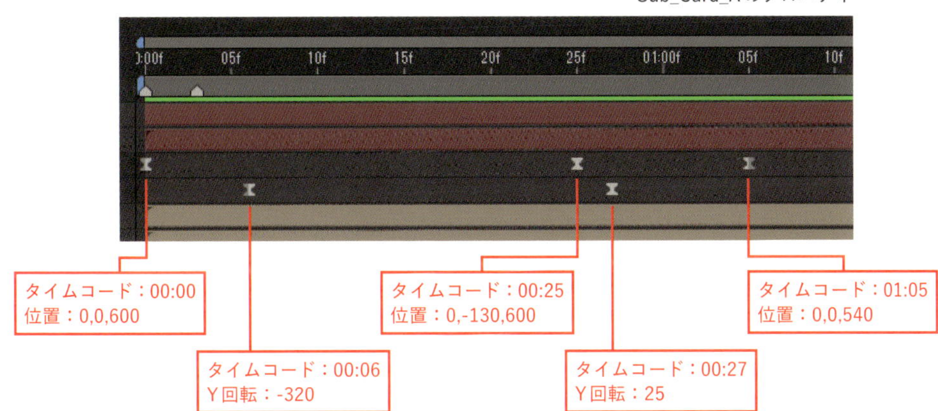

2フレームずつアニメーションのタイミングをずらすことで、より滑らかな印象が強まります。

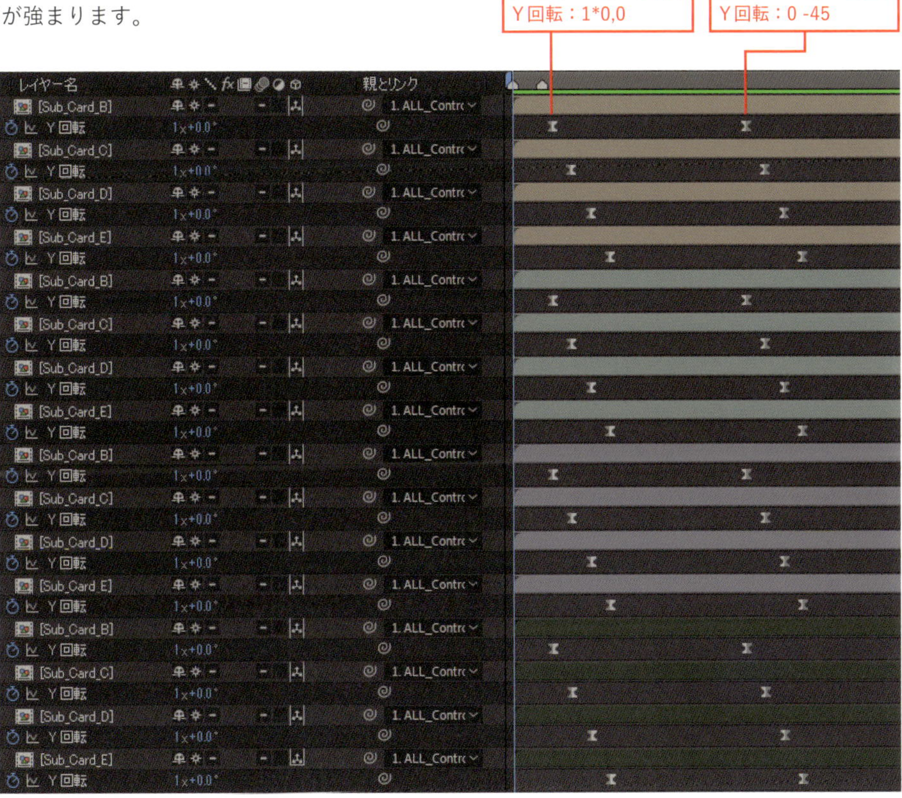

Sub_Card_B~Dのプロパティ

MEMO

じわーっと常に回転／移動するようにアニメーションを付けると、さらなるクオリティアップを実現できます。

Section

04 リッチさをプラス! キラキラパーティクル

様々な作品で使われるキラキラ表現を、標準エフェクトとエクスプレッションでリッチに仕上げます。

制作・文

ヌル1

主な使用機能

パンク・膨張 | CC Particle World | エクスプレッション

Step 1 シェイプレイヤーでキラキラアニメーションをつくる

1-1 キラキラシェイプ作成

「楕円形ツール」をダブルクリックしてシェイプレイヤーを作り、レイヤー名を「Star」とし[サイズ：50,50]に変更します。

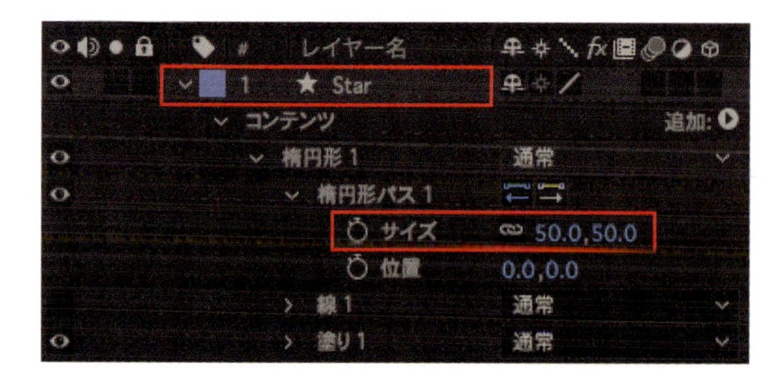

「Star」シェイプレイヤーを選択した状態で、Ctrl〔Macでは⌘〕+Shift+Cを押してプリコンポーズします。

Ctrl〔⌘〕+ K で、プリコンポーズしたコンポジションのコンポジション設定を開きます。コンポジション名を「Star_motion」とし、[幅：100px][高さ：100px][デュレーション：0:00:02:00]にします。

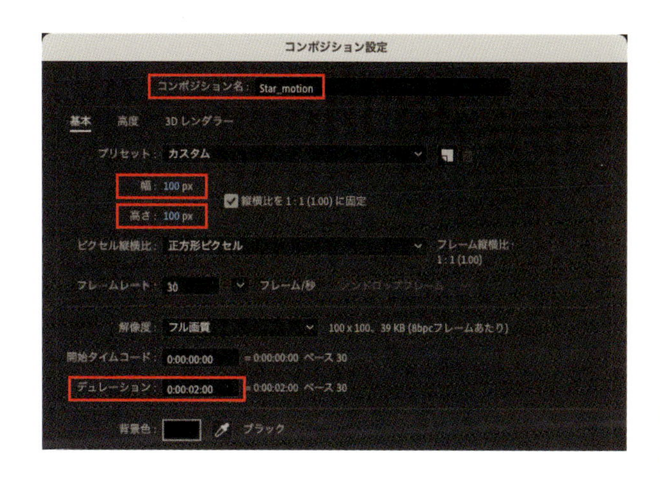

「Star」レイヤーを展開して、コンテンツの追加▶から"パンク・膨張"を追加し、[量：-70]に変更します。

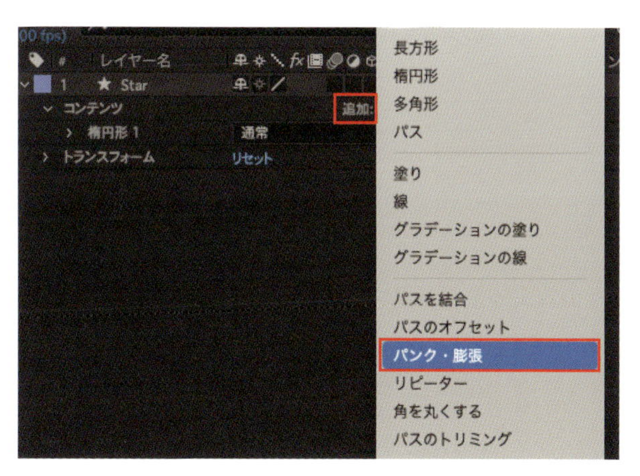

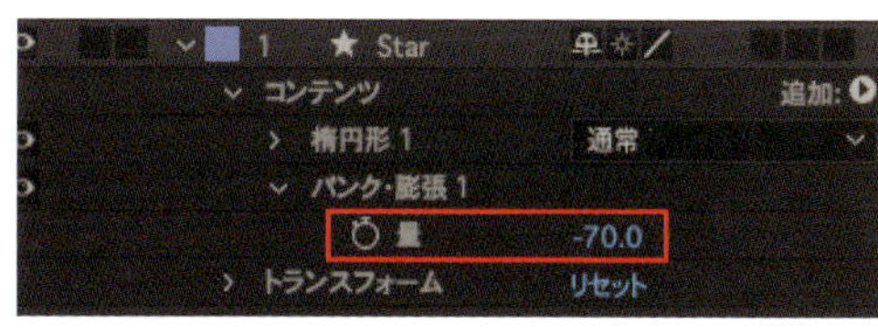

シェイプレイヤーがキラキラの形になりました。

1-2 キラキラアニメーション作成

[スケール]と[不透明度]にキーフレームを打ち、キラキラが「出現」→「点滅」→「消失」するアニメーションを作成します。[00:10]にある[スケール]のキーフレームを選択した状態で、F9 キーを押してイージーイーズを付けます。

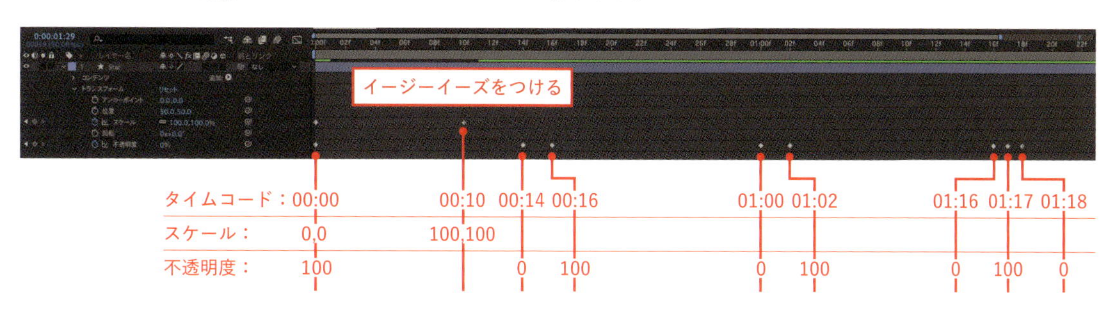

[不透明度]に打たれた全てのキーフレームを選択した状態で、いずれかのキーフレームを右クリックして、"停止したキーフレームの切り替え"を選択します。

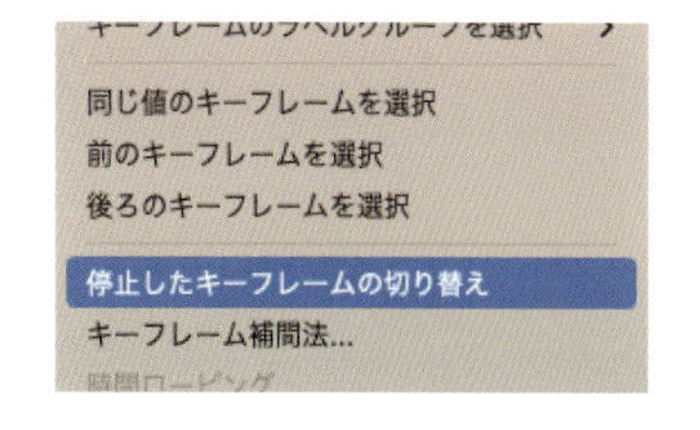

Step 2 キラキラアニメーションをパーティクルに設定する

「Main」コンポジション内で、Ctrl（⌘）+ Y で新規平面レイヤーを作成し、レイヤー名を「Particle Star」に変更します。「Particle Star」レイヤーに、メニューバー“エフェクト”→“シミュレーション”→“CC Particle World”を追加します。エフェクトコントロールパネルで「CC Particle World」を展開し、各プロパティを設定しましょう。

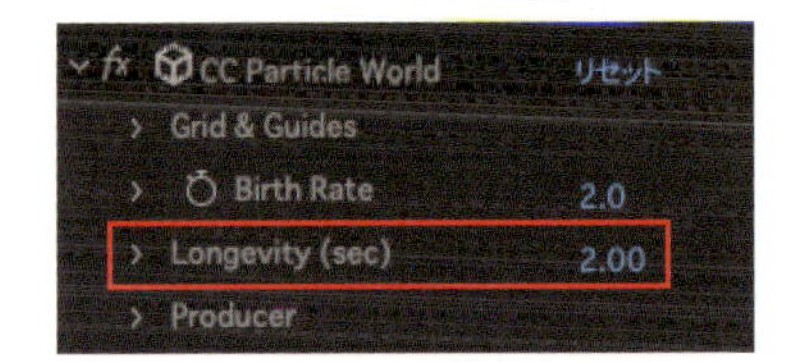

[Longevity(sec)：2]へ変更します。

「Physics」内のプロパティを[Velocity：0.3][Gravity：0][Resistance：2]へ変更します。

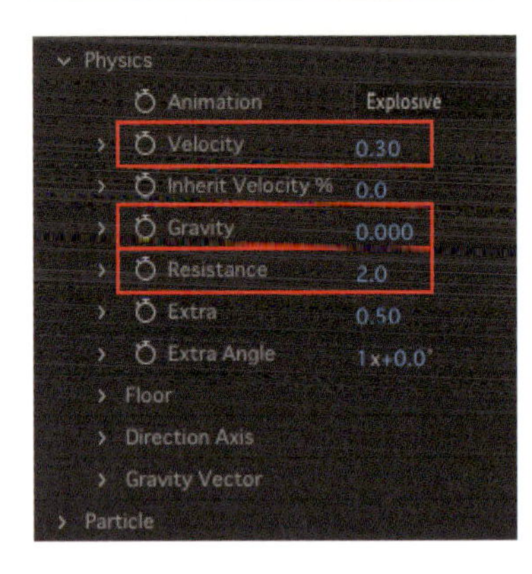

「Particle」内のプロパティを下記へ変更します。
[Particle Type：Textured Square]
[Max Opacity：100]
[Texture Layer：Star_motion]
[Texture Time：From Start]
[Birth Color]と[Death Color]は任意のカラーを設定しましょう。

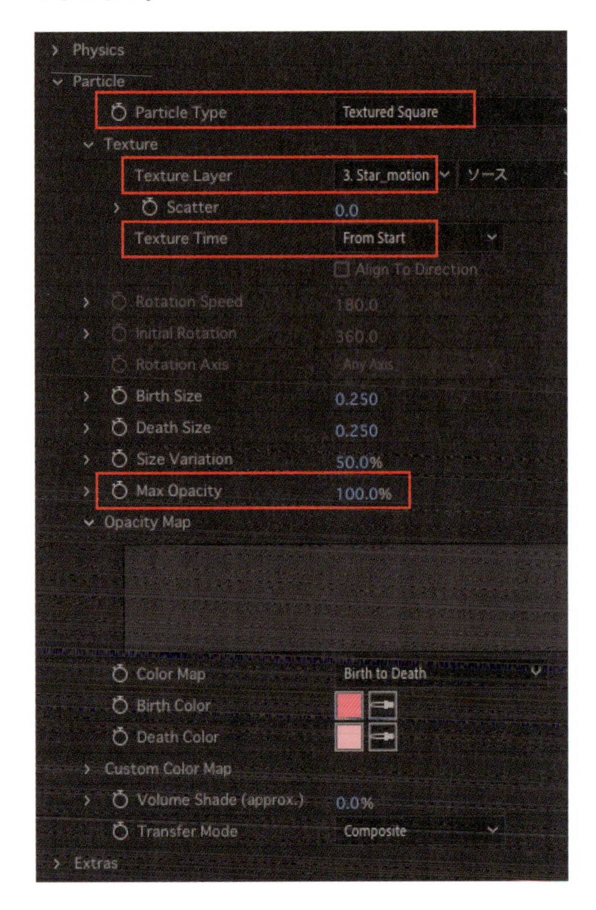

[Opacity Map]は、初期設定では両端がカーブしています。カーブ部分をドラッグしてカーブが無くなるように調整します。

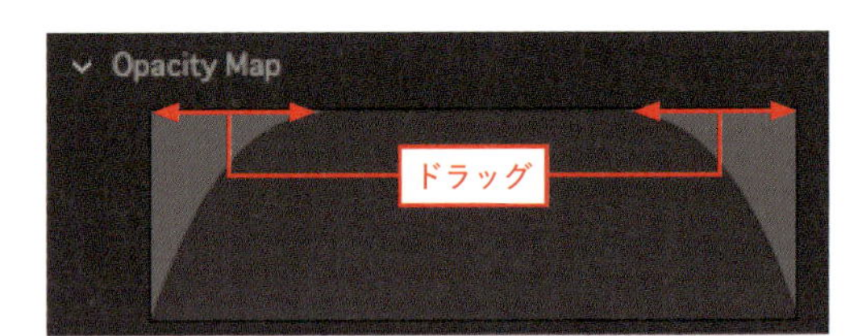

これで、「Step 1」で作成したキラキラシェイプが放出されるようになりました。

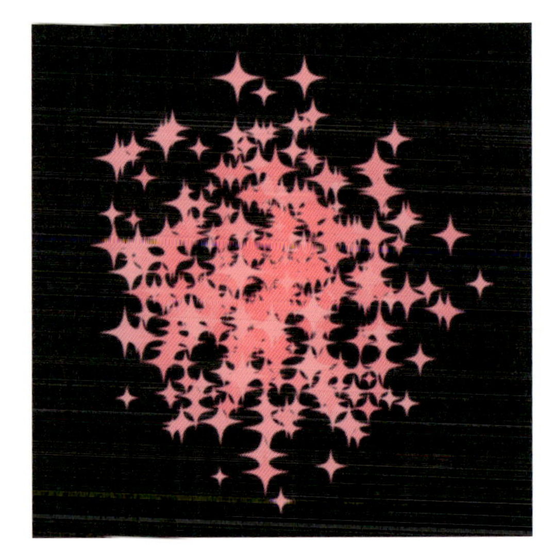

Step 3 パーティクルの軌道をヌルレイヤーでコントロールする

メニューバー“レイヤー”→“新規”→“ヌルオブジェクト”から、ヌルレイヤーを作成します。レイヤー名は、デフォルトの「ヌル 1」のままとしておきましょう。[位置]にキーフレームを打ち、F9キーを押してイージーイーズをかけます。

コンポジションビューでベジェハンドルを操作して、モーションパスを図のような形に調整してください。

「Particle Star」レイヤーを展開して、[CC Particle World > Producer > Position X]のストップウォッチアイコンをAlt〔option〕キーを押しながらクリックして、下記エクスプレッションを記入します。

```
x = thisComp.layer("ヌル 1").transform.position[0]-thisComp.width/2;
x/thisComp.width;
```

同様に[Position Y]にも下記エクスプレッションを記入します。

```
y = thisComp.layer("ヌル 1").transform.position[1]-thisComp.height/2;
y/thisComp.width;
```

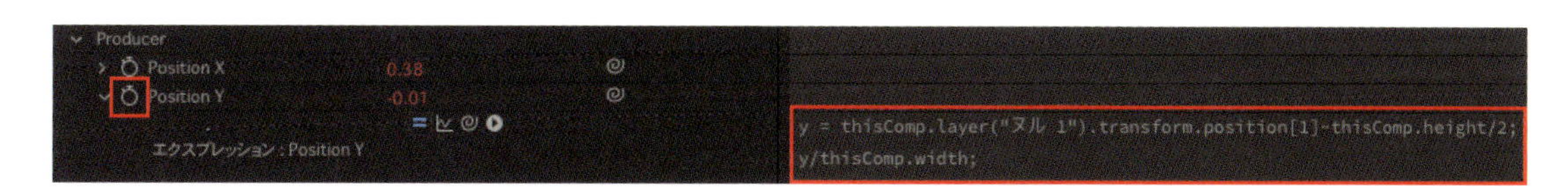

これで「CC Particle World」の位置が、ヌルレイヤーと一致するようになりました。

MEMO

エクスプレッションについては、P.269で解説しています。

MEMO

本作例には必要ありませんが、Z軸もヌルレイヤーでコントロールしたい場合は「ヌル１」レイヤーの「3Dレイヤー」スイッチを有効にして、「Position Z」に下記エクスプレッションを記入します。

```
z=thisComp.layer("ヌル 1").transform.position[2];
z/thisComp.width;
```

Step 4 キラキラの数を調整する

「Birth Rate」にキーフレームを打ち、パーティクルの数を調整します。

[00:00]にある「Birth Rate」のキーフレームを選択した状態で、右クリックして“停止したキーフレームの切り替え”を選択しましょう。これで、本作例は完成です。

WHAT'S MORE

パーティクルのバリエーション

「Particle Star」レイヤーを複製してパーティクルのバリエーションを増やすことで、キラキラパーティクルをより華やかにすることが出来ます。aepファイルにはバリエーション違いのパーティクル例（レイヤー名：Particle Sparkle）が含まれているので、ご参照ください。

Section

05 万華鏡のように魅せる カレイドスコープモーション

動画で確認！

シンプルな円形のシェイプの重なり、描画モードと反転を組み合わせ、万華鏡のような形状からオブジェクトを印象的に出現させましょう。

制作・文

minmooba

主な使用機能

トライトーン ｜ 塗り ｜ マット設定 ｜ トラックマット

1 円のアニメーションを作る

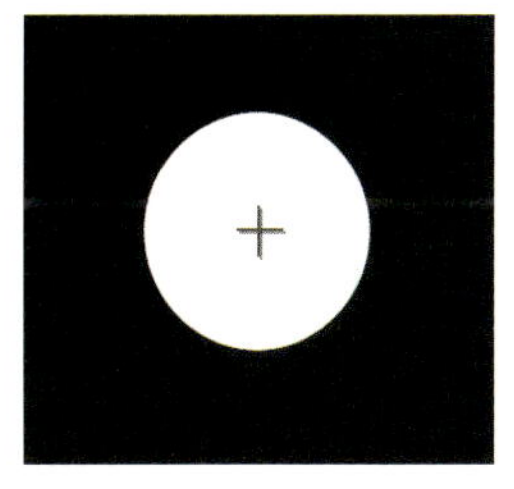

トランジション用の新規コンポジション「Circle Comp」を、Ctrl〔Macでは⌘〕+Nで作成し、［幅：1920px］［高さ：1080px］に設定します。「楕円形ツール」でShiftを押しながらドラッグして正円を描き、［サイズ：250］［塗りのカラー：#FFFFFF］に設定します。

円が［スケール：0%］から少し右に移動しながら大きくなり、画面を覆う動きをつけます。その後、少し逆の方向とスケールに戻る予備動作の動きをつけます。［位置］を右クリックして、"次元に分割"を選択します。

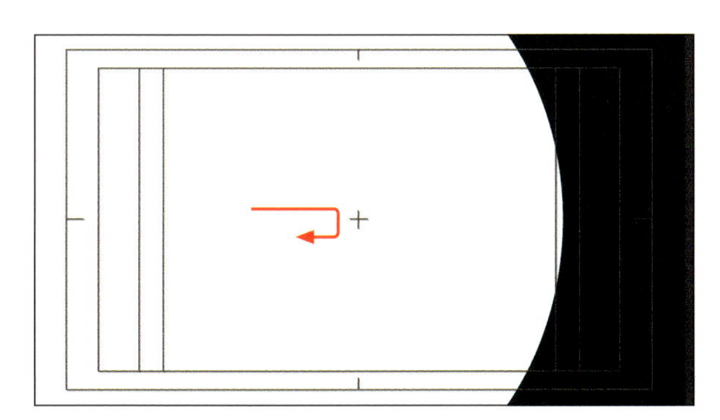

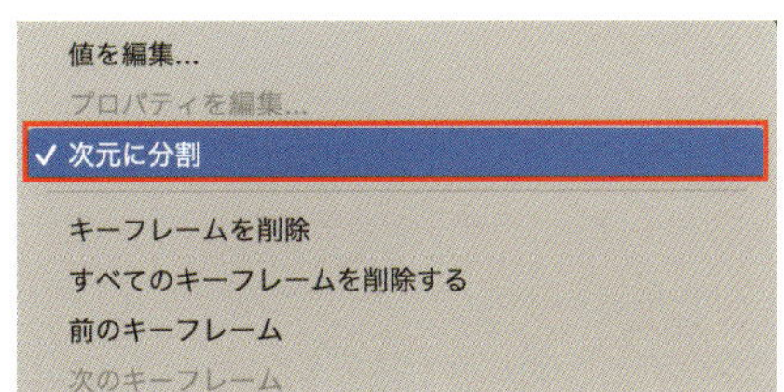

キーフレームは、F9キーでイージーイーズを適用します。

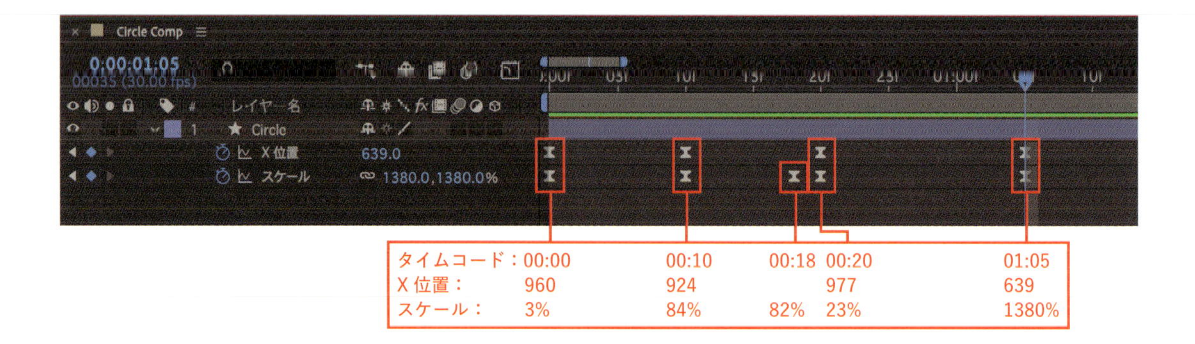

2 万華鏡を作る

さらに、新規コンポジション[幅:1920px][高さ:1920px]を作成し、名前を「Bkg」とします。このコンポジションに、先ほど作成した「Circle Comp」コンポジションを入れ、Ctrl〔⌘〕+Dで3つに複製し、Enter〔return〕キーで名前をつけます。

「Circle Comp - C」「Circle Comp - R」の[スケール]のリンクを外し（P.50参照）、[-100,100]に設定して左右反転させます。これで左右鏡合わせの状態になります。

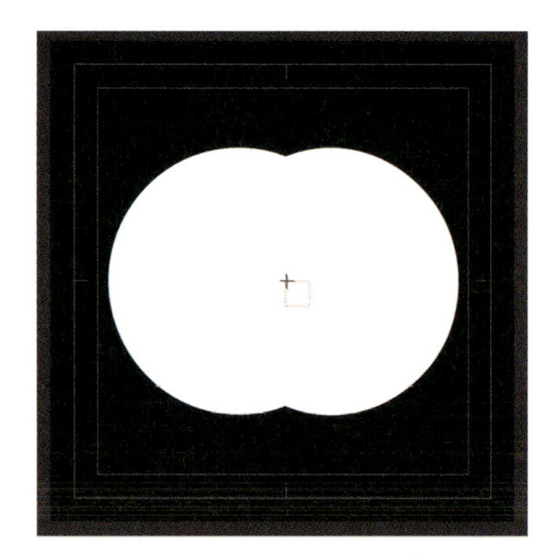

「Circle Comp - C」にエフェクトを適用します。メニューバー"チャンネル"→"マット設定"で[レイヤーからマットを取り込む:Circle Comp - L]に設定し、メニューバー"エフェクト"→"描画"→"塗り"で[カラー：#000000]を適用します。

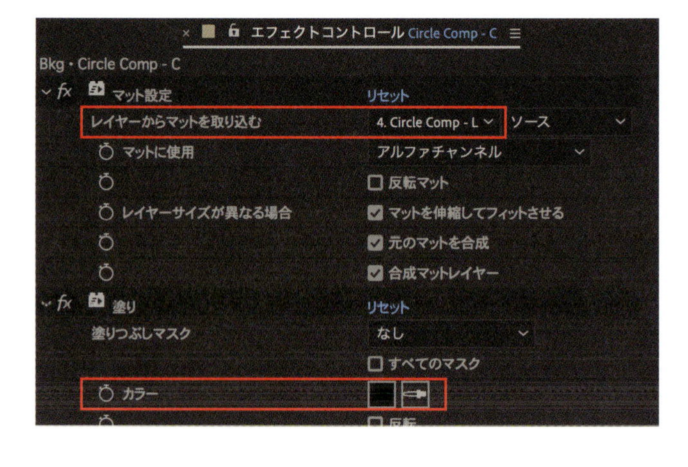

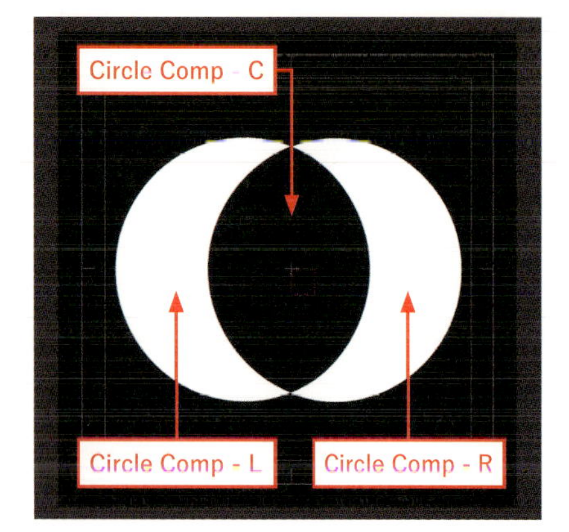

これで、円が重なった部分だけ色が違う状態になりました。

次は全体に回転の動きをつけます。メニューバー"レイヤー"→"新規"→"ヌルオブジェクト"を作成します。徐々に早くなる回転の動きにするため、1つ目のキーフレームはF9キーでイージーイーズをつけます。
2つ目のキーフレームにはCtrl〔⌘〕+Shift+F9でイージーイーズアウトをつけます。最初は反時計回りに回転し、ゆっくりと時計回りに戻って回転する動きにします。

「Circle Comp」のR、C、Lのコンポジションレイヤーをすべて選択し、[00:00]でタイムラインパネルの「親とリンク」のピックウィップを引っ張り、ヌルを親にします。これでヌルの回転に追従するようになります。エフェクト「マット設定」の描画結果に影響するため、コラップストランスフォームスイッチをオンにします。

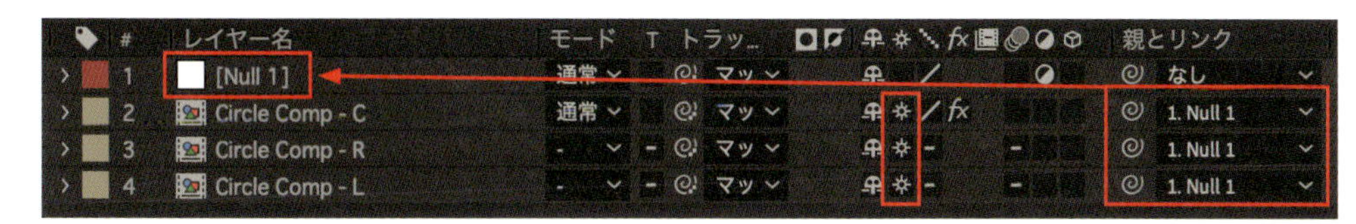

3-1 テキストコンポジション

新規コンポジション［幅：1920px］［高さ：1080px］を作成し、名前を「Text」とします。「テキストツール」で2～3行のテキストを入力します。

3-2 きっかけモーション

メインコンポジションに「楕円形ツール」で正円のシェイプを作成し、名前は「Circle 1」とし、［サイズ：250］［塗り：#ED0F86］にします。
［位置］を右クリックで"次元に分割"してXとY位置に分けます。Y位置に、画面外下部から中央あたりまで円が上がってきて最後に少し重力で落ちる動きをつけます。［スケール］にも同様の動きをつけます。これを全体のきっかけのモーションにします。

次に、小さな円のシェイプを作成します。名前を「Circle 2」とし、［サイズ：適宜］［カラー：#FFFFFF］にします。［X位置］に、画面中央から外側へ向かう動き、［スケール］に段々大きくなる動きをつけます。ヌルオブジェクト「Circle 2 Null」を作成し、コンポジションの中央［960, 540］に配置して「Circle 2」の親にします。

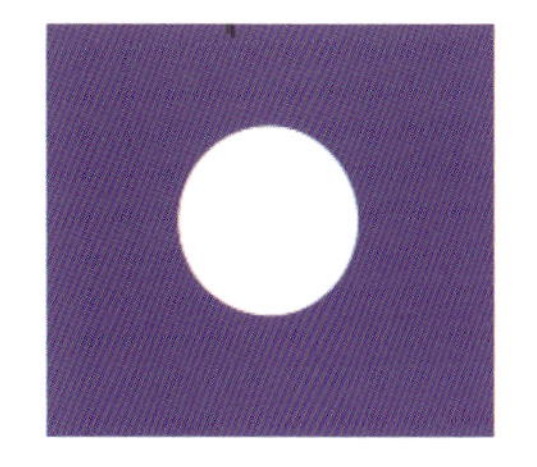

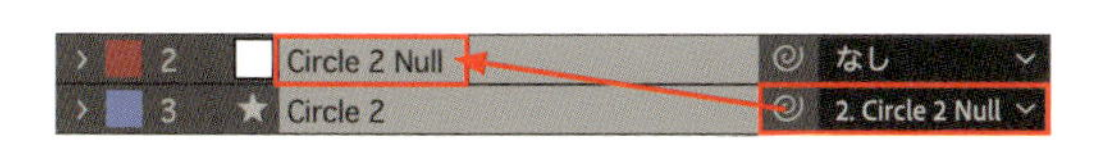

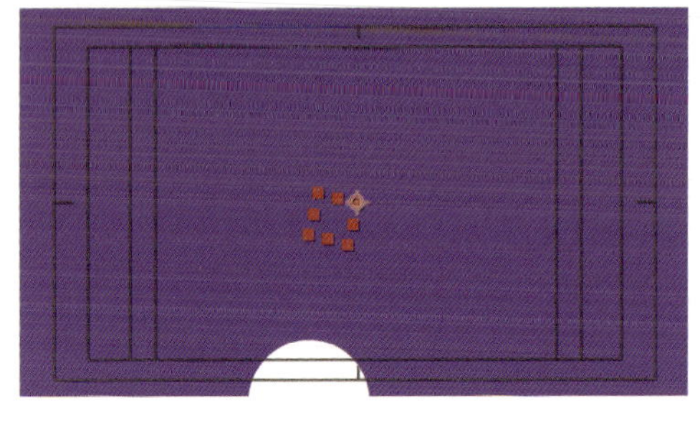

「Circle 2 Null」の［回転］に時計回りの動きを左の画像のようにつけます。子レイヤー「Circle 2」が画面外にフレームアウトするように調整します。

同様の手順で、［サイズ］、［色］、［回転］のタイミングが違う円をいくつか作成します。

MEMO

作例では6つ作成し、円が画面奥から飛んでくるような見た目にしています。

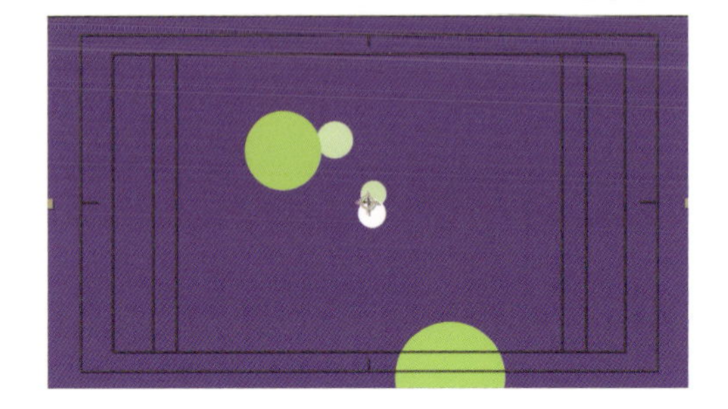

3-3 トライトーン

メインコンポジションに「Bkg」コンポジションを入れ、Ctrl（⌘）+Dで3つに複製します。名前を「Bkg 1」「Bkg 2」「Bkg 3」とします。
「Bkg 2」（「Bkg 3」の前面）に、メニューバー“エフェクト”→“カラー補正”→“トライトーン”を適用します。

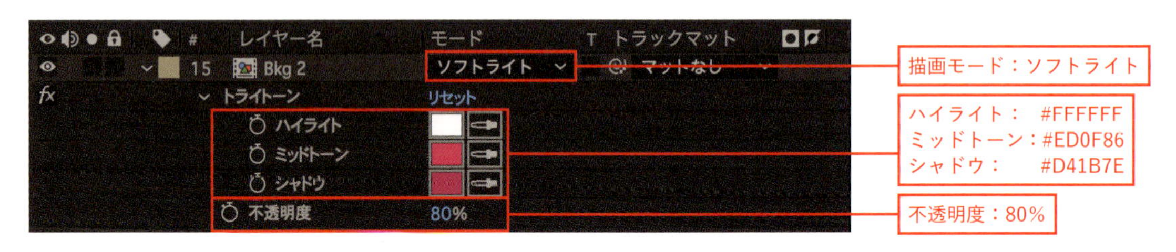

「Bkg 3」にもこのトライトーンをコピーして適用します。［回転：90°］にし、花のように開く形状にします。

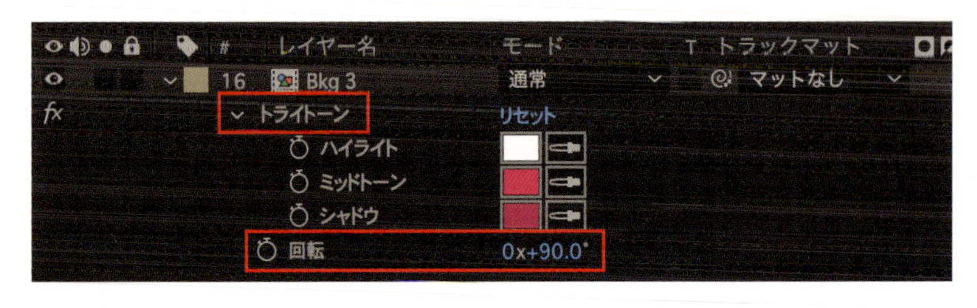

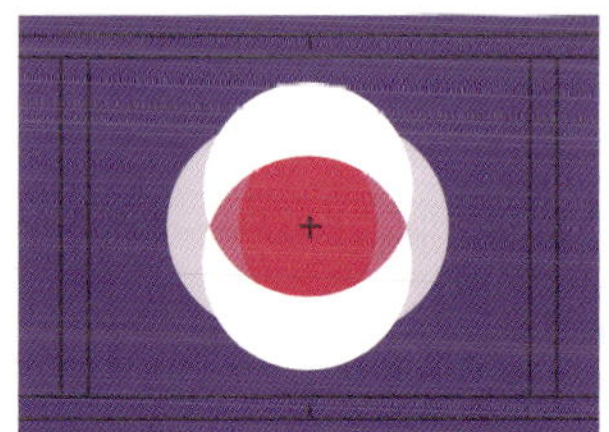

MEMO

「トライトーン」エフェクトは、白〜黒の明度の幅を任意の3色にマッピングします。カラーの制御が楽になります。

3-4 トラックマット

メインコンポジションの［00:12］の位置に「Text」コンポジションを入れ、名前を「Text 1」とします。レイヤーの表示開始位置をドラッグして［00:20］に変更します。

「Bkg」コンポジションを入れて名前を「Bkg 1」とし、「Text 1」コンポジションの「トラックマット」を［ルミナンスマット］に設定（P.268参照）。「下の透明部分を保持(T)」をオンにします。メニューバー“エフェクト”→“描画”→“塗り”を適用し、［カラー：#ED0F86］にします。

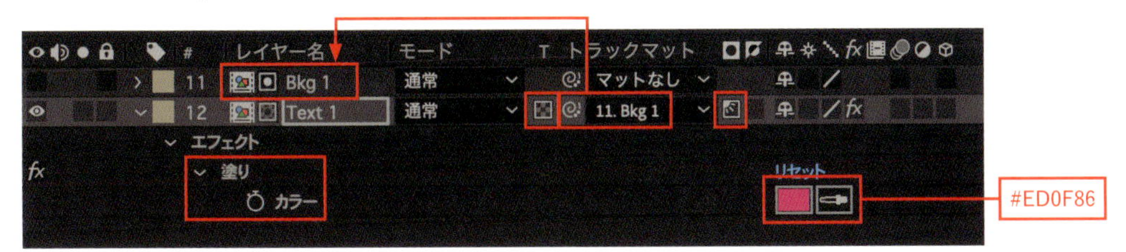

「Text 1」コンポジションをCtrl（⌘）+Dで複製し、名前を「Text 2」とし、「Bkg 1」コンポジションレイヤーの「トラックマット」を［ルミナンスマット反転］にします。エフェクト「塗り」は削除します。

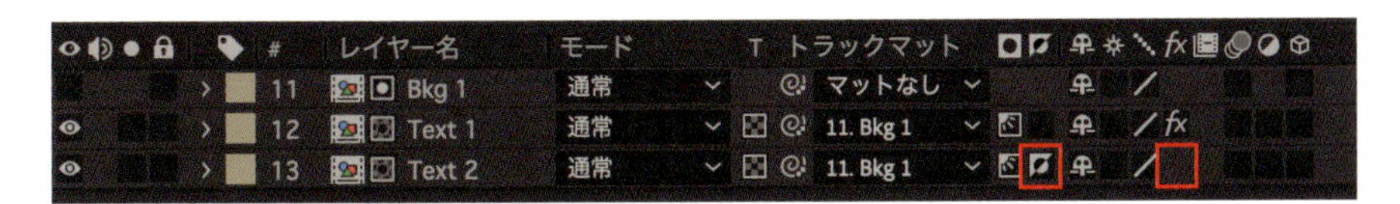

これで「Text 1」は「Bkg 1」の黒い部分のみに表示され、「Text 2」は「Bkg 1」の白い部分のみに表示されます。「下の透明部分を保持」をオンにすることで、背景が透明な部分には文字が表示されません。

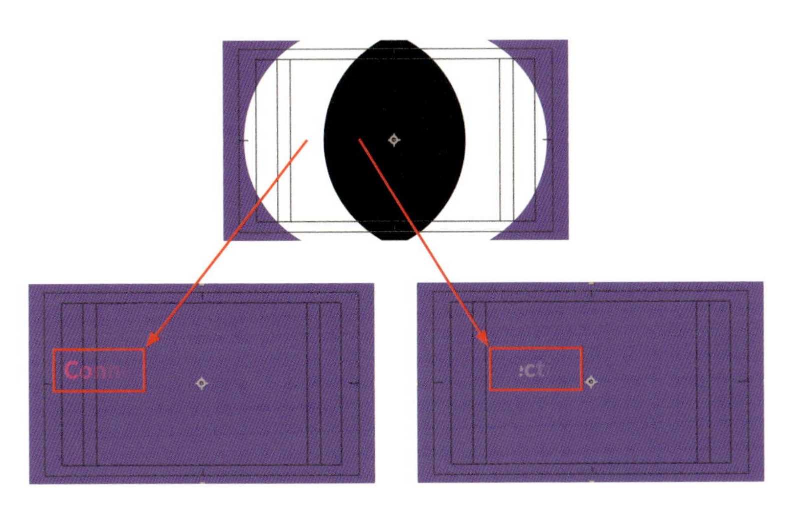

Section

06 カレンダーやメモ帳の表現に めくれ！ポップアップ

動画で確認！

ページめくりアニメーションは、隠していたものを明らかにする、次の展開に進むなど、視聴者に直感的に理解してもらいやすい仕掛けです。主に日めくりカレンダーやノート・付箋など、様々なシーンで活用できます。

制作・文
ナカドウガ

主な使用機能

CC Page Turn

Step 1 ページを作成する

1-1 1ページ目を作る

新規コンポジション「Element_Page_Front1」に長方形シェイプでベースを作ります。

● コンポジション名「Element_Page_Front1」
[幅：350px]
[高さ：550px]

● ベースシェイプの色
[塗り：クリーム色(#F2EECC)]
[線：青緑(#5D8080)，太さ：6px]

続いて、テキストとあしらいの横線を作っていきます。テキストの上下にある横線は[太さ：6px]にしておきましょう。

● フォント「Fairwater Solid Serif」

1-2 2ページ目を作る

さらに2ページ目を作っていきます。コンポジション名は「Element_Page_Back」とし、1ページ目の配色を反転させ、ベースが青緑、テキストがクリーム色になるようにしてください。テキストは「塗りのみ」「境界線のみ」の2種類を用意し、交互にレイアウトしてください。

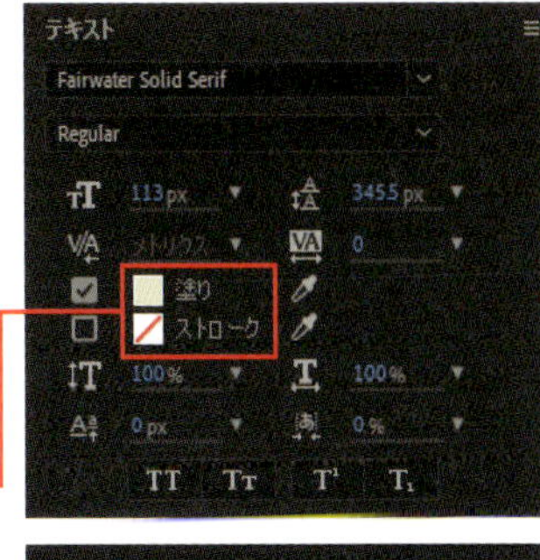

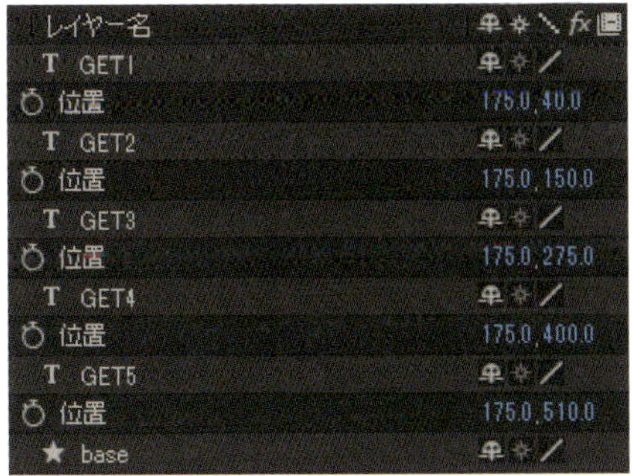

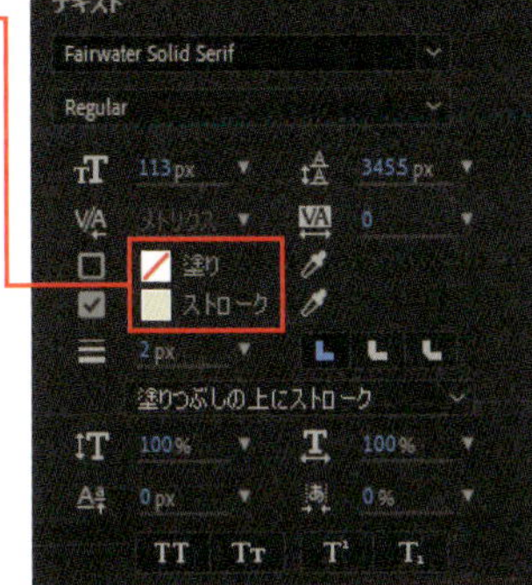

2種類を交互に配置

Step 2 カレンダーを均等に配置する

新規コンポジション「Sub_Scroll」を[幅：7680px][高さ：1080px]で作成します。「Element_Page_Front1」を複製し、計15個のコンポジションを作ります。それらをすべて「Sub_Scroll」に追加します。
一番左端のレイヤーを［位置：700.540］に、一番右端のレイヤーを［位置：7412.540］にします。そして、すべてのレイヤーを選択した状態で、整列パネルで、[レイヤーを整列: 選択範囲]を選択し、次に[レイヤーを配置: 水平方向に均等配置]を選択します。

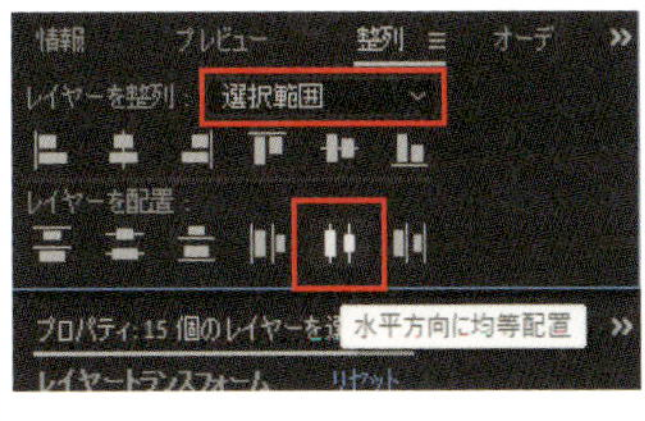

一番左端のレイヤー［位置：700.540］
一番右端のレイヤー［位置：7412.540］

続いて、レイヤーをすべて選択した状態で、レイヤーを複製（Ctrl〔Macでは⌘〕+D）します。選択を解除せずに右クリックして、“選択アイテムを反転”で2ページ目にあたるコンポジションを選択します。

さらに、プロジェクトパネル内の「Element_Page_Back」をAlt〔option〕を押しながら、選択中のコンポジションにドラッグで入れ替えます。これで一括で2ページ目の内容を入れ替えることができました。

このコンポジションは各ページを均等にレイアウトするためだけのものです。レイアウトができたら、「Sub_Scroll」内のすべてのレイヤーをコピーして「Main」にペーストします。

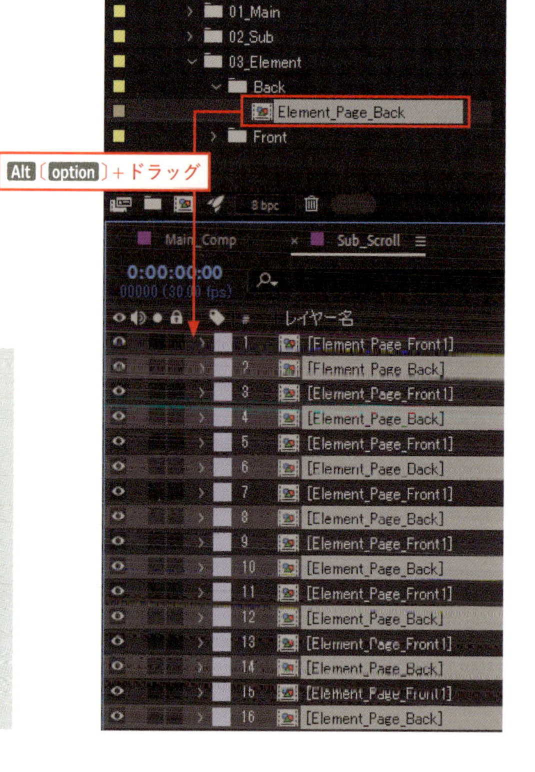

MEMO

1ページ目（Front）、2ページ目（Back）が認識しやすいように、レイヤーのラベルカラーを変更しておきましょう。

Step 3 ページめくりアニメーションを作る

3-1 エフェクトの設定

次に、ページがめくれる様子を作っていきます。エフェクト「CC Page Turn」を使います。文字通り、紙がめくれるような動きをシミュレートするものです。円形に丸める効果があり、やさしい表現が可能です。
最初にめくりの起点とページの質感を決めていきます。

[Controls：Bottom Right Corner]
[Fold Radius：80]
[Light Direction：180°]
[BackOpacity：100]

としておきます。

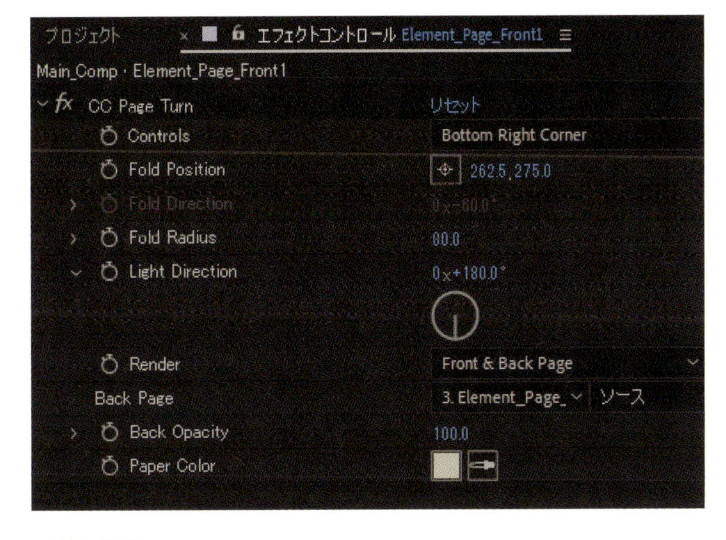

MEMO

Fold Radius：めくれる量をコントロールできます。
Light Direction：光沢感や影を表現できます。
Back_Page：ページの表・裏面の描写が可能です。

「Element_Page_Back」を新規に追加し、エフェクト「塗り」を適用して、色を[#5D8080]に設定します。このコンポジションを「CC Page Turn」の「Back page」に設定します。これで1ページ目の裏側の描写ができるようになりました。

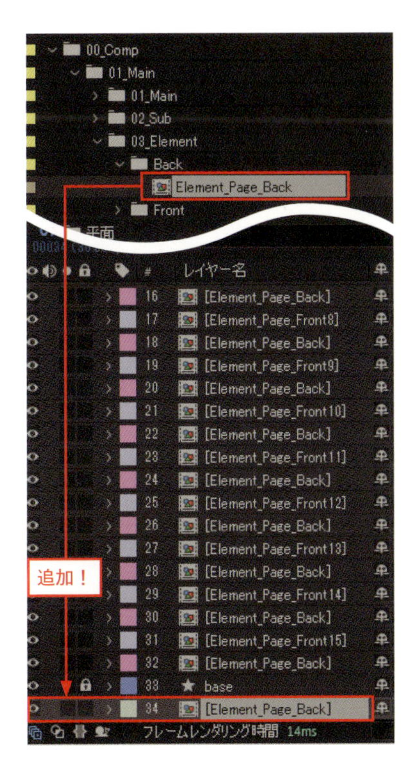

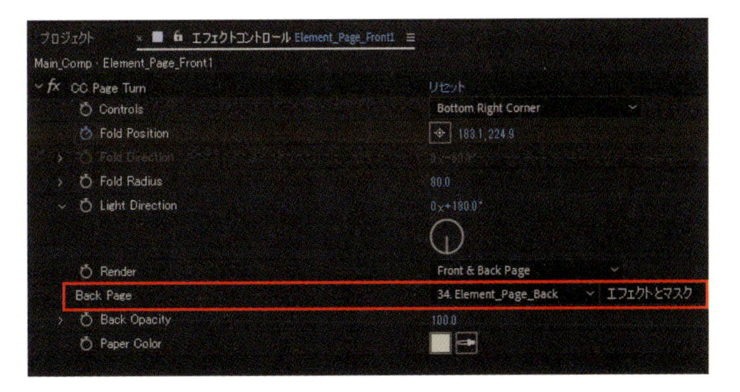

3-2 アニメーションの設定

それではアニメーションを作っていきます。エフェクト「CC Page Turn」内の「Fold Position」を使います。

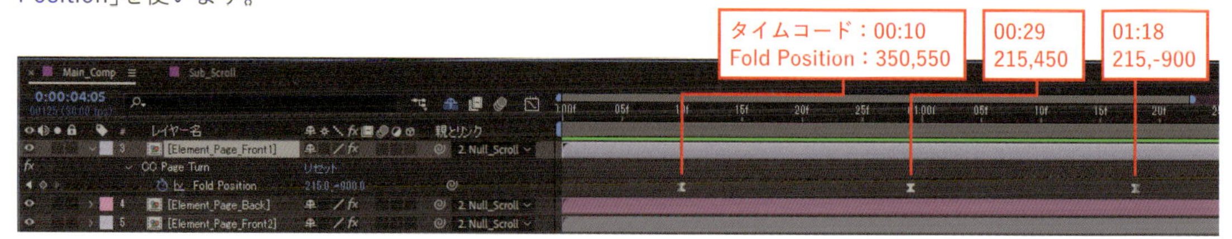

ここでのポイントは、一気にめくれるのではなく先端が少しだけめくれ、そのあと一気にめくれるという二段階のアニメーションを作ります。よりポップな印象になるでしょう。

めくれたページは画面外に飛んでいく、あるいは不透明度を下げて見えなくするなどの処理をしてください。ページが残ったままユラユラしているというのもおもしろいでしょう。

このアニメーションを基本とし、その他のコンポジションに同じエフェクトをコピー＆ペーストしてください。

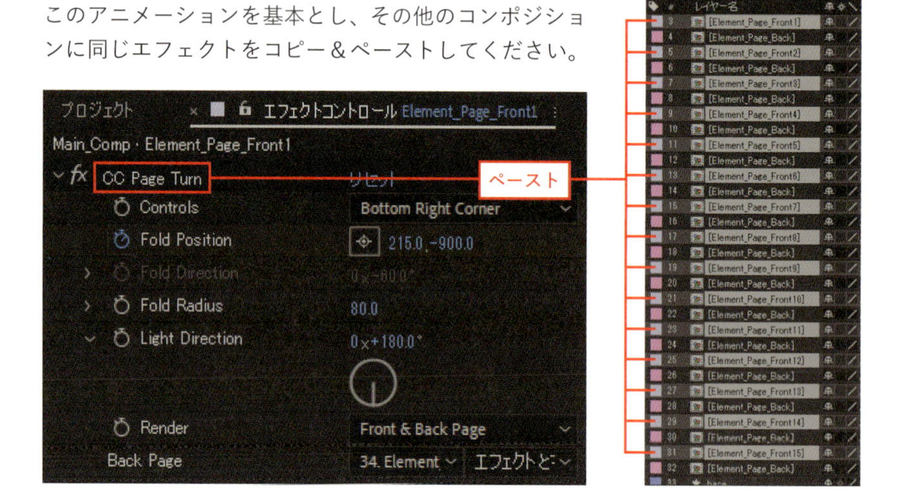

3-3 横スクロールを作る

新規ヌルオブジェクトを作成し、全てのコンポジションを親子付けします。ページを左方向に横スクロールするアニメーションを作ります。

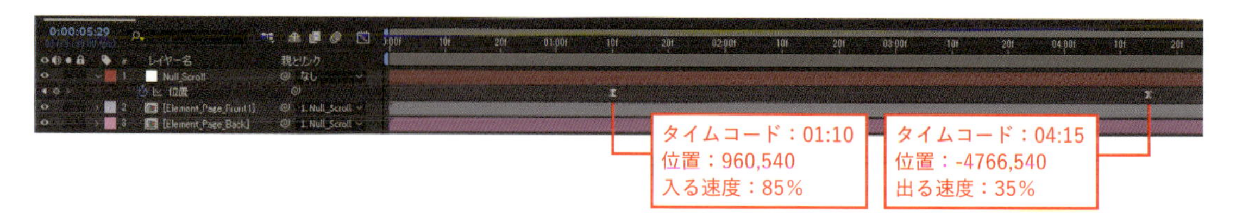

最後に、カレンダーが画面の真ん中にくるタイミングでめくれるように、キーフレームのタイミングを調整して完成です。

Section 07

破線のススメ 点々スクロール

動画で確認！

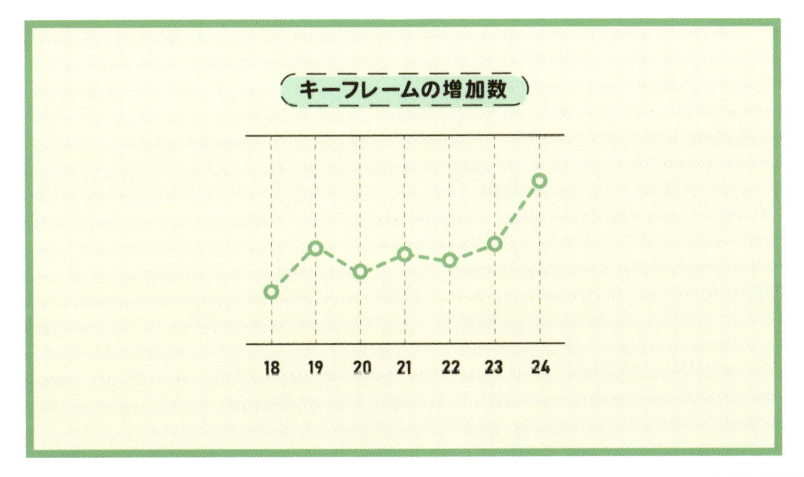

破線にするだけで、垢ぬけた印象のデザインになります。シェイプレイヤーの「線」は色や太さを変えるだけではなく、こうした破線・点線・鎖線など様々な効果を作ることができます。

制作・文
ナカドウガ

主な使用機能

破線 ｜ パスのトリミング ｜ パスをトレース

1 グラフ枠を作る

はじめに背景を用意します。長方形ツールのアイコンをダブルクリックして、コンポジションサイズのシェイプレイヤーを作ります。

背景の色
[塗り：クリーム色(#F0F0DD)]
[線：薄緑色(#68BD7B)，太さ：40px]

続いてペンツールで横向きの直線ラインを引きます。それを複製して上下に並べ、コンポジション中央やや下寄りに配置します。

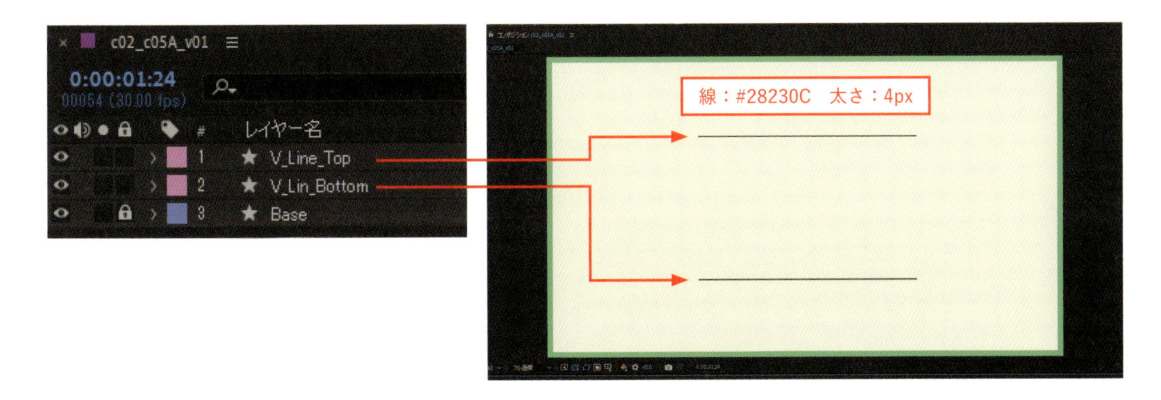

もう一度ペンツールに換え、今度は縦向きラインを引きます。始点・終点を横ラインにぴったり合わせてください。
この縦線を点線にしていきます。[コンテンツ＞シェイプ＞線1]の[破線]の「+」を2回クリックします。すると、[線分][間隔][オフセット]の項目が追加され、破線の詳細を設定することができます。
さらにこれに手を加えて点線にしていきます。[線分:1][間隔:10]にし、「破線」セクションの上側にある[線端]を[丸型]に変更します。これで破線を作ることができました。

MEMO
この間隔や線分の数値を整えることで、破線だけでなく点線や鎖線を表現できます。

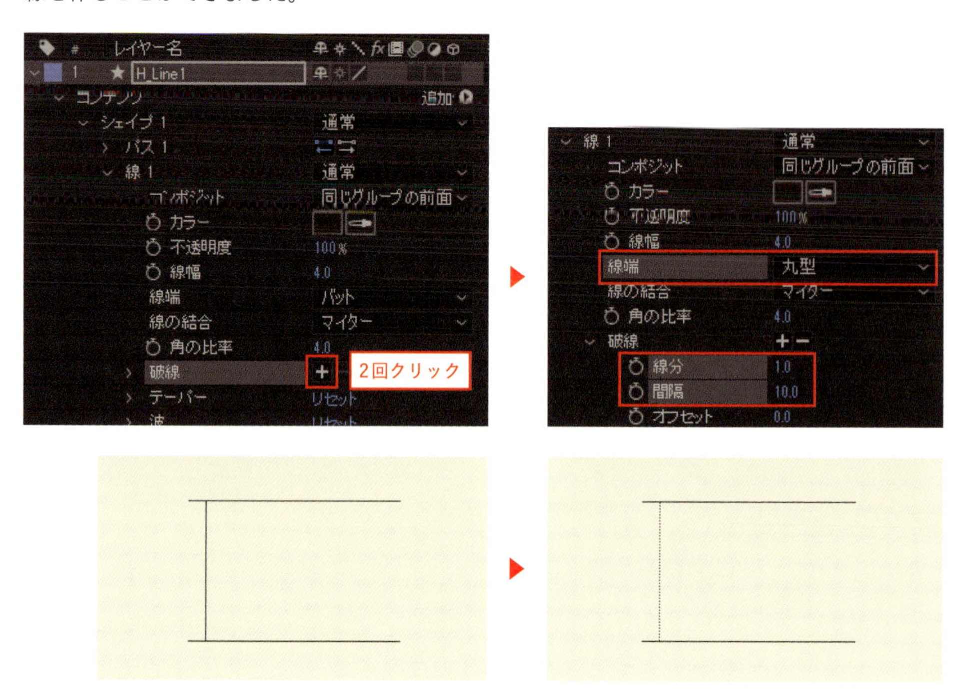

この横線をさらに6本複製し、均等に配置します。グリッド表示を使用して調整してください(均等配置の方法は、P.99を参照してください。)。

2 グラフタイトルを作る

グラフのタイトル部分を作っていきます。テキストツールで任意の文字(この作例では「キーフレームの増加数」)を入力し、コンポジション上寄りに配置します。長方形シェイプ[塗り：薄緑色(#BFE9D0)]をテキストベースとして用意します。

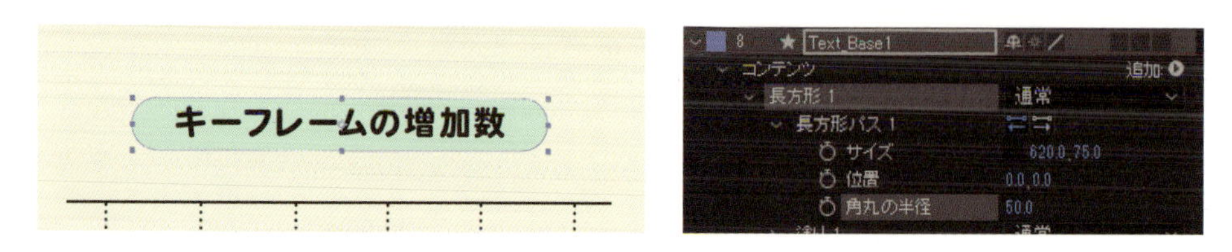

[角丸の半径:50px]にし、サイズをテキスト幅に合わせてください。このレイヤーを複製し、[塗り：なし]に変更し、代わりに[線：#28230C, 太さ4px]を追加して枠線を作ります。位置を左上に移動させて少しずらします。

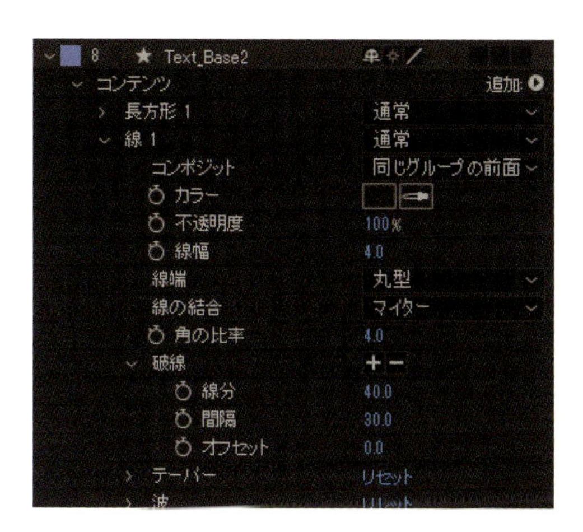

この枠線も破線で表現します。次の通りにプロパティを調整してください。

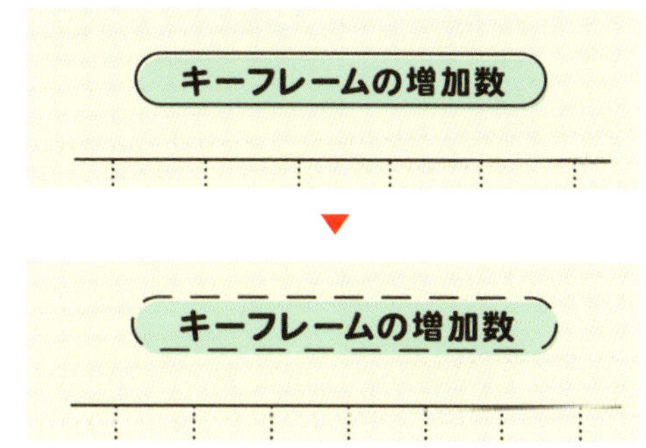

3 グラフの項目を作る

グラフ横軸の数値をテキストレイヤーで作成します。「18 ～ 24」までの数値を入力し、グラフ縦線の位置に合うように調整してください。

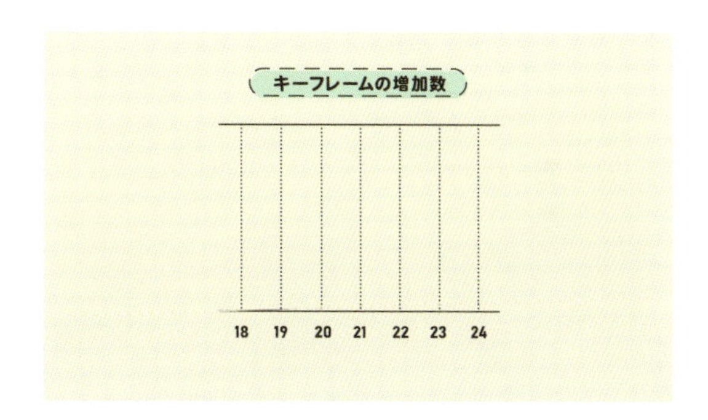

4 折れ線グラフを作る

折れ線グラフの各頂点を作ります。楕円形ツールに切り替え、Shiftキーを押しながら正円を描きます。楕円形パスのサイズは [30,30] にしておきます。合計7個の頂点を作りランダムに縦線上に配置させてください。レイヤー名を「Point1 ～ 7」と変更しておいてください。

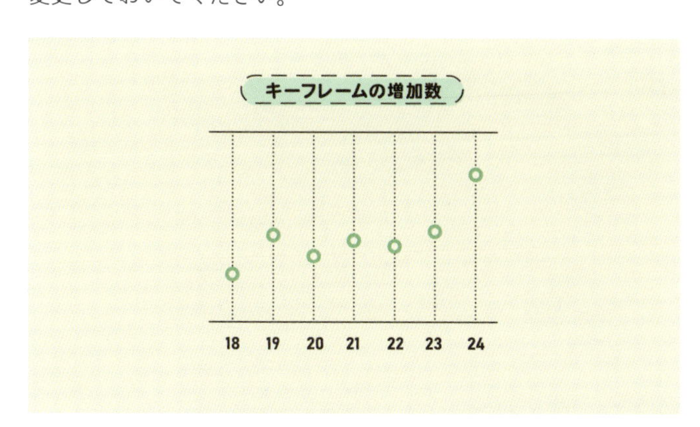

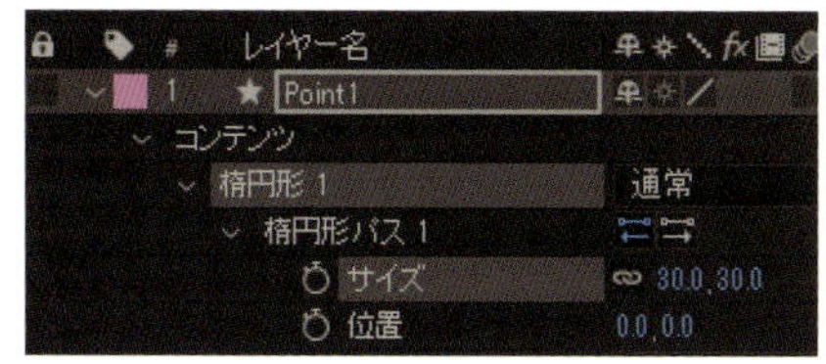

「Point1 ～ 7」
[塗り：クリーム色(#F0F0DD)]
[線：薄緑色(#68BD7B)、太さ：10px]

ペンツールで各頂点をつなぐ「折れ線」を作ります。レイヤー名を「Line」に変更しておいてください。

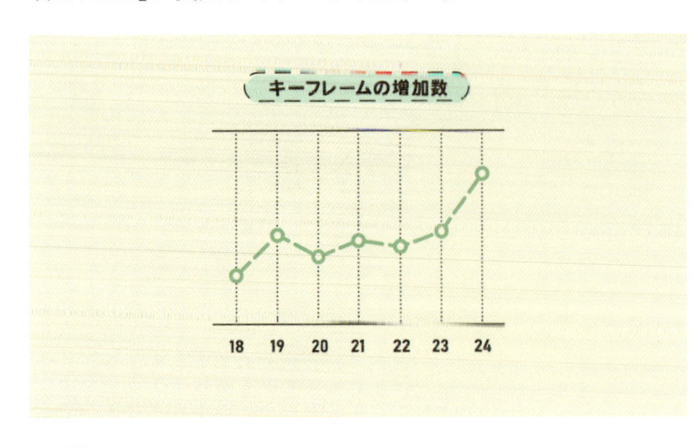

MEMO

［オフセット］の項目では破線をスクロールさせることができます。

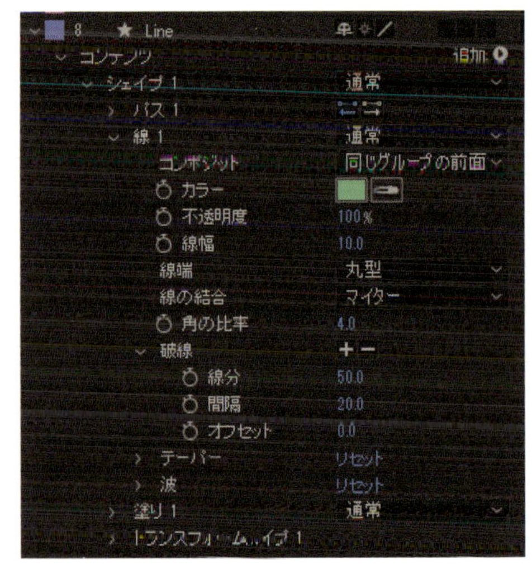

［線端：丸型］［線分：50］［間隔：20］

［オフセット］の項目で、Alt〔Macではoption〕キーを押しながら、ストップウォッチアイコンをクリックし、以下のエクスプレッションを記入してください。

```
time*-20
```

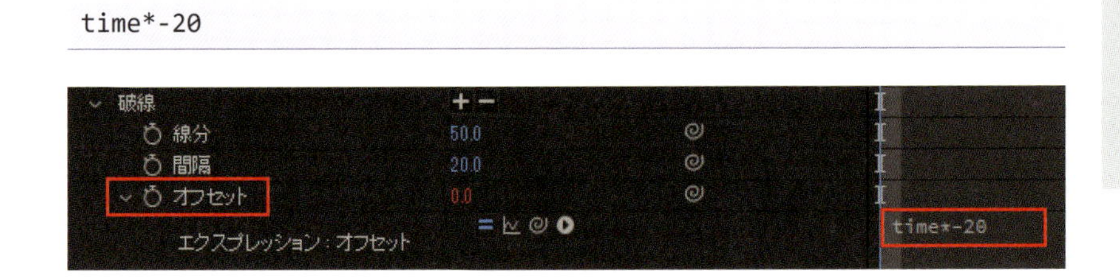

MEMO

「time*」以降の数値を「-（マイナス）」にすることで、逆方向のスクロールも可能です。

さらに矢印の先端も作っておきます。グリッドを活用して左右を均等な長さにします。レイヤー名を「Line_Top」に変更しておきます。

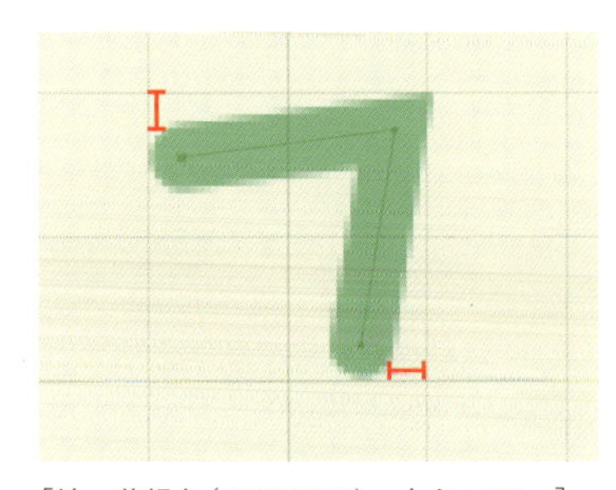

［線：薄緑色（#68BD7B）、太さ：10px］

それでは、この矢印と折れ線を繋げていきます。メニューバー“ウィンドウ”→“Create Nulls From Paths”を開きます。

そのまま、「Line」レイヤーの［コンテンツ＞シェイプ1＞パス1＞パス］を選択し、Create Nulls From Pathsパネルの「パスをトレース」をクリックします。

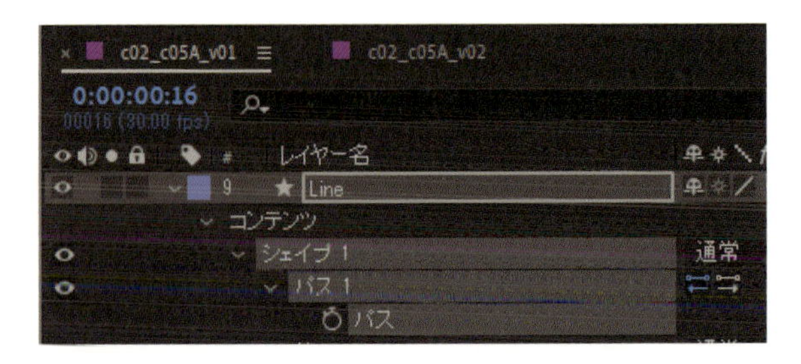

自動的に新規ヌルオブジェクトが生成され、折れ線をトレースすることができました。

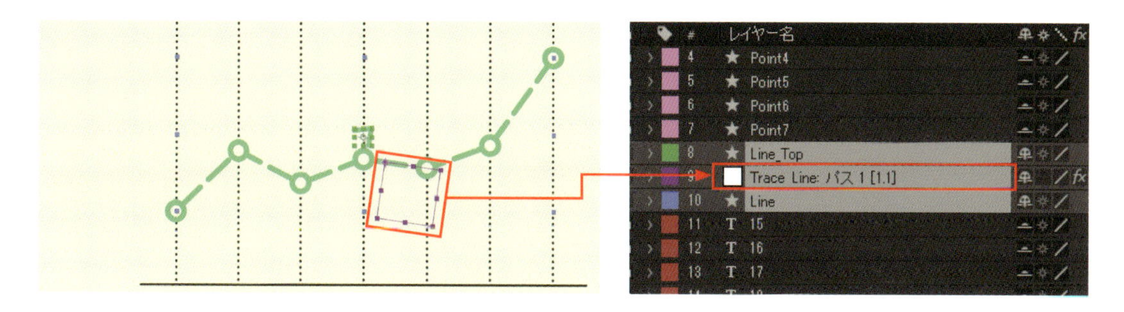

このヌルオブジェクトに自動生成されるエフェクト「パスをトレース」内の［ループ］のチェックを外しましょう。さらに、「Line_Top」レイヤーをこのヌルオブジェクトに対し、Shift キーを押しながらドラッグして親子付けします。

これで「Line_Top」レイヤーが、折れ線グラフの先端に移動します。
ただし矢印の角度が正しくないので、［回転：45°］として進行方向に正しく矢印が向くようにします。さらに折れ線の先端との位置もぴったり合うように微調整しましょう。

「Line」レイヤーにパスのトリミングを追加し、左から右に伸びるアニメーションを作ります。この時「Line」レイヤーと「Trace Line：パス 1 [1.1]」レイヤーのキーフレーム位置とイージングの設定を合わせておいてください。

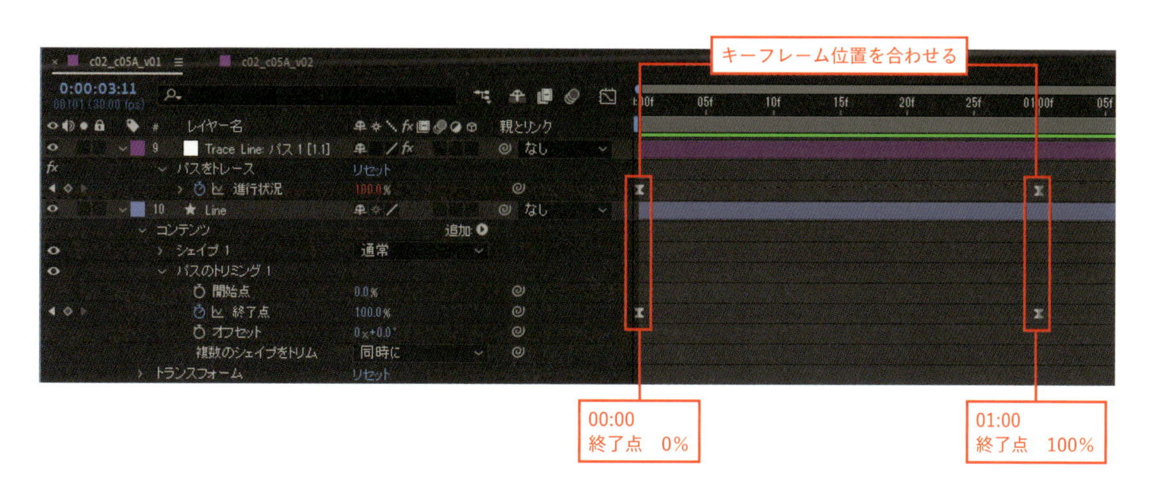

Section
08 うるおい成分を表現！ 水滴フレーム

動画で確認！

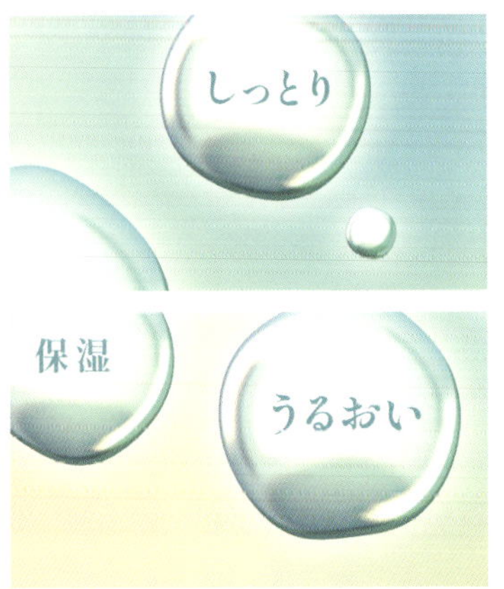

美容系などの表現に使える水滴のフレームです。こうした表現はプラグインで作られることが多いのですが、標準機能だけでも工夫次第でうるおい感を演出することができます。

制作・文
この

主な使用機能

4色グラデーション ｜ CC Sphere ｜ 波形ワープ

Step 1 背景を作る

1-1 グラデーションを作る

「Main」コンポジションに新規平面レイヤーを Ctrl〔Macでは ⌘〕＋ Y で作成します。レイヤー名は「4-Color」とします。「4-Color」平面レイヤーに、メニューバー“エフェクト”→“描画”→“4色グラデーション”を適用します。それぞれの色は次のように設定しましょう。

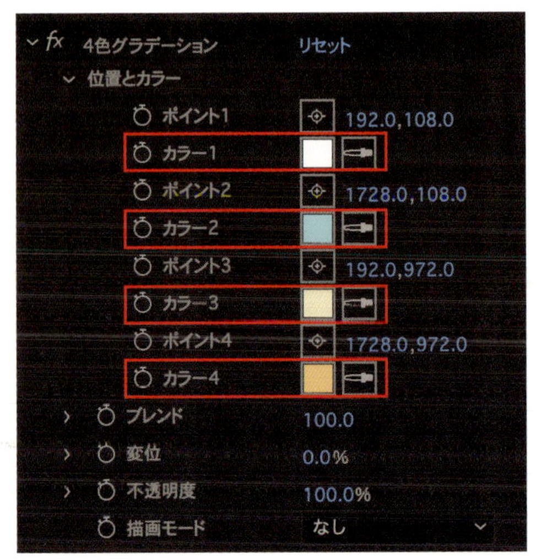

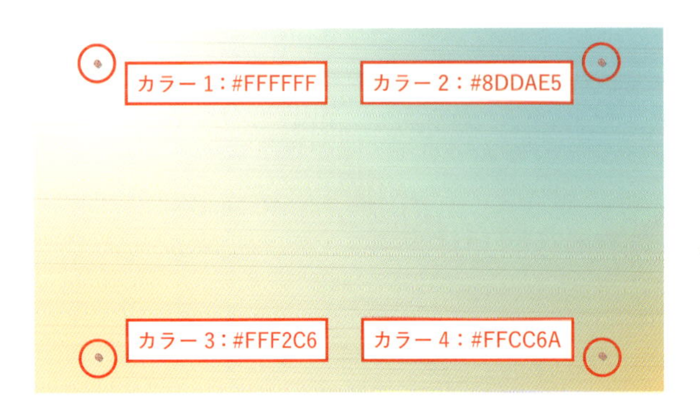

1-2 プリコンポーズ

「4-Color」平面レイヤーを選択した状態でCtrl〔⌘〕+Shift+Cで「プリコンポーズ」をします。コンポジション名を「Gradation」とします。

Step 2 水滴を作る

2-1 反射用マップを作る

新規コンポジションをCtrl〔⌘〕+Nで作成し、コンポジション名を「Reflection_Map」とし、[幅：1920px][高さ：1080px]とします。そこにシェイプレイヤーで右の画像のような絵を作ります。ツールパネルから「長方形ツール」を選択し、ビュー上に描いていきましょう。

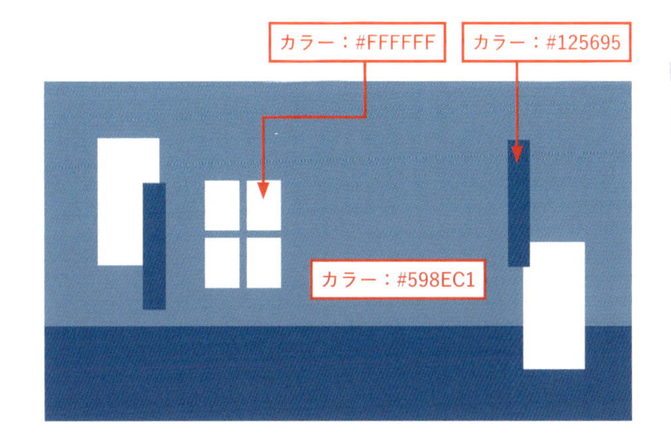

次に新規調整レイヤーをCtrl+Alt〔⌘+option〕+Yで作成し、メニューバー"エフェクト"→"ブラー＆シャープ"→"ブラー（ガウス）"を適用します。[ブラー:80.0]に値を変更して絵をぼかします。

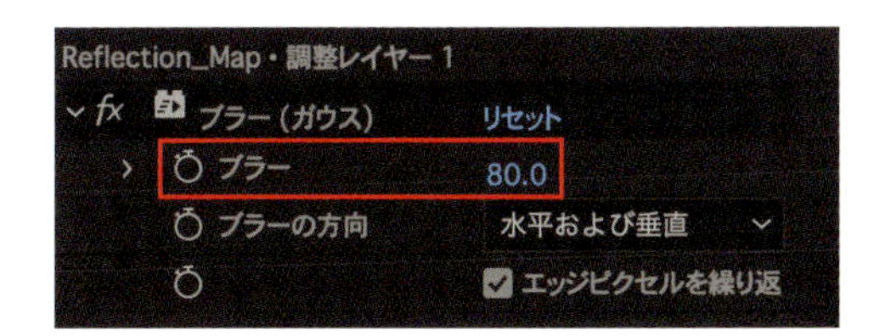

「Main」コンポジションに戻り、プロジェクトパネルからさきほど作った「Reflection_Map」コンポジションをドラッグ＆ドロップで配置します。配置した「Reflection_Map」コンポジションレイヤーは非表示にしておきましょう。

2-2 球体を作る

1-2で作成した「Gradation」コンポジションレイヤーを複製します。複製された上の方のレイヤー名を「Waterdrop_1」に変更しておきます。

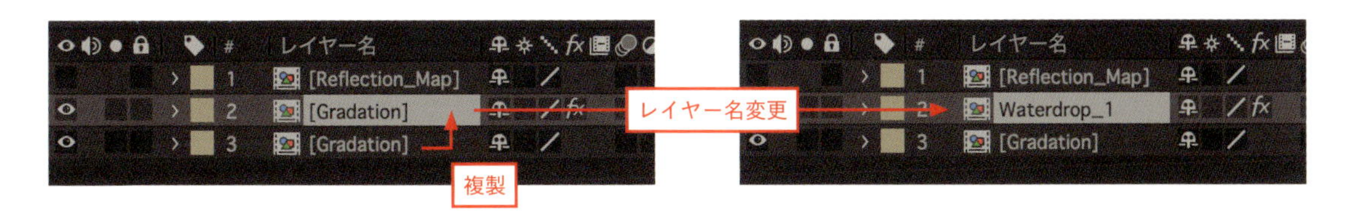

「Waterdrop_1」コンポジションレイヤーに、メニューバー“エフェクト”→“遠近”→“CC Sphere”を適用します。次のようにプロパティの値を変更し、[Reflection Map]の値には **2-1** で配置した「Reflection_Map」レイヤーを設定します。

[Radius：300]
Light
　[Light Color：#FFC572]
　[Light Height：80]
　[Light Direction：45°]
Shading
　[Diffuse：80]
　[Reflective：100]
　[Reflection Map：Reflection_Map ソース]

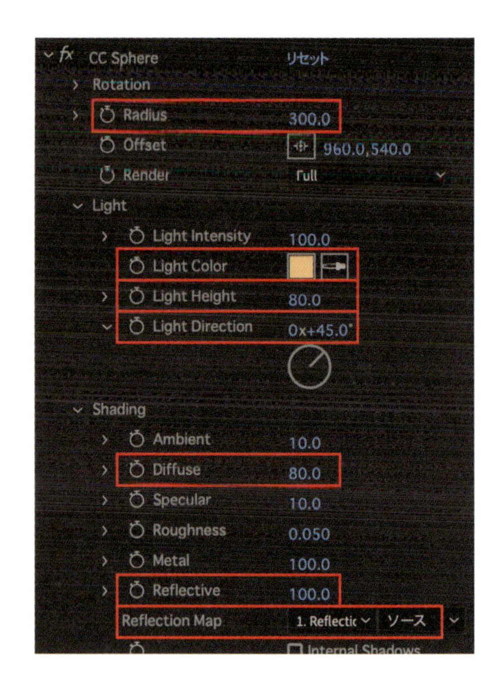

2-3 球体をゆがませて光らせる

「Waterdrop_1」コンポジションレイヤーに メニューバー“エフェクト”→“ディストーション”→“波形ワープ”を適用します。プロパティの値を[波形の幅：180][波形の速度：0.5]に変更します。

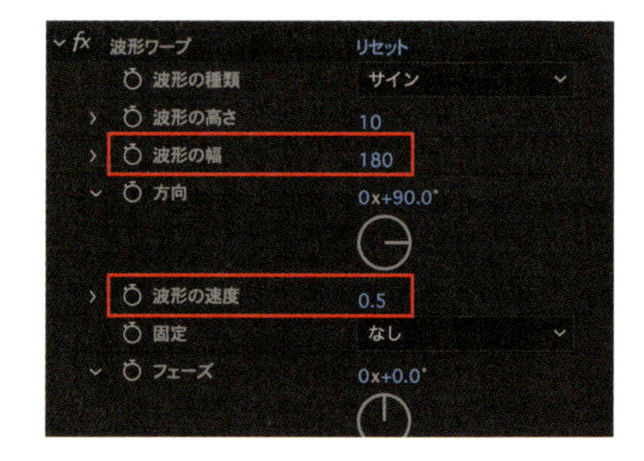

次に「Waterdrop_1」コンポジションレイヤーにレイヤースタイルの[シャドウ(内側)]と[光彩(外側)]を適用します。メニューバー“レイヤー”→“レイヤースタイル”→“シャドウ（内側）”を適用し、[カラー：#62BAA9][角度：300°][距離：24]に変更します。同様に、メニューバー“レイヤー”→“レイヤースタイル”→“光彩（外側）”を適用し、[サイズ：100]に変更します。これで一つの水滴ができあがりました。

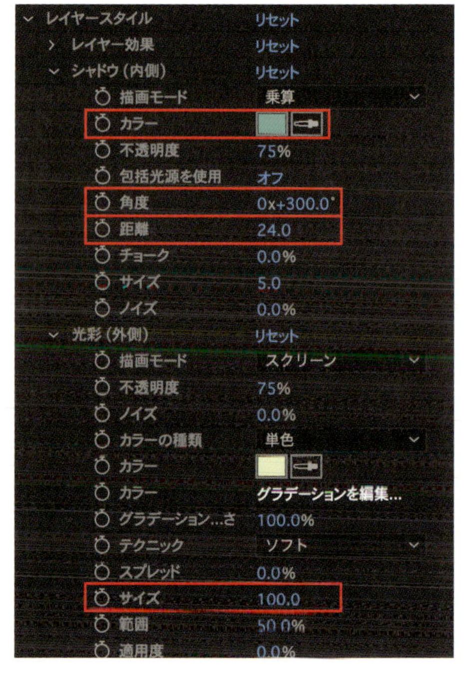

2-4 複製して配置する

「Waterdrop_1」コンポジションレイヤーを3つ複製します。
複製したレイヤーは、「Waterdrop_2〜4」にレイヤー名を変えておきましょう。それぞれのレイヤーのトランスフォーム［スケール］の値を調整しながら、画面にバランス良く配置します。

Step 3 テキストを作る

3-1 テキストレイヤーを作成する

「Main」コンポジションにテキストレイヤーを作成します。この作例では、Adobe Fontsから提供されている「しっぽり明朝」を使用し、［塗りのカラー：#4CAAB9］に設定しています。フォントサイズや位置を調整しながら、それぞれ水滴の上に配置します。

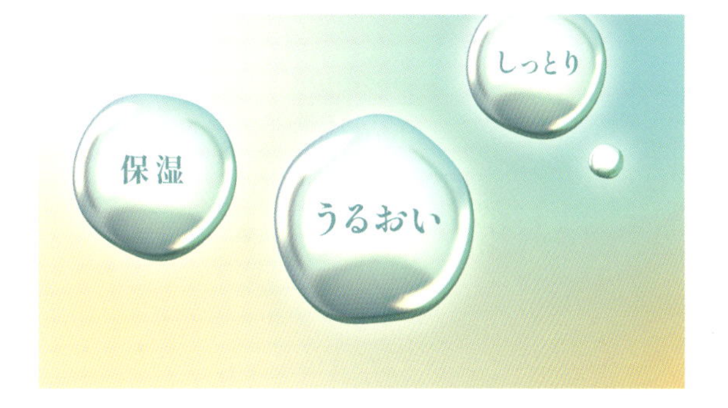

3-2 テキストレイヤーを親子づけする

テキストレイヤーの［親とリンク］を配置している下の水滴のレイヤーに設定し、親子づけをします。これで水滴フレームのできあがりです。仕上げの演出として、アニメーションをつけたり明るさや色味を調整するなどさまざまなアレンジをしてみましょう。

MEMO

「親とリンク」は、P.267で解説しています。

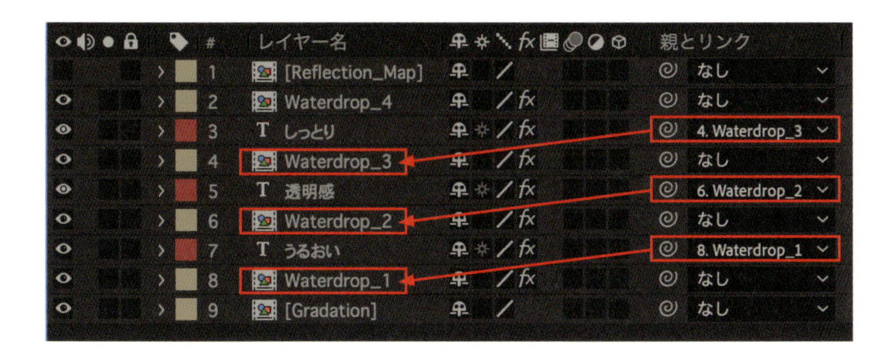

WHAT'S MORE

影のラインを走らせる

作例では斜めの影のラインを走らせて透明感を演出しています。「Gradation」コンポジション内に効果を加えると水滴の映り込みにも反映されます。

Section

09 もくもく動く！ ふきだしフレーム

動画で確認！

思い浮かんだイメージや気持ちを伝えるためのもくもく形のふきだしフレームです。シェイプレイヤーのリピーター機能を使っているので、パスで描くのが苦手な方でも簡単に整った形を作ることができます。

制作・文

この

主な使用機能

リピーター ｜ エクスプレッション ｜ バルジ

Step 1 ふきだしの形を作る

1-1 円を作る

新規コンポジションを作成し（Ctrl〔Macでは⌘〕+N）、コンポジション名を「Fukidashi_1」［幅：1500px］［高さ：1000px］とします。そこに、メニューバー"レイヤー"→"新規"→"シェイプレイヤー"で新規シェイプレイヤーを作成し、レイヤー名を「Fukidashi_1_shape」に変更します。

ツールパネルから「楕円形ツール」を選択して［塗りのカラー：#FFFFFF］［線のカラー：なし］に設定し、ビュー上に白い円を描きます。タイムラインパネルで「Fukidashi_1_shape」シェイプレイヤーのプロパティを開き、次のように値を変更します。

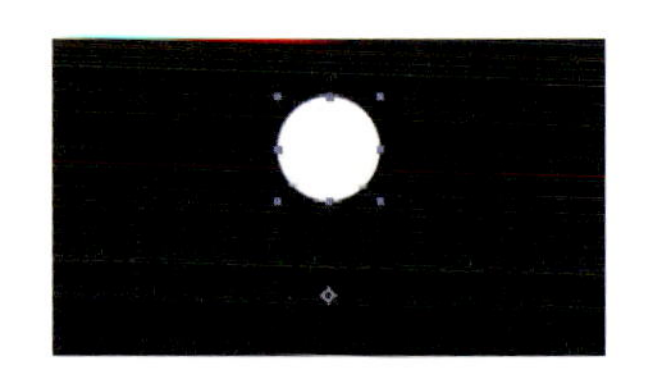

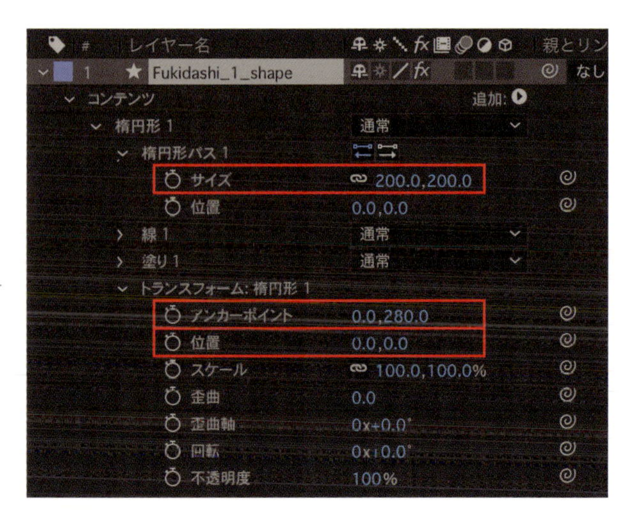

［楕円形1＞楕円形パス1＞サイズ：200］
［楕円形1＞トランスフォーム：楕円形1＞アンカーポイント：0,280］
［楕円形1＞トランスフォーム：楕円形1＞位置：0,0］

1-2 リピーターを追加する

「Fukidashi_1_shape」シェイプレイヤーの「楕円形1」を選択した状態で、追加▶から"リピーター"を選択します。「リピーター1」のプロパティを開き、次のように値を変更します。

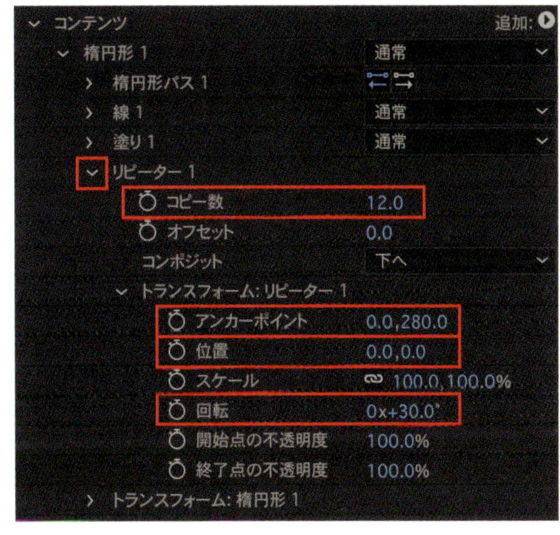

［コピー数：12］
［トランスフォーム：リピーター1＞アンカーポイント：0,280］
［トランスフォーム：リピーター1＞位置：0,0］
［トランスフォーム：リピーター1＞回転：30.0°］

1-3 シェイプを追加する

「Fukidashi_1_shape」シェイプレイヤーを選択した状態で、ツールパネルから「楕円形ツール」を選びます。［塗りのカラー：#FFFFFF］［線のカラー：なし］に設定し、ビュー上で真ん中の穴を埋めるように円を描きます。これでもくもくとした形の正円ができました。

Step 2 ループアニメーションをつける

2-1 円のサイズを動かす

「Fukidashi_1_shape」シェイプレイヤーの［楕円形1＞楕円形パス1＞サイズ］に次のようにキーフレームを追加します。キーフレームを選択した状態で F9 キーを押し、イージーイーズをかけます。

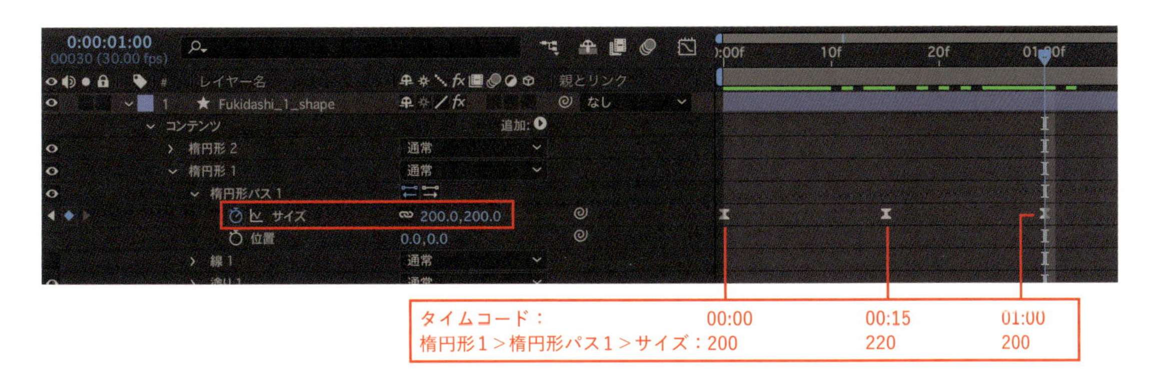

タイムコード：	00:00	00:15	01:00
楕円形1＞楕円形パス1＞サイズ：	200	220	200

2-2 エクスプレッションを追加する

2-1 でキーフレームをつけた［楕円形1＞楕円形パス1＞サイズ］のストップウォッチアイコンを、Alt〔option〕キーを押しながらクリックします。エクスプレッションフィールドに下記のエクスプレッションを入力します。

```
loopOut()
```

次に［楕円形1＞トランスフォーム楕円形1＞回転］ストップウォッチアイコンを、Alt〔option〕キーを押しながらクリックします。エクスプレッションフィールドに下記のエクスプレッションを入力します。

```
time*10
```

これで、拡大縮小を繰り返しながら回転するアニメーションができました。

MEMO

エクスプレッションについては、P.269で解説しています。

Step 3 ふきだしのシルエットを整える

「Fukidashi_1_shape」シェイプレイヤーにメニューバー“エフェクト”→“ディストーション”→“バルジ”を適用します。エフェクトコントロールでプロパティの値を［水平半径：700.0］［垂直半径：460.0］に変更します。この値でふきだしのシルエットを調整します。

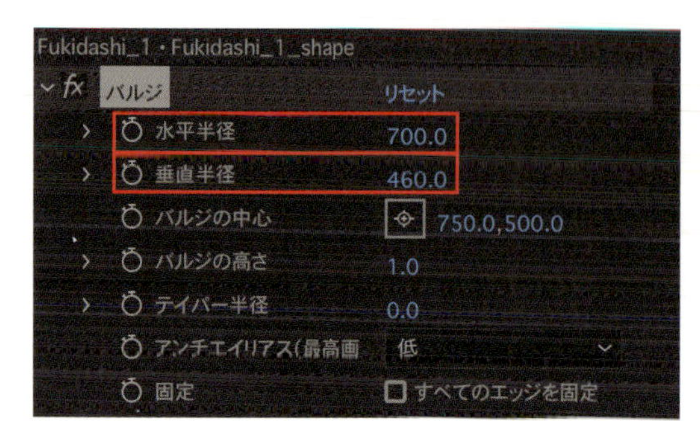

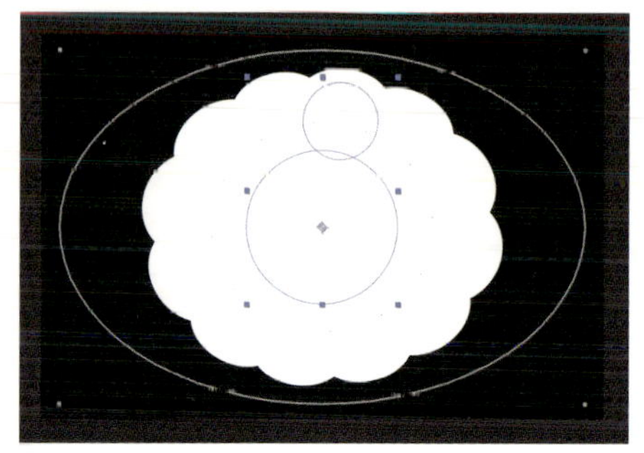

Step 4 出現のアニメーションをつける

4-1 ふきだしのしっぽを作る

「Main」コンポジションを開きます。プロジェクトパネルから「Fukidashi_1」コンポジションをドラッグ＆ドロップで配置します。イラストとのバランスを見ながら位置を調整します。メニューバー“レイヤー”→“新規”→“シェイプレイヤー”で新規シェイプレイヤーを作成します。レイヤー名を「Fukidashi_1_tail」とします。ツールパネルから「楕円形ツール」[塗りのカラー：#FFFFFF][線のカラー：なし]を選択して、ビュー上にふきだしのしっぽとなる小さな円を2つ描きます。

4-2 ふきだしを出現させる

「Fukidashi_1_tail」シェイプレイヤーの2つの円の［位置］と［スケール］にキーフレームを追加し、出現のアニメーションを作ります。また、ゆらゆらと上下に揺れるループアニメーションをつけます。

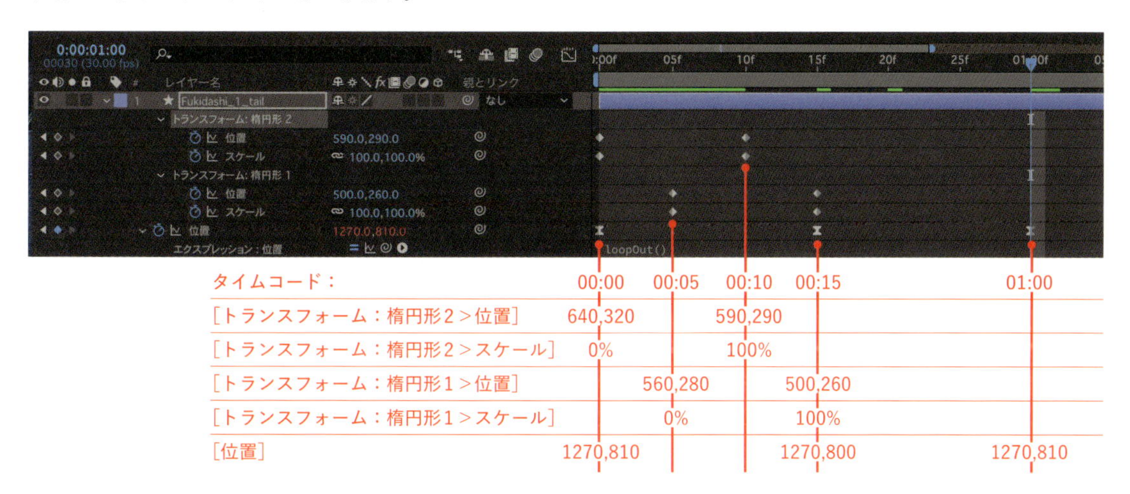

［位置］のストップウォッチアイコンを、Alt〔option〕キーを押しながらクリックします。エクスプレッションフィールドに下記のエクスプレッションを入力します。

```
loopOut()
```

次にツールパネルから「アンカーポイントツール」を選択して、「Fukidashi_1」コンポジションレイヤーのアンカーポイントをキャラクターのいる方向の下端へ移動します。

「Fukidashi_1」コンポジションレイヤーも[位置]と[スケール]にキーフレームを追加し、出現のアニメーションを作ります。

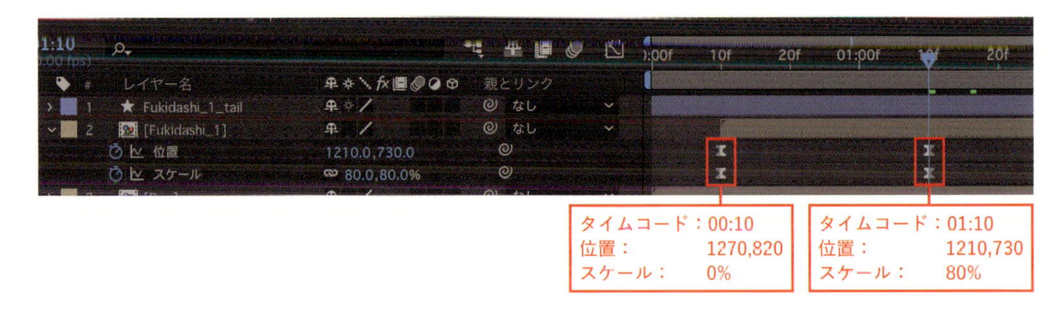

Step 5 影や立体感をつける

ふきだしが複数ある場合は、プリコンポーズをして［コンポジション名：Fukidashi］として1つのコンポジションレイヤーにまとめます。
「Main」コンポジションで「Fukidashi」コンポジションレイヤーに、メニューバー“レイヤー”→“レイヤースタイル”から「ドロップシャドウ」「シャドウ（内側）」「境界線」それぞれ3つのレイヤースタイルを、適用します。適用後、次のように値を変更します。

2 [Fukidashi]
トランスフォーム リセット
レイヤースタイル リセット
レイヤー効果 リセット
ドロップシャドウ リセット
描画モード 乗算
カラー
不透明度 15%
包括光源を使用 オフ
角度 0x+120.0°
距離 30.0
スプレッド 0.0%
サイズ 0.0
ノイズ 0.0%
レイヤーでノックアウト オン
シャドウ（内側） リセット
描画モード 乗算
カラー
不透明度 75%
包括光源を使用 オフ
角度 0x+300.0°
距離 30.0
チョーク 0.0%
サイズ 0.0
ノイズ 0.0%
境界線 リセット
描画モード 通常
カラー
サイズ 3.0
不透明度 100%
位置 外側

ドロップシャドウ
［不透明度：15%］
［角度：120.0°］
［距離：30.0］
［サイズ：0.0］

シャドウ（内側）
［カラー：#EAEAEA］
［角度：300.0°］
［距離：30.0］
［サイズ：0.0］

境界線
［カラー：#FFFFFF］
［サイズ：3.0］

これでふきだしフレームのできあがりです。ぜひ、様々にアレンジしてみてください。

WHAT'S MORE

作例では、調整レイヤーに「タービュレントディスプレイス」「ポスタリゼーション時間」のエフェクトをかけてアナログ感を出しています。

Section

10 ガーリーテイストに！ リボンモーション

動画で確認！

リボンが流れるように出現するモーションです。テキストフレームとして使ったり、飾りとして添えたり、ガーリーなテイストにおすすめです。

制作・文

この

主な使用機能

メッシュワープ ｜ CC Bender

Step 1 リボンのベースを作る

1-1 帯状のコンポジションを作る

新規コンポジション Ctrl〔Mac では ⌘〕+ N を作成し、［コンポジション名：Ribbon_1］［幅：2500px］［高さ：150px］とします。

ツールパネルの「長方形ツール」をダブルクリックします。すると、コンポジションサイズにフィットしたシェイプレイヤーが自動的に生成されます。シェイレイヤーのレイヤー名を「Ribbon_1_shape」とします。

「Ribbon_1_shape」シェイプレイヤーを選択した状態で、ツールパネル右側のオプションを［塗り：#669ADB］［線：無し］に設定します。

ダブルクリック

1-2 マスクを作成する

「Ribbon_1_shape」シェイプレイヤーを選択した状態で、ツールパネルの「ペンツール」を選択します。さらにツールパネル右側にある「マスクを作成」アイコンを押して、マスク作成モードにします。ビュー上で画像のようにリボンの形を描きます。

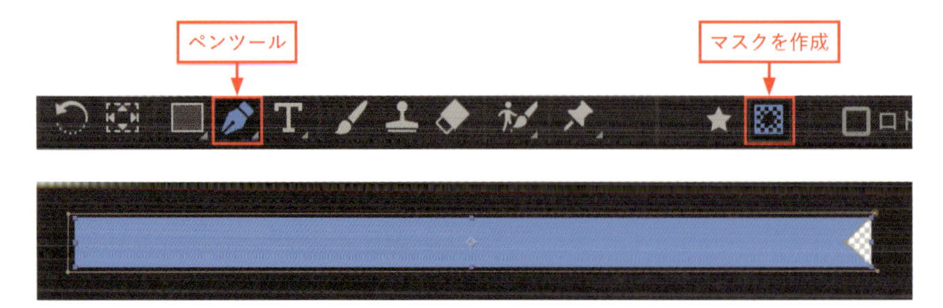

1-3 マスクにアニメーションをつける

タイムラインパネルでインジケーターをタイムコード［01:00］に移動します。「Ribbon_1_shape」シェイプレイヤーを選択した状態で、ショートカットキーMを押して［マスクパス］プロパティを表示します。ストップウォッチアイコンを押し、キーフレームを追加します。
次にインジケーターをタイムコード［00:00］に移動します。「マスク1」の［マスクパス］を選択した状態で、ビュー上でマスクパスの頂点を画像のような形に動かします。すると自動的に［マスクパス］プロパティにキーフレームが追加されます。

これら2つのキーフレームを選択した状態でF9キーを押し、イージーイーズをかけます。

1-4 テキストを入れる

ツールパネルから「横書き文字ツール」を選択します。ビュー上をクリックし、任意のテキストを入れます。作例ではAdobe Fontsの「All Round Gothic」を使用しています。

テキストレイヤーの「トラックマット」を「Ribbon_1_shape」に設定します。「トラックマット」を設定すると「Ribbon_1_shape」シェイプレイヤーが非表示になるので、レイヤーの「ビデオを表示/非表示」アイコンをクリックし再度表示させます。

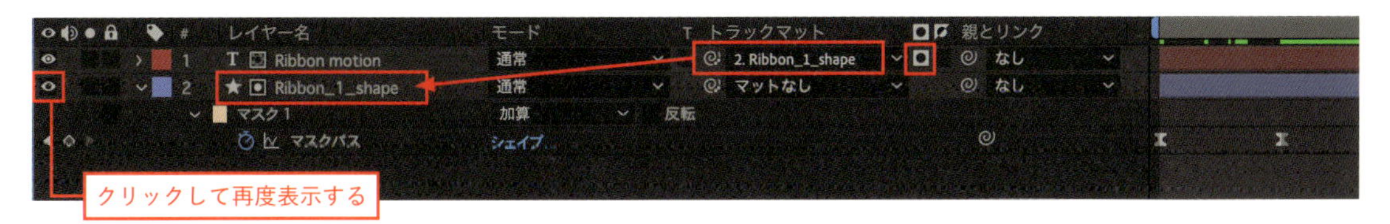

Step 2 「メッシュワープ」でリボンの形に湾曲させる

「Main」コンポジションを開きます。プロジェクトパネルから「Ribbon_1」コンポジションをドラッグ＆ドロップで配置します。「Ribbon_1」コンポジションレイヤーの［位置］を調整し、イラストに合わせてまずは大まかに配置します。

「Ribbon_1」コンポジションレイヤーに、メニューバー“エフェクト”→“ディストーション”→”メッシュワープ”を適用します。エフェクトコントロールからプロパティの値を次のように変更します。

［行：1］、［列：8］、［画質：10］

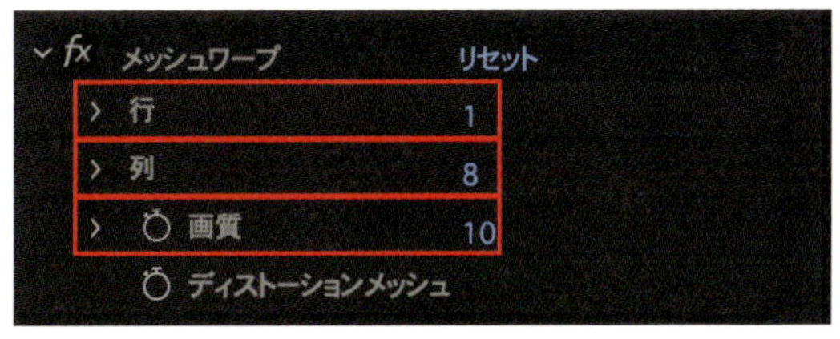

タイムラインパネルで、インジケーターをタイムコード［01:00］に移動します。

エフェクトコントロールで「メッシュワープ」を選択すると、ビュー上に「ベジェパッチ」と呼ばれるグリット状の湾曲を調整するポイントが表示されます。ビュー上でそれらを動かしながら、リボンの形に整えていきます。これでリボンが出現するモーションのできあがりです。

MEMO

「メッシュワープ」とは、グリット状のベジェパッチに沿ってレイヤーを変形させるエフェクトです。ベジェパッチの各コーナーは、Illustratorのベジェハンドルと近い操作感で調整することができます。

Step 3 リボンをふわふわ動かす

3-1 「CC Blender」を適用する

「Ribbon_1」コンポジションレイヤーに、メニューバー“エフェクト”→“ディストーション”→“CC Bender”を適用します。

エフェクトコントロールから［Top］の位置座標アイコンをクリックし、ビュー上で揺れの先端となるところにポイントを置きます。次に［Base］の位置座標アイコンをクリックし、ビュー上で揺れの軸となるところにポイントを置きます。

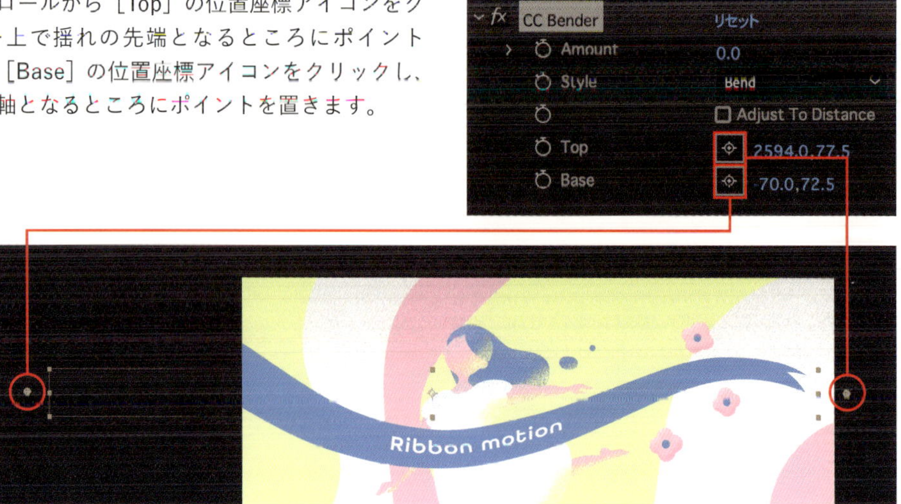

3-2 「CC Bender」にアニメーションをつける

次のように「CC Bender」の［Amount］にアニメーションをつけます。これら3つのキーフレームを選択した状態でF9キーを押し、イージーイーズをかけます。

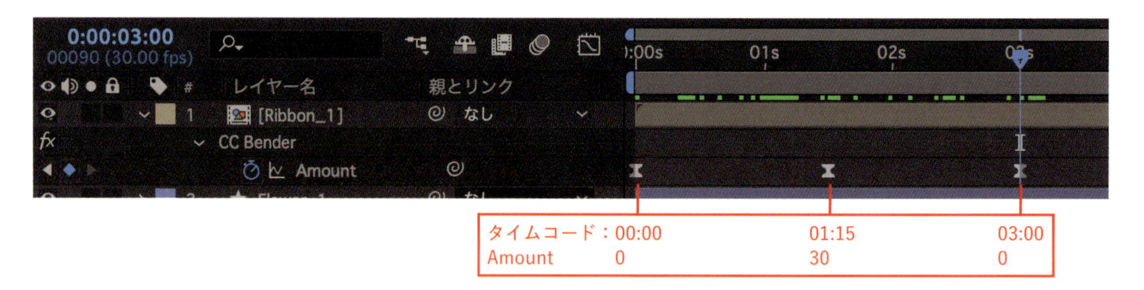

3-3 エクスプレッションを追加する

3-2でつけたアニメーションをループさせせます。［Amount］のストップウォッチアイコンをAlt（option）キーを押しながらクリックします。エクスプレッションフィールドに下記のエクスプレッションを入力します。

```
loopOut()
```

これでリボンがふわふわ揺れる動きの完成です。
作例では、もう1本背景に黄色のリボンを追加し、2本のリボンの出現タイミングをずらしています。リボンに模様や影をつけたり、様々なアレンジをしてみましょう。

MEMO

作例では、仕上げにP.242「粒子シェーディング」を適用しています。

Section 11

かんたんコントロール！

風ゆれ植物

動画で確認！

草木や花々などをかんたんに揺らす方法です。あしらいにちょっとした動きをつけたい時におすすめです。

制作・文

この

主な使用機能

CC Bend It

1 揺らしたいパーツごとにレイヤーを整理

揺らしたいパーツごとにレイヤーを分けます。シェイプレイヤーのグループ機能を使ってまとめたり、複数レイヤーから構成されるパーツの場合はプリコンポーズ（Ctrl〔Macでは⌘〕+Shift+C）をしておきましょう。

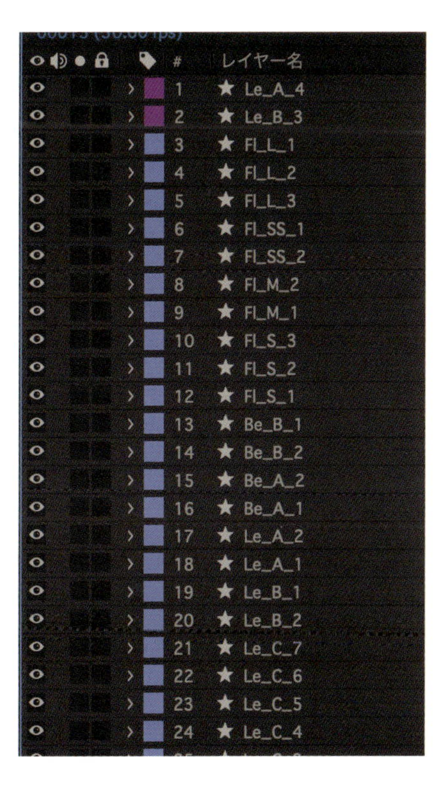

MEMO

プリコンポーズについては、P.264で解説しています。

プリコンポーズをした後、コンポジションサイズをパーツに合わせて大まかにクロップしておくと、後でコントロールがしやすくなります。
コンポジションパネル下部の「関心領域」のアイコンをクリックした後、ビュー上で領域を囲います。メニューバー“コンポジション”→“コンポジションを目標範囲にクロップ”を選択すると、「関心領域」で指定した範囲でクロップができます。

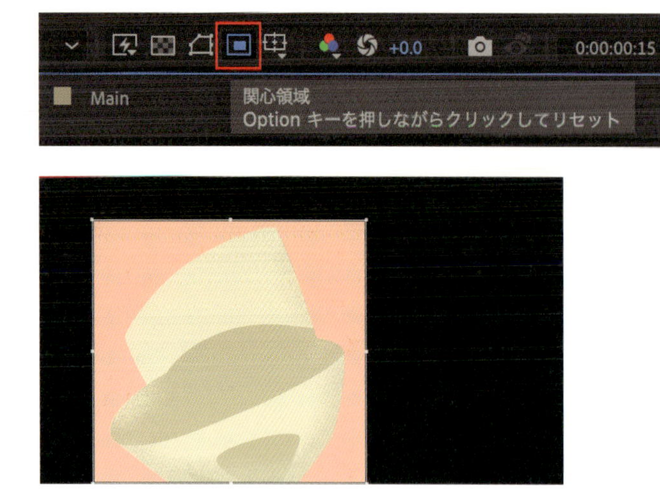

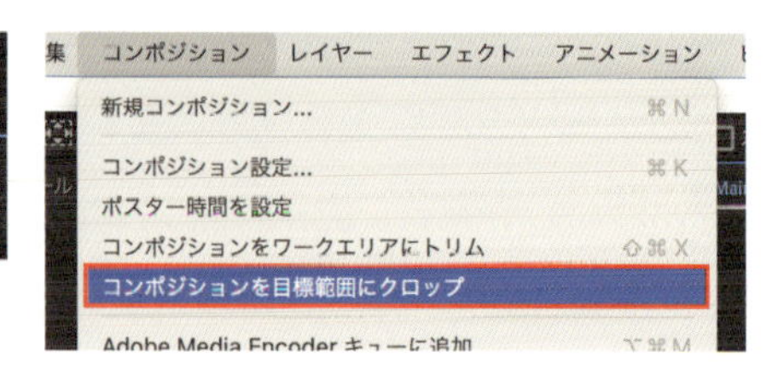

2 エフェクトを追加する

パーツそれぞれのレイヤーに湾曲させるためのエフェクトを追加します。レイヤーを選択した状態で、メニューバー“エフェクト”→“ディストーション”→“CC Bend It”を適用します。
エフェクトコントロールから「CC Bend It」のプロパティを開きます。[Start]の位置座標のアイコンをクリックした後、ビュー上で動きの起点（根本）となる位置にポイントをおきます。次に[End]の位置座標のアイコンをクリックした後、動きの先端となる位置にポイントをおきます。

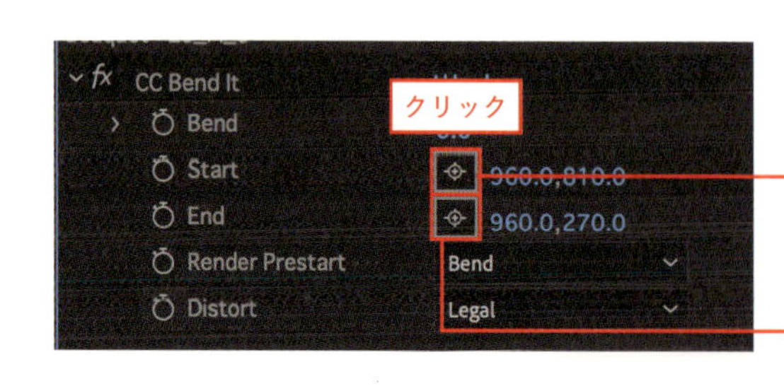

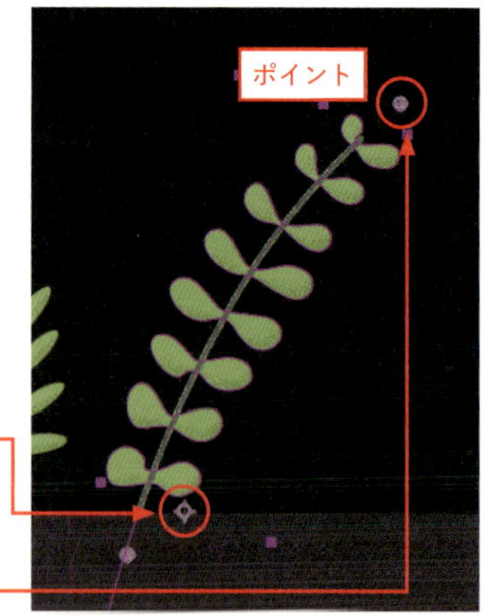

3 アニメーションをつける

「CC Bend It」の値にアニメーションをつけます。

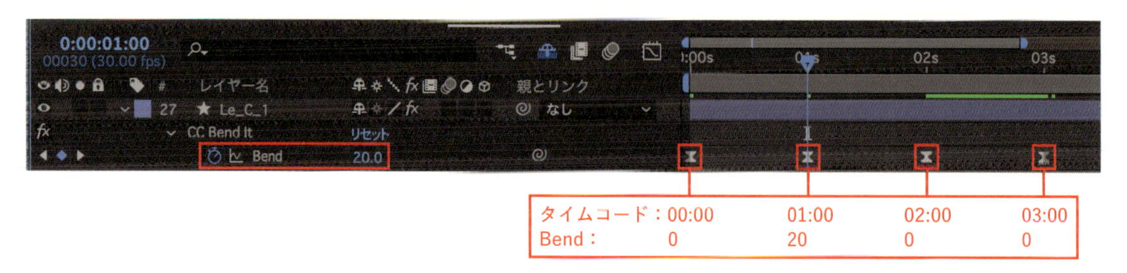

MEMO

作例ではパーツによって[Bend：20][Bend：10]の2種類の値を使い分けています。最後に03:00でもキーフレームを打っている理由は、ループさせた時に静止している時間を作るためです。

4 エクスプレッションを追加する

3でつけたアニメーションをループさせます。[Bend]のストップウォッチアイコンを、Alt〔option〕キーを押しながらクリックします。エクスプレッションフィールドに下記のエクスプレッションを入力します。

```
loopOut()
```

ここまでの工程を、揺らしたいパーツすべてに施します。

5 仕上げ

作例の花束のようにパーツが多い場合は、パーツ毎に5フレームずつ3のキーフレームを後ろへずらしていくと自然な印象になります。作例では2～6レイヤーずつまとめてキーフレームをずらしています。

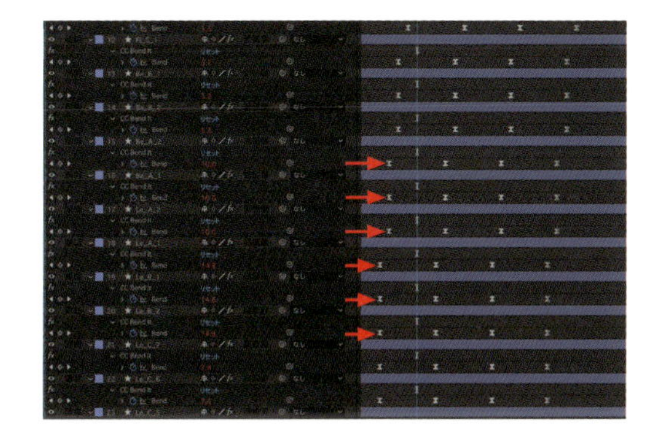

最後に、レイヤースタイルなどで表情をつけたい場合は、揺らしたいパーツすべてを選択してプリコンポーズ（Ctrl〔⌘〕+Shift+C）をします。作例では「Bouquet」コンポジションレイヤーとして1つにまとめています。これにレイヤースタイルをかけると一括で効果を加えることができます。
以上でできあがりです。

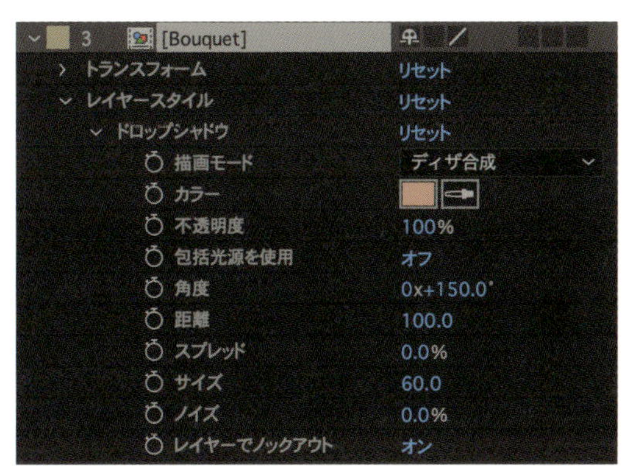

MEMO

作例では、仕上げとしてP.242の「粒子シェーディング」を適用しています。

Section

12 手書き感をプラス! 塗りつぶしチョーク

動画で確認!

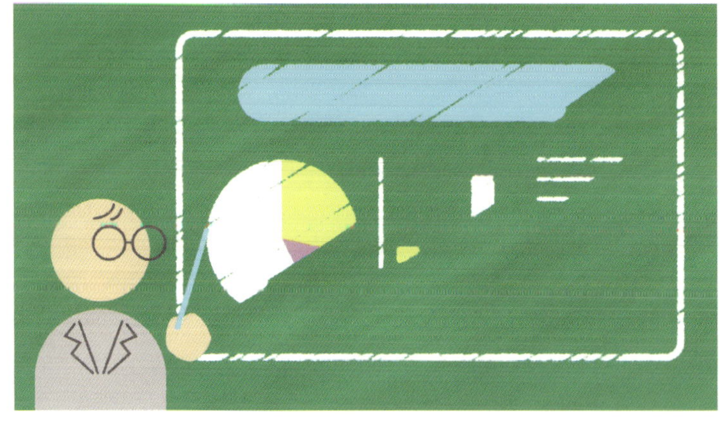

カジュアルな表現にピッタリな手書き感を加えます。可愛らしいデザインと相性が良く、女性や子ども向けコンテンツの制作にもオススメです。

制作・文

ヌル1

主な使用機能

マスク | 落書き | ラフエッジ

1 手書き風のテクスチャを加える

長方形ツールを選択し、「マスクを作成」ボタンをアクティブにします。

各レイヤー、「Stroke」、「Graph 1」、「Graph 2」、「Graph 3」、「Graph 4」の周りをマスクで囲いましょう。本作例のaepファイルには、練習用のコンポジションが含まれているので活用してください。

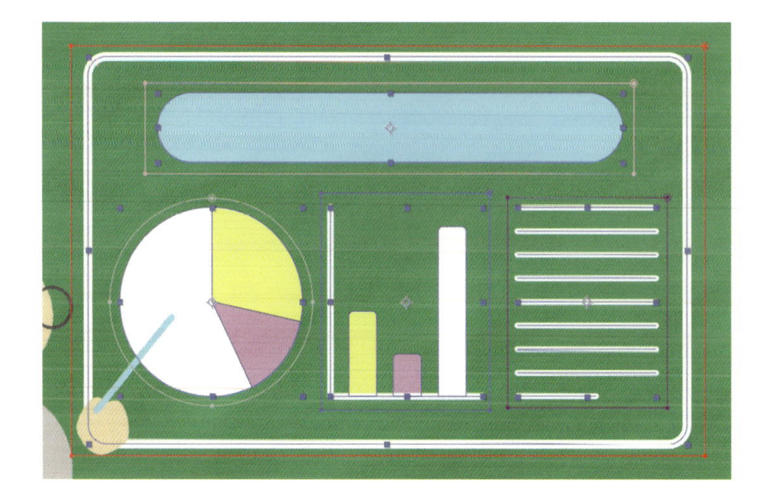

「Stroke」レイヤーを選択した状態で、メニューバー"エフェクト"→"描画"→"落書き"を追加します。

各プロパティを調整しましょう。

[マスク：マスク1]
[線幅：10]
[間隔：15]
[間隔の変化：8]
[ウィグルの種類：変化あり]
[ウィグル / 秒：6]
[コンポジット：元のイメージを表示]

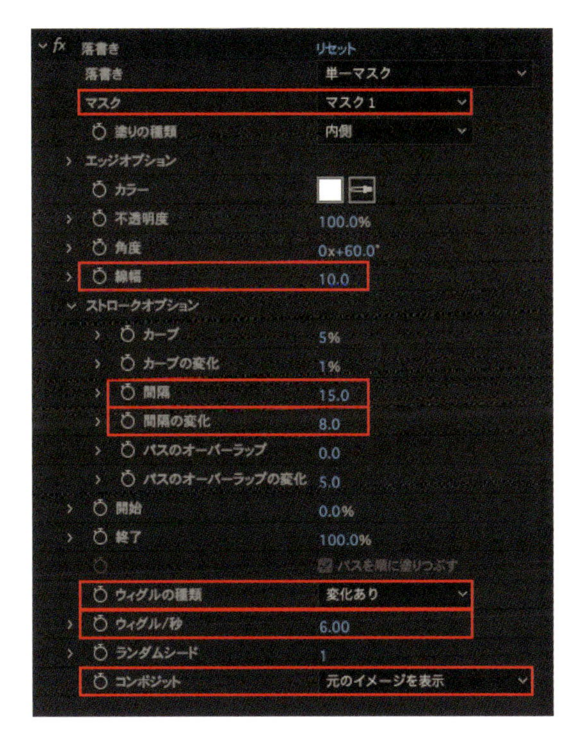

更に、メニューバー“エフェクト”→“スタイライズ”→“ラフエッジ”を追加して質感を付けていきます。プロパティを変更しましょう。

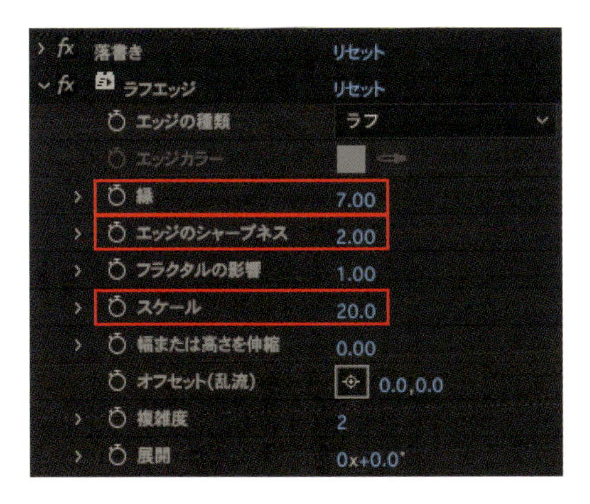

[縁：7]
[エッジのシャープネス：2]
[スケール：20]

2 塗りつぶすように出現させる

1で調整した「落書き」と「ラフエッジ」をコピーして、「Graph 1」レイヤーにペーストします。
エフェクトコントロールパネルで「落書き」を選択して、Ctrl〔Macでは⌘〕+Dで複製します。複製した「落書き 2」のプロパティを変更しましょう。

[線幅：50]
[間隔：30]
[間隔の変化：20]
[ウィグルの種類：静的]

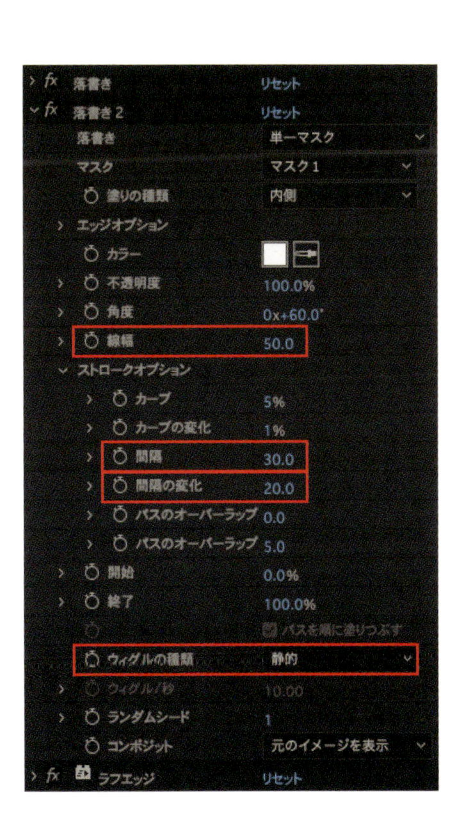

[終了]プロパティにキーフレームを打ち、塗りつぶしアニメーションを作ります。

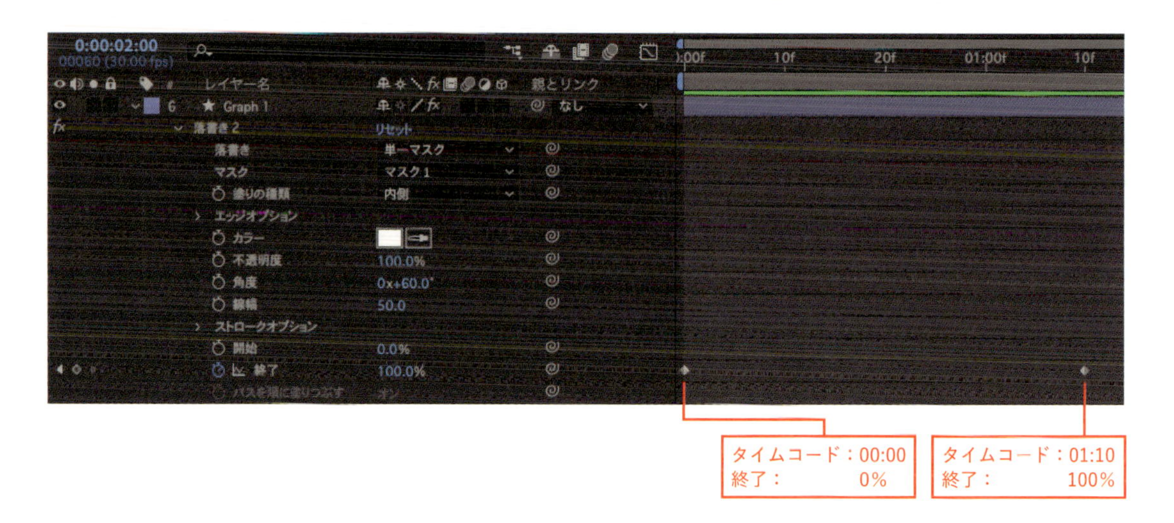

エフェクトコントロールパネルで「落書き」「落書き 2」「ラフエッジ」を選択してコピーします。コンポジションパネルで、「Graph 2」、「Graph 3」、「Graph 4」の各レイヤーを選択してペーストしましょう。
ペーストした各レイヤーの［終了］キーフレームを階段状に並べて完成です。本作例では、10フレーム毎に時間差を付けています。

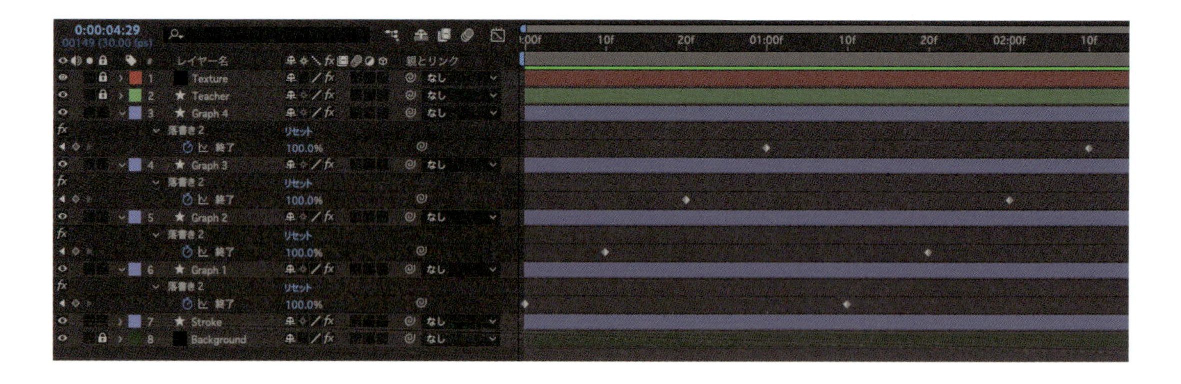

Section 13

見せたいポイントを強調！
虫眼鏡レンズ

動画で確認！

レンズ内を拡大することで、見せたいポイントを強調することが出来ます。特に虫眼鏡の表現は、教育系コンテンツなどでよく使用されています。

制作・文

ヌル1

主な使用機能

ズーム ｜ バルジ ｜ エクスプレッション ｜ 範囲拡張

Step 1 コンポジションへ素材を読み込む

新規コンポジションを作成します。ショートカットキー Ctrl〔Macでは ⌘〕+ N を押してコンポジション設定を開き、［コンポジション名：Main］［プリセット：ソーシャルメディア（横長HD）・1920 × 1080・30fps］［デュレーション：0:00:05:00］へ変更して［OK］を押しましょう。
作例のaepファイル内のプロジェクトパネルにある「Magnifying glass」と「Background」コンポジションを、「Main」コンポジションへ読み込みます。

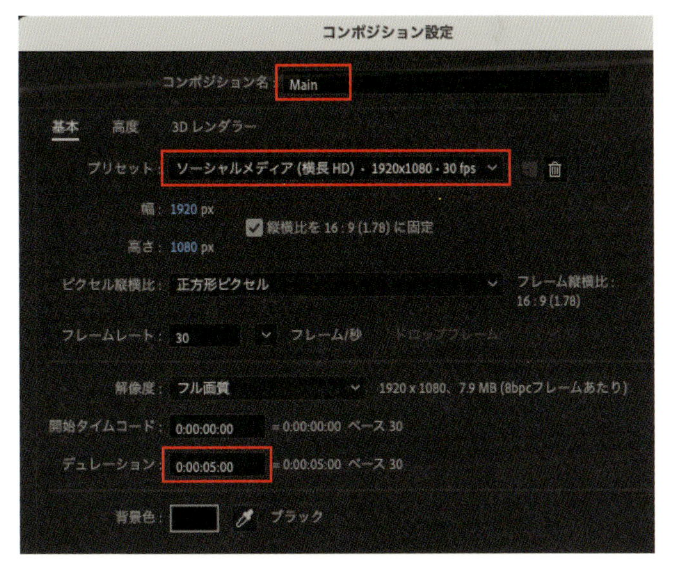

Step 2 レンズ用の調整レイヤーを作成する

「楕円形ツール」をダブルクリックしてシェイプレイヤーを作成し、レイヤー名を「Lens」へ変更します。[サイズ：900,900]とすることで、「Magnifying glass」コンポジションレイヤーの虫眼鏡のサイズと一致します。

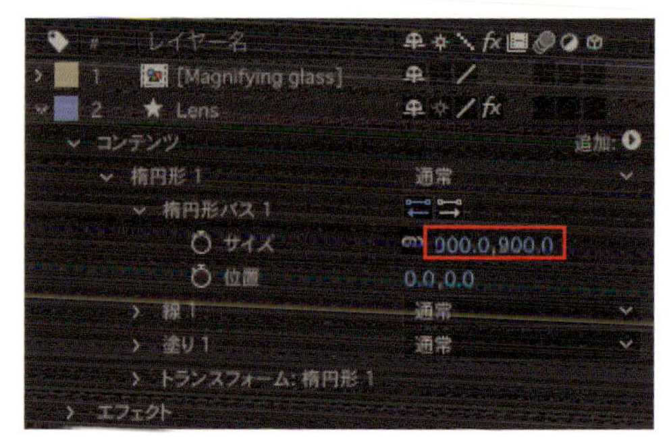

調整レイヤースイッチを選択して、「Lens」レイヤーを調整レイヤーとして使用します。

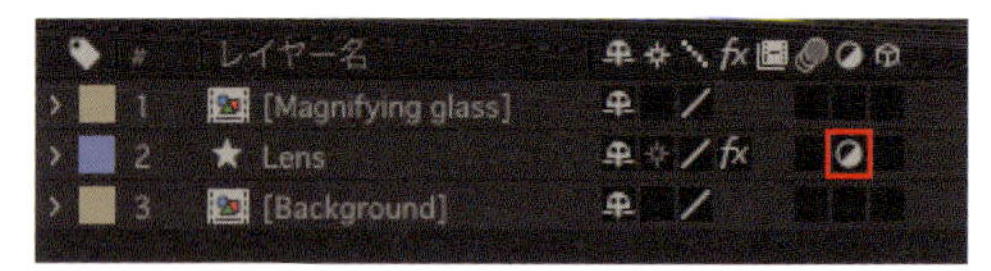

Step 3 レンズ内を拡大表示する

3-1 ズームエフェクトを追加する

「Lens」レイヤーを選択した状態で、メニューバー“エフェクト”→“ディストーション”→“ズーム”を追加します。「ズーム」エフェクトのプロパティを調整しましょう。[拡大率：120]として、[ズーム＞中心]から[トランスフォーム＞位置]へピックウィップをドラッグします。
同様に[ズーム＞サイズ]から[楕円形パス 1＞サイズ]へ「ピックウイップ」をドラッグしてプロパティをリンクします。

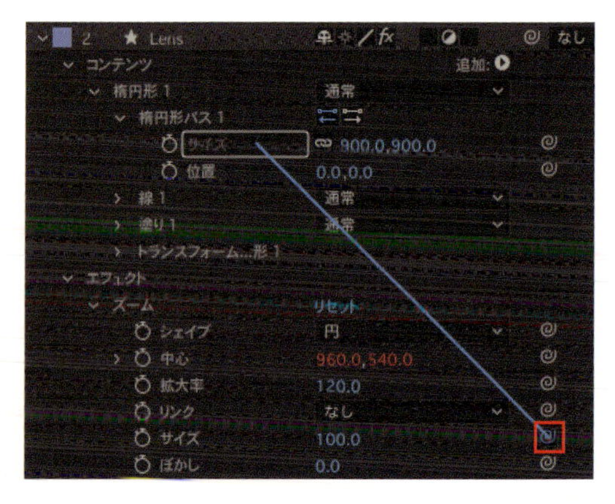

[ズーム＞サイズ]のエクスプレッションフィールドを開き、入力されているエクスプレッションの後ろに「/2*transform.scale[0]/100」を追記します。

```
content("楕円形 1").content("楕円形パス 1").size[0]/2*transform.scale[0]/100
```

これで「ズーム」エフェクトの位置と大きさが、「Lens」レイヤーと一致するようになりました。

MEMO

「ズーム」エフェクトと、次に使用する「バルジ」エフェクトは、デフォルトだと位置やサイズ関係のプロパティがトランスフォームの影響を受けません。本作例では、虫眼鏡の移動に「ズーム」と「バルジ」を追従させるためにエクスプレッションでプロパティをリンクさせています。

3-2 バルジエフェクトを追加する

「Lens」レイヤーを選択した状態で、メニューバー“エフェクト”→“ディストーション”→“バルジ”を追加します。タイムラインパネルで、[ズーム > サイズ] を選択してコピーし、[バルジ > 水平半径]、[バルジ > 垂直半径] にそれぞれペーストします。
エクスプレッションごとコピー＆ペーストされるため、「バルジ」のサイズが「Lens」レイヤーと一致します。

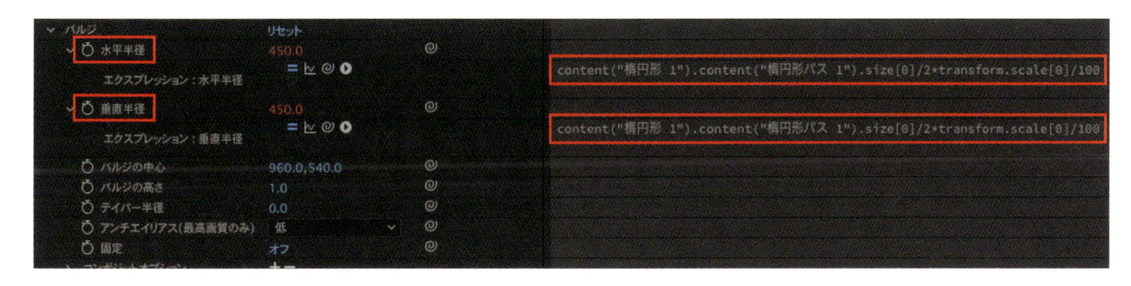

同様に [ズーム > 中心] をコピーし、[バルジ > バルジの中心] にペーストします。

次にプロパティを [バルジの高さ：0.5] [固定：「すべてのエッジを固定」をオン] に変更して、レンズ内を拡大するエフェクトは完成です。

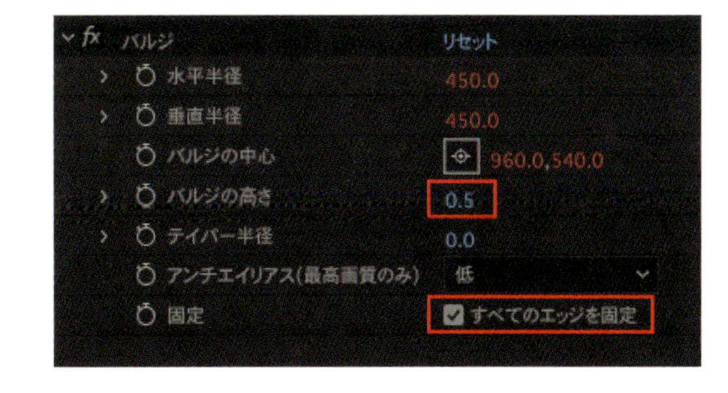

Step 4 虫眼鏡を動かす

「Magnifying glass」コンポジションレイヤーの「親とリンク」列からピックウイップをドラッグして、「Lens」レイヤーへ親子関係を設定します。「Lens」レイヤーのプロパティを［トランスフォーム＞回転：35°］へ変更します。

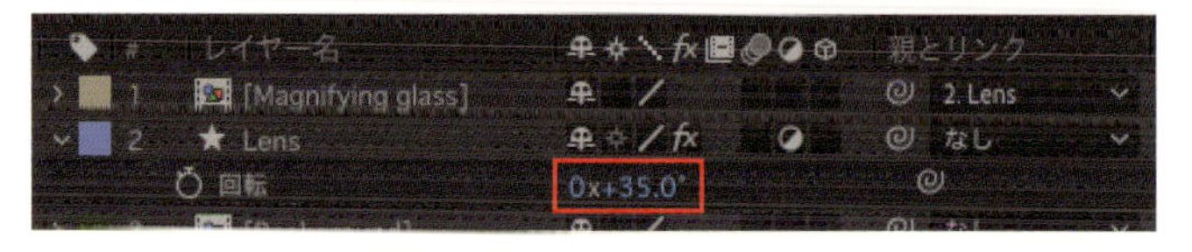

［位置］、［スケール］、［ズーム＞拡大率］にそれぞれキーフレームを追加します。

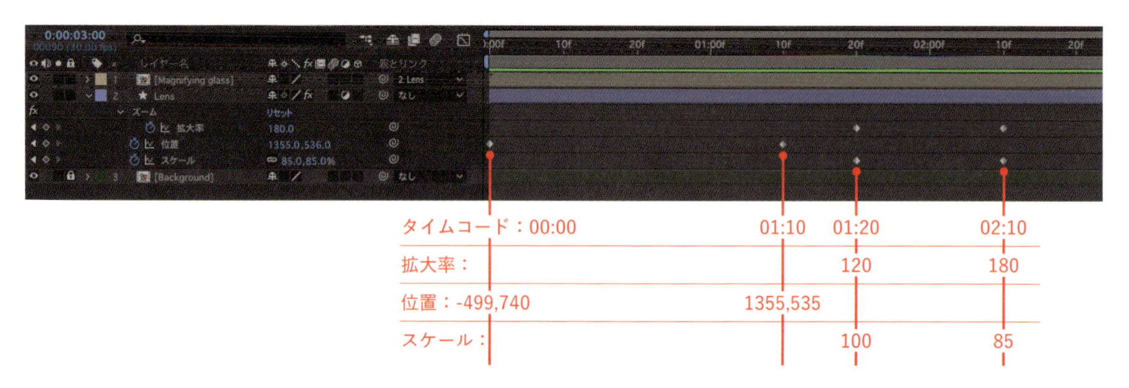

全てのキーフレームを選択した状態で、キーボードの F9 キーを押してイージーイーズを付けましょう。これで、虫眼鏡が画面外から入り込み、電車のアイコンを拡大するアニメーションが出来ました。

Step 5 画面端の切れ目を消す

「ズーム」エフェクトを使用して拡大していることで、虫眼鏡が入り込む際、画面の端に切れ目が出来てしまいます。「範囲拡張」エフェクトを使用して切れ目を消しましょう。「Lens」レイヤーを選択した状態で、メニューバー"エフェクト"→"ユーティリティ"→"範囲拡張"を追加します。プロパティを［ピクセル：100］に変更して、「範囲拡張」エフェクトの順序を一番上にしましょう。

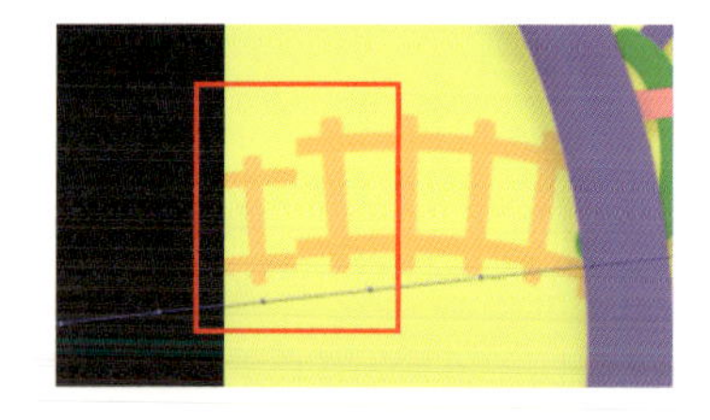

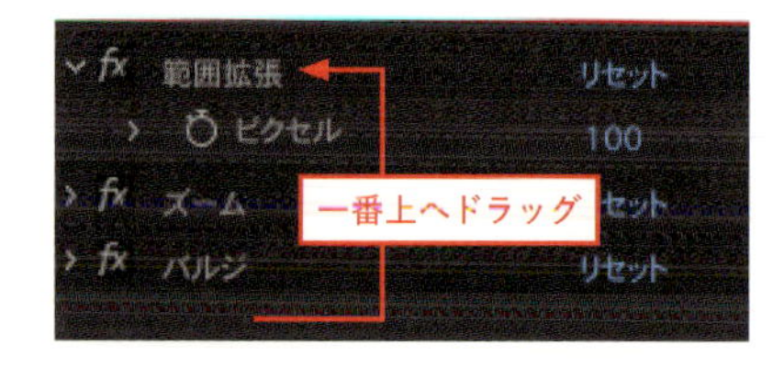

MEMO

「範囲拡張」エフェクトで画面端の切れ目を消すためには、あらかじめ背景を最終出力用のコンポジションよりも大きいサイズで作成しておく必要があります。本作例で背景用コンポジションのサイズを［幅：2200］、［高さ：1238］で作成しているのはこのためです。

Section

14 つながりをビジュアライズ ラインコネクトモーション

動画で確認！

オブジェクトが線でつながるモーションです。ビジネスやサービスの説明動画に最適なこのデザインは、シンプルながら視覚的に強い印象を与えます。

制作・文

minmooba

主な使用機能

シェイプレイヤー ｜ パスのトリミング ｜ 標準スクリプト ｜ エコー ｜ エクスプレッション

Step 1 円のオブジェクトを作成する

Ctrl〔Macでは⌘〕+Nで新規コンポジションを作成し、名前を「pp_X」（Xは任意）、［幅：600px］［高さ：600px］に設定します。イラストを中央に配置し、白い平面レイヤー（Ctrl〔⌘〕+Y）を背景にします。

「pp_X」をメインコンポジションに入れます。新たにトラックマット(P.268参照)用の円のシェイプ([名前：Circle_X mask]［塗り：単色］)を作成し、レイヤーパネルで「Circle_X mask」を「pp_X」の「トラックマット」［アルファマット］に設定してマスクします(画像左下)。
次に枠線を作成します。「Circle_X mask」レイヤーを複製（Ctrl〔⌘〕+D）し、［レイヤー名：Circle_X stroke］（※Xは任意）に変更します。［塗り：なし］、［線：単色］に設定し、このレイヤーを「pp_X」の親（P.267参照）にします(画像右下)。

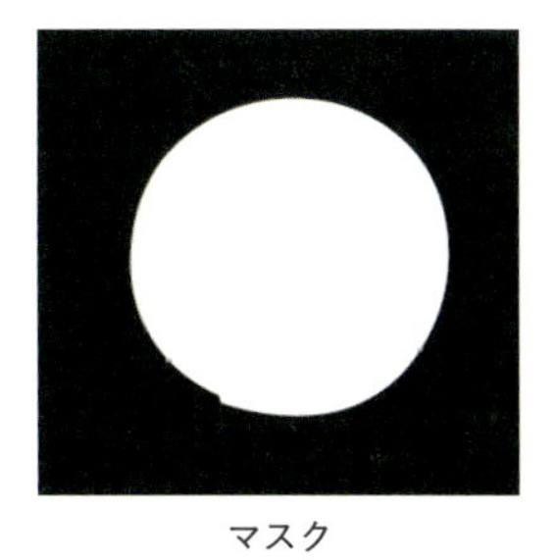

マスク

枠線

これで、3つのレイヤーがセットで1つのオブジェクトになります。同じ作業を繰り返し、繋げたいオブジェクトの数を作ります。作例では7つ配置しました。

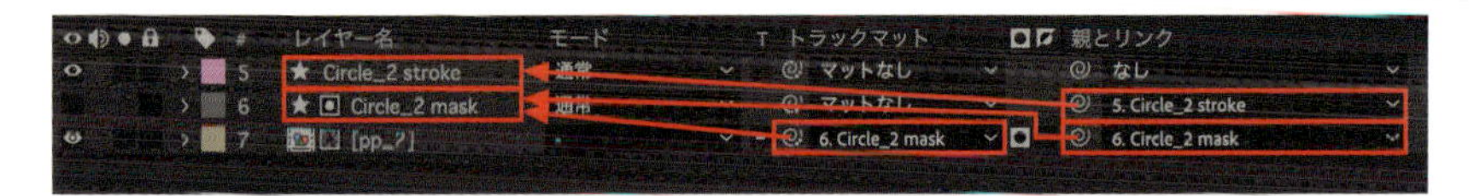

Step 2 円の枠線を設定する

2-1 線幅コントローラーを作成する

メニューバー"レイヤー"→"新規"→"ヌルオブジェクト"を作成し、「Control Stroke」に名前を変更します。メニューバー"エフェクト"→"スライダー制御"→"スライダー"を適用します。エフェクトコントロールかレイヤーパネルで「スライダー」を選択し、名前を「Stroke 1」に変更します。値は[スライダー：15]に設定します。これがすべての円の枠線の基本の太さになります。

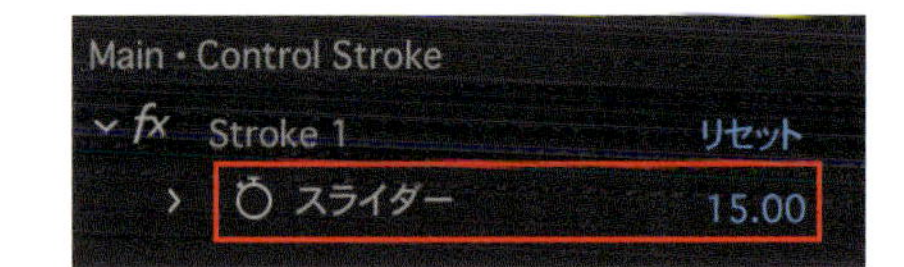

2-2 線の太さ設定

「Circle_X stroke」にエクスプレッションを適用します。[線幅]のストップウォッチアイコンを Alt〔option〕キーを押しながらクリックし、下記のエクスプレッションを入力します。

```
s = scale[0];
L = thisLayer;
while (L.hasParent) {
s = s * L.parent.scale[0] / 100;
L = L.parent;
}
thisComp.layer("Control Stroke").effect("ADBE Slider Control")(1) / s * 100;
```

X軸のスケールを変数「s」と定義

親のスケールの値に影響を受けないようにする

線幅を「Control Stroke」レイヤーのスライダー値に固定

Step 3 コネクトライン

3-1 Create Nulls from Paths

Step1で作成したそれぞれの円オブジェクトの間を、ペンツールを使い、シェイプレイヤーのパスの破線で繋げます。レイヤー名「LINE - X」（Xは任意）とします。メニューバー"ウィンドウ"ー"→"Create Nulls from Paths.jsx"でスクリプトを開き、線レイヤーのコンテンツ内の[パス]を選択した状態で[ポイントはヌルに従う]を選択します。

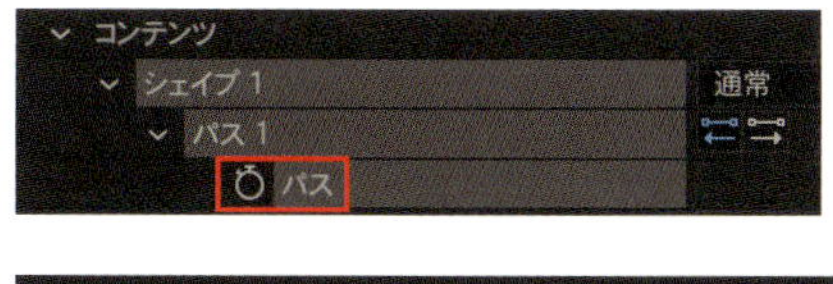

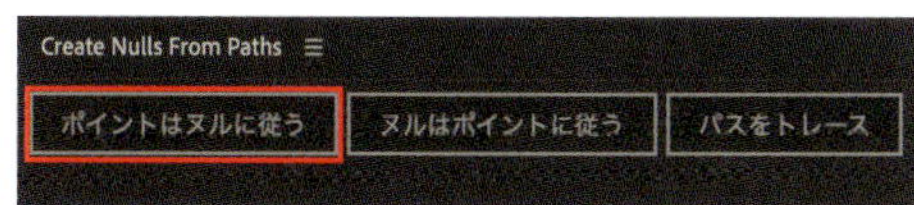

線の両端の頂点位置にヌルが生成されます。ヌルはそれぞれの頂点位置に紐付けされているので、線の端の位置をヌルでコントロールできるようになります。次に、生成されたヌルを近くの「Circle_X stroke」の子レイヤーにして、線の端がそれぞれの円に追従するようにします。

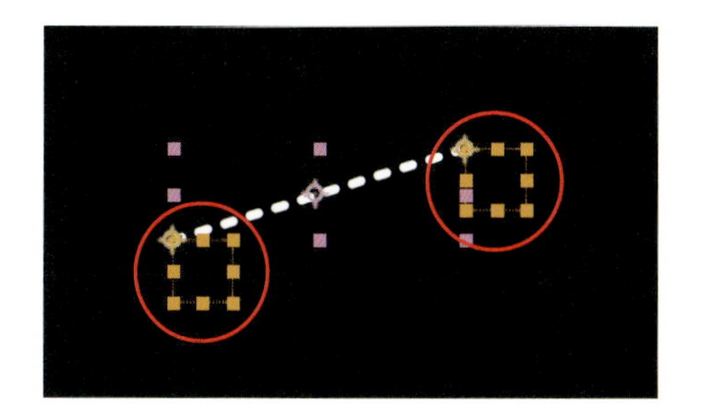

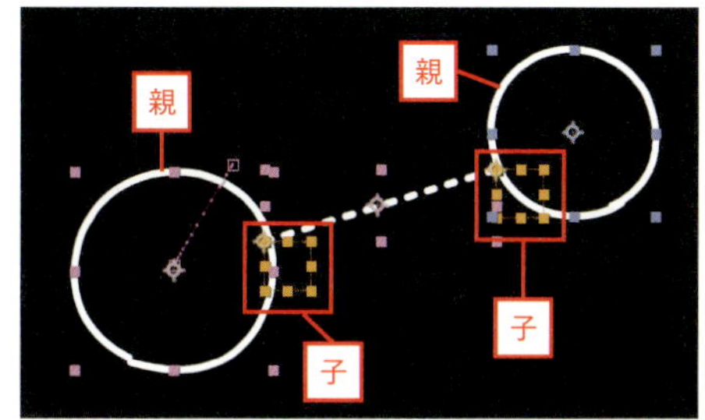

3-2 線が伸びる

作成した「LINE - X」を選択し、コンテンツ右側の追加▶から"パスのトリミング"を選択します。コンテンツ内に現れた「パスのトリミング」パラメーターを[終了点：0%→100%]にすると線が伸びます。

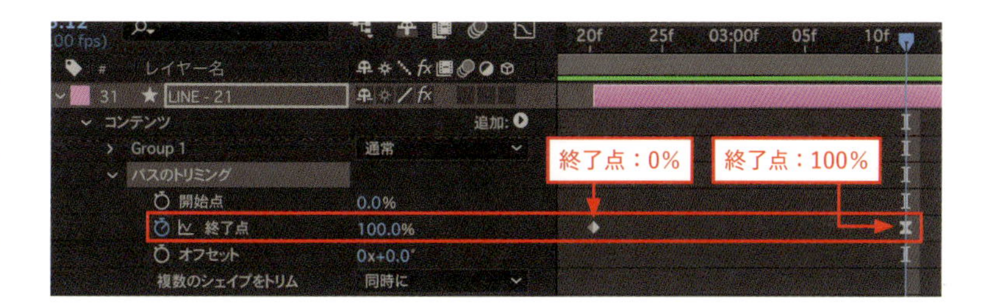

Step 4 動きの軌跡

4-1 円が出現するモーション

「Circle_X stroke」のレイヤーの[位置][スケール][回転]にキーフレームを打ち、画面の中心から拡大しながら出てくる動きをつけます。2-1と2-2で線幅を固定したことにより、線の太さは円の[スケール]値の影響を受けません。

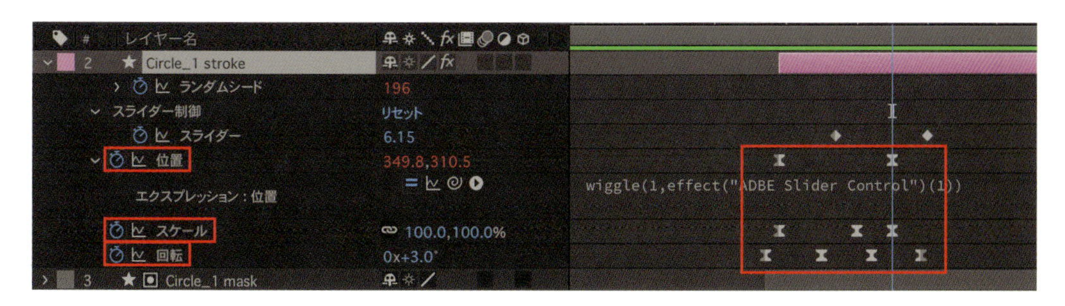

4-2 エコーライン

漫画やアニメでよく見られる、動きの軌跡のラインを作ります。まず、Step1で作成した「pp_X」の[位置]や[回転]にキーフレームを打ち、動きをつけます。次に、小さい黒い丸のシェイプレイヤー「ECHO - line X」を作成し、「pp_X」の背面に配置して子レイヤーにします。

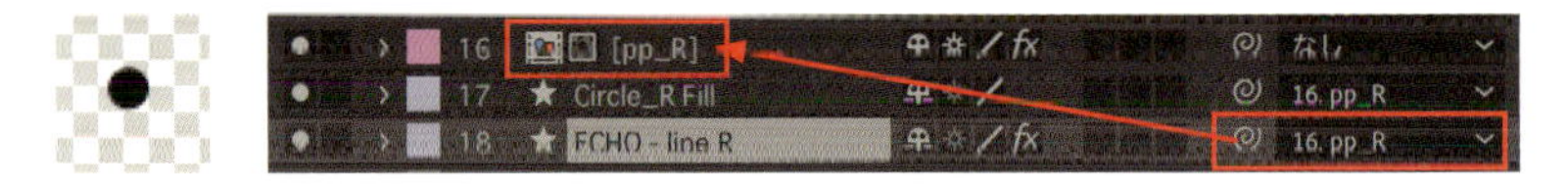

「ECHO - line X」に、メニューバー"エフェクト"→"時間"→"エコー"を追加し、パラメーターを[エコー時間(秒)：-0.001][エコーの数：150]に調整します(レイヤーによって差をつけています)。これで動きに合わせて残像が連なり、線になります。

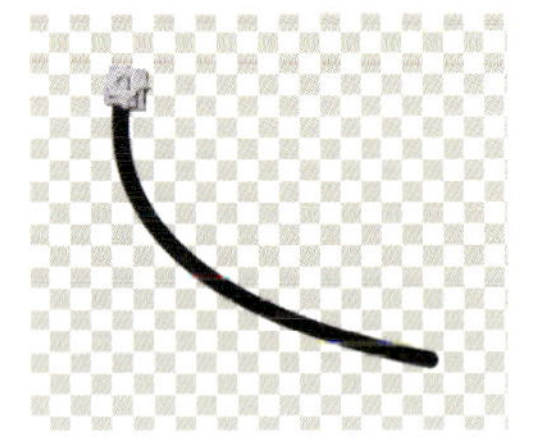

4-3 wiggle エクスプレッション

「Circle_X stroke」の[位置]に「wiggle」エクスプレッションを追加します。

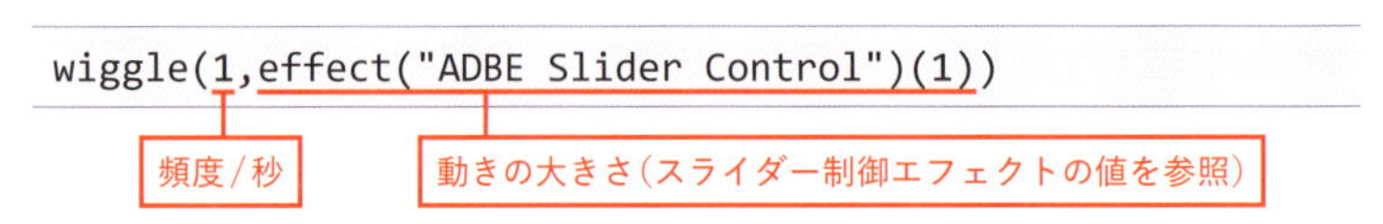

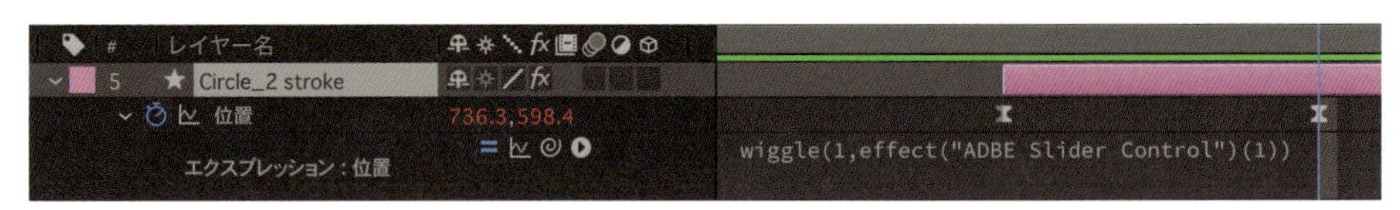

wiggleを適用するとランダムに動きます。しかし、そのままだと揺れの大きさが一定のため、コントローラーを作成します。「Circle_X stroke」レイヤーに、メニューバー"エフェクト"→"エクスプレッション制御"→"スライダー制御"を追加します。これにより、[スライダー]の数値を変えることで揺れの大きさを調整できます。「Circle_X stroke」が所定の位置に来るあたりから揺れ始めるようにキーフレームを打ちます。

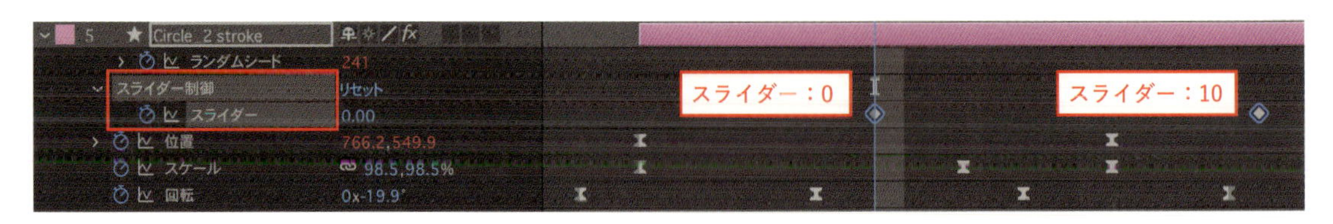

WHAT'S MORE

MatchName

今回使用しているエクスプレッションのいくつかには、「MatchName」という記述方式を使用しています。MatchNameを使うことで、ソフトの言語が変更されてもエラーが発生しません。また、「ExpressionUniversalizer」というスクリプトを使うことで、この変換を自動化することも可能です。

Section

15 テキストレイヤーを使用した ドットアニメーション

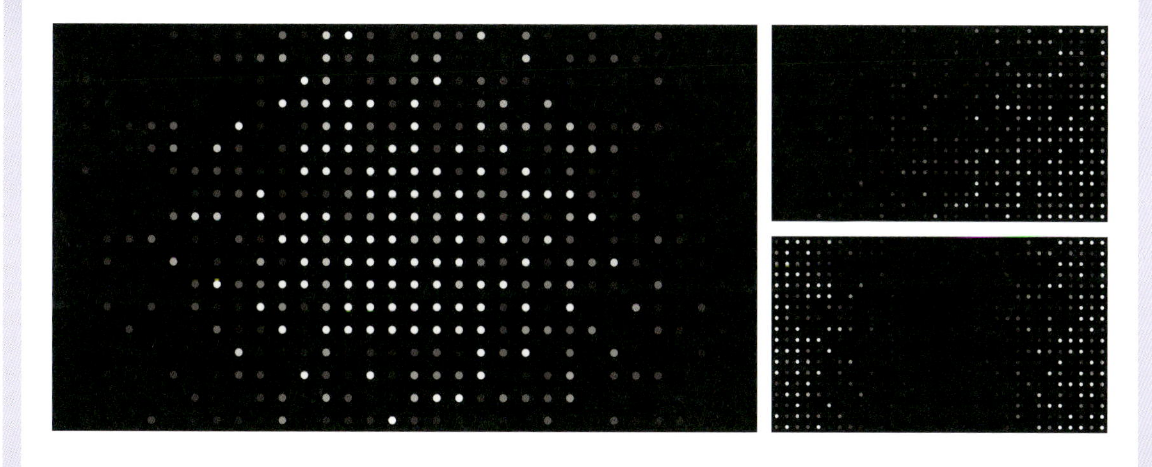

テキストレイヤーでドットパターンを作成することで、「アニメーターで動かす」という利点が生まれます。さらに「時間置き換え」を使い、再生タイミングの制御も可能です。

制作・文
サプライズ栄作

主な使用機能

テキストレイヤー ｜ 時間置き換え ｜ グラデーション ｜ モザイク

1 テキストレイヤーでドットパターンを作成

ツールパネルから「横書き文字ツール」をダブルクリックしてテキストレイヤーを作成し、文字を入力します。「･(中黒点)」を複数回入力してドットパターンを作成します。作例では横32、縦18で合計576個のドットを入力しています。

その他の設定
[フォントファミリー：小塚ゴシック Pr6N]
[フォントサイズ：100px]
[塗りのカラー：#F7F7F7]
[線のカラー：なし]
[行送り：60px]
[選択した文字のトラッキング：100]

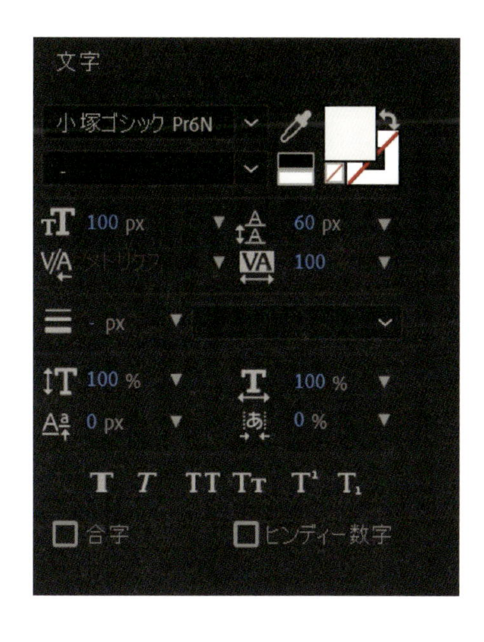

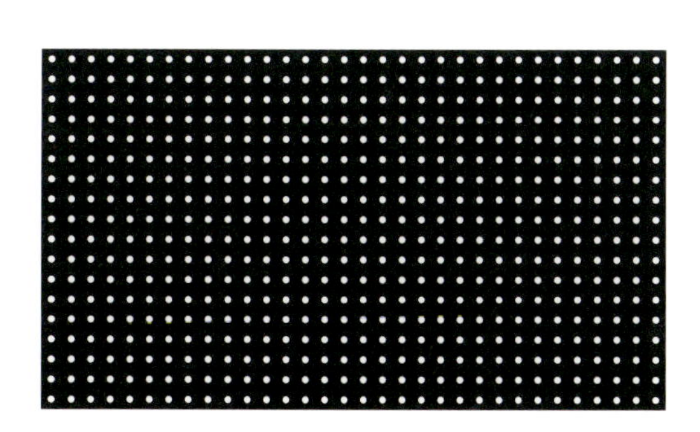

文字（ドット）の入力が完了したら、メニューバー“レイヤー”→“トランスフォーム”→”アンカーポイントをレイヤーコンテンツの中央に配置”を選択して、アンカーポイントをレイヤーの中心に配置します。再度、メニューバー“レイヤー”→“トランスフォーム”→”中央に配置”を選択して、レイヤーをコンポジションの中央に配置します。

MEMO

レイヤーをコンポジションの中央に配置する一連の動作は、ショートカットキーの Ctrl + Alt（Macでは ⌘ + option）+ HOME を押した後に、Ctrl（⌘）+ HOME を押して素早く行うことが可能です。

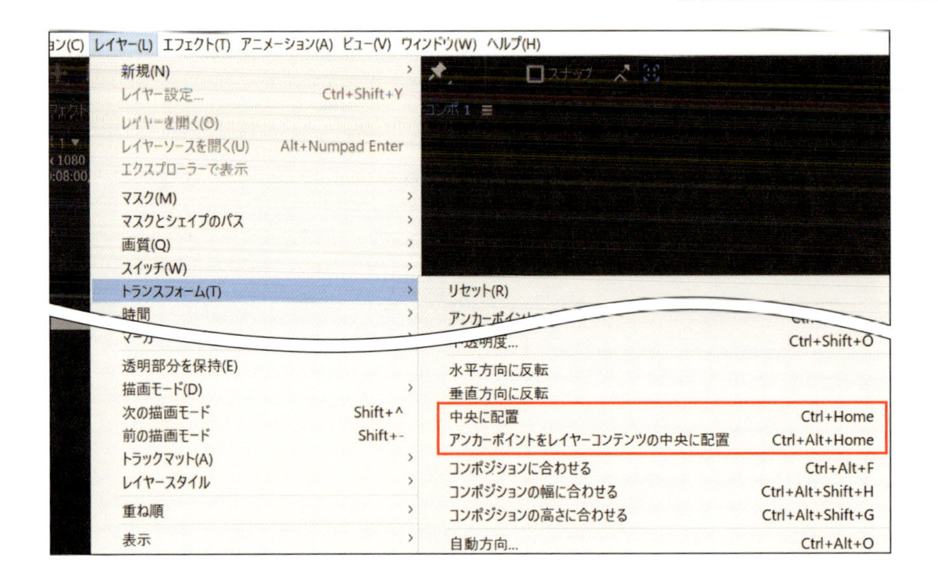

2 ランダムに現れる動きを作成

アニメーターの▶から“不透明度”を追加します。
追加された「アニメーター1」を展開し、［不透明度：0%］に変更します。この設定により一時的に文字が非表示状態になります。

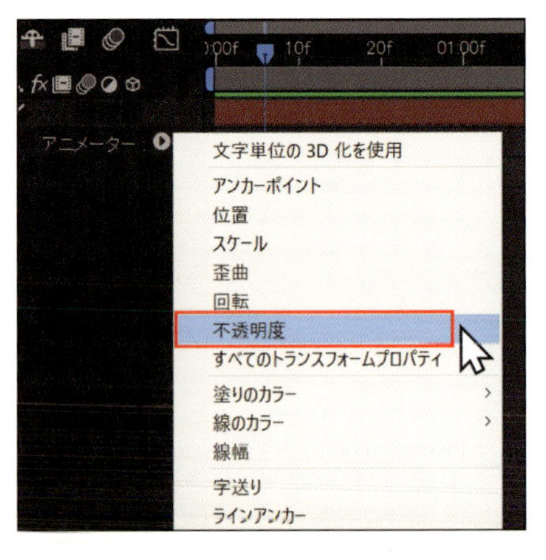

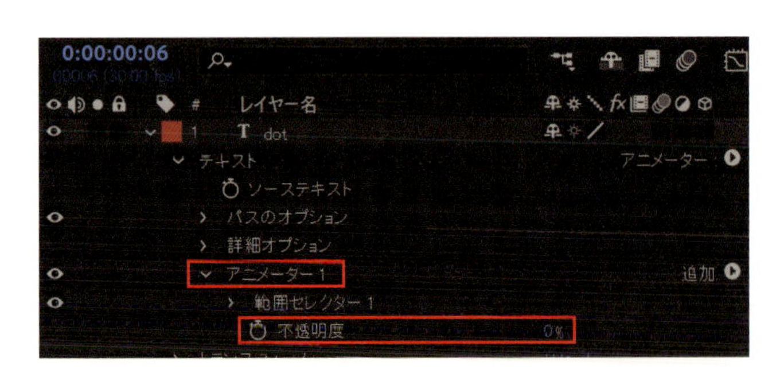

「範囲セレクター 1」を展開し、さらに「高度」を展開します。［シェイプ：上へ傾斜］［イーズ(高く)：80%］［順序をランダム化：オン］にそれぞれの項目を変更します。
「範囲セレクター 1」の[オフセット]にキーフレームを設定し、動きを作ります。
これでドットがランダムに現れるアニメーションを作ることができました。
次の工程からは「時間置き換え」というエフェクトを使用して、テキストが現れるタイミングをコントロールします。

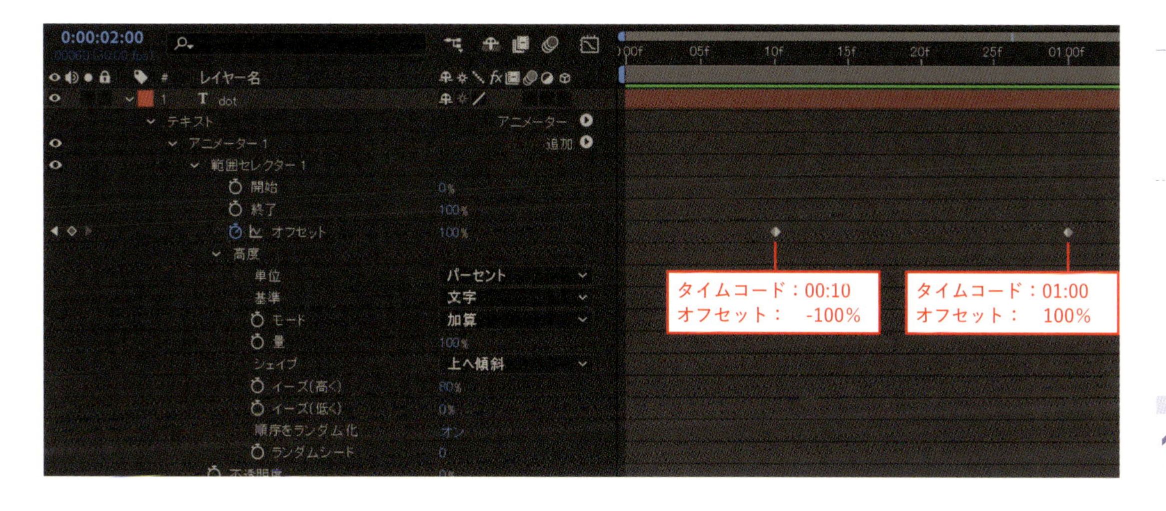

③「時間置き換え」用のレイヤーを作成

「時間置き換え」は、参照するレイヤーの明度に基づいて対象レイヤーの各ピクセルの再生時間を制御するエフェクトです。「時間置き換え」で参照するためのレイヤーを用意します。メニューバー“レイヤー”→“新規”→“平面”を選択して平面レイヤーを作成します。

MEMO

新規平面レイヤーは、ショートカットキーの Ctrl〔⌘〕+ Y でも作成が可能です。

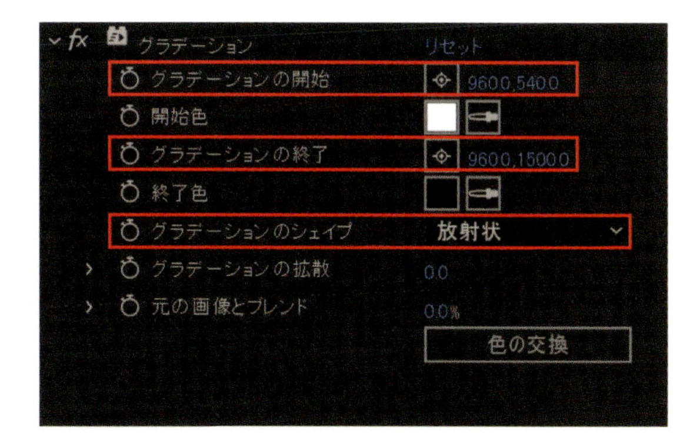

作成した平面レイヤーに、メニューバー“エフェクト”→“描画”→“グラデーション”を適用します。画面の中心から放射状に広がるグラデーションにするため、以下の項目を変更します。

[グラデーションのシェイプ：放射状]
[グラデーションの開始：960,540]
[グラデーションの終了：960,1500]

[色の交換]を一度クリックしてグラデーションの色を反転させておきます。調整が完了したら平面レイヤーを非表示にします。

④「時間置き換え」で再生タイミングを制御

新規「調整レイヤー」を、メニューバー“レイヤー”→“新規”→“調整”で作成します。作成した調整レイヤーに、メニューバー“エフェクト”→“時間”→“時間置き換え”を適用します。[時間置き換えレイヤー]に対して、前工程で作成した「平面レイヤー」を指定します。指定する平面レイヤーにはエフェクトが適用されているので、[ソース]から[エフェクトとマスク]に変更します。続いて、[最大置き換え時間:0.2][時間レゾルーションfps：30]も変更します。これで、「時間置き換え」の効果により、参照する平面レイヤーの明度に合わせてドットが現れるようになります。

MEMO

新規調整レイヤーは、ショートカットキーの Ctrl + Alt（⌘ + option）+ Y でも作成が可能です。

5 グラデーションをドットの数に合わせて整える

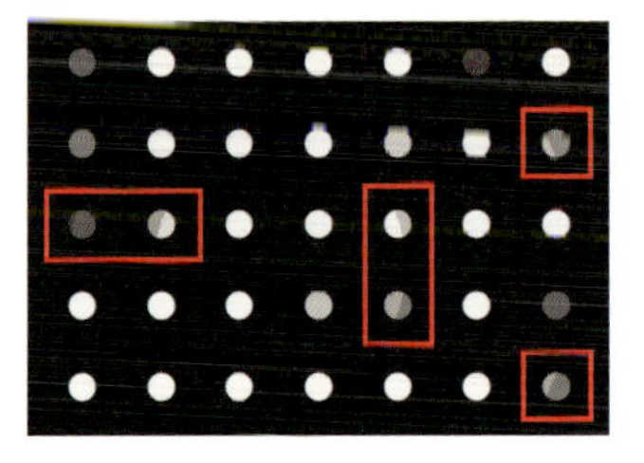

「時間置き換え」でドットの再生タイミングを変えることができましたが、よく見ると一部ドットの表示がおかしくなっている箇所があります。
グラデーションの明度が各ドットに合うように調整します。「平面レイヤー」に対して、メニューバー“エフェクト”→“スタイライズ”→“モザイク”を適用します。作例のドット数は横32、縦18となっていますので［水平ブロック：32］［垂直ブロック：18］に変更します。「モザイク」効果で各ドットに明度が割り振られるため、不具合が修正され、ドットが綺麗に表示されるアニメーションが完成しました。

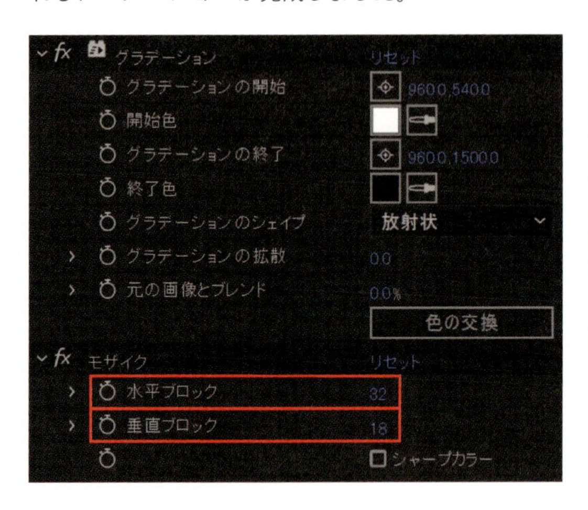

WHAT'S MORE

エフェクト「時間置き換え」のバリエーション

「時間置き換え」を使用したアニメーション作成では、参照する平面レイヤー次第でさまざまなパターンを作ることが可能です。例えば、グラデーションの方向や形状を変えることで、ドットが再生されるタイミングを自由に制御することができます。「時間置き換えレイヤー」に使用するレイヤーを調整して、様々なバリエーション作成をお試しください。
サンプルデータでは、いくつか種類を用意していますので、ぜひとも参考にしてみてください。

グラデーション次第で出現する方向を指定できる

Section

16 テキストレイヤーを使用した パーティクルアニメーション

動画で確認！

テキストレイヤーとアニメーターを活用することで、パーティクルアニメーションを表現することが可能です。マスクパスを使用し様々なパーティクルの配置を試みることができます。

制作・文

サプライズ栄作

主な使用機能

テキストレイヤー ｜ マスク

1 テキストレイヤーでドットパターンを作成する

ツールパネルから「横書き文字ツール」をダブルクリックしてテキストレイヤーを作成します。

「・(中黒点)」を複数回入力して、ドットパターンを作成します。ドットの数がそのままパーティクルの数になります。作例では大体120個のドットを入力しています。テキストレイヤーを展開し、「詳細オプション」から[アンカーポイントの配置：0,-44%]に変更し、テキストの基点をドットの中心に配置します。

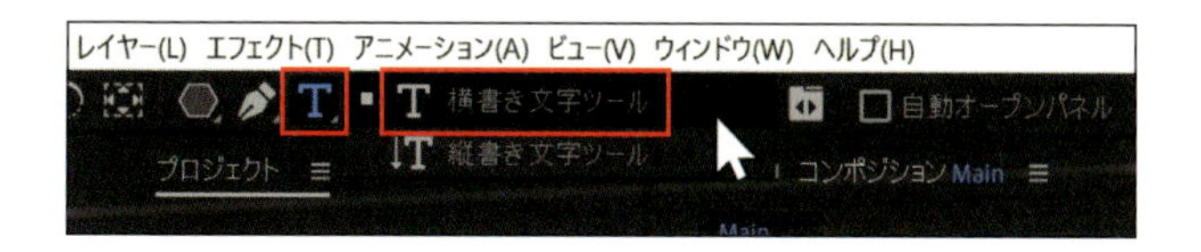

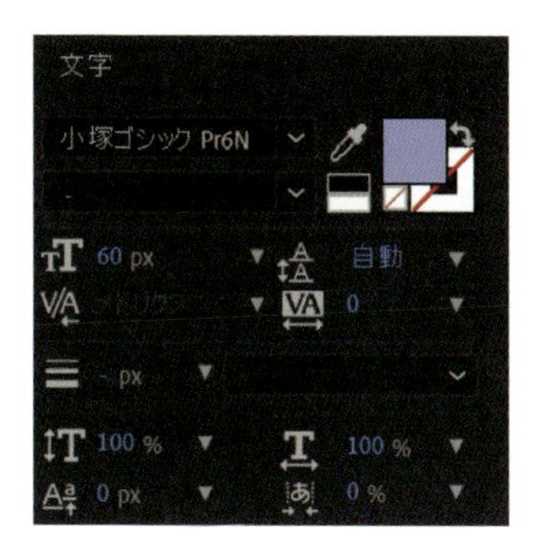

その他の設定
[フォントファミリー：小塚ゴシック Pr6N]
(「・(中黒点)」が入力できるのであればフォントはどれでもOKです。)
[フォントサイズ：60]
[塗りのカラー：#988DFF]
[線のカラー：なし]

② パーティクルの発生源を作成する

テキストで作成したパーティクルの発生源は「マスク」で制御します。今回は円形状にパーティクルを配置します。テキストレイヤーを選択した状態で、ツールパネルの「楕円形ツール」を Shift キーを押しながらダブルクリックして、正円のマスクパスを作成します。
テキストレイヤーを展開し、「パスのオプション」の[パス]を作成した「マスクパス(マスク1)」に変更します。すると、マスクパスの形に沿ってテキストが配置されます。

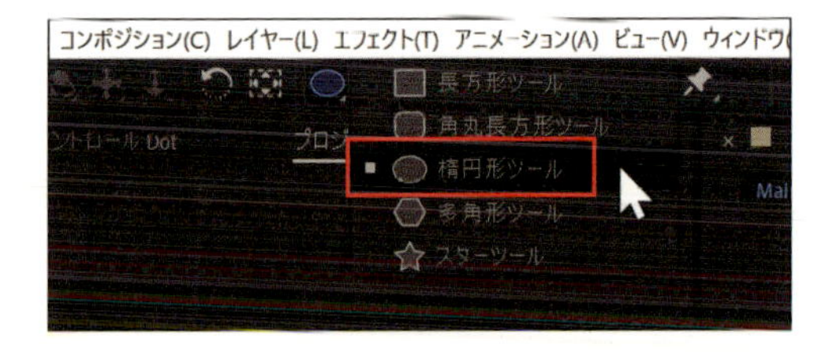

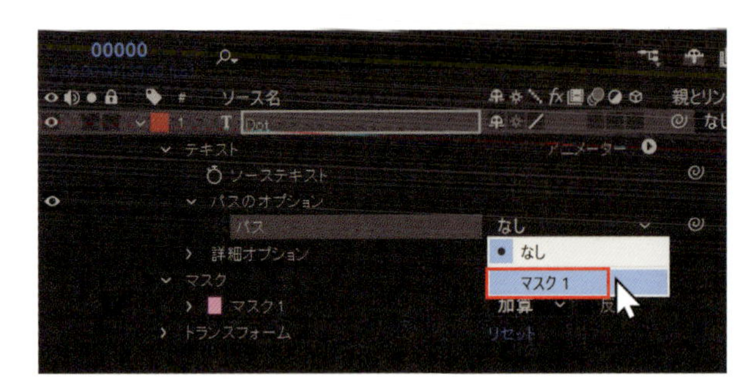

③ サイズと色にランダム感を加える

テキストレイヤーのアニメーター▶から“スケール”を追加し、追加された「アニメーター 1」を展開して[スケール：500,500%]に変更します。

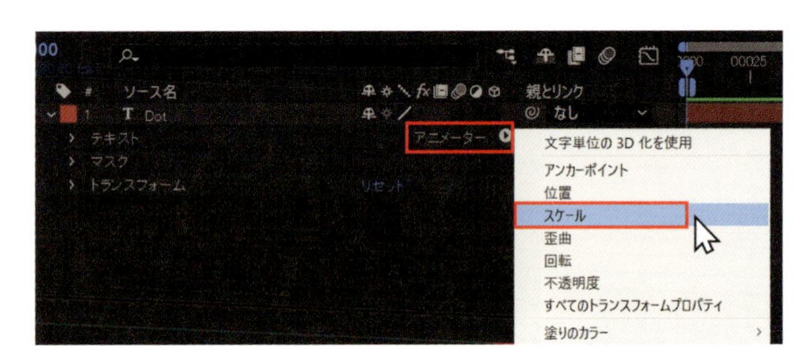

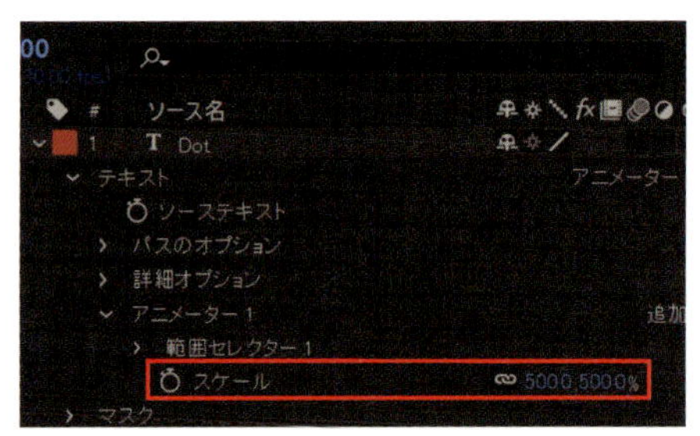

同じ要領で、「アニメーター 1」の右側に表示されている追加▶から“プロパティ”→“塗りのカラー”→“色相”を追加し、[塗りの色相：0 × +20°]に変更します。今加えたプロパティの値をランダムにするため、さらに追加▶から“セレクター”→“ウィグリー”を選択します。

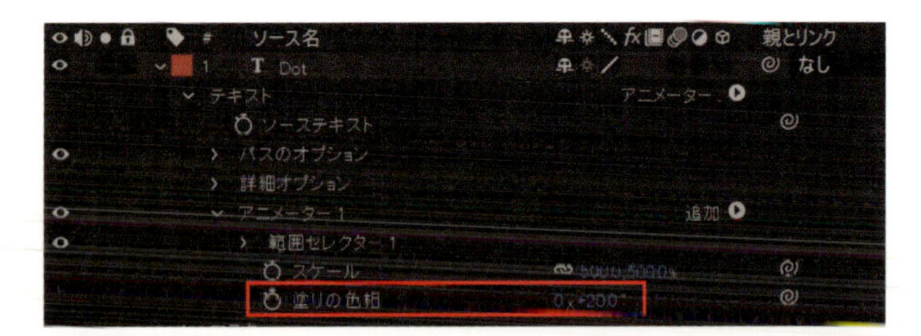

「ウィグリーセレクター 1」という項目が追加されるので展開し、[ウィグル/秒:0]、[相関性:0%]、[次元を固定:オン]、[ランダムシード:1]にそれぞれ変更します。

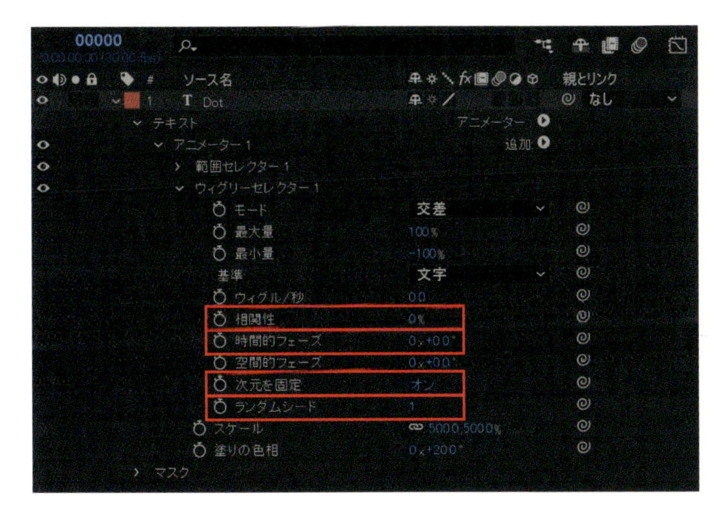

MEMO

ランダムシードは変化を見ながら好みの数値を探してください。

「ウィグリー」の効果で、テキストのサイズと色相にバリエーションが加えらました。

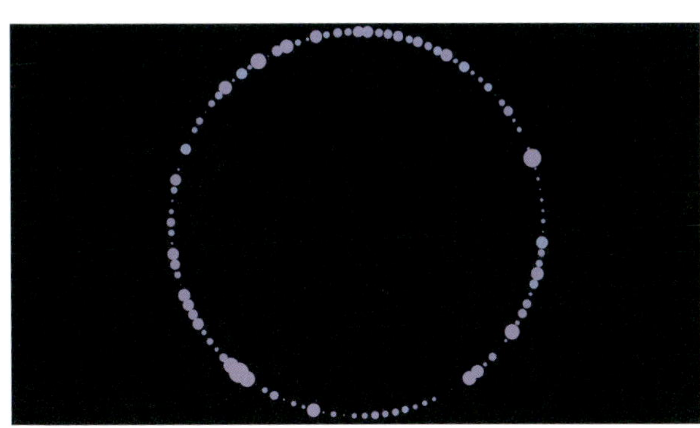

4 パーティクルに動きを加える

ふわふわと漂うような動きを加えます。アニメーター▶から“位置”を追加します。新たに追加された「アニメーター 2」を展開し、[位置:80,100]に変更します。
先ほどと同じ要領で、「アニメーター 2」の右側に表示されている、追加▶から“セレクター”→“ウィグリー”を選択します。

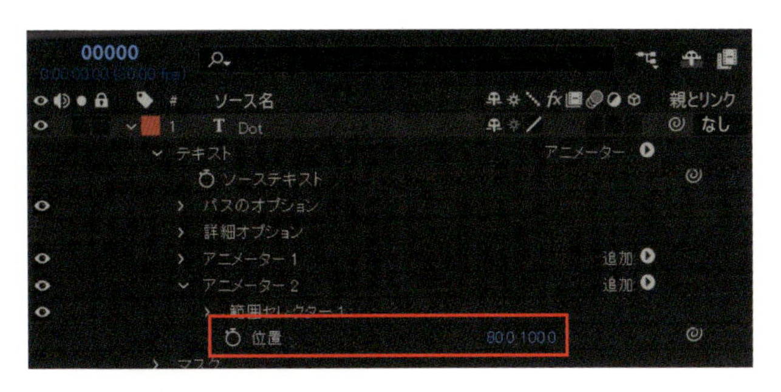

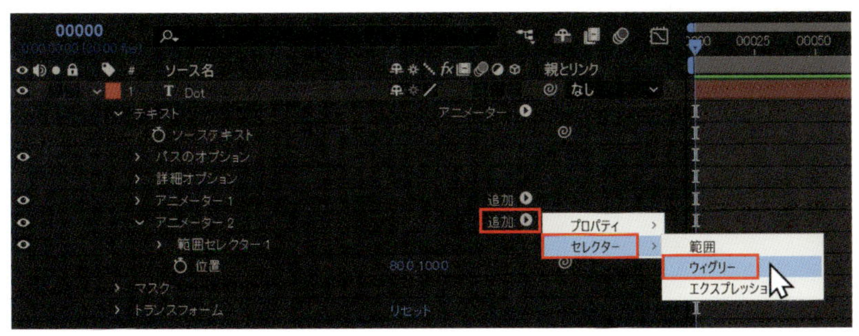

「ウィグリーセレクター」を展開し、各種設定項目を調整します。[ウィグル/秒：0.5]、[相関性：0%]、[ランダムシード：1]にそれぞれを変更したら完成です。
ウィグリーの効果で、ゆらゆらと動き続ける効果を得られました。

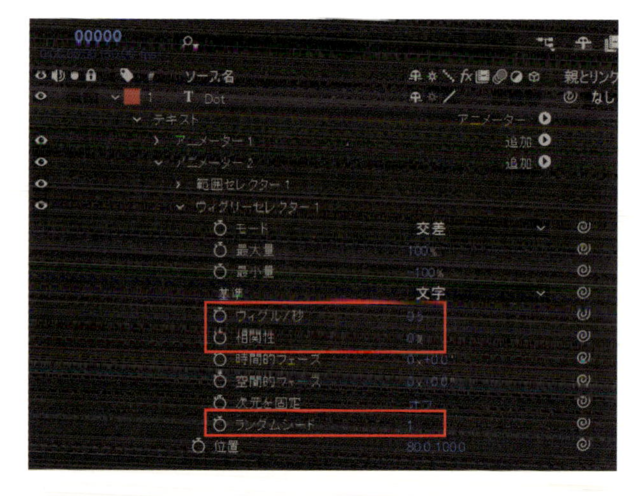

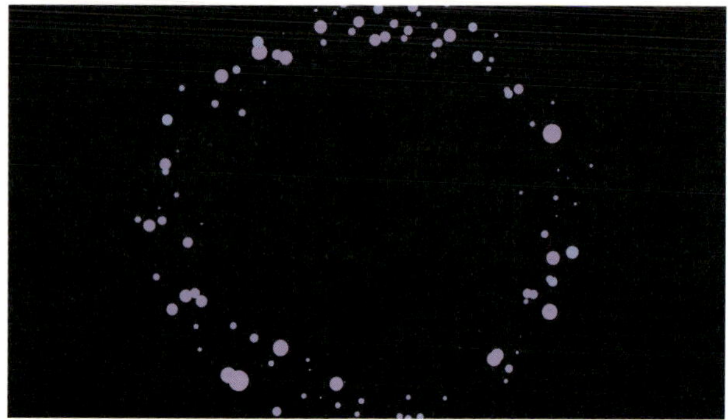

WHAT'S MORE

マスクを変えてバリエーション作成

テキストレイヤーで作成したパーティクルはマスクパスを発生源とするので、マスクパス次第で様々な形状に変化させることが可能です。また、「パスのオプション」の「最初のマージン」や「最後のマージン」を動かすことでマスクに沿ってパーティクルをスライドさせることも可能です。
サンプルデータでは、今回の作例を使用して背景イメージを作成していますので、ぜひご確認ください。

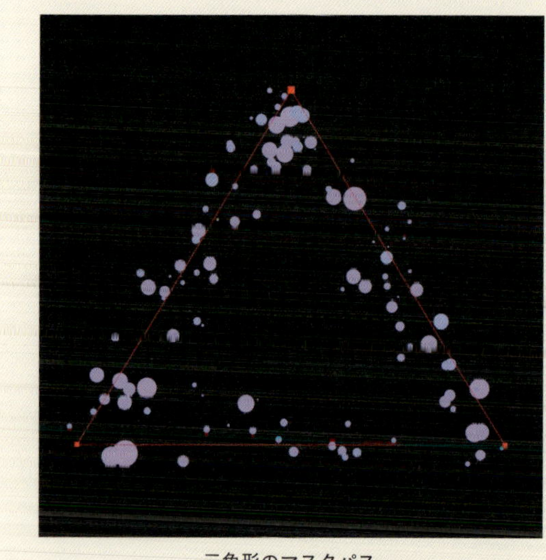
三角形のマスクパス

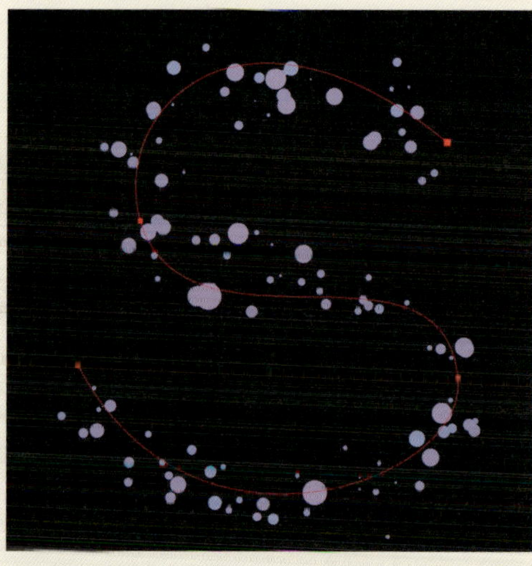
S字のマスクパス

Chapter 3

キャラクターモーションのアイデア

Section

01 使いやすくセットアップ！ 表情アニメーション

動画で確認！

キャラクターアニメーションでは重要な「目」と「口」のアニメーションを、効率的に作る手法を紹介します。

制作・文

ヌル1

主な使用機能

タイムリマップ | シーケンスレイヤー

Step 1 口のアニメーションを作る

1-1 「あ・い・う・え・お・ん」のパターンを用意する

口の形を「あ・い・う・え・お・ん」の6パターン用意します。本作例のaepファイルには、練習用のコンポジションが含まれているので活用してください。

口のレイヤー6個を選択した状態でCtrl〔Macでは⌘〕+Shift+Cでプリコンポーズします。コンポジション設定を開き、［コンポジション名：Mouth_anime］へ変更しましょう。

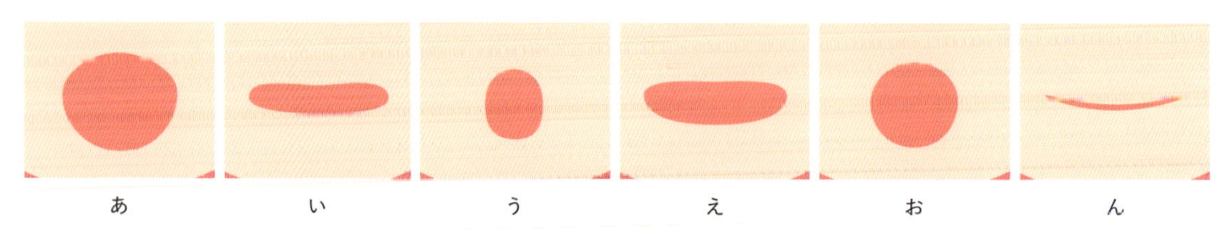

あ　い　う　え　お　ん

6個を選択した状態でプリコンポーズ

「Main」コンポジション内の、「Mouth_anime」コンポジションレイヤーを選択した状態で、メニューバー“レイヤー”→“Auto Crop”を選択して、コンポジションサイズを6個の口の大きさに合わせます。
更に Ctrl + Alt〔⌘ + option〕+ Home で、アンカーポイントを「Mouth_anime」コンポジションレイヤーの中央に合わせましょう。

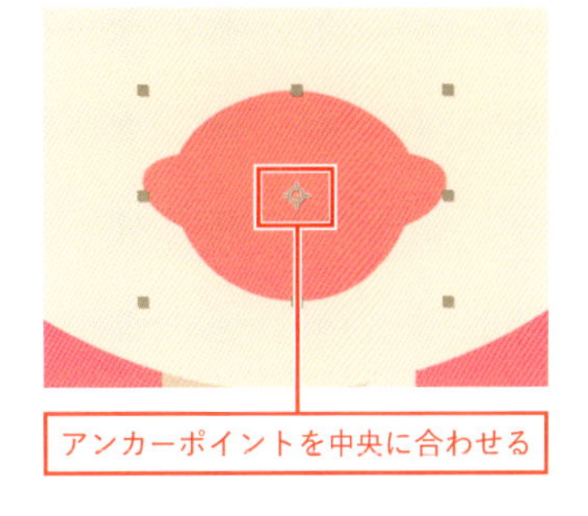

「Mouth_anime」コンポジション内の各レイヤーのデュレーションを1秒にしましょう。

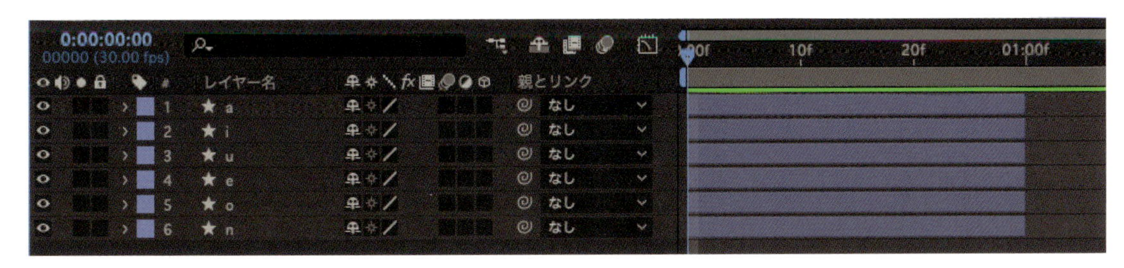

次に各レイヤーを階段状に並べます。「a」～「n」までのレイヤーを上から順番に選択した状態で、メニューバー“アニメーション”→“キーフレーム補助”→“シーケンスレイヤー”を選択し[OK]を選択します。「a」～「n」まで、6個のレイヤーが階段状に並びます。

1-2 「こんにちは」のアニメーションを付ける

「Mouth_anime」コンポジションレイヤーを選択した状態で Ctrl + Alt〔⌘ + option〕+ T を押して[タイムリマップ]を追加します。
[タイムリマップ]の[00:00]にあるキーフレームを右クリックして、“停止したキーフレームの切り替え”を選択します。[06:00]のキーフレームは削除します。

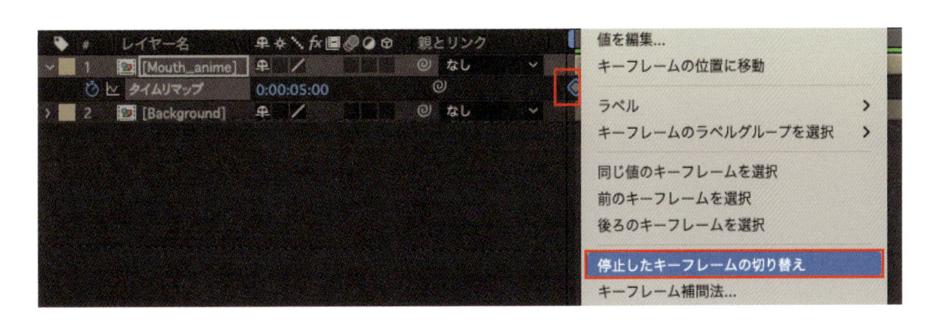

［タイムリマップ］と［スケール］にキーフレームを打ち口パクを付けていきます。「に」と「ち」は、同じイラストを使用するのでスケールプロパティを調整して微妙な変化を付けましょう。「現在の縦横比を固定」スイッチは外して作業しましょう。

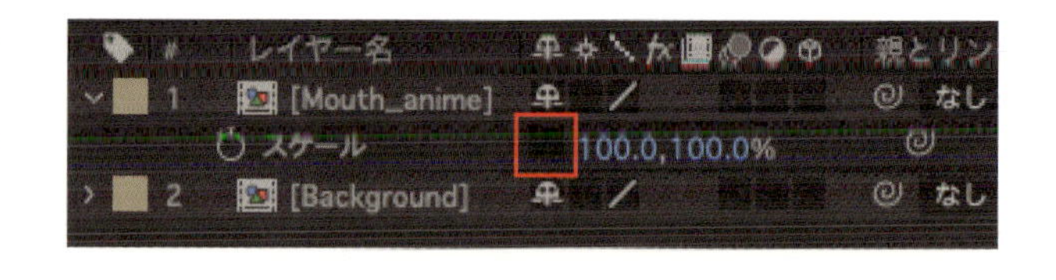

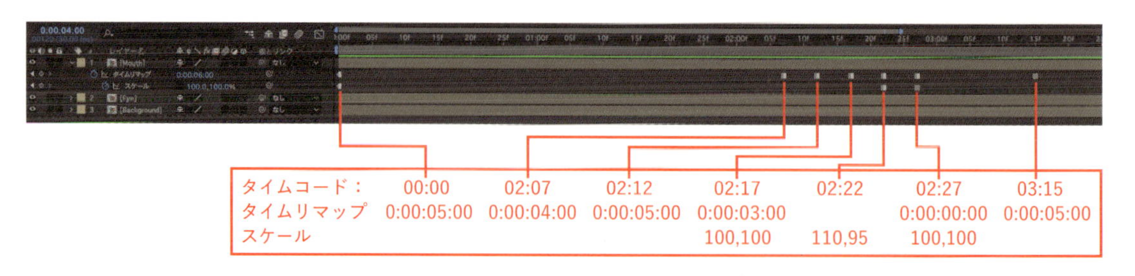

Step 2 目のアニメーションを作る

2-1 目のパターンを用意する

「閉じた目」と「開いた目」の素材を用意します。「開いた目」は、「瞼」「瞳」「目の形（トラックマット用）」の3レイヤーに分けておきましょう。

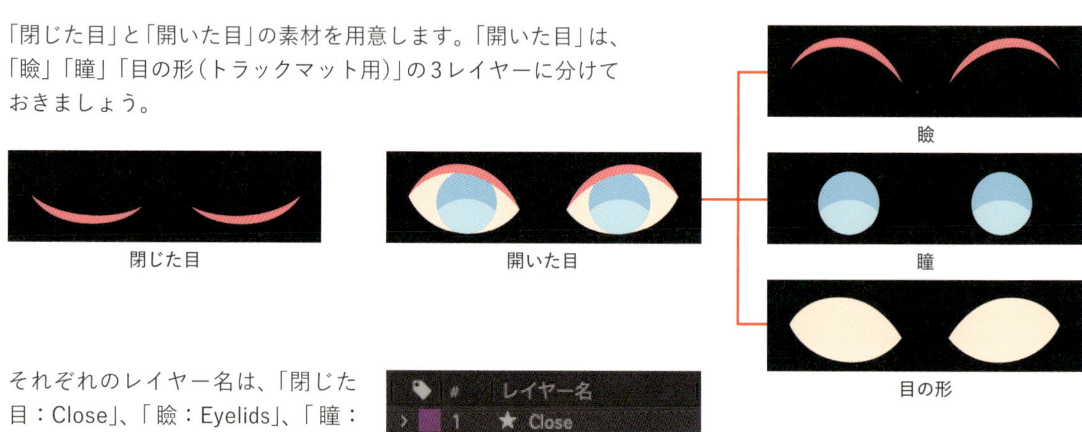

閉じた目

開いた目

瞼

瞳

目の形

それぞれのレイヤー名は、「閉じた目：Close」、「瞼：Eyelids」、「瞳：Eye」、「目の形：Eye_Matte」とします。

目のレイヤー全てを選択してプリコンポーズします。［コンポジション名：Eye_anime］、へ変更しましょう。「Eyelids」、「Eye」、「Eye_Matte」の各レイヤーのデュレーションを3秒にして、その後ろに「Close」レイヤーを並べます。

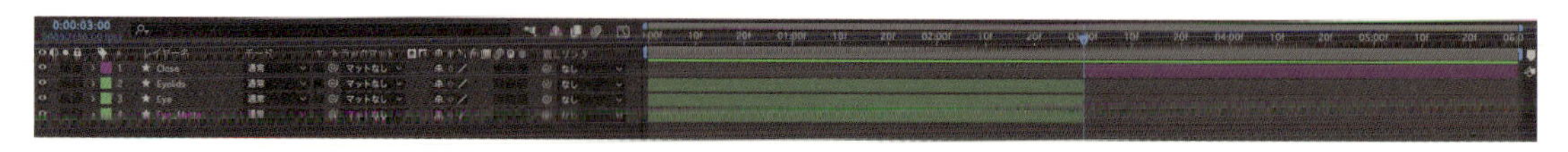

「Eye」レイヤーの「トラックマット」列からピックウイップをドラッグして、トラックマットを「Eye_Matte」レイヤーに設定します。「Eye_Matte」レイヤーは非表示としましょう。

2-2 目のアニメーションを付ける

「Eye」レイヤーの［位置］プロパティを右クリックして、"次元に分割"を選択します。

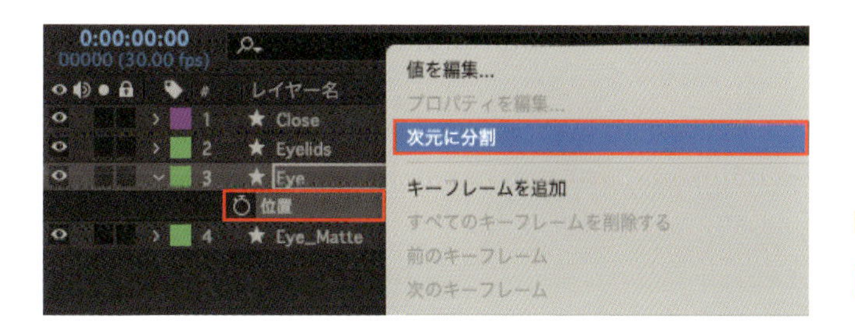

［X位置］［Y位置］それぞれにキーフレームを打ち、瞳にアニメーションを付けます。向かって「左上から右上」「左から右」「左下から右下」へ動くようにそれぞれアニメーションを付けましょう。Y位置のキーフレームは、全て「停止したキーフレーム」に切り替えます。

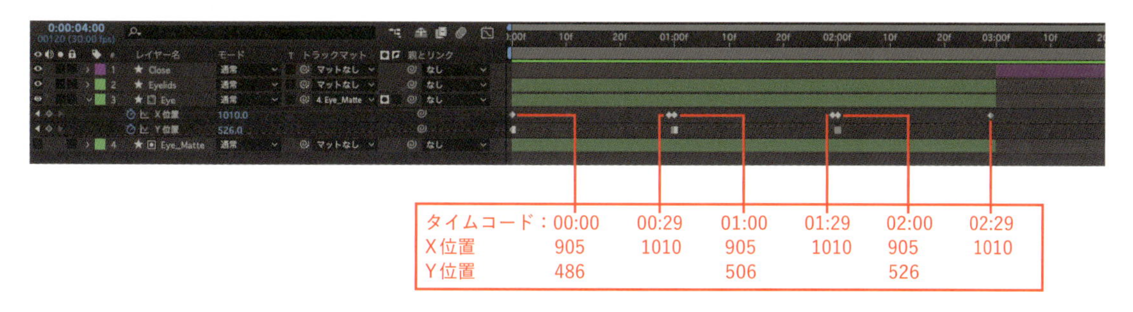

「Main」コンポジションへ戻り、「Eye_anime」コンポジションレイヤーに［タイムリマップ］を追加して、［00:00］にあるキーフレームを「停止したキーフレーム」に切り替えます。［06:00］のキーフレームは削除します。タイムリマップにキーフレームを打ち、目のアニメーションを付けていきます。
これで、キョロキョロと目が動いた後に「こんにちは！」と言う表情アニメーションの完成です。

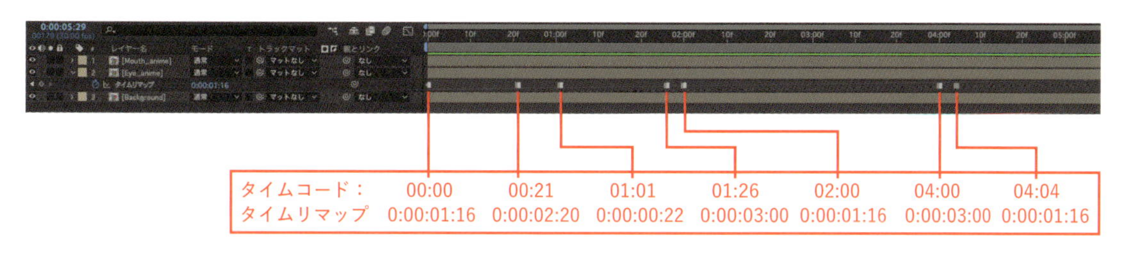

動画で確認!

Section 02 躍動感をプラス

なびき髪アニメーション

キャラクターのイラスト素材に髪をゆらゆらと揺らす効果を付けて、風が吹いている様子を演出しましょう。加えて、服の揺れを作る方法も紹介します。

制作・文

minmooba

主な使用機能

パペットツール ｜ タービュレントディスプレイス ｜ パスのトリミング

1 イラストパーツの親子付け

各パーツの親子付け（P.267参照）をします。キャラクターの頭（「Head」レイヤー）を中心にアニメーションを付けるため、頭とつながっているパーツ（髪、首など）を子レイヤーにします。「アンカーポイントツール」で動きの支点を調整します。例えば、髪の束のレイヤーはアンカーポイントを頭の接点に配置します。

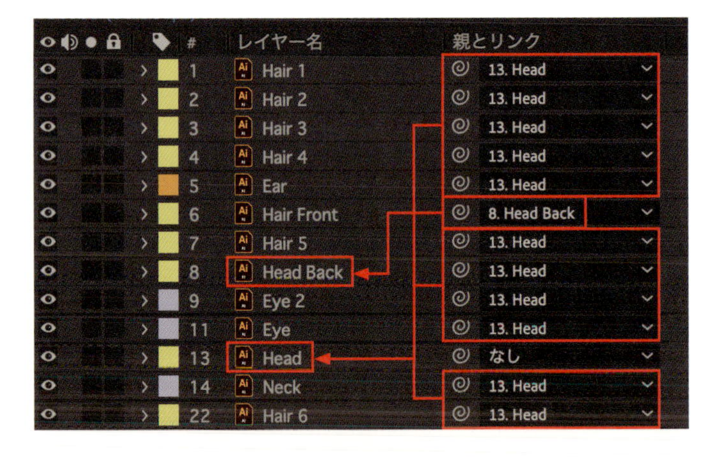

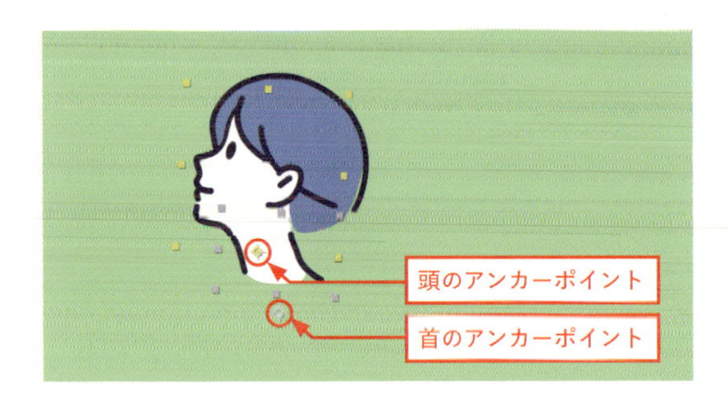

2 髪をなびかせる

髪の束（「Hair 3」レイヤー）を例に作業を進めます。ソロ表示にして、作業に関係のないレイヤーを非表示にすると作業がしやすくなります。

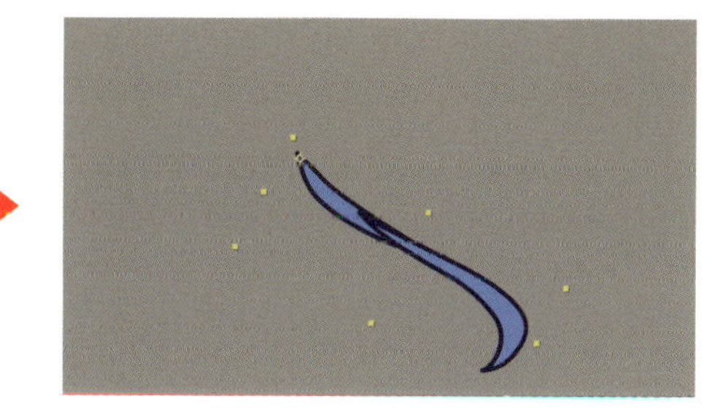

次に「Hair 3」レイヤーを「パペットツール」で動かします。「パペット位置ピンツール」で、髪の束の生え際から毛先にかけて4箇所に等間隔にピンを打ちます。

MEMO

パペットピンは画鋲をイメージしてもらうと理解しやすく、ピンを打った画像の箇所を固定したり伸ばしたりできます。

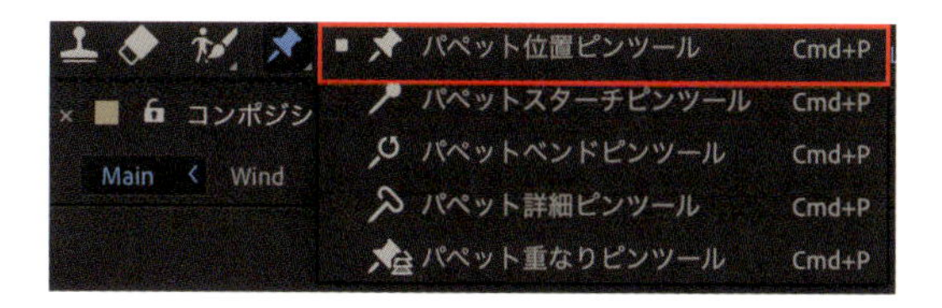

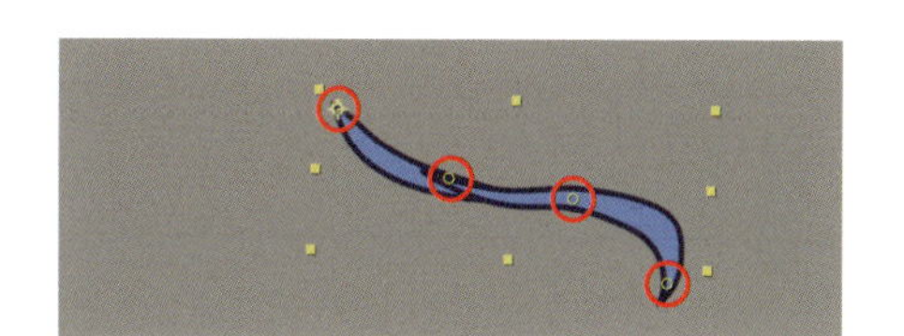

それぞれのパペットピンにキーフレームを打ち、髪の毛の揺れの動きをつけます。なびいて見えるように、生え際から毛先に向かってキーフレームの位置を少しずつ後ろにずらします。

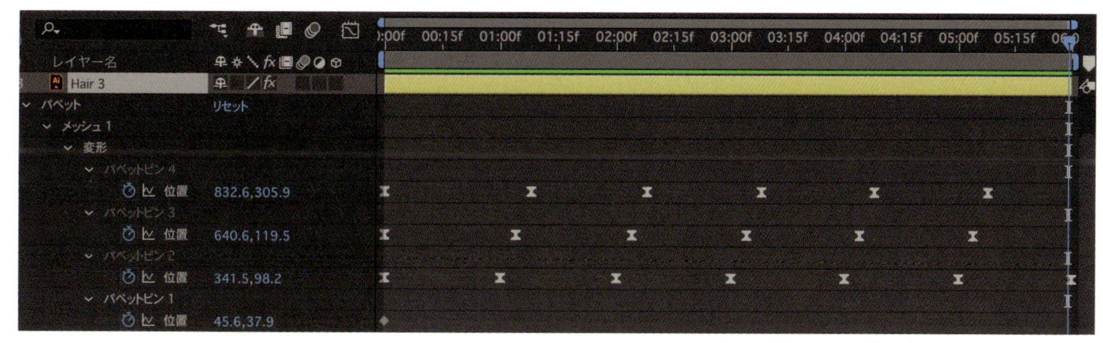

※詳しい数値はサンプルデータをご確認ください

MEMO

パペットツールの挙動がおかしくなることがあるため、Illustratorの素材レイヤーの「連続ラスタライズ」はオフにします。ただし、スケールを100%以上に拡大するとぼけてしまうため、ズームするときなどは素材の解像度を上げておく必要があります。

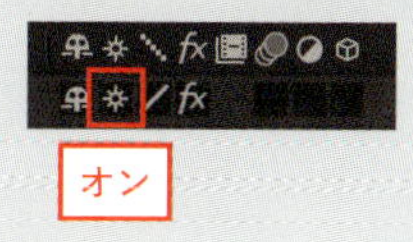

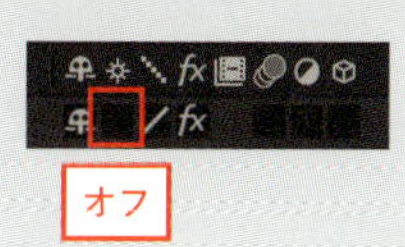

3 服を揺らす

服を揺らすアニメーションをつけます（例：左腕の袖）。「Arm R 2」レイヤーでメニューバー"エフェクト"→"ディストーション"→"タービュレントディスプレイス"を選択し、[量：13]と[サイズ：32]に設定します。また、[オフセット]に左から右に移動するキーフレームを打ちます。

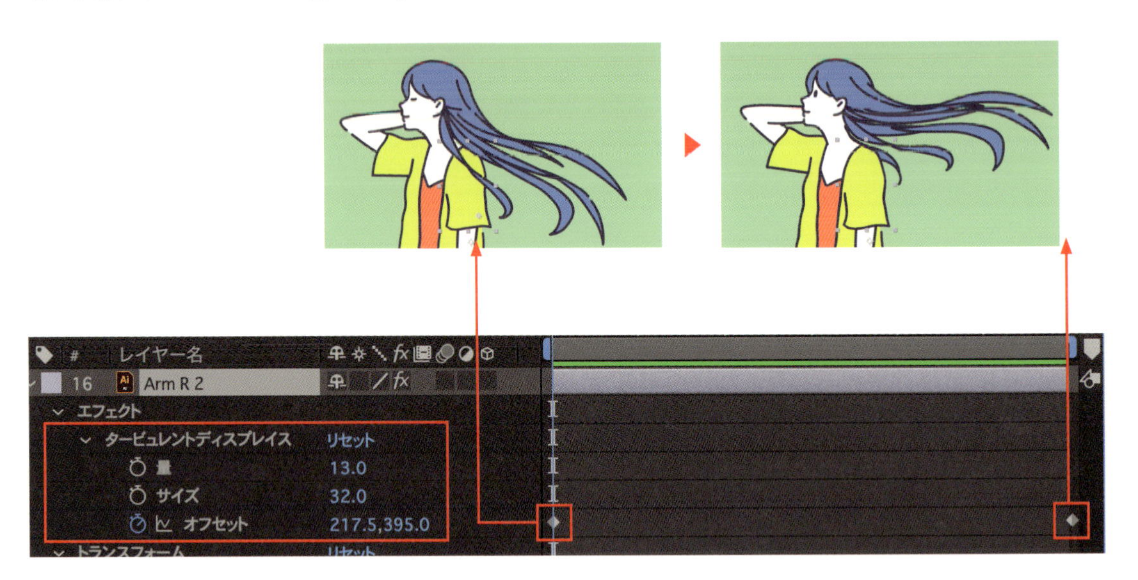

4 風のラインをアニメーションする

風のラインを「ペンツール」のパスで描きます。パスの始点から終点を、風の方向に合わせます。
描いたパスを「パスのトリミング」（P.175 ～ 176参照）でアニメーションして、風が流れる表現を作ります。タイミングを調整し、常に風が吹いている状態にします。
解説していない部分にも動きをつけています。サンプルデータをダウンロードして、実際に触ってみてください。

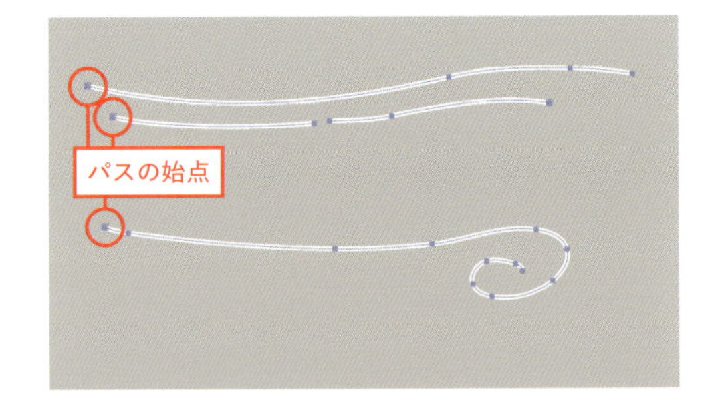

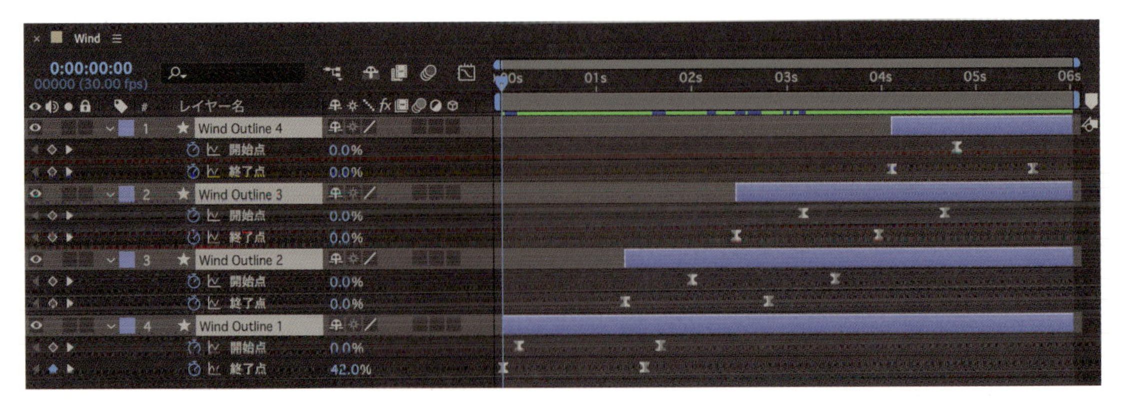

WHAT'S MORE

「AutoSway」、「PuppetHairFx」などのスクリプトを使うと、より効率的に揺れる効果をつけることができます。大量に動かすときは導入を検討するとよいでしょう。

骨格を自然に再現
関節アニメーション

キャラクターアニメーションの基本である関節アニメーション。手の骨格に沿って関節を親子付けすることで、リアルな動きを再現できます。

制作・文

minmooba

主な使用機能

親子付け ｜ 露光量 ｜ ブラー（ガウス）

1 アンカーポイントの調整

手の関節にレイヤーが分かれた画像ファイルをインポートした、「Hand」コンポジションを用意します。
「アンカーポイントツール」で、手指のパーツの［アンカーポイント］を各々の根元に調整します。

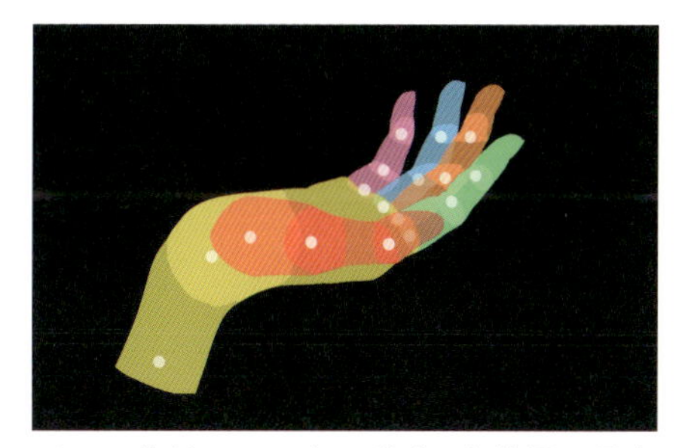
パーツ分け、アンカーポイント位置の目安

MEMO

アンカーポイントを支点に動くことを想定して配置しましょう。サンプルデータに「Hand design」という練習用コンポジションを入れています。

2 親子付け

先端（第1関節）から根元（第3関節）にかけて、関節でつながっているパーツを親子付け（P.267参照）していきます。

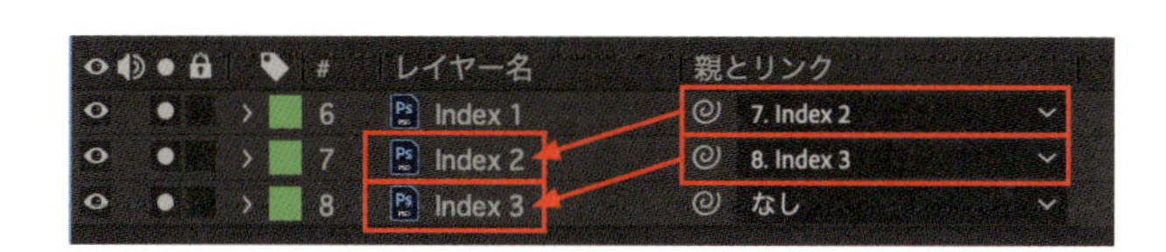

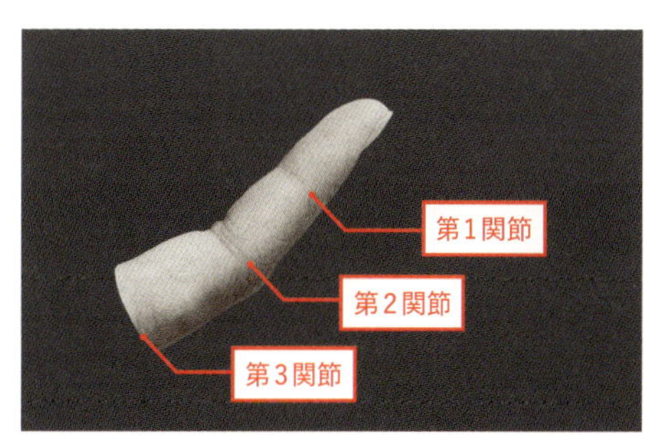

最後に各指の第3関節レイヤー「〜 3」を手のひら「Palm」に親子付けして設定完了です。

MEMO

子レイヤーは親レイヤーの位置やスケール、回転に連動します。

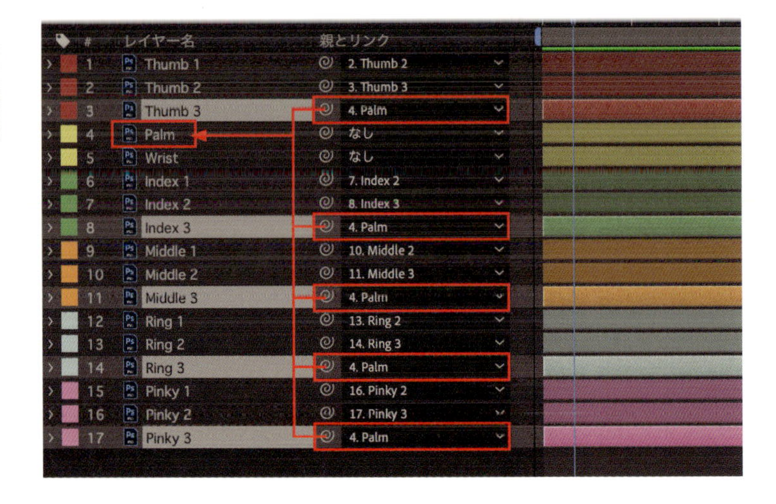

3 関節アニメーション

各関節に［回転］のキーフレームを打ち、［00:00］で閉じた手→［02:00］で開いた手→［04:00］で再び閉じた手になるように（［00:00］のキーをコピー）します。これで手のアニメーションができます。

コピー＆ペースト

タイムコード：00:00　02:00　04:00

MEMO

根元（親）から先端（子）の順に調整するとバランスが取りやすいです。

不自然な部分は適宜レイヤーマスクで調整し、マスクの境界をぼかして馴染ませます。

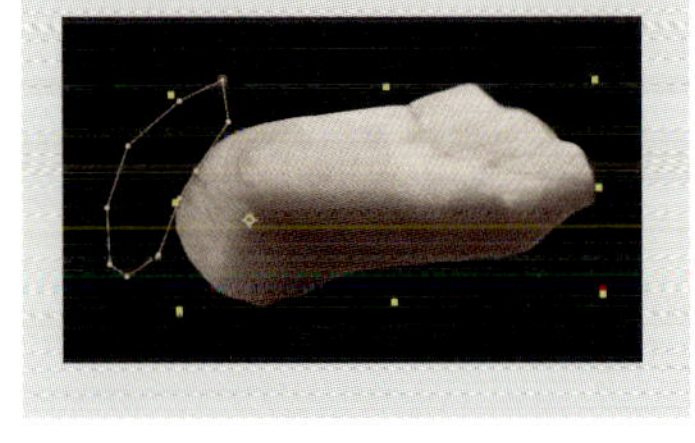

［00:00］

［02:00］

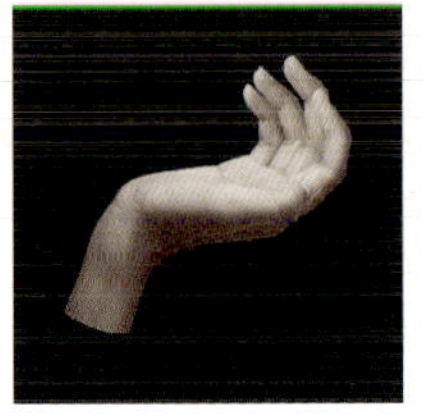

［04:00］

キーフレームを選択し F9 キーでイージーイーズをかけて、動きに加減速を加えて自然にします。アニメーションに不規則性を加えるため、キーフレームを数フレーム前後させます。これで、より有機的な印象になります。
全てのレイヤーを Ctrl（Macでは ⌘）+ Shift + C でプリコンポーズし、「Hand parts」と名付けます。

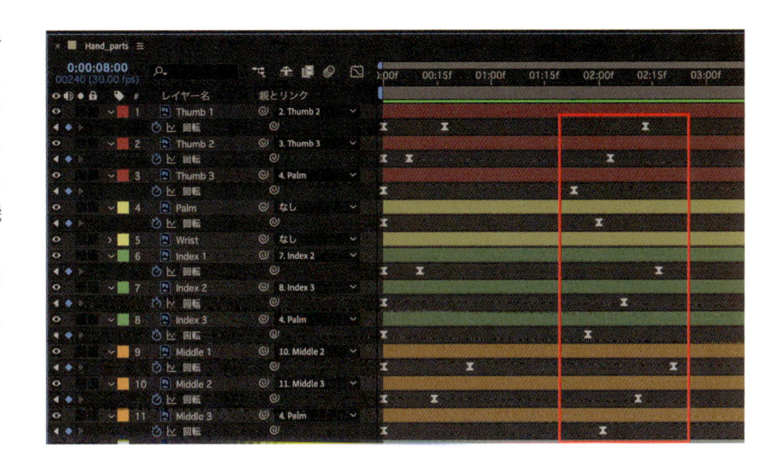

4 全体をヌルオブジェクトで制御

指の動きに合わせて手全体を上下させます。メニューバー"レイヤー"→"新規"→"ヌルオブジェクト"を作成し、名前を「Hand Null 1」に設定します。親子付けで「Hand parts」コンポジションレイヤーの親にします。「Hand Null 1」の位置にキーフレーム（1：手が開いたときに下、2:閉じたときに上、再び1)を3つ打ち、イージーイーズ（F9 キー）を適用します。
ループさせるため、［位置］のストップウォッチアイコンを Alt（option）キーを押しながらクリックし、右のエクスプレッションを入力します。

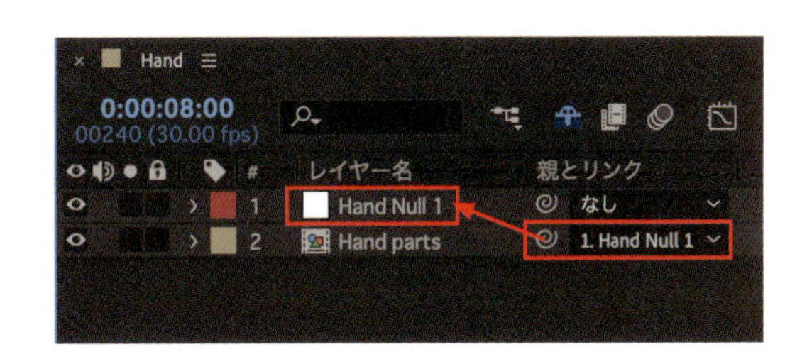

```
loopOut("cycle")
```

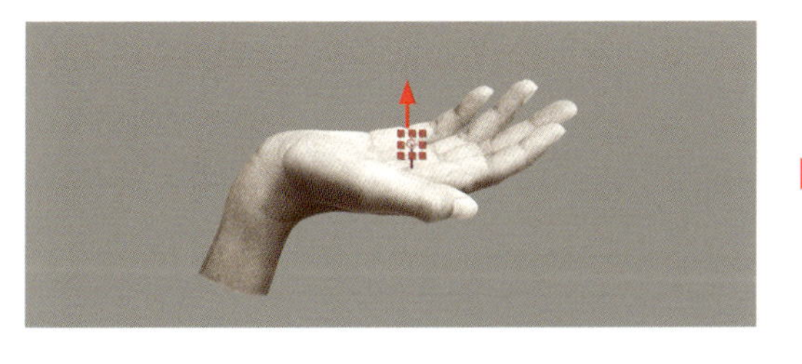

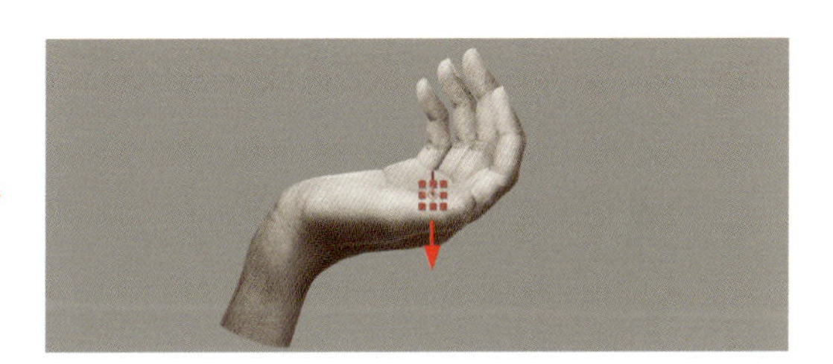

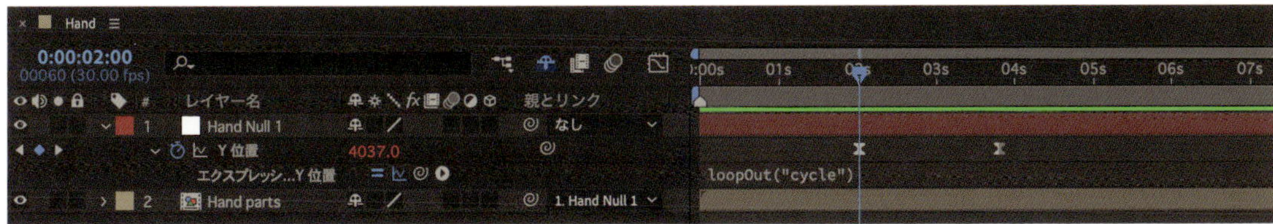

［位置］の1つめのキーフレームは［00:00］より前に隠れています。

5 手のひらに影を落とす

手のひらに落ちるカメラの影を作ります。「ペンツール」でシェイプレイヤー「Shadow」を作成し、「Hand Null 1」を親にして描画モードを「乗算」にします。

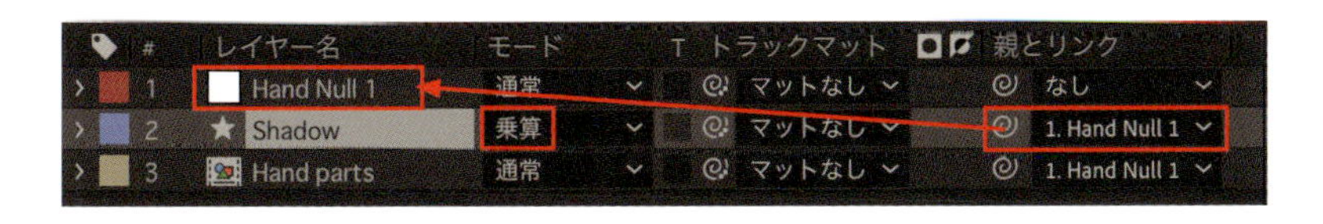

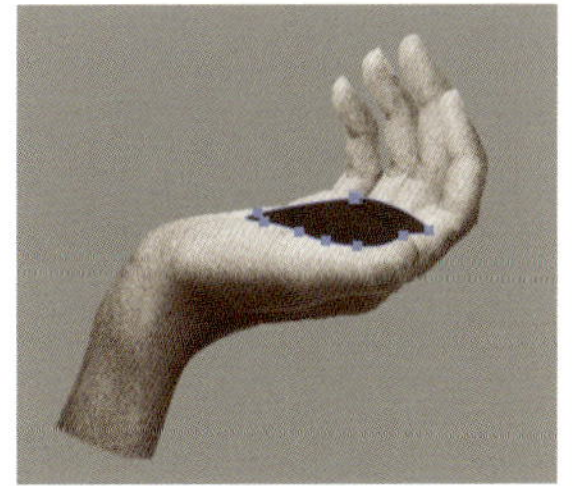

メニューバー“エフェクト”→“ブラー＆シャープ”→“ブラー（ガウス）”を適用し［ブラー:90～120］［エッジピクセルを繰り返す：オフ］に、メニューバー“エフェクト”→“ノイズ＆グレイン”→“ノイズ”を適用し［ノイズ量：100%］［ノイズの種類　カラーノイズを使用：オフ］に変更します。
シェイプの［パス］、［スケール］と［不透明度］にキーフレームを打ち、影を手の動きに連動させます。

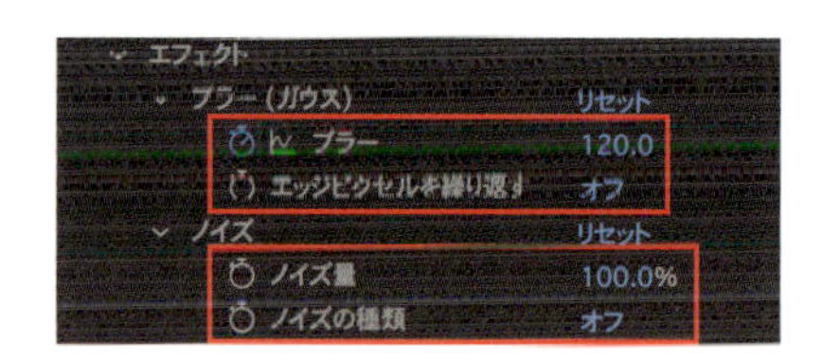

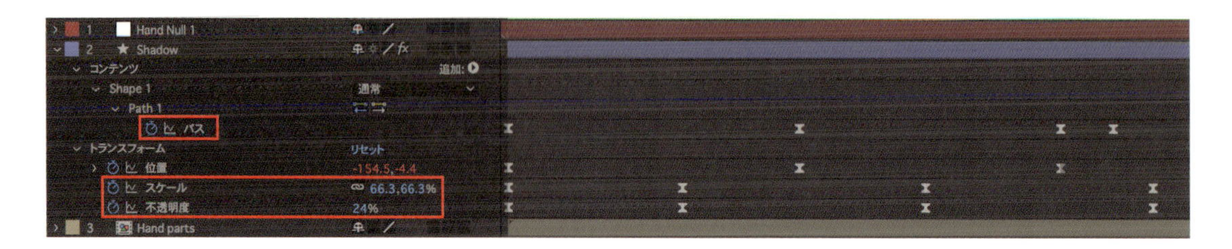

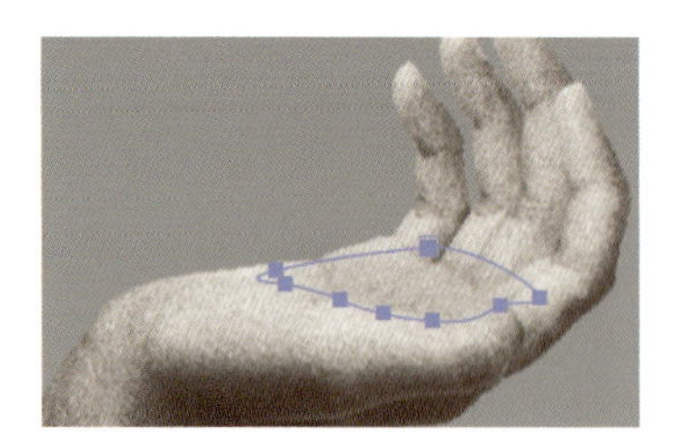

MEMO

影はAfter Effectsで作成するため、画像のザラザラしたテクスチャと同じ効果が得られる「ノイズ」エフェクトを使用します。

6 光の明暗をつける

Ctrl + Alt（⌘ + option）+ Y で調整レイヤー「Exposure」を作成し、手のレイヤーの前面に配置します。メニューバー“エフェクト”→“カラー補正”→“露光量”を適用し、手の動きに合わせて［露出］で明暗を調整します。

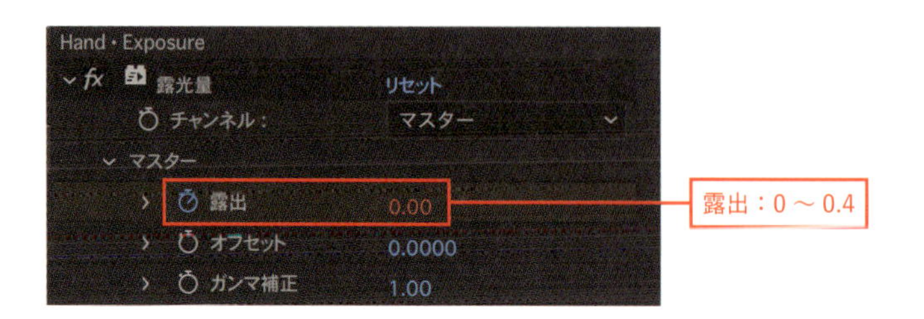

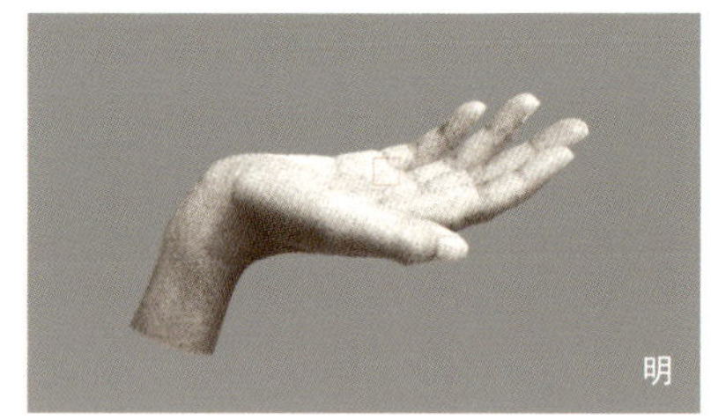

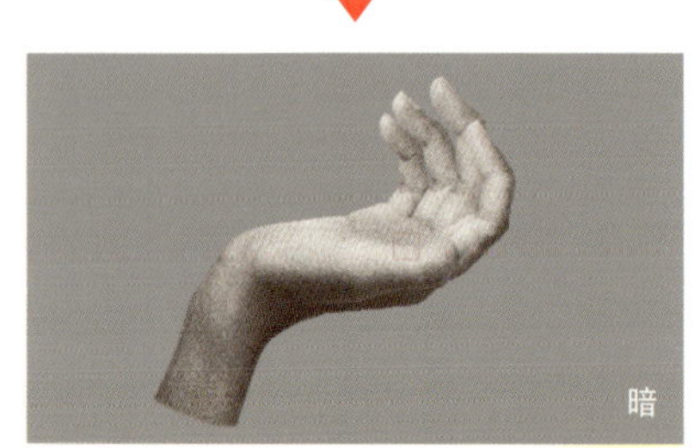

7 ループさせる

3のときと同様に、［00:00］のキーフレームを［04:00］にコピーします。これで完成です。サンプルデータは8秒で4秒のサイクルが2回ループしています。

MEMO

歩行などのより複雑な動きを再現するためには、リギング用の外部ツールが使われます。「Duik」、「RubberHose」、「Joysticks'n Sliders」などが代表的です。

Section 04

シームレスに形状変化
フェイスモーフ

動画で確認！

シェイプレイヤーで構成された3つの顔のデザインをパス編集でシームレスにモーフィングさせます。パスのアニメーションは非常に強力なツールです。この作例を通して使い方を学びましょう。

制作・文
minmooba

主な使用機能

シェイプレイヤー ｜ 停止したキーフレーム ｜ パスのトリミング ｜ パスのウィグル

Step 1 シェイプを配置する

サンプルデータのプロジェクトパネル内「Comps」→「Sub」ビンに、3つのデザインのコンポジションがあります。「Face 1 - O」(1つ目、丸)、「Face 2 - Q」(2つ目、四角)、「Face 3 - T」(3つ目、三角)の順番にモーフィングします。
各コンポジションのレイヤーをメインコンポジションに配置します。1秒かけてモーフする箇所で、レイヤーをオーバーラップさせます。

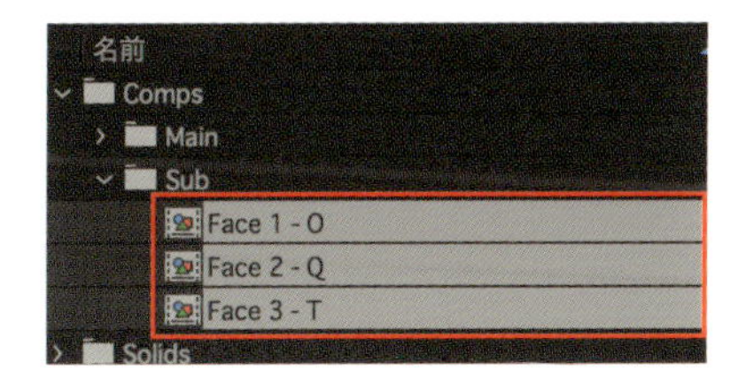

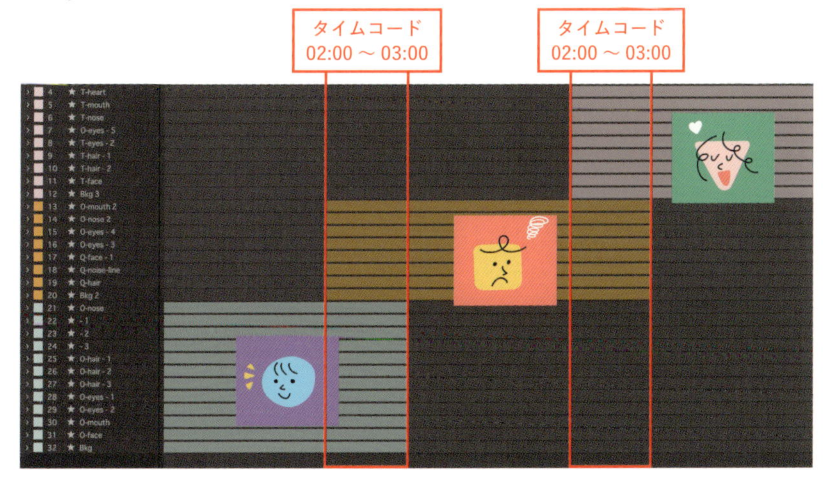

MEMO

デザインのコンポジションは、ガイドレイヤーとしても使用すると作業がしやすいです。ガイドレイヤー（P.58参照）は最終レンダリング時に自動的に非表示になります。

Step 2 パスアニメーション

次の作業に入る前に、まずメニューバー“編集”〔Macではメニューバー“After Effects”〕→“環境設定”を選択し「一般設定」の「マスク編集時に一定の頂点数とぼかしポイント数を保持」をオンにしてください。「ポイント数を保持」の設定をオンにすると、モーフ前と後のパスの頂点数を同じにする必要がありますが、アニメーションのコントロールがしやすくなります。

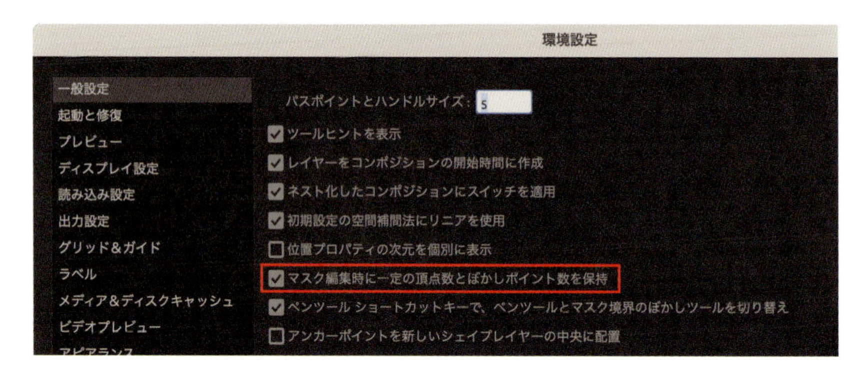

2-1 輪郭

1つ目（丸）のシェイプをベースにして作業します。
まず、[02:00]で1つ目（丸）の[パス]、塗りの[カラー]、[回転]にキーフレームを打ちます。

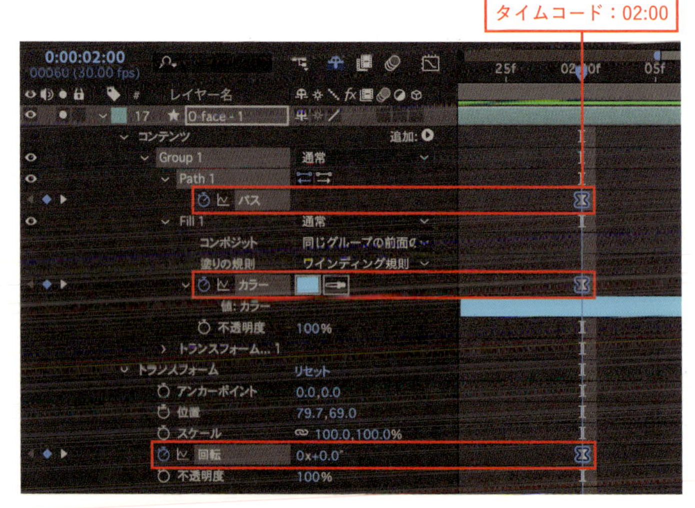

次に、2つ目（四角）の同パラメーターをコピーし、[03:00]で1つ目（丸）レイヤーにペーストします。

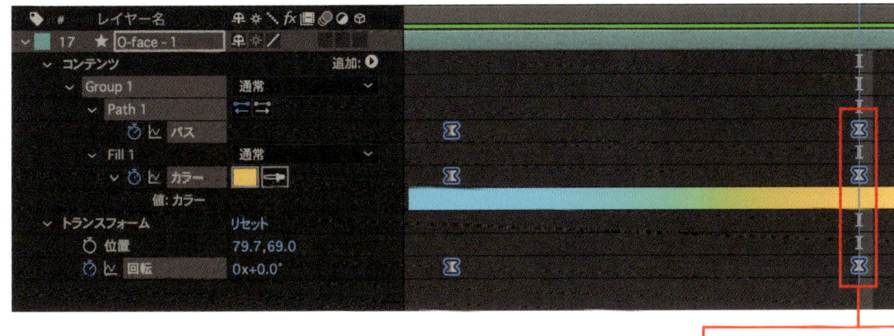

MEMO

特に記載がない限りキーフレームにはF9キーでイージーイーズをかけます。また、サンプルデータを参照していただくことを前提とし、細かい数値は省略します。

これで輪郭のモーフの完成です。これだけでは味気ないので、[回転：0°]、[180°]のキーフレームを[02:00]と[03:00]に打ち、逆回転のパスを設定します。

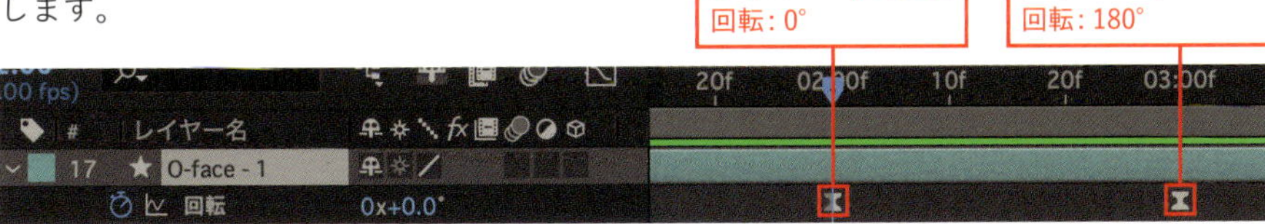

「選択ツール」で輪郭のレイヤーのパスをダブルクリックし、Shiftキーを押しながら回転アイコンをドラッグで-180°回転させます。位置は**Step 1**で設定したガイドに手動で合わせ、キーフレームを打ちます。これで回転しながらモーフする動きができます。
鼻、口と目の顔のパーツも輪郭と同様に、パラメータをコピーすることでモーフさせます。

MEMO

パスのアニメーションがうまくいかない場合は、変形前と後のパスの頂点数や開始点が一致しているか確認してください。
パスの開始点の変更は、頂点を選択して、メニューバー"レイヤー"→"マスクとシェイプのパス"→"最初の頂点を設定"で行います。
パスの反転はレイヤーパネル下の図のアイコンでできます。

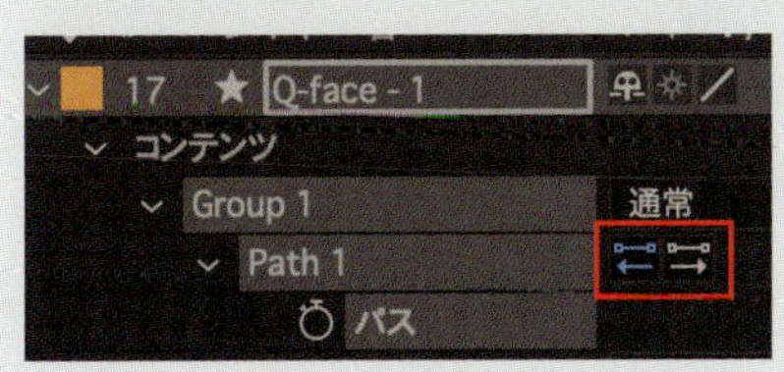

2-2 管理ヌルオブジェクト

メニューバー“レイヤー”→“新規”→“ヌルオブジェクト”を選択してヌルオブジェクトを作成し、任意の名前（例：「face-C」）を付けます。それを顔の中心に配置し、ピックウィップで輪郭レイヤー、髪の毛、目、鼻、口のパーツの親に設定します（P.267参照）。

これで1つ目（丸）の顔全体の動きの管理ができます。また、3種の顔それぞれのヌルすべてを「ALL」というヌルの子レイヤーにしてすべての管理をできるようにし、更にそれを「bounce」という上下移動し続けるヌルの子にしています。

MEMO

ヌルオブジェクトの役割はひとつに絞り、わかりやすい名前をつけると管理がしやすいです。

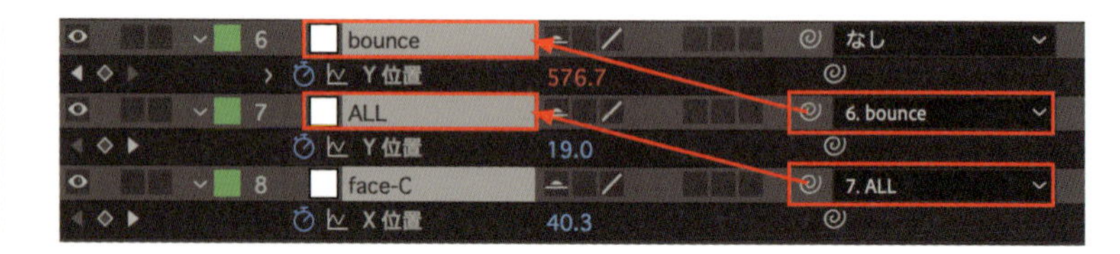

2-3 髪の毛

3つ目（三角）の画面右の髪の毛の部分を1つ目、2つ目にも流用します。「アンカーポイントツール」でアンカーポイントを髪の毛の上の先端にします。

シェイプレイヤーのコンテンツ右側の追加▶から“パスのトリミング”を追加し、［06:00］で［パス］、パスのトリミング［開始点］［終了点］［位置］［回転］にキーフレームを打ちます。

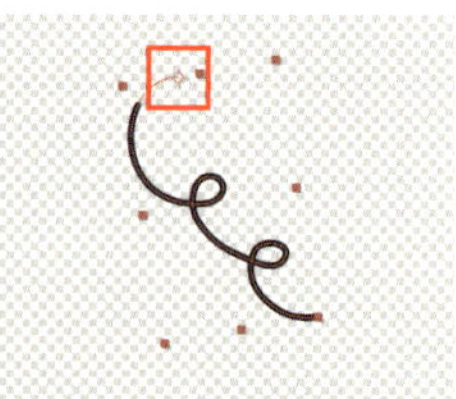

タイムコード：06:00

このパスには11頂点あり、モーフする形状に応じてパスの編集とトリミングで、同じレイヤーで違った形状を表現します。

[位置]や[回転]、パスの編集とトリミングの[開始点]と[終了点]を調整し、Step 1で設定したガイドの画に合うように調整します。

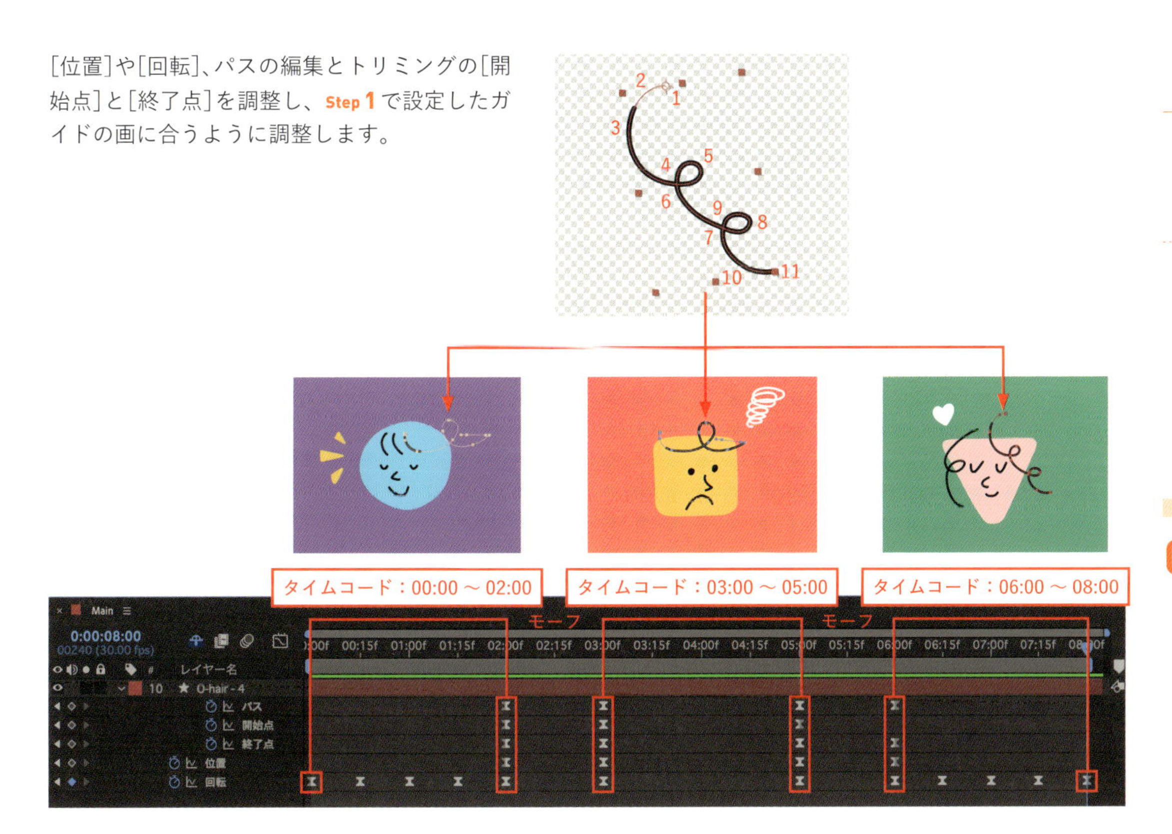

Step 3 アテンションマーク

1つ目（丸）のマークは[パス]と[位置]に停止したキーフレームでパカパカした動きをつけます。キーフレームを選択し、右クリックして"停止したキーフレームの切り替え"に切り替えます。

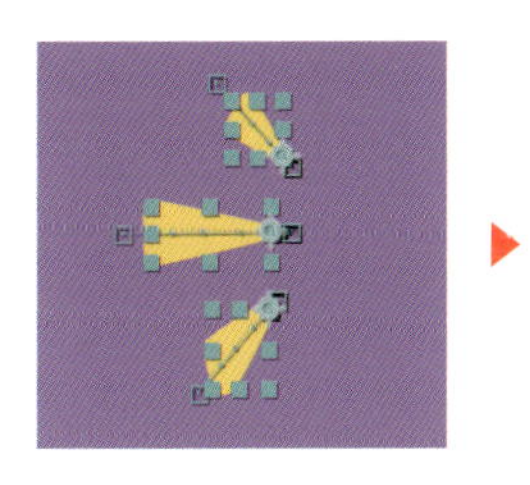

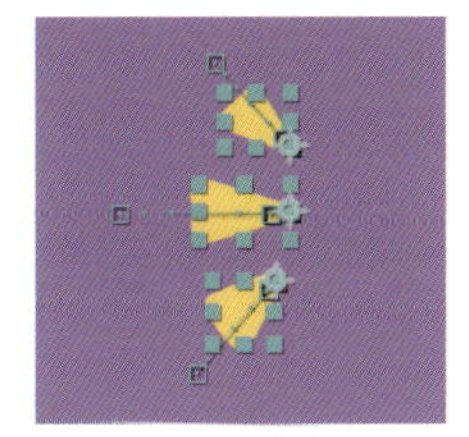

2つ目（四角）のマークは2つの「パスのトリミング」（P.175～176参照）でインとアウトをし、シェイプレイヤーの▶から"パスのウィグル"を適用し動かします。
また、エフェクト「ポスタリゼーション時間」（P.52参照）を適用してコマ落ちさせています。
解説していない部分にも動きをつけています。サンプルデータをダウンロードして、実際に触ってみてください。

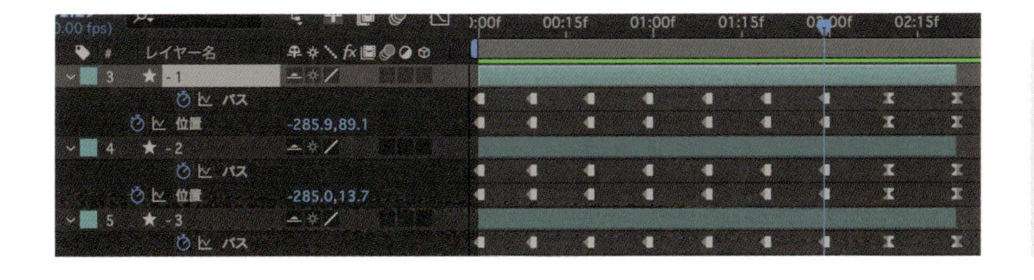

MEMO

マークはメインの素早い動きの際に出現させるので、唐突な出方でも自然に見えます。

Section

05 アニメーションで命を宿す キャラクタージャンプ

キャラクターがジャンプするアニメーションです。一見シンプルに見えますが、予備動作やジャンプのタイミングの緩急など、キャラクターアニメーションに関する重要なテクニックが詰まっています。

制作・文
minmooba

主な使用機能

シェイプレイヤー ｜ 親子付け ｜ ガイドレイヤー

Step 1 ガイドレイヤー設定

サンプルデータのプロジェクトパネル内「Comps」→「Sub」ビンに、3つのコンポジションがあります。「1：通常（1 Normal）」、「2：予備動作（2 Squat）」、「3：ジャンプ（3 Jump）」のポーズです。

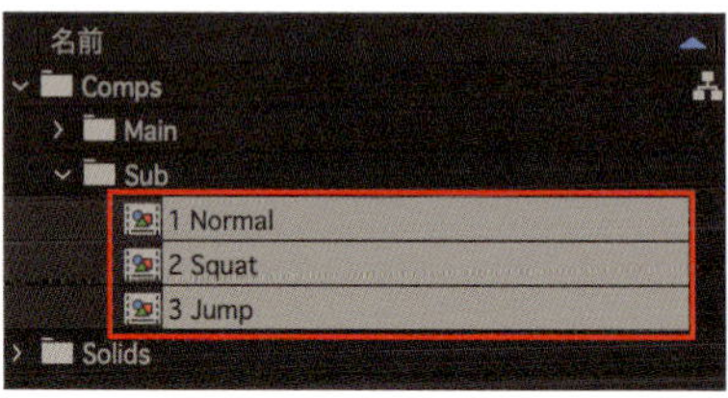

1：通常

「1：通常」ポーズをベースにアニメーションをつけていくので、このコンポジションにあるレイヤーをすべてメインコンポジションにコピー＆ペーストするか、コンポジションを複製してメインにします。

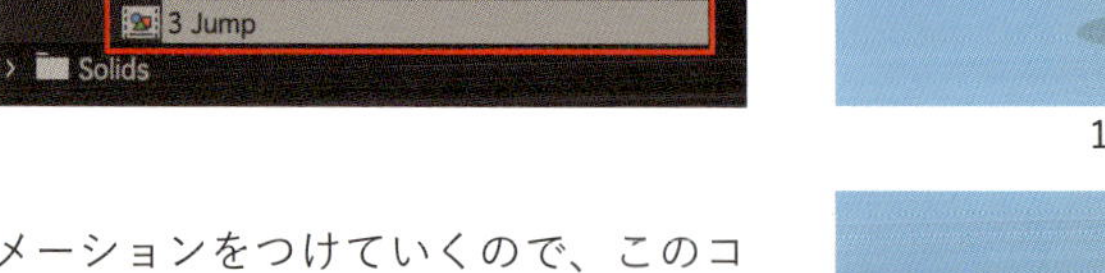

2：予備動作

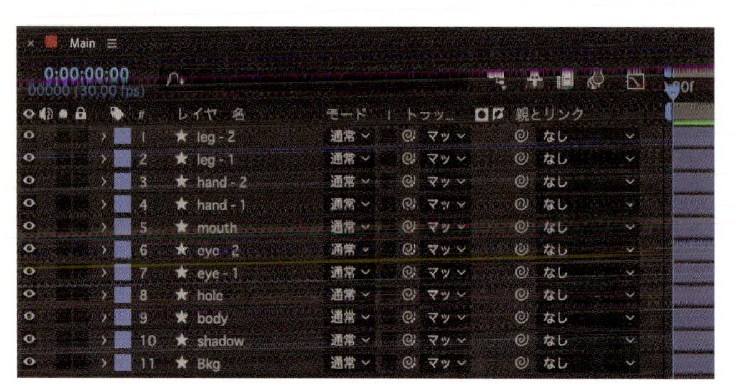

3：ジャンプ

「2：予備動作」と「3：ジャンプ」のコンポジションは背景レイヤーを非表示にし、メインコンポジションにレイヤーとして読み込みます。
両レイヤーを選択した状態で右クリックして、“ガイドレイヤー”に設定します。見やすいように、メニューバー“エフェクト”→“描画”→“塗り”を適用し、トランスフォーム[不透明度：50%]に下げます。

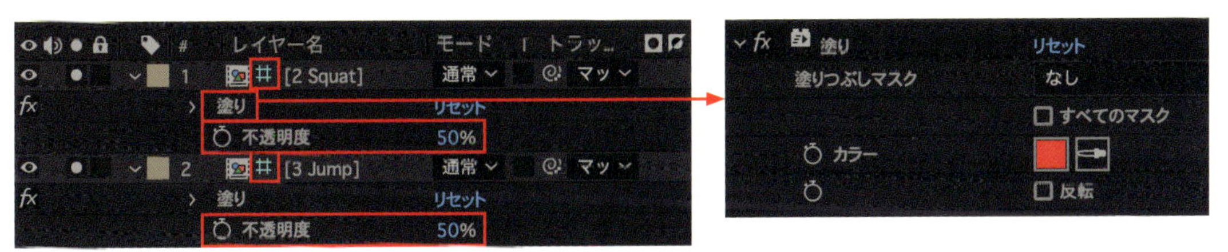

MEMO
ガイドレイヤーに設定すると最終レンダリングの際に自動的に非表示になります。

Step 2 パーツの親子付け

キャラクターの体のパーツを親子付け（P.267参照）していきます。足「leg - 1 ～ 2」、腕「hand - 1 ～ 2」、穴「hole」レイヤーのピックウィップを引っ張り、体「body」の子にします。メニューバー“レイヤー”→“新規”→“ヌルオブジェクト”を選択してレイヤーを作成し、名前を「face」にします。それを顔のパーツ「mouth」、「eye - 1 ～ 2」の親にします。

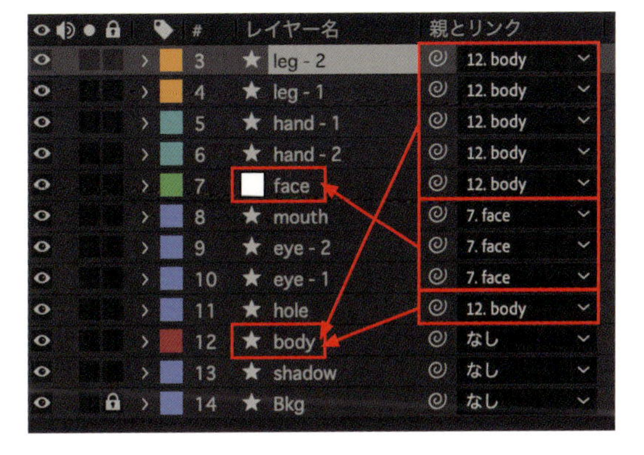

Step 3 ガイドに合わせアニメーション

3-1 予備動作ポーズ

[00:00]で各シェイプレイヤーの[パス]、[位置]と[回転]にキーフレームを打ち、[00:10]でガイドの予備動作(しゃがむ)ポーズになるよう調整します。影「shadow」レイヤーにも動きをつけます。

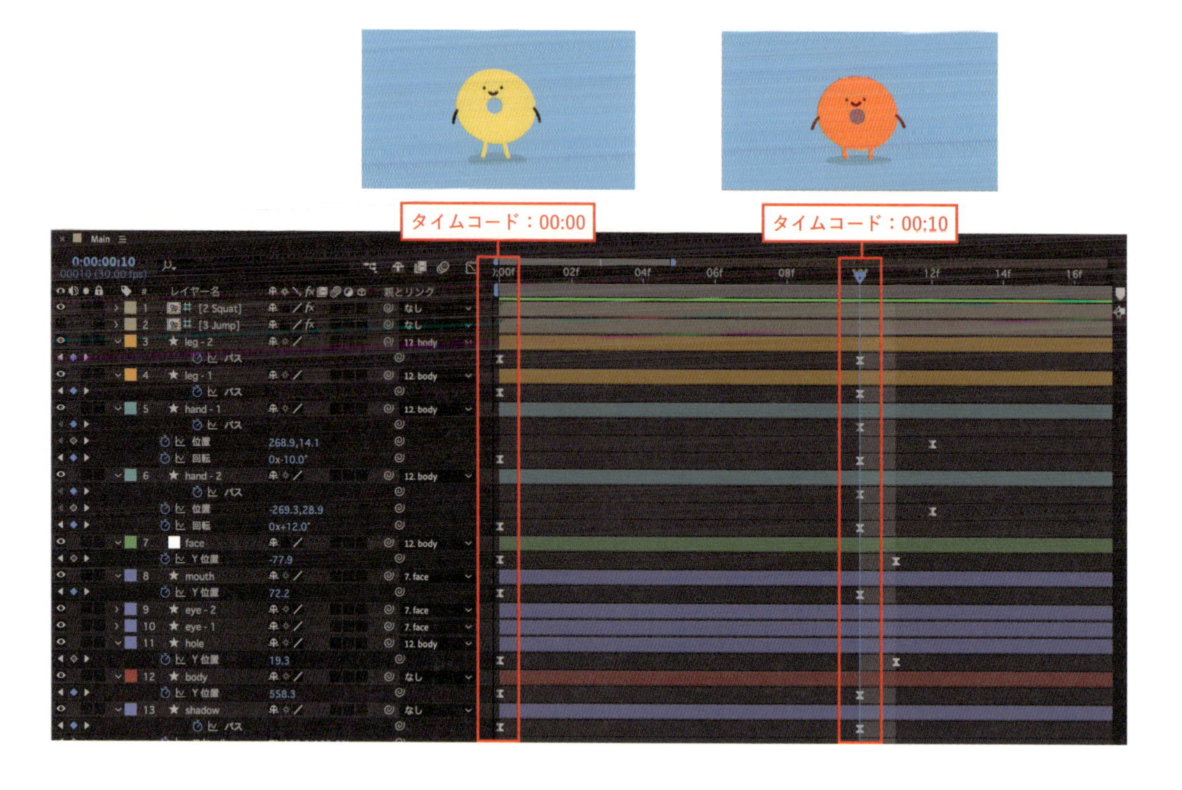

3-2 ジャンプポーズ

同様に、[00:20] でガイドのジャンプのポーズになるように調整します。

MEMO

特に記載がない限りキーフレームには F9 キーでイージーイーズをかけます。また、サンプルデータを参照していただくことを前提とし、細かい数値は省略します。

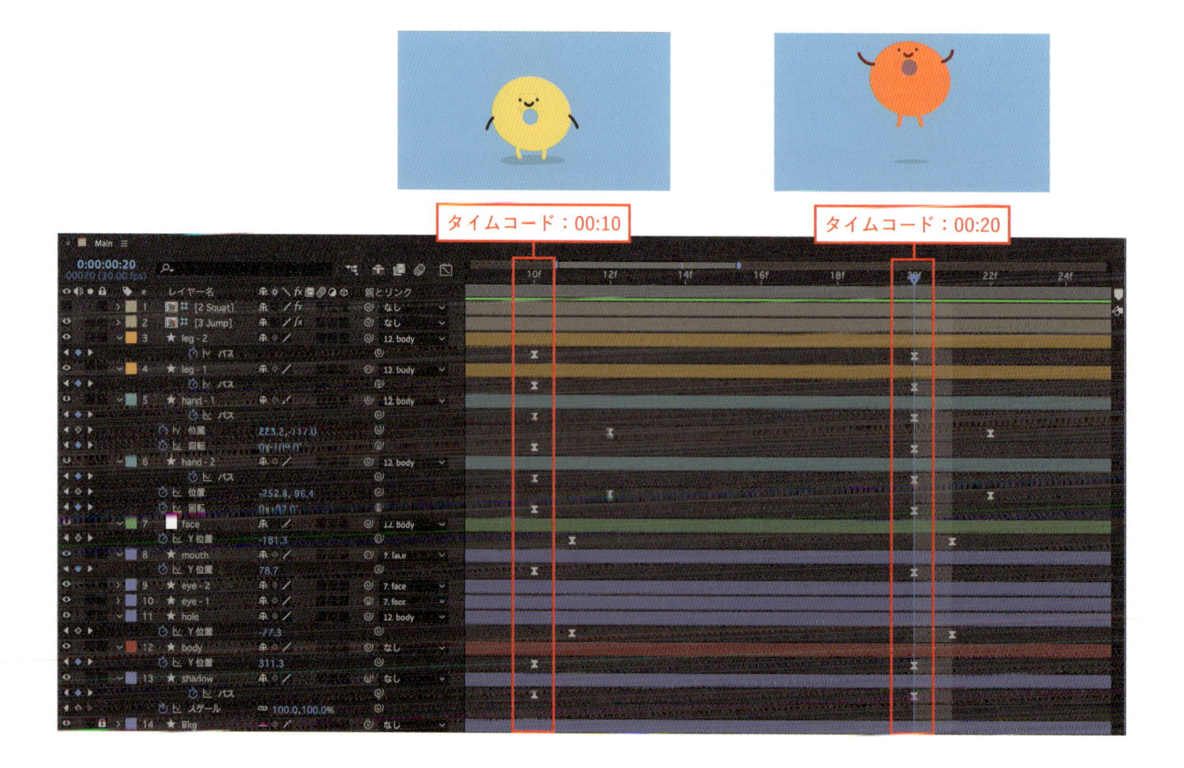

MEMO

顔パーツのヌルオブジェクト「face」と穴「hole」、腕「hand -1～2」の［回転］は、少し中心から離れているためタイミングを遅らせています。まずは同じタイミングでキーフレームを打ち、後ほど調整するのがオススメです。

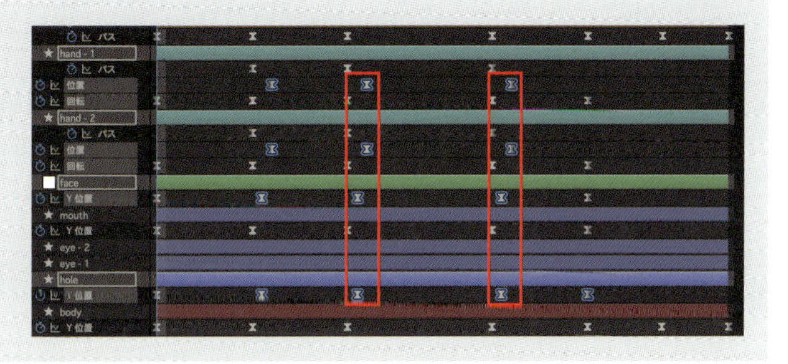

Step 4 着地

通常→予備動作→ジャンプの動きができたので、打ったキーフレームを反転して着地させます。［00:10］（予備動作）のキーフレームを［01:05］地点に、［00:00］（通常状態）のポーズを［01:15］地点にコピー＆ペーストします。これでジャンプから着地の動きが完成します。

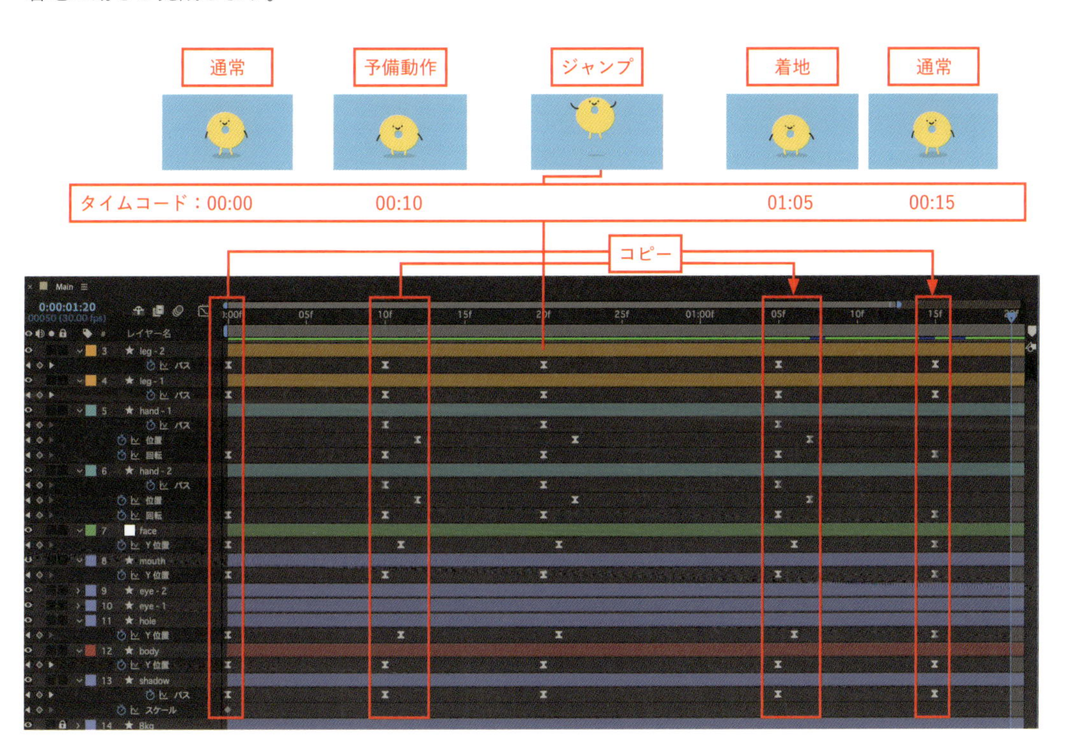

Step 5 仕上げ

仕上げに余韻の動きをつけます。[01:15] ～ [01:23] ～ [02:00] にかけて、着地した反動で体が若干沈む動きをつけます。各レイヤーの [Y位置]、[回転]、シェイプの [パス] にキーフレームを打ちます（詳しい数値はサンプルデータをご確認ください。）。
小さい動きですが、このような作業の積み重ねでアニメーションの完成度が変わります。細部まで気を使いましょう。

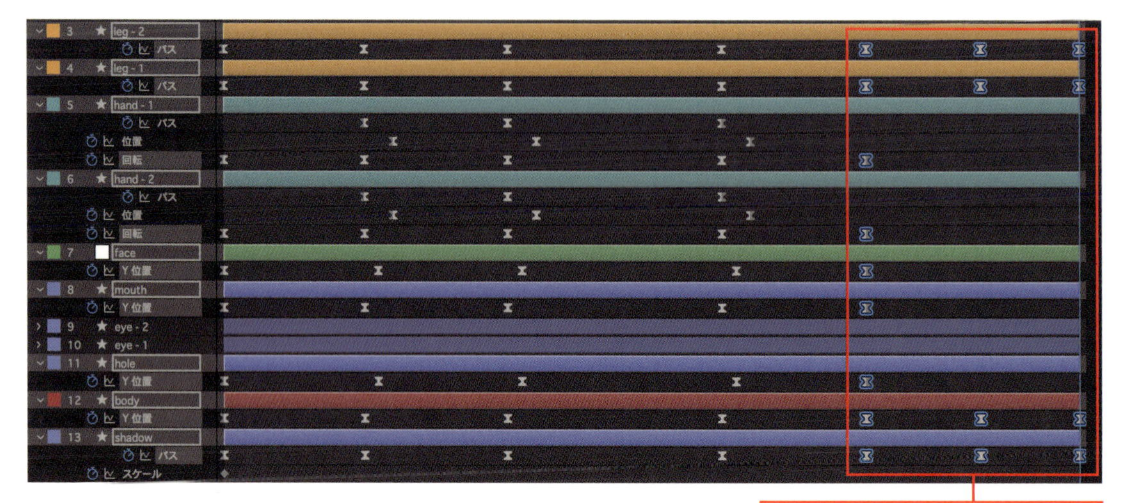

タイムコード：01:15 ～ 01:23 ～ 02:00

WHAT'S MORE

アニメーションの12の基本原則

今回紹介している予備動作は「アニメーションの12の基本原則」のひとつとして知られており、多くのアニメーションに影響を与えています。興味がある方は他の原則も調べてみると良いでしょう。

Chapter 4

シーン切り替えモーションのアイデア

Section

01 スライドショーのアクセントに！ タイルトランジション

動画で確認！

イラストや写真で構成されたスライドショームービーや、インフォグラフィックスに向いているトランジションです。アニメーションの方向や角度を変えることで、様々なバリエーションを増やすことが可能です。

制作・文
ナカドウガ

主な使用機能

トラックマット ｜ ポスタリゼーション時間

1 長方形を作成する

新規コンポジションに平面レイヤーを作成（Ctrl〔Macでは⌘〕+Y）し、レイヤー名「Base」、［塗り：白（#F2F2F2）］として背景を作ります。
続いて、長方形ツールに切り替え、ドラッグでコンポジションサイズよりもやや大きめの長方形（［塗り：オレンジ（#F24822）］［線：黒（#322D2D）、10px］）を作ります。

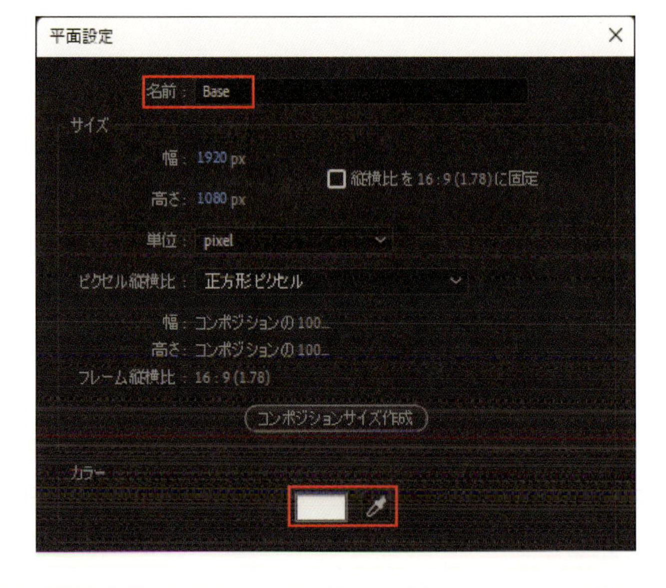

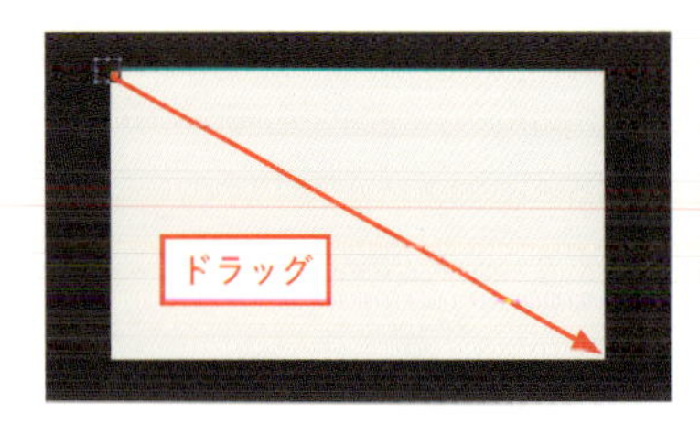

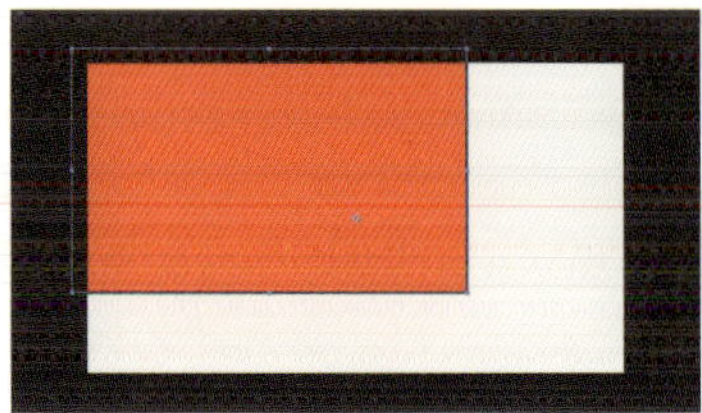

作成したシェイプレイヤーの[コンテンツ＞長方形]を展開し、「長方形パス 1」の項目を選択した状態で右クリックして、“ベジェパスに変換”で各頂点を個別に動かせるようにしておきます。

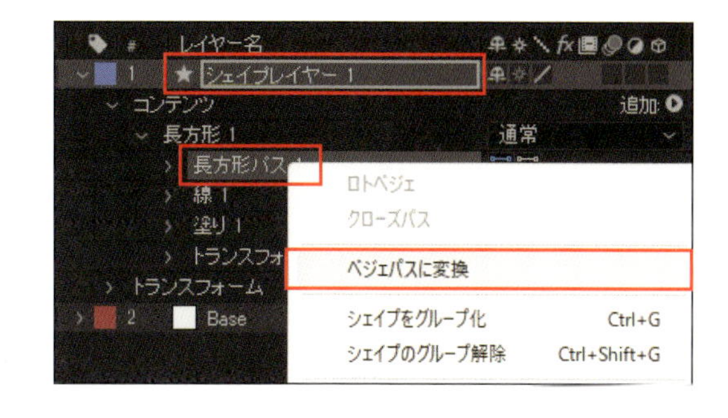

MEMO

ベジェパスに変換しないと、頂点を個別に動かすことができません。自由度のあるアニメーションをつけるためにあらかじめ切り替えておきましょう。

2 丸オブジェクトを作成する

次に、コンポジションの右側から左側に向けて伸びていくパスアニメーションを作ります。

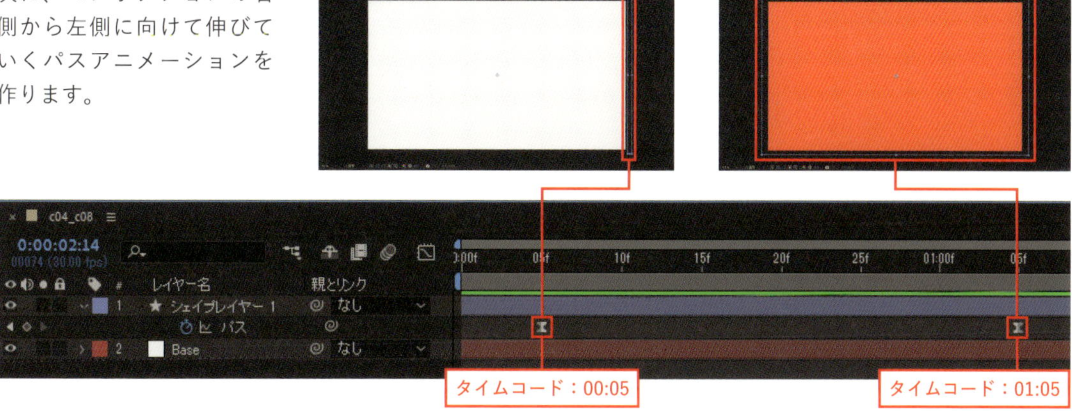

このレイヤーの名前を「T01_Orange」としておきます。この作例では似た役割のレイヤーを重ねることになりますので、レイヤーへの命名はしっかりしておきましょう。ラベルカラーも「イエロー」に変更しておきます。
次に、円形ツールに切り替え、「丸オブジェクト」を作りましょう。メニューバー“レイヤー”→“トランスフォーム”→“中央に配置”でコンポジションの中央に配置します。このレイヤー名は「C00_White」に変更しておきます。

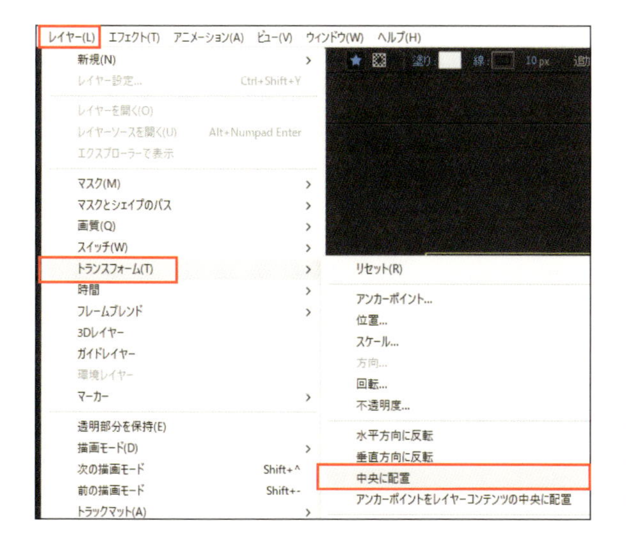

サイズは「コンテンツ＞楕円形 1＞楕円形パス 1」から［サイズ：600］としておきます（[塗り：白(#F2F2F2)]［線　カラー：黒(#322D2D)、太さ：10px]）。

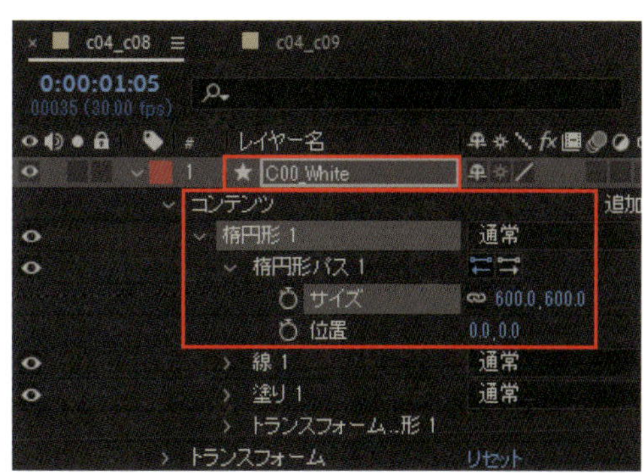

さらに、「C00_White」を1つ複製し、レイヤー名を「C01_Yellow」とします。

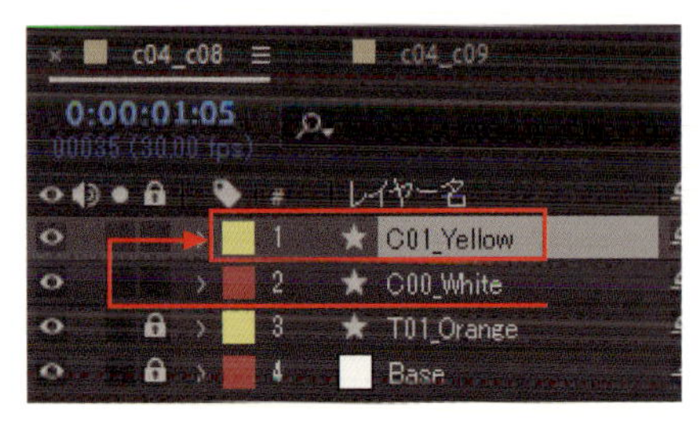

複製してリネーム

こちらも同様に、サイズを[サイズ：1500]に変更します([塗り：黄色(#F2D43D)][線カラー：黒(#322D2D)、太さ：10px])。

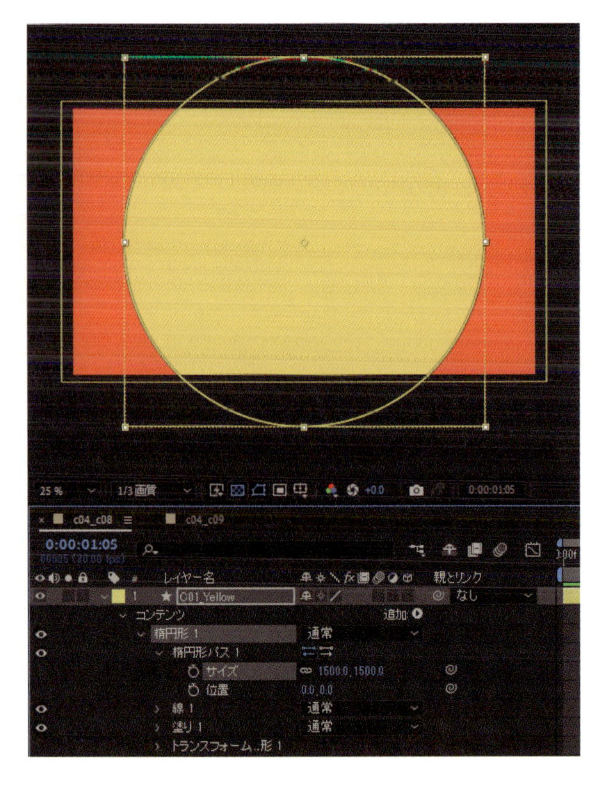

❸ トラックマットを設定する

この2つのレイヤーを「T01_Orange」のアニメーションに影響するよう、「トラックマット」を設定します。
コンポジションのトラックマットの参照先を「T01_Orange」にします。

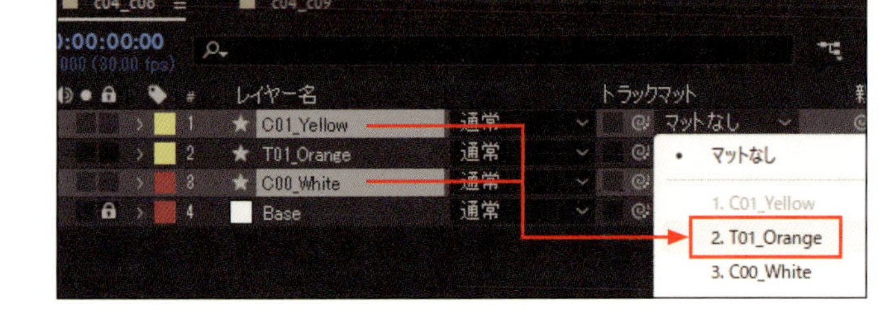

「C00_White」の方は[マット反転]を[オン]にし、このレイヤーはアニメーションとともに消えるようにします。また、自動的に非表示になった「T01_Orange」を表示しておきます。
この時点で、オレンジ色のシェイプとともに「黄色の丸オブジェクト」が出現し、同時に「白丸オブジェクト」が消えるようにアニメーションができていればOKです。

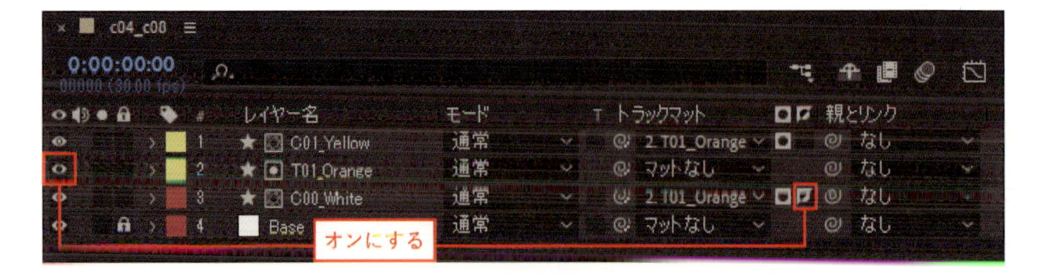

「C01_Yellow」と「T01_Orange」を1セットとして捉え、残りのトランジションアニメーションを作っていきます。レイヤー名には対になるよう番号を割り振ると整理しやすくなります。また、ラベルカラーで分類するのも効果的です。

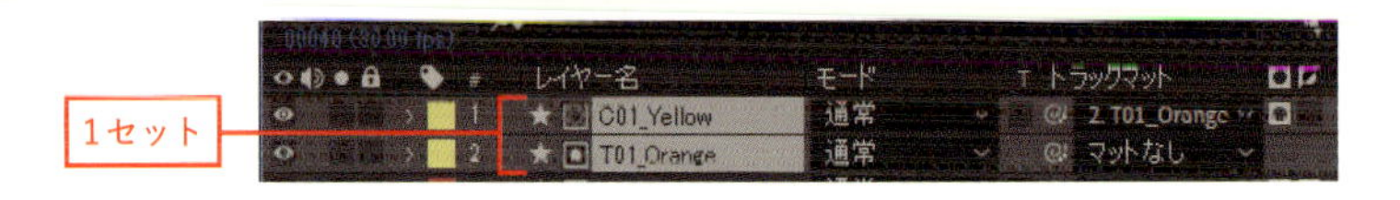

さらに「C01_Yellow」と「T01_Orange」の2つのレイヤーをCtrl〔⌘〕+Dで複製して、レイヤーを最前面に上げましょう。そして、レイヤー名などをそれぞれを次のように変更してください。

● トランジション
レイヤー名：「T_02_Yellow」
［塗り：黄色(#F2D43D)］
［ラベルカラー：シーフォーム］

● 丸オブジェクト
レイヤー名：「C02_LightGreen」
［塗り：薄緑(#CFD982)］
［サイズ：800］
［位置：1500, 580］
［ラベルカラー：シーフォーム］

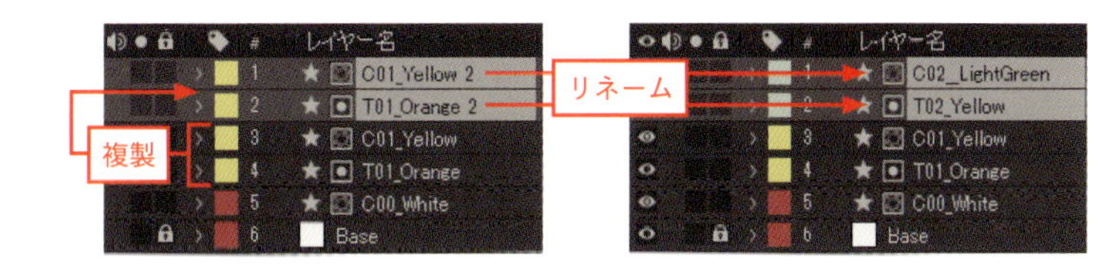

そして「C02_LightGreen」のトラックマット参照先を「T02_Yellow」に入れ替えます。少々ややこしいですが、常に対となる番号の「トランジション」と「丸オブジェクト」のトラックマットを連結するようにしてください。

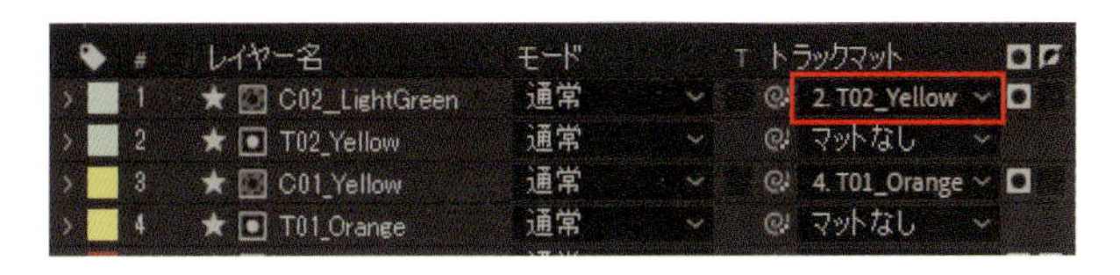

さらに、「T02_Yellow」のキーフレームも5フレーム後ろに移動させ、トランジションの出現にタイムラグを作ります。

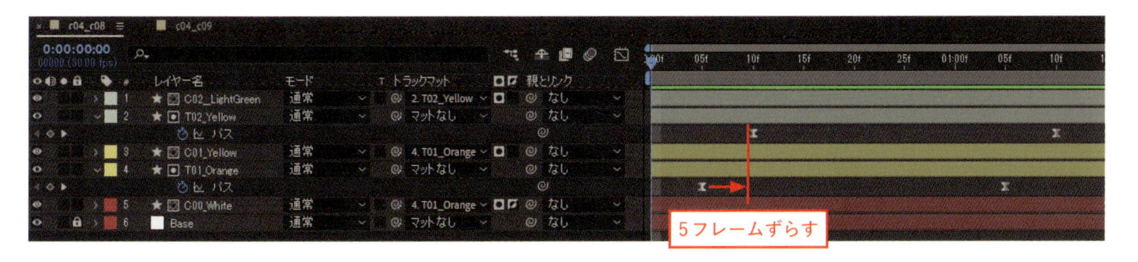

このように「C00_～」と「T00_～」レイヤーをさらに3セット複製し、アニメーションの開始を5フレーム間隔で後ろにずらしましょう。下図のように5個のセットが出来上がる形です。

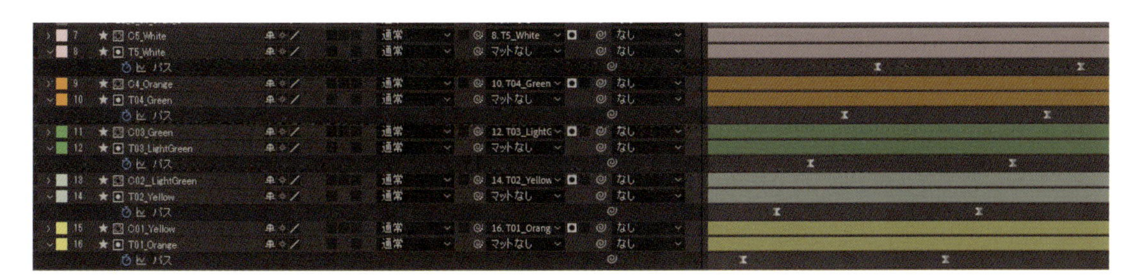

さらに「丸オブジェクト」の大きさや位置、それぞれの色を変更しながらバリエーションを増やしていきます。トラックマットの参照先も忘れずに変更してください。

	サイズ
C5_White	600,600
C4_Orange	800,800
C03_Green	800,800
C02_LightGreen	800,800
C01_Yellow	1500,1500

4 アニメーションを付ける

各パーツが出来上がったら、各「丸オブジェクト」にアニメーションを付けていきます。

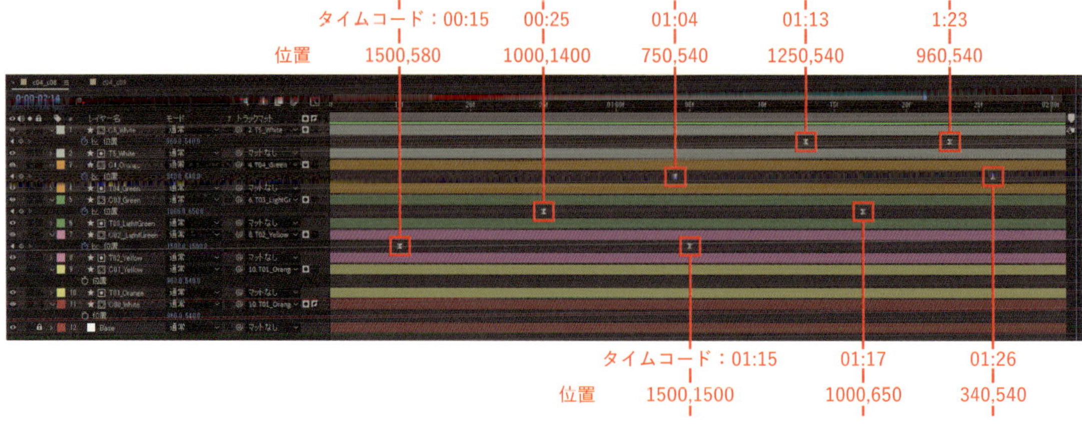

現状では「トランジション」と「丸オブジェクト」が重なる部分が、ところどころ不自然に途切れてしまっています。解消するため各レイヤーの境界線を整えましょう。

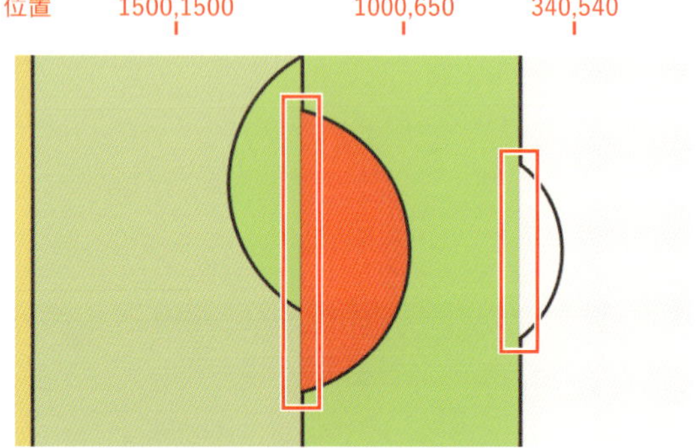

「T00_～」レイヤーをすべて複製し、コンポジションの最前面に移動させます。全レイヤーの[塗り]を「なし」にして線だけにします。これで境界線部分の違和感を解消できました。
最後に仕上げとしてエフェクト「ポスタリゼーション時間」を適用し、フレーム数を「10」にしてコミカルな雰囲気にすれば完成です。

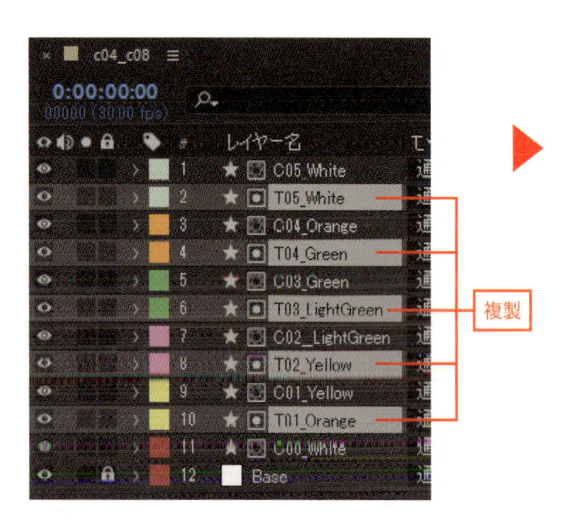

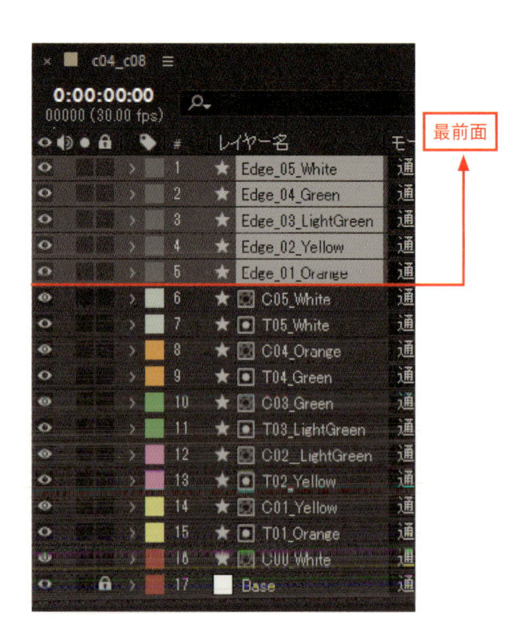

MEMO

トランジションアニメーションを変更した場合は、境界線レイヤーを一旦破棄して、アニメーションを変更後に再複製して作り直すと、手間を最小限に抑えられます。

Section

02 シュッと切り替え ななめトランジション

動画で確認!

シェイプレイヤーを使用してシンプルな機能のみでトランジションを作成します。リズムとテンポのあるシェイプの動きで、特別なエフェクトを使わずに楽しく映像を切り替えます。

制作・文

minmooba

主な使用機能

シェイプレイヤー

1 シェイプパーツを作る

Ctrl〔Macでは⌘〕+Nで新規コンポジション「shape」を作成し、[幅：3000px]［高さ：2400px]とします。
次に、数種類のシェイプを作成します。作例の場合は、次のシェイプを作成しました。

「角丸長方形ツール」で線を27個
「楕円形ツール」で円を6個
「多角形ツール」で三角形を1個、四角形を2個

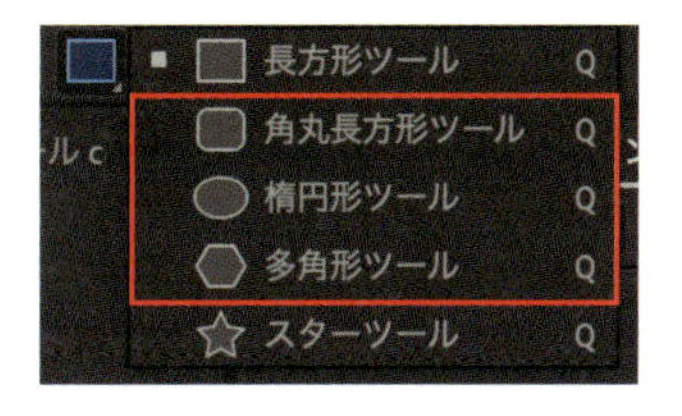

「多角形ツール」でシェイプを作成する際は、ドラッグしながらキーボードの上下キー（矢印）を押すことで、多角形パスの頂点数を変更できます。また、シェイプレイヤーの「多角形パス」を展開して[頂点の数]からも変更可能です。

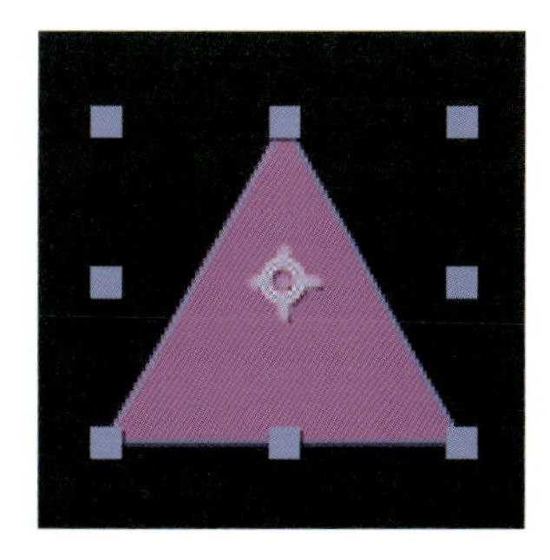

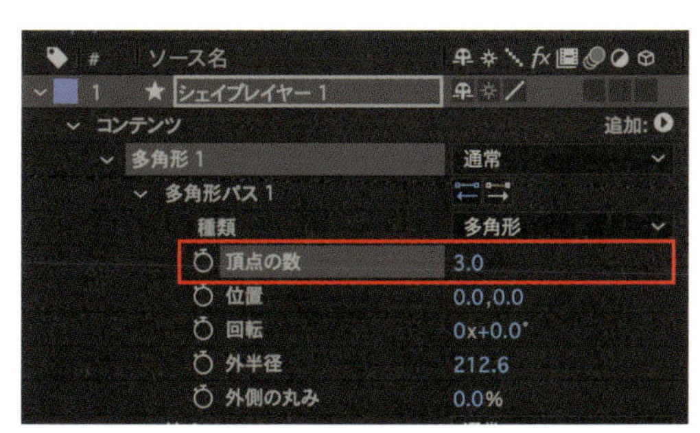

作例の主な使用カラーは次のとおりです。

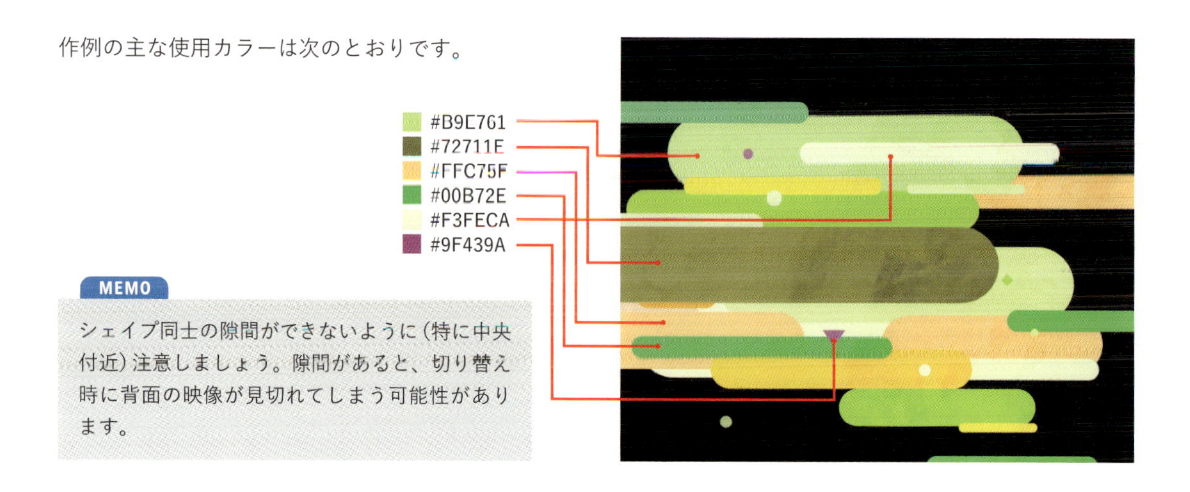

MEMO

シェイプ同士の隙間ができないように（特に中央付近）注意しましょう。隙間があると、切り替え時に背面の映像が見切れてしまう可能性があります。

2 モーションをつける

シェイプに画面外左から右へ移動する動きをつけます。［位置］にキーフレームを2つ打ち、画面外左から右側に移動する動きを作ります。画面を覆う中間部分にもキーフレームを追加し、合計3つにします。

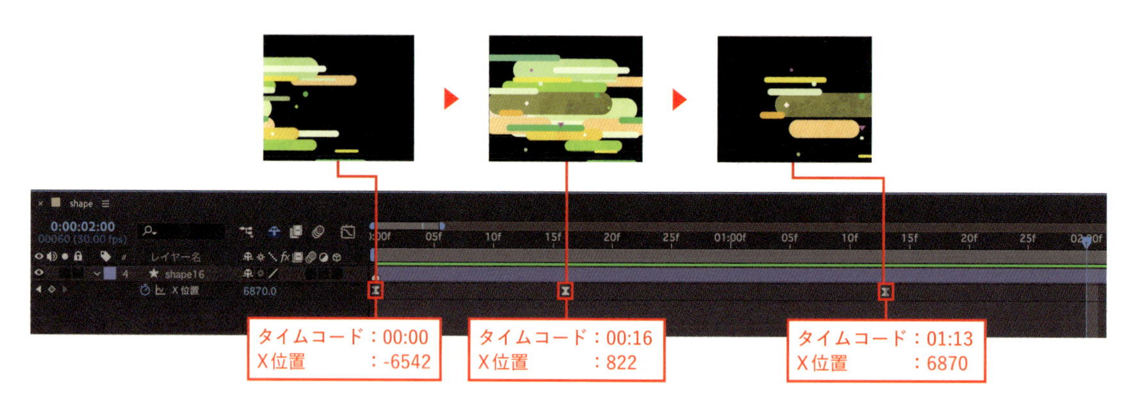

ゆっくりから徐々に加速し、中間で再度減速し、最後にまた加速する動きを作ります。キーフレームをすべて選択し、F9キーでイージーイーズを適用します。その後、キーフレームをひとつずつ選択し、Ctrl（⌘）＋Shift＋Kで「キーフレーム速度」ダイアログを開き、［入る速度　影響：93%］と［出る速度　影響：92%］として緩急をつけます。

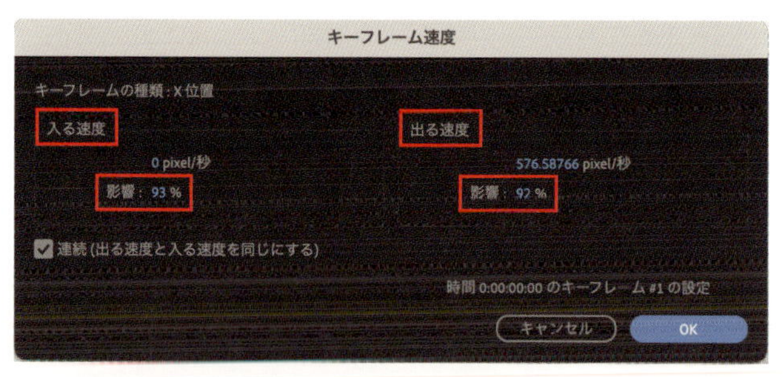

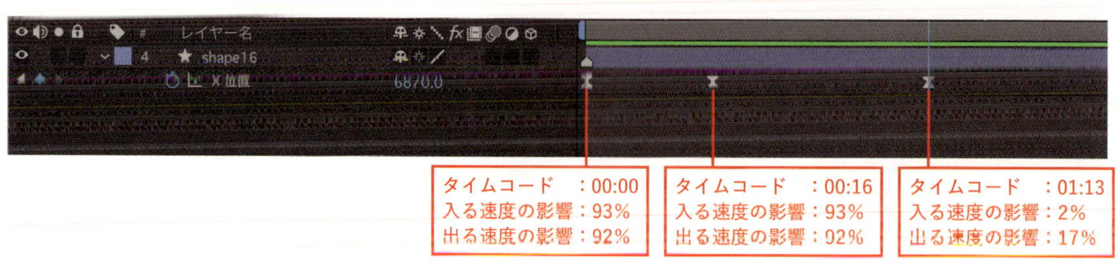

作例では、単調にならないようシェイプごとに少しずつタイミングやキーフレームの間隔を変えています。

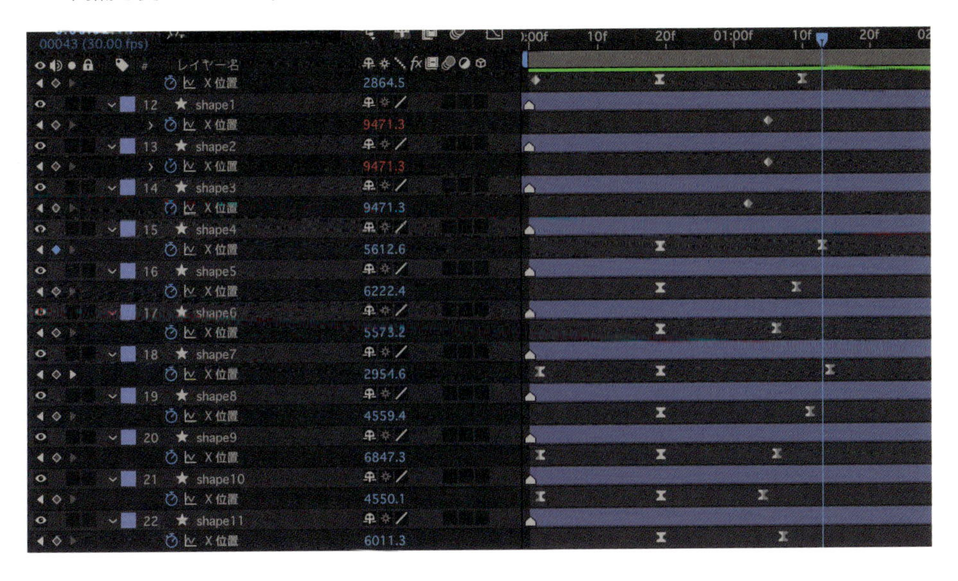

MEMO

キーフレーム管理がしやすいように、XY軸のどちらか一軸のみの動きの場合、[トランスフォーム]→[位置]→[次元に分割]をしておくと作業がスムーズです。

最終的には斜めの動きになりますが、ここではX軸のモーションにしています。

3 メインに配置

メインコンポジションに「shape」コンポジションを入れ、レイアウトを[位置：852, 436][回転：-28°]に調整して完成です。

解説していない部分にも動きをつけています。サンプルデータをダウンロードして、実際に触ってみてください。

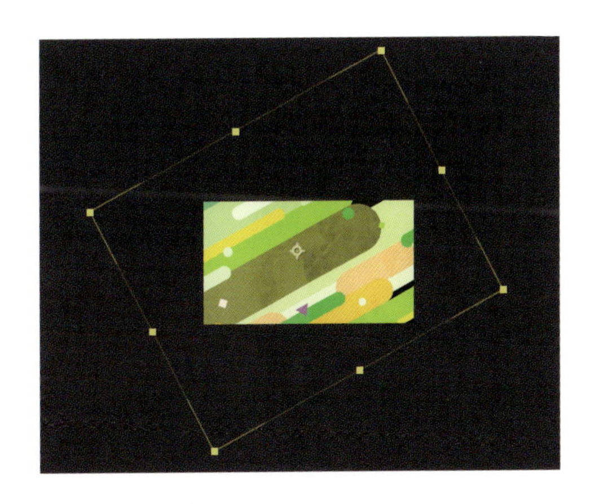

Section

03 くるっと切り替え 回転トランジション

動画で確認！

この作例では、ななめトラジション（P.171）と同様に、シェイプレイヤーを使用してトランジションを作成します。回転とスケールの動きを利用し、奥行きのあるデザインで視覚的に魅力的な映像の切り替えを作ります。

制作・文

minmooba

主な使用機能

シェイプレイヤー ｜ パスのトリミング

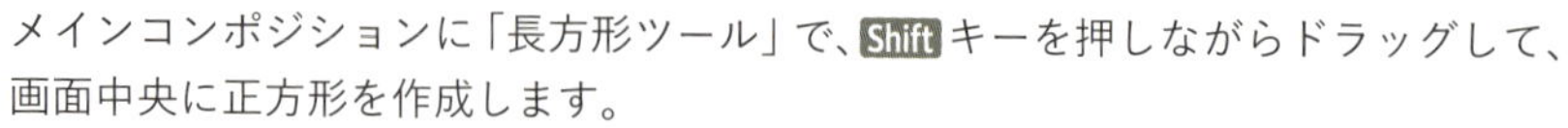

Step 1 メインシェイプパーツ：四角

メインコンポジションに「長方形ツール」で、Shiftキーを押しながらドラッグして、画面中央に正方形を作成します。
［スケール］［回転］に2つのキーフレームを設定し、スケールアップしながら回転する動きをつけます。

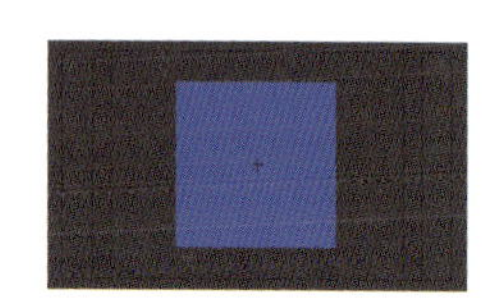

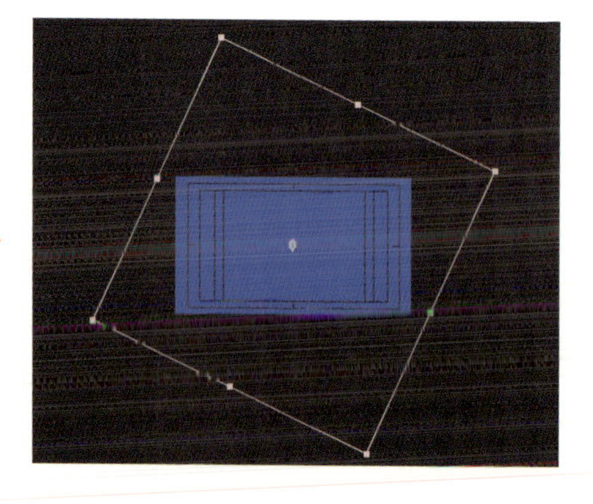

徐々に加速する動きを作ります。キーフレームを選択して、F9キーでイージーイーズを適用します。その後、キーフレームをひとつずつ選択し、Ctrl（Macでは⌘）+Shift+Kで「キーフレーム速度」ダイアログを開き、数値を入力して緩急をつけます。

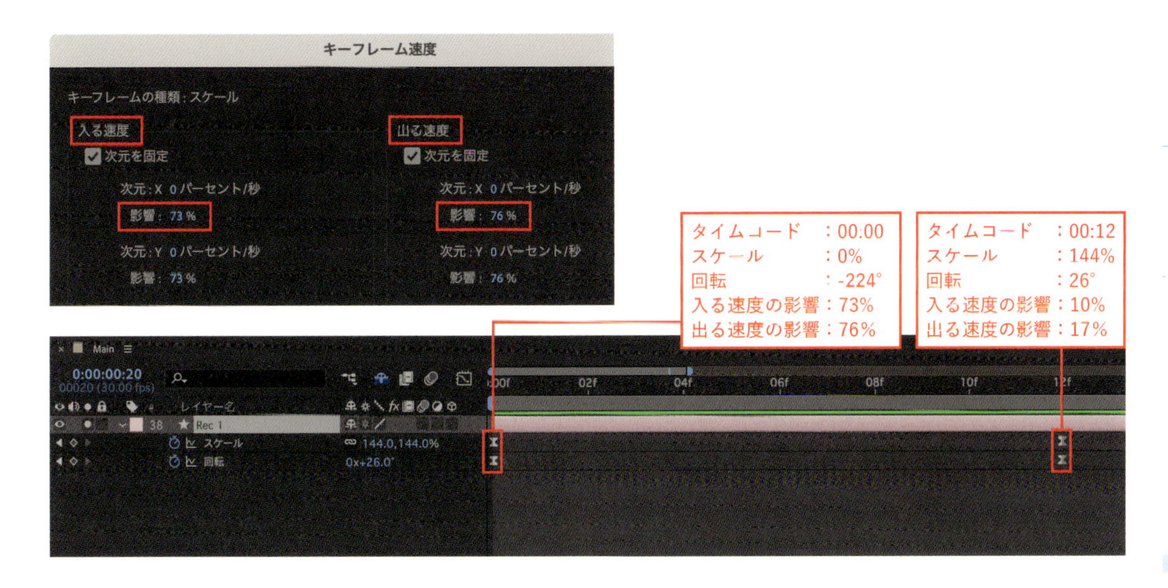

Ctrl〔⌘〕+Dでレイヤーを7つに複製し、1～2フレームずつタイミングをずらします。それぞれのシェイプの塗りのカラーを変更します。

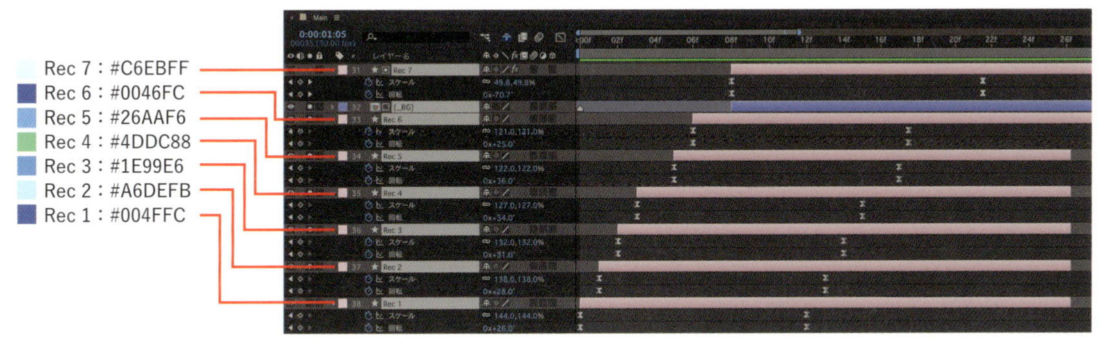

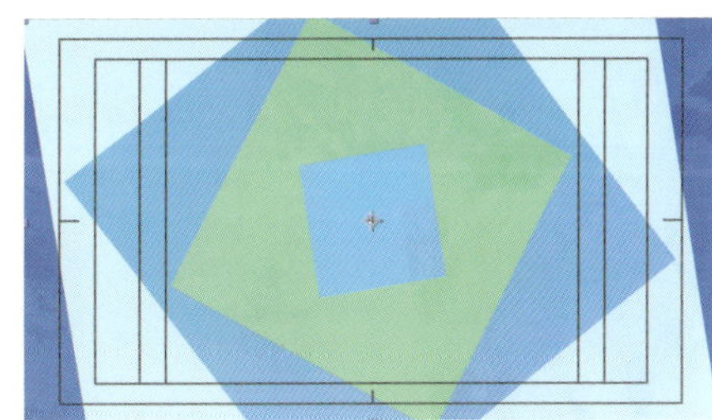

Step 2 スピードライン

2-1 ラインの作成

Step 1の正方形の動きに沿ったスピードラインを作成します。「楕円形ツール」を使ってShiftキーを押しながら画面中央に正円を作成し、[塗り：なし] [線のカラー：#6EAFF4] [線幅：3px]に設定します。

レイヤーを選択して“コンテンツ”の追加▶から“パスのトリミング”を追加します。パスのトリミングの［開始点］［終了点］および［オフセット］に値を入力します。［開始点］と［終了点］のキーフレームにはF9キーでイージーイーズをつけます。これでラインが出現しながら円を描き、消える動きになります。

MEMO
「パスのトリミング」で線が伸びたり移動したりするモーションを作成できます。

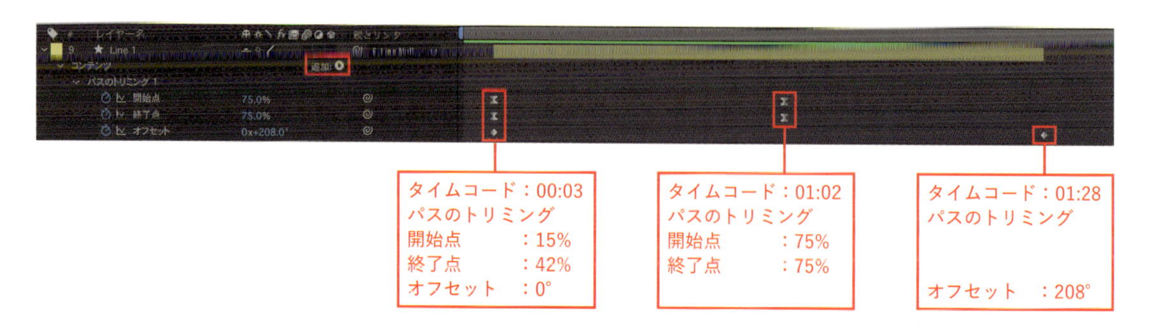

動きをつけたらレイヤーを4つに複製し、少しずつタイミングをずらしてパラメーターを調整します。

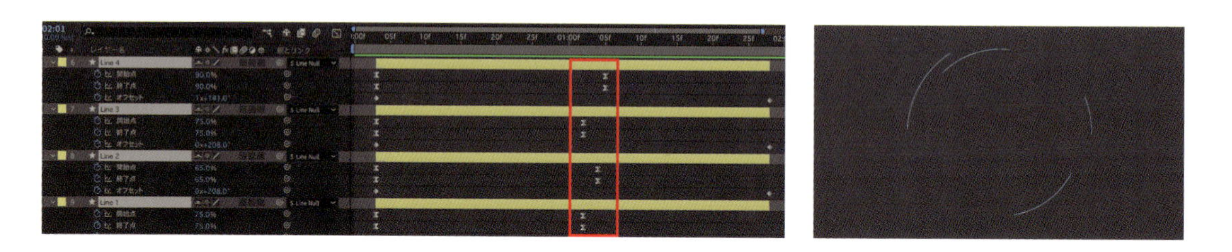

2-2 ヌルオブジェクトでスケール制御

メニューバー“レイヤー”→“新規”→“ヌルオブジェクト”で新規ヌルオブジェクトを作成し、作った4つのレイヤーの親にします（P.267参照）。［スケール］で最初勢いよく大きくなり、その後ゆっくり拡大するモーションをつけます。

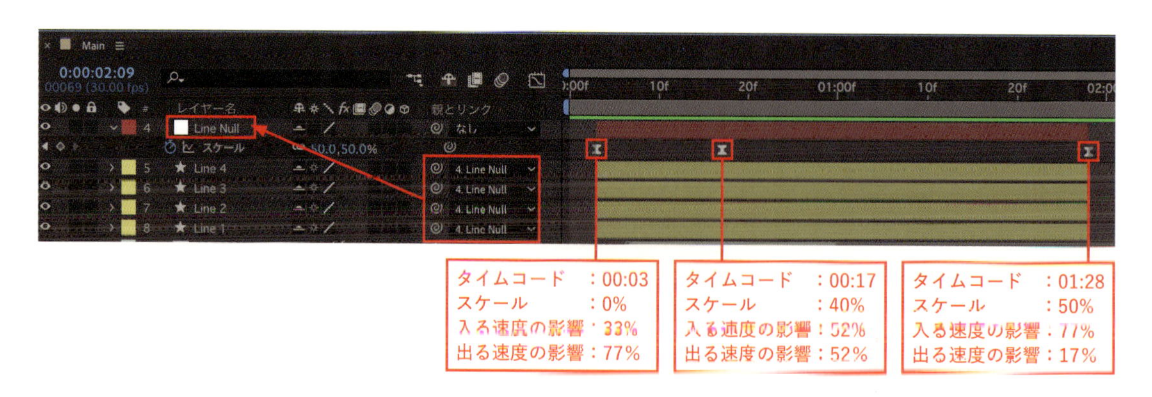

これで子である線のレイヤーが大きくなる動きができました。しかし、このままだと線幅がヌルのスケールに影響されて最初見えないので、親のスケールに影響されないようにします。
新規ヌルオブジェクトを作成し、レイヤー名を「Control Stroke」にします。ヌルにメニューバー“エフェクト”→“スライダー制御”→“スライダー”を適用します。

エフェクトコントロールかレイヤーパネルで［スライダー］を選択し、Enter（return）で名前を「Stroke」に変更します。値は［スライダー：3］に設定します。これがラインの基本の太さになります。
2-1で制作した4つの線のレイヤーの［スケール］のストップウォッチアイコンをAlt（option）を押しながらクリックし、以下のエクスプレッションを入力します。これで線幅が一定になります。

```
s = scale[0];
L = thisLayer;
while (L.hasParent) {
    parentScale = L.parent.scale[0];
    if (parentScale != 0) {
        s *= parentScale / 100;
    }
    L = L.parent;
}
scaleFactor = 100 / s;
thisComp.layer("Control Stroke").effect("ADBE Slider Control")(1) * scaleFactor;
```

Step 3 小さいパーツ

仕上げにパーツを追加します。「ななめトラジション」（P.171）と同様に、円や三角形、四角形などのシェイプをランダムに配置します。大きさや配置はお好みです。飛び出したような動きにするために、パーツの［位置］［スケール］［回転］にキーフレームを設定します。円弧を描くように動かすため、［位置］を選択し、「ペンツール」でビューポートの頂点でハンドル線をドラッグしてカーブの角度を調整します。

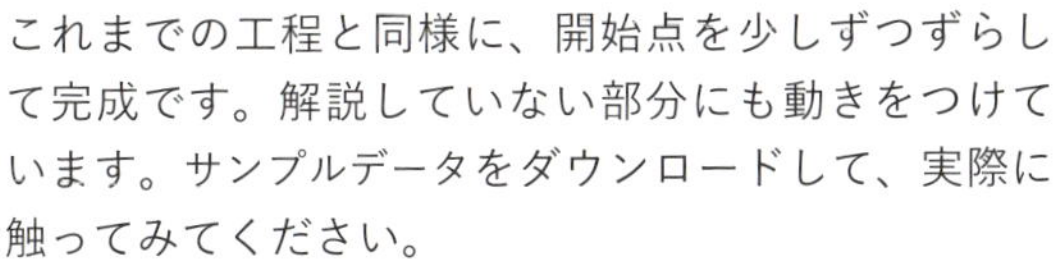

これまでの工程と同様に、開始点を少しずつずらして完成です。解説していない部分にも動きをつけています。サンプルデータをダウンロードして、実際に触ってみてください。

MEMO

一部のシェイプはStep 2と同様に、ヌルを小さなパーツの親にして全体の動きを制御しています。

Section

04 テキストの中に入っていく！ ホールイントランジション

動画で確認！

テキストやロゴの形で平面に穴を空けて、その穴をカメラがすり抜けていく定番のシーン切り替え方法です。タイトルシーケンスなど冒頭におすすめです。

制作・文

この

主な使用機能

トラックマット ｜ 3D レイヤー ｜ カメラレイヤー

Step 1 平面にテキスト形で穴を空ける

1-1 穴を空けるための型（白黒のマット）を作る

「Main」コンポジションに Ctrl〔Macでは ⌘〕+ Y で新規平面レイヤーを［カラー：白（#FFFFFF）］で作成します。次に、テキストレイヤーを作成し、［塗りのカラー：黒（#000000）］にします。穴を開けたい領域が黒になるように白黒の状態を作りましょう。フォントはAdobe Fontsから提供されている「ITC Avant Garde Gothic Pro」を使用しています。

平面レイヤーとテキストレイヤーを Ctrl〔⌘〕+ Shift + C でプリコンポーズして、「コンポジション名：Text_matte」とします。

1-2 1シーン目のベースとなる平面を作る

再び新規平面レイヤーを作成（Ctrl〔⌘〕+ Y）し、任意の色や風合いを付けます。作例では「塗り」と「フラクタルノイズ」のエフェクトによりテクスチャーをつけています。レイヤー名は「Wall_color」とします。

MEMO

テクスチャーの作り方は省略します。詳しくはサンプルデータをご覧ください。

1-3 「トラックマット」を設定する

「Wall_color」レイヤーの「トラックマット」に「Text_matte」を指定します。トラックマットのアイコンをクリックして、[ルミナンスマット]に切り替えます。これでテキスト形に穴が空いた平面ができます。

MEMO

トラックマットについては、P.268で解説しています。

Step 2 2シーン目を用意する

2-1 2倍以上のサイズでイラスト素材を作る

2シーン目は、「3Dレイヤー」と「カメラレイヤー」で奥行きを持たせます。イラスト素材を奥行き別に、Ctrl(⌘)+Nで新規コンポジションを作成し分けて配置します。作例では「Front」「Cloud」「Background」の3段階に分けています。
カメラから離れるほどレイヤーが原寸より小さく表示されるため、2シーン目のコンポジションは最終書き出しサイズより2倍以上の大きさで作っておくと安心です。作例では最終書き出しサイズを[幅：1920px][高さ：1080px]としているので、2倍である[幅：3840px][高さ：2160px]で2シーン目を作っています。イラスト素材も最終の画角より周囲を延長して用意しておきましょう。

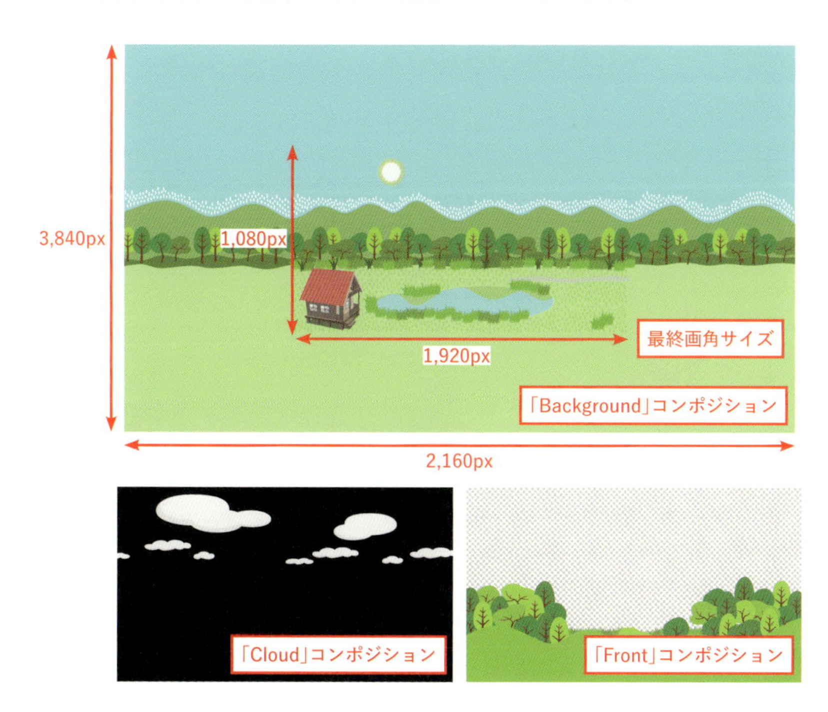

「Main」コンポジションを開き、プロジェクトパネルから「Front」「Cloud」「Background」コンポジションをドラッグ&ドロップで配置します。

2-2 3Dレイヤー化し、カメラレイヤーを作成する

タイムラインパネルで「Wall_color」「Text_matte」「Front」「Cloud」「Background」コンポジションレイヤーの3Dレイヤースイッチをクリックし、3Dレイヤー化します。

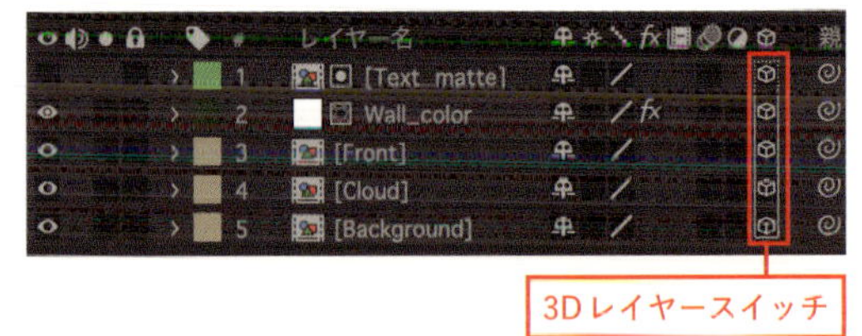

メニューバー"レイヤー"→"新規"→"カメラ"を選択し、新規カメラレイヤーを作成します。カメラ設定は[種類:1ノードカメラ]「プリセット:50mm]にします。

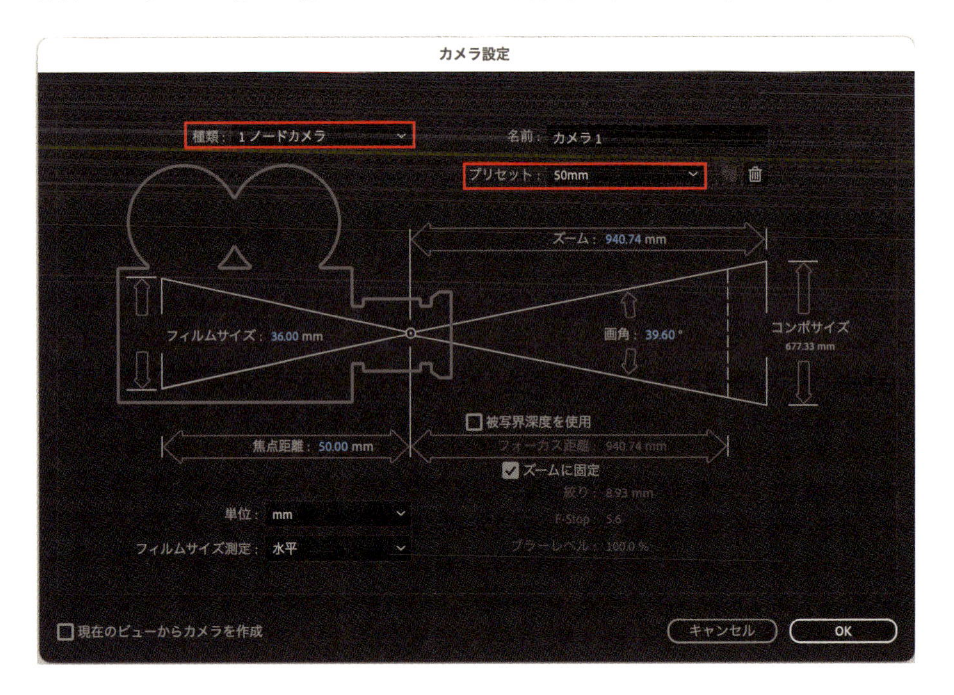

2-3 3D空間に配置する

コンポジションパネルの右下にある［ビューのレイアウトを選択］から［2画面］に変更します。さらに［3Dビュー］から［カスタムビュー］に変更します。これにより3D空間の把握がしやすくなります。

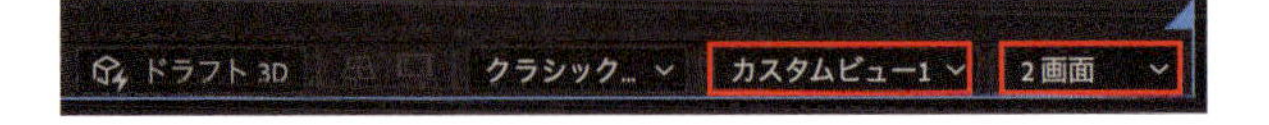

見え方を確認しながら、「Front」「Cloud」「Background」コンポジションレイヤーの［位置］［スケール］の値を調整していきます。作例では次のように値を設定しています。

- 「Front」コンポジションレイヤー
［位置：960, 540, 2400］
［スケール：80%］
- 「Cloud」コンポジションレイヤー
［位置：960, 540, 2200］
［スケール：70%］
- 「Background」コンポジションレイヤー
［位置：960, 540, 2900］
［スケール：100%］

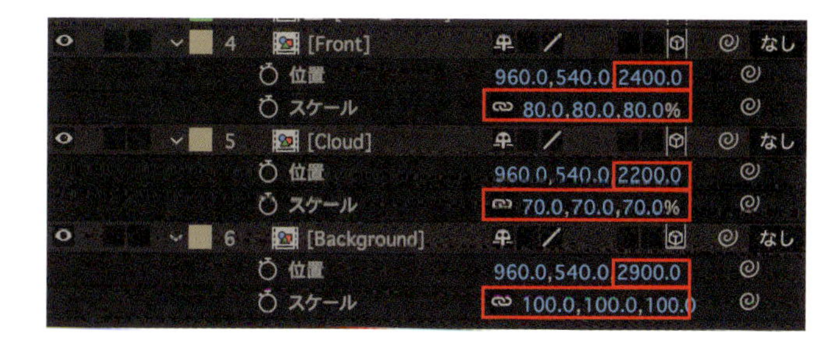

Step 3 カメラを動かす

3-1 カメラを手前から奥へ動かす

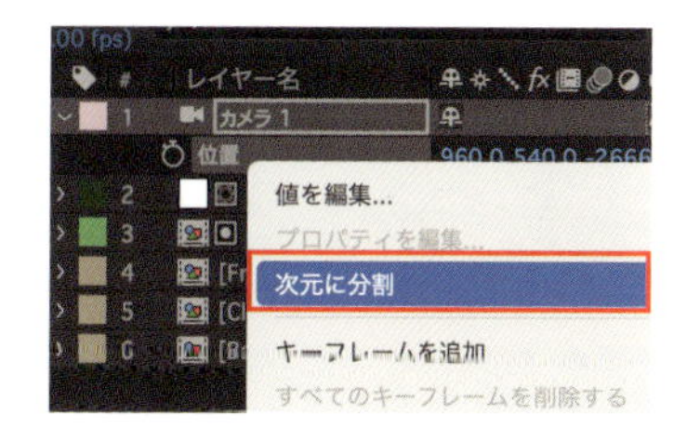

「カメラ1」レイヤーを選択した状態でPを押し、［位置］プロパティを開きます。［位置］の上で右クリックして、“次元に分割”を選択します。これで［X位置］［Y位置］［Z位置］を分けてキーフレームを追加することができます。
まずはシンプルに手前から奥へまっすぐ動かしましょう。次のように［Z位置］の値にアニメーションをつけます。キーフレームを選択した状態でF9キーを押してイージーイーズをかけます。

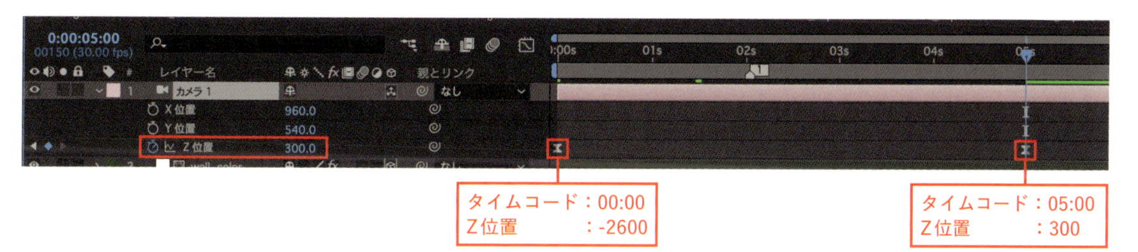

3-2 テキストの穴に入るようにカメラの軌道を調整する

この作例では直線にカメラが進むと穴が空いていない箇所（GとWの間）をすり抜けることになってしまいます。そこでカーブを描くような軌道を加え、ちょうど穴が空いている箇所をカメラが進むように調整します。次のように［X位置］の値にアニメーションをつけます。同様にF9キーを押してキーフレームにイージーイーズをかけます。

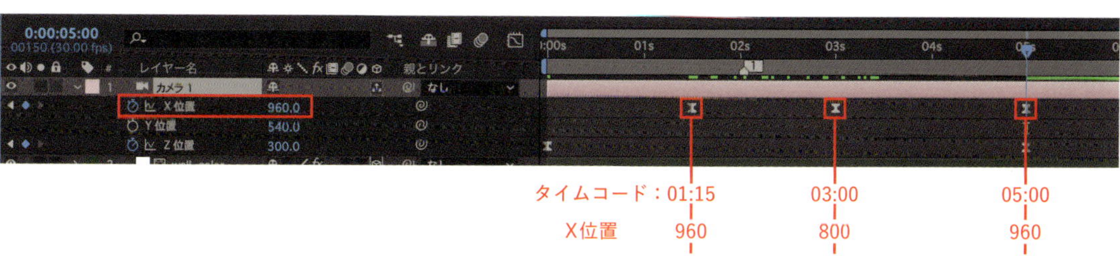

3-3 動きに緩急をつける

「カメラ1」レイヤーの[X位置][Z位置]を選択した状態で、グラフエディターアイコンをクリックしてグラフエディターを開きます。さらに、右クリックして、"値グラフを編集"を選択します。右のように値グラフのアニメーションカーブを調整します。これで、手前から奥へ穴をすり抜けていくカメラワークができました。

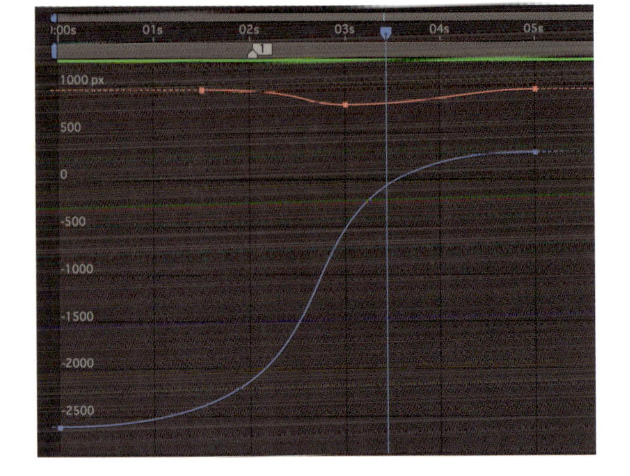

MEMO

グラフエディターについては、P.262で解説しています。

Step 4 冒頭にトランジションを追加する

4-1 平面を作り、穴を閉じる

「Wall_color」レイヤーと「Front」「Cloud」「Background」コンポジションレイヤーとの間に、Ctrl(⌘)+Yで新規平面レイヤーを作成し、[カラー:白(#FFFFFF)]にします。
レイヤー名を「Text_color」とします。

4-2 平面を非表示にするアニメーションをつける

4-1の「Text_color」平面レイヤーを非表示にするアニメーションをつけます。作例ではシェイプを使ったトランジションを追加しています。

MEMO

トランジションの作り方は割愛します。サンプルデータをご覧ください。

これで冒頭は白いテキストの状態からトランジションによって穴が空き、2シーン目が見えるという表現を作ることができました。
さらにイラストで装飾したり、テキストアニメーションを加えたり、と様々な演出をしてみてください。

Section
05 時間経過を演出！ 地面ローテーション

地面を180°回転させるシーン切り替え方法です。エコーを使ってシェイプを伸ばすことで、夜から昼へなどの時間経過を表現することができます。

制作・文
この

主な使用機能

回転 ｜ エコー

Step 1 切り替え前後のシーンを作る

「Scene_A」から「Scene_B」に切り替えることを前提に説明します。Ctrl〔Macでは⌘〕+Nで新規コンポジションを作成し、［コンポジション名：Scene_A］［幅：3000］［高さ：1500］とします。
プロジェクトパネルでさきほど作成した「Scene_A」を複製して、コンポジション名を「Scene_B」に変更します。これで同じサイズのコンポジションが2つできます。
「Scene_A」コンポジションに切り替え前のイラスト素材を配置し、「Scene_B」コンポジションに切り替え後のイラスト素材を配置します。最終的に表示されるのは下部中心の1920×1080pxの領域になります。その周りの領域は、回転する際に見えても問題ないように背景色などを広げておくといいでしょう。

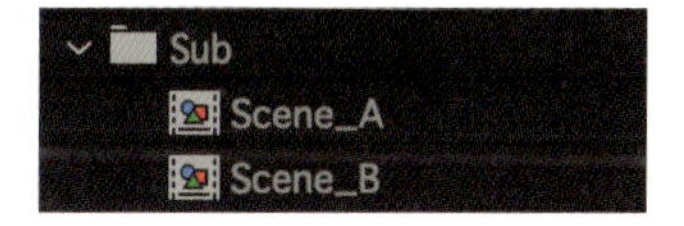

MEMO

回転時にエコーをかける星と月は、後ほど「Main」コンポジションに配置します。

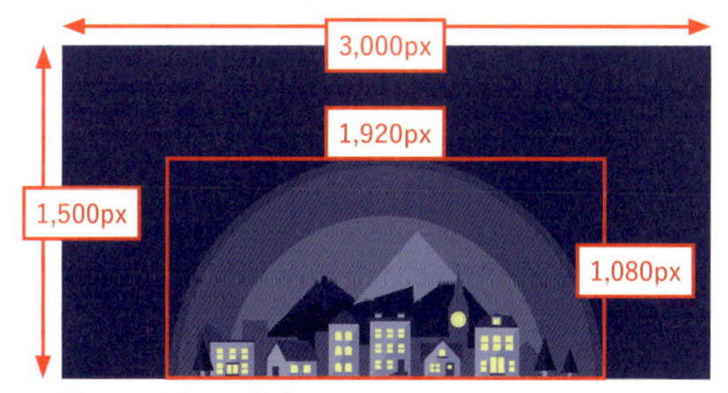

「Scene_A」コンポジション

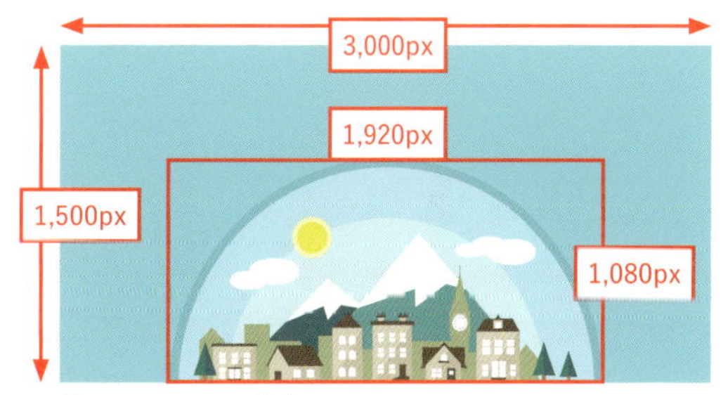

「Scene_B」コンポジション

Step 2 正方形のコンポジションに2つのシーンを合わせる

Ctrl〔⌘〕+N で新規コンポジションを作成し、[コンポジション名：Rotation_back]［幅：3000］［高さ：3000］とします。
「Rotation_back」コンポジションにプロジェクトパネルからドラッグ＆ドロップで、「Scene_A」コンポジションと「Scene_B」コンポジションを配置します。それぞれコンポジションレイヤーのトランスフォームを次のように変更します。

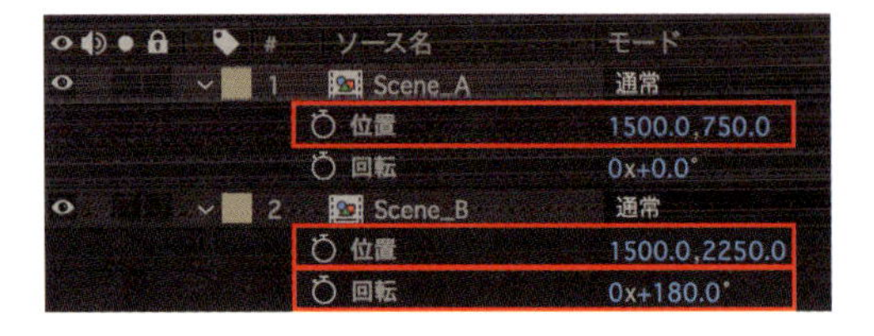

- 「Scene_A」コンポジションレイヤー
［位置：1500,750］
- 「Scene_B」コンポジションレイヤー
［位置：1500,2250］
［回転：0 × +180° ］

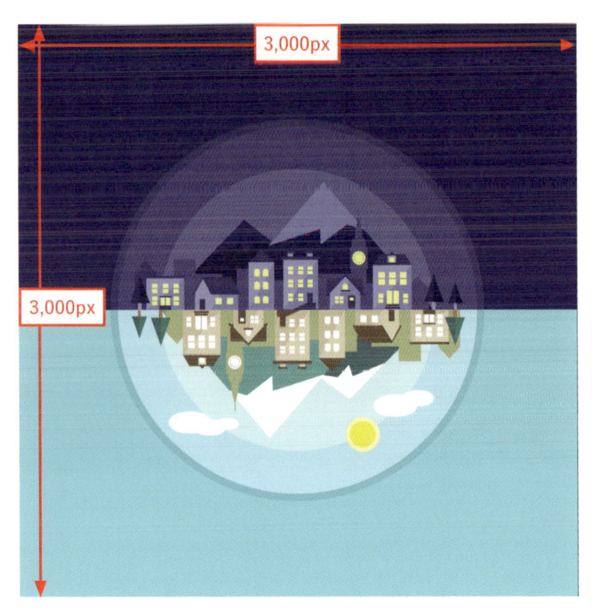

Step 3 「Main」コンポジションに配置する

「Main」コンポジションを開きます。プロジェクトパネルからドラッグ＆ドロップで「Rotation_back」コンポジションを配置します。
「Rotation_back」コンポジションレイヤーのアンカーポイントがレイヤーの中心にあることを確認し、トランスフォームを［位置：960,1080］に変更します。

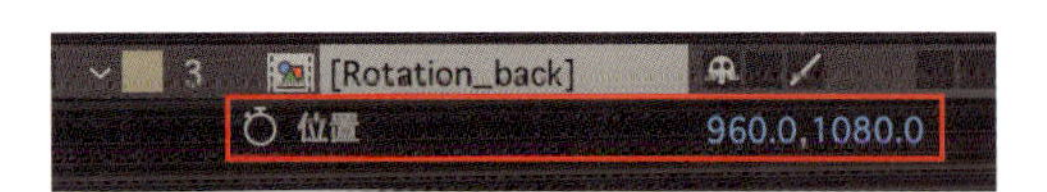

MEMO

この後の手順5-1で「親とリンク」を設定すると［位置：0,0］に変わりますが、ここでは［位置：960,1080］としましょう。

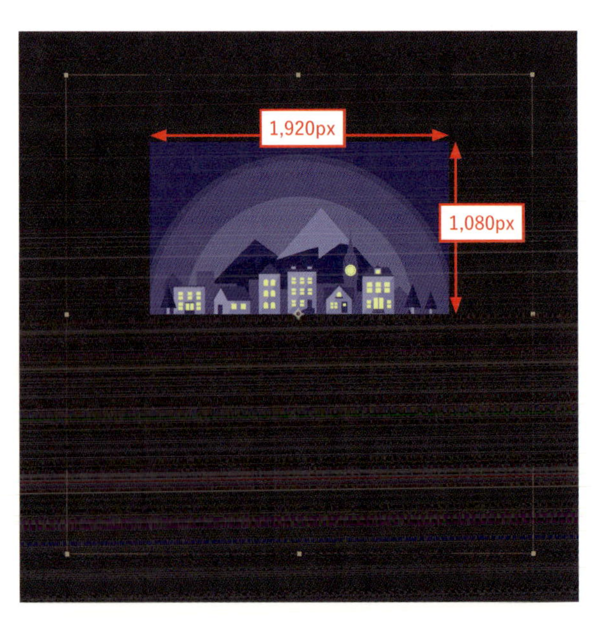

Step 4 伸びる星と月を作る

4-1 シェイプレイヤーを作る

「Main」コンポジションの中にシェイプレイヤーを作成します。ツールパネルから「楕円形ツール」を選択し、[塗り：#FEFA81]［線：なし］とします。

ビュー上に黄色の小さな円をいくつか描きます。作例では、月の円を1点、星の円を大小バランス良く10点ほど描いています。タイムライン上に自動的にシェイプレイヤーが作られるので、レイヤー名を「Star」とします。

4-2 「エコー」を適用する

「Star」シェイプレイヤーを選択した状態で、メニューバー"エフェクト"→"時間"→"エコー"を適用します。プロパティの値は次のように変更します。

［エコー時間（秒）：-0.001］
［エコーの数：250］
［エコー演算子：最大］

Main • Star

fx エコー	リセット
エコー時間(秒)	-0.001
エコーの数	250
開始強度	1.00
減衰	1.00
エコー演算子	最大

MEMO

「エコー」とは、アニメーションに残像を作るエフェクトです。

Step 5 回転のアニメーションをつける

5-1 ヌルオブジェクトを作成する

「Main」コンポジションで、メニューバー“レイヤー”→“新規”→“ヌルオブジェクト”を選択し、ヌルオブジェクトを作成します。ヌルオブジェクトのレイヤー名を「Rotation_null」とします。「Rotation_null」ヌルオブジェクトのトランスフォームを[位置：960,1080]に変更します。

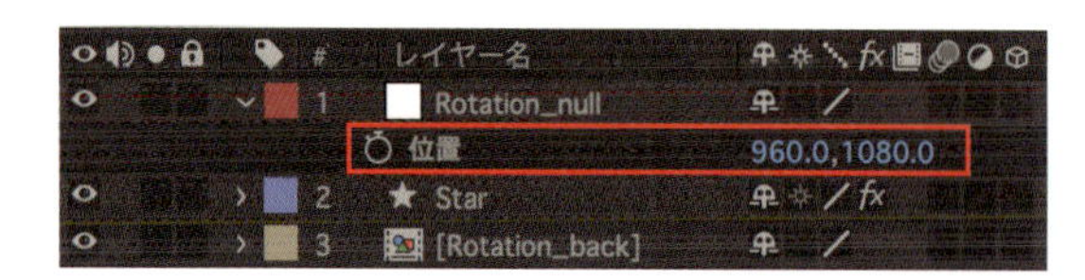

「Star」シェイプレイヤーと「Rotation_back」コンポジションレイヤーの、「親とリンク」を「Rotation_null」に設定します。

MEMO

親とリンクについては、P.267で解説しています。

5-2 回転させる

「Rotation_null」ヌルオブジェクトの[回転]に次のようにアニメーションをつけます。すべてのキーフレームを選択した状態で、F9キーを押してイージーイーズをかけます。

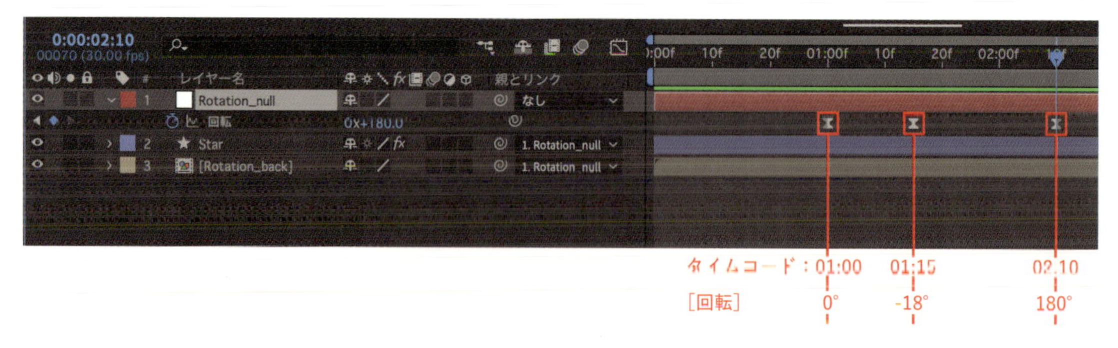

これで地面ローテーションのできあがりです。時間経過だけでなく、場所移動などのシーン切り替え演出にもおすすめです。ぜひ様々にアレンジしてみてください。

Section

06 スタイル変更可能！ 変幻自在なトランジション

動画で確認！

スタイルを簡単に変更することが可能なトランジションです。トランジションの用途以外にも、背景イメージとして使用することが可能です。

制作・文

サプライズ栄作

主な使用機能

グラデーション ｜ コロラマ ｜ リニアカラーキー

1 ベースの形状を作成

メニューバー"レイヤー"→"新規"→"平面"を選択して、新規平面レイヤーを作成します（Ctrl〔Macでは⌘〕+Y）。作成した平面レイヤーに、メニューバー"エフェクト"→"描画"→"グラデーション"を適用します。
続いて、メニューバー"エフェクト"→"カラー補正"→"コロラマ"を適用し、グラデーションの明度に対して色を加えます。エフェクトコントロールから「コロラマ」の「出力サイクル」の中にある「パレットの補間」のチェックを外します。

グラデーションを適用

グラデーションにコロラマを適用

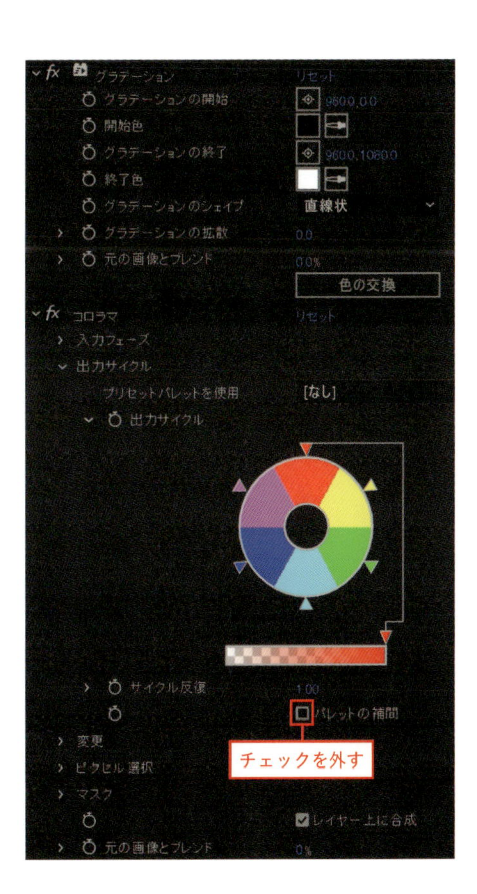

❷ トランジション用素材に調整

トランジション用に、レイヤーイメージに透明部分を加えます。メニューバー“エフェクト”→“キーイング”→“リニアカラーキー”を適用します。エフェクトコントロールから、［キーカラー：赤（FF0000）］に設定して、コロラマで作成された赤い色を取り除きます。

リニアカラーキー適用前　　リニアカラーキーで赤色を取り除く

❸ 透明な箇所を隠して色を加える

透明な箇所を画面内に残しておくのはトランジション素材としては都合が悪いので、隠しておきます。「グラデーション」の設定項目から、［グラデーションの開始：960, -120］、［グラデーションの終了：960, 1200］にそれぞれ変更します。

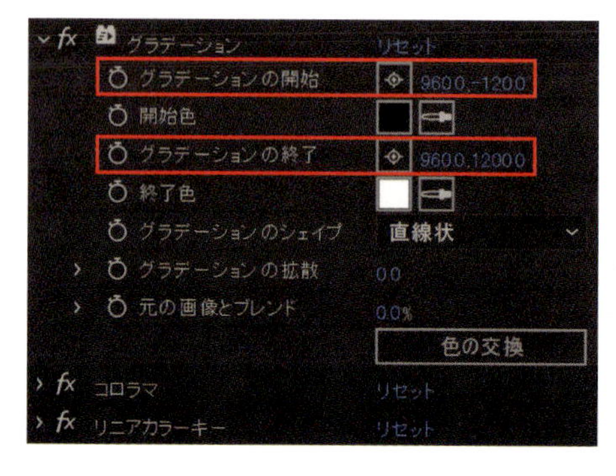

色を変更する場合、「コロラマ」の「出力サイクル」を調整しても良いのですが、今回は楽をするために、メニューバー“エフェクト”→“カラー補正”→“色かぶり補正”を適用します。［ブラックをマップ：濃い青（#2443E1）］、［ホワイトをマップ：薄い青（#E2EFFF）］に変更し、同系色でまとめます。

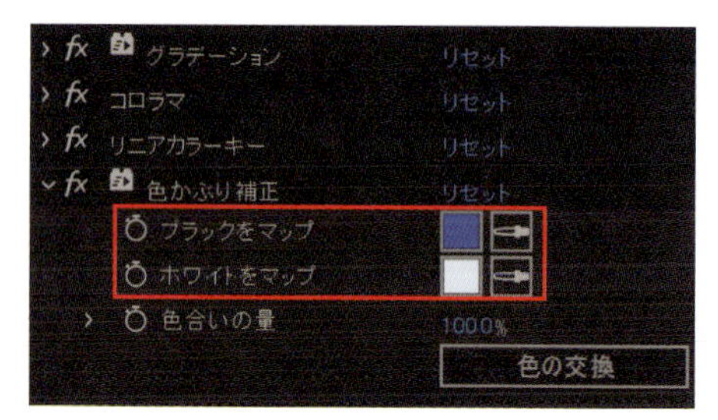

❹ アニメーションを加える

「グラデーション」の［開始色］と［終了色］を変更して動きをつけます。

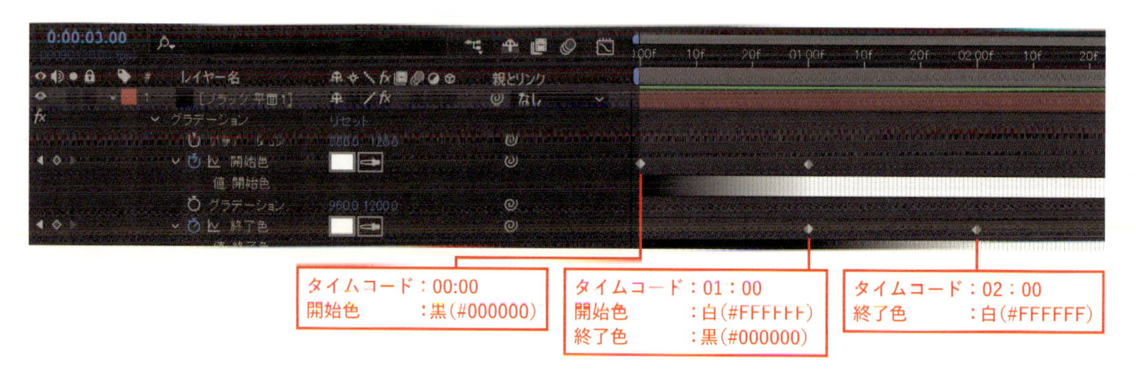

動きの速度を調整します。「開始色」のキーフレームを全て選択し、いずれかのキーフレームにカーソルを合わせて、右クリックして“キーフレーム速度”を選択します。Ctrl〔⌘〕+Shift+Kでも「キーフレーム速度」に素早くアクセス可能です。
入る速度、出る速度ともに[影響：70%]に変更します。同じ工程を「終了色」にも行います。これで基本となるアニメーションの完成です。

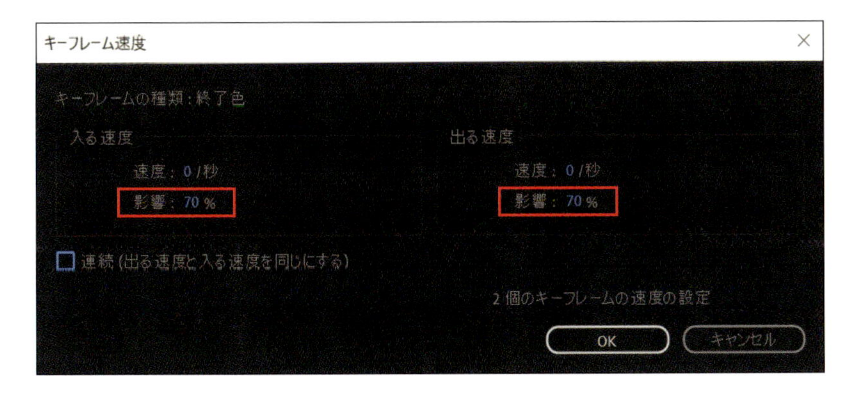

Case 1 バリエーションの作成方法：方向の変更

今回作成したアニメーションは、使用しているエフェクトの特性上さまざまなバリエーションを作ることができます。作例では上から下にスライドする動きですが、簡単に方向を変化させることができます。方向を変える場合は、[グラデーションの開始]と[グラデーションの終了]の位置が重要となります。
[グラデーションの開始]は動きの始点を表し、[グラデーションの終了]は動きの終点を表します。[グラデーションの開始：-150，-180]に変更すると、動きの始点をコンポジションの左上に設定することができます。動きの終点となる[グラデーションの終了]を右下に移動させると、方向を斜めに変化させることができます。

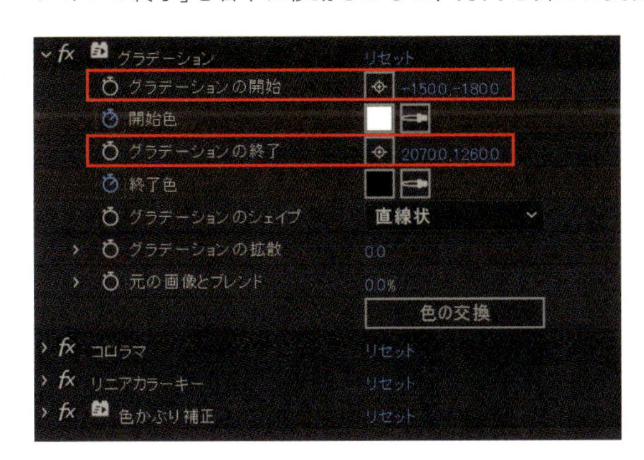

Case 2 バリエーションの作成方法：形状の変更

作例では矩形が連なったアニメーションですが、[グラデーションのシェイプ]を[放射状]に変更することで、円形に変化させることができます。
[グラデーションの開始]の位置を調整して、円の中心を設定し、[グラデーション

の終了］の位置を調整して、円の広がり方を調整します。

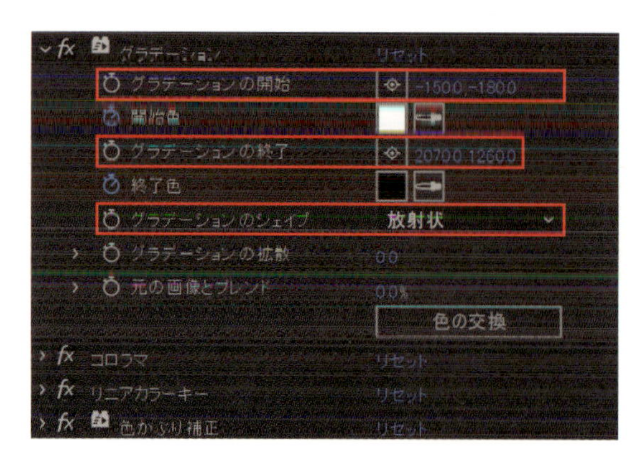

Case 3 バリエーションの作成方法：色の変更

作例では「色かぶり補正」を使用して色を加えましたが、コロラマの「出力サイクル」を使用することでより自由な配色を行えます。出力サイクルの色を追加すればするほど、その数に応じてラインの数も増やすことができます。

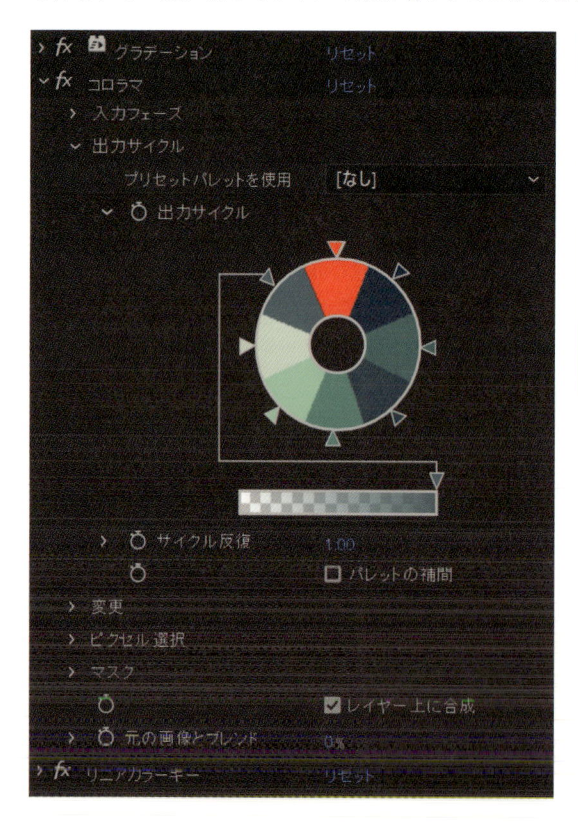

MEMO

サンプルデータに、複数のバリエーションを用意していますので、ぜひご確認ください。

Chapter 5

背景モーションのアイデア

Section

01 複雑に形状が変化する グリッドパターンアニメーション

動画で確認！

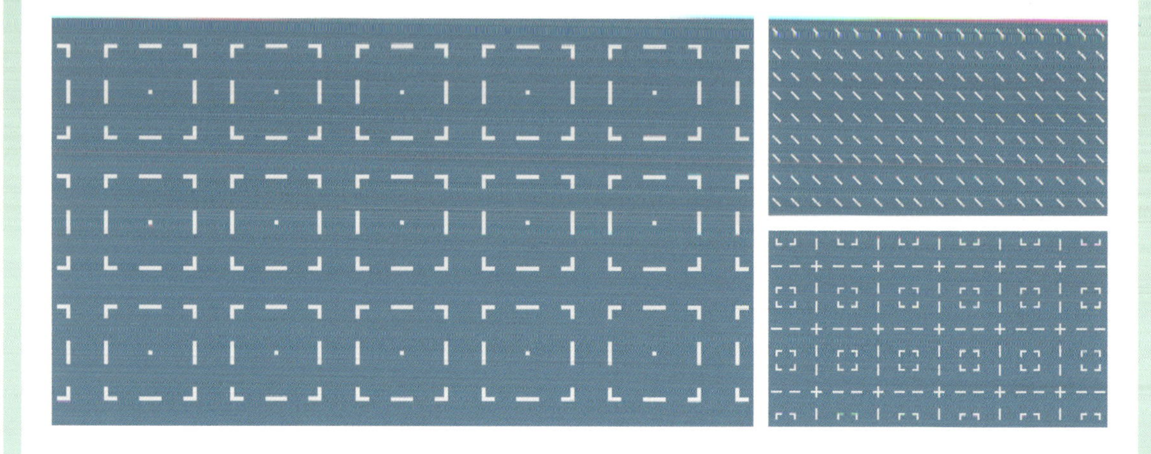

形状が変化するアニメーションは、シェイプレイヤーで動きを加えて作ることもできますが、膨大な時間が失われます。エフェクトを使用することで短時間で様々なパターンを作り出すことができます。

制作・文

サプライズ栄作

主な使用機能

CC Griddler | CC Kaleida

1 新規平面レイヤーを作成

メニューバー“レイヤー”→“新規”→“平面”を選択して平面レイヤーを作成します（Ctrl〔Macでは⌘〕+Y）。平面レイヤーのサイズはコンポジションサイズに合わせて作成します。
平面レイヤーの色が、そのままアニメーションのベースカラーになりますのでお好みの色を選択してください。作例では［カラー：#ECEEF3］を使用しています。

MEMO

色変更しやすいように、エフェクトの「塗り」などを適用して色を変更しても問題ありません。

2 エフェクトの「CC Griddler」を適用し動きを加える

メニューバー“エフェクト”→“ディストーション”→“CC Griddler”を適用します。「CC Griddler」は、レイヤーをタイル状にカットしてアニメートできるエフェクトです。エフェクトコントロールパネルから各種パラメーターを［Horizontal Scale：50］、［Vertical Scale：8］、［Tile Size：11］に変更して形を整えます。

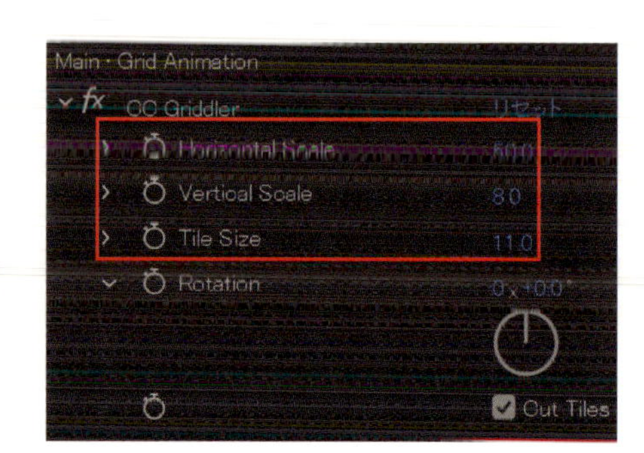

形状を整えることができたので、[Rotation] を制御してアニメーションを作成します。

3 動きに緩急を加える

すべてのキーフレームを選択し、いずれかのキーフレームにカーソルを合わせて右クリックし、“キーフレーム速度”を選択します（Ctrl〔⌘〕+Shift+K）。
入る速度、出る速度ともに［影響：70%］に変更します。これで動き出しと動き終わりの速度を遅くすることができ、スムーズな動きとなります。

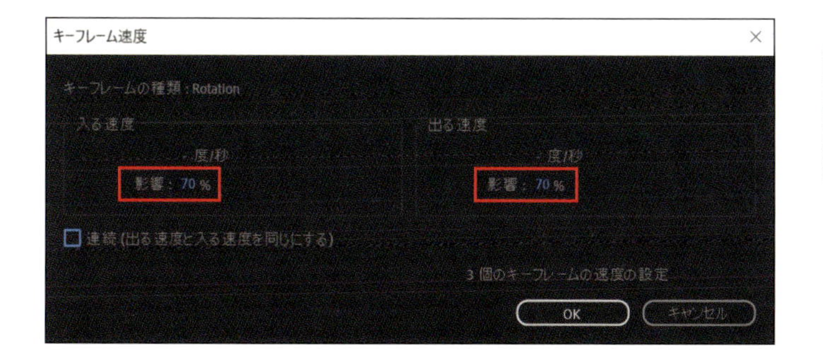

MEMO

［影響］の値を高くするほど減速具合を強めることができますのでお好みで調整してください。

4 エフェクトの「CC Kaleida」を適用し形状を変化させる

メニューバー“エフェクト”→“スタイライズ”→“CC Kaleida”を適用します。「CC Kaleida」は、レイヤーからタイルを作成し万華鏡のような効果を作り出すエフェクトです。「CC Kaleida」を編集して形状を変化させていきます。[Size：18]、[Mirroring：Dia Cross] に変更します。

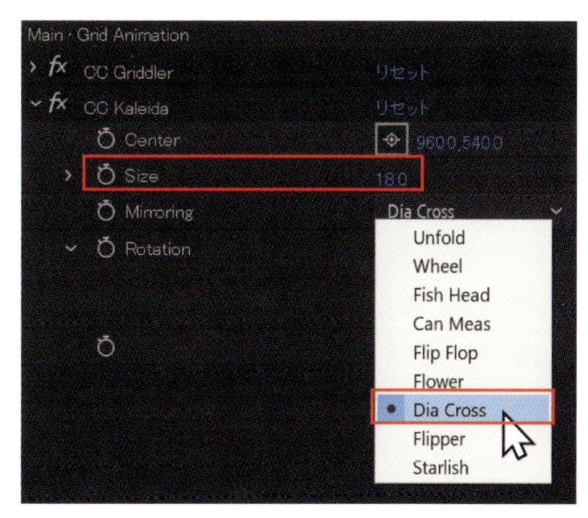

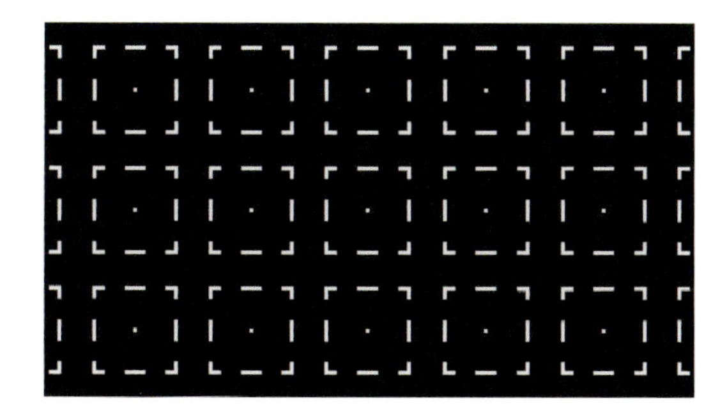

「Mirroring」を変更したり「Rotation」を動かすことで、様々なパターンを見つけることができます。実際に変更してバリエーションを作成してみてください。

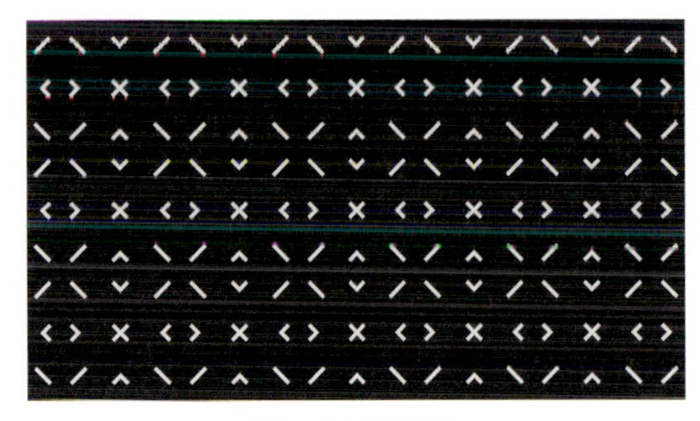

Mirroring：Unfold

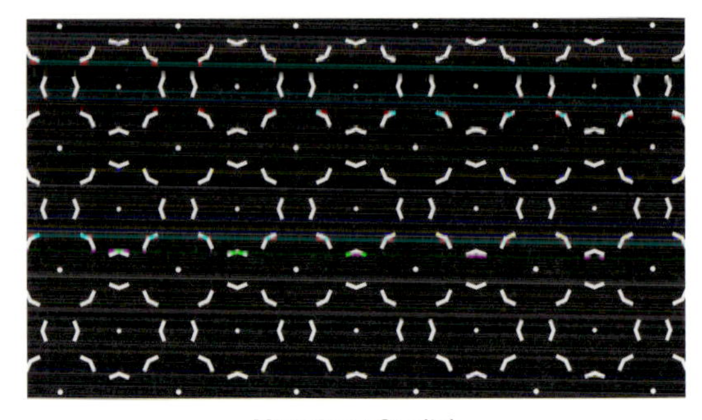

Mirroring：Starlish

5 エフェクトの「単色合成」を適用し背景を埋める

「CC Griddler」の効果でレイヤーに透明な箇所があるため、「単色合成」を使って透明箇所を埋めます。メニューバー“エフェクト”→“チャンネル”→“単色合成”を適用します。「単色合成」の[カラー]をお好みの色に変更して完成です。作例では[カラー：#2895B9]を使用しています。

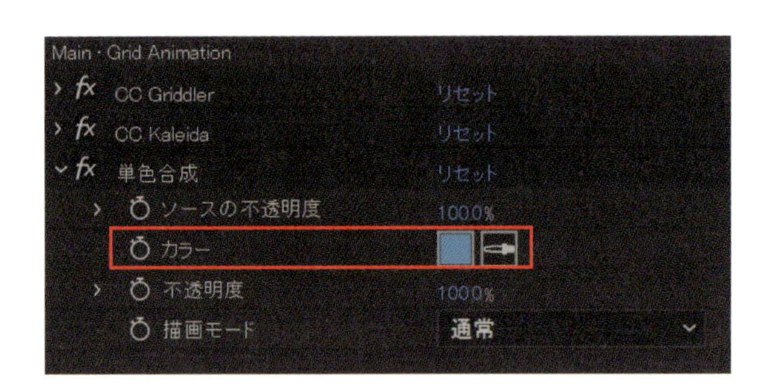

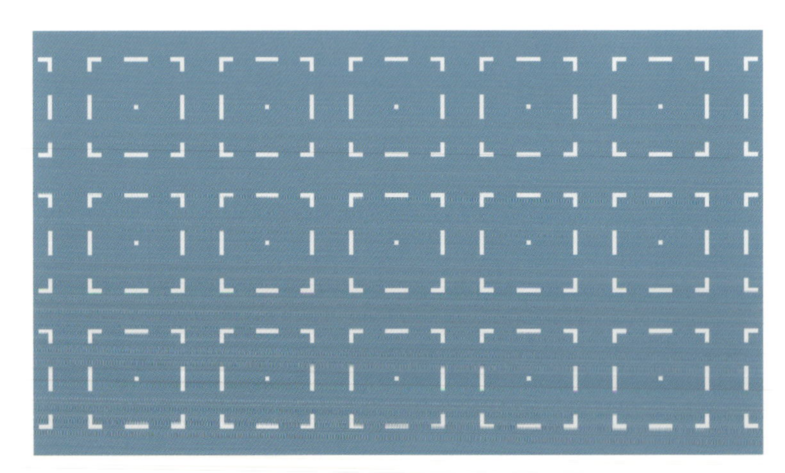

Section

02 リピーターで作る回転アニメーション

複数の円形を回転させることで複雑なイメージを作り出すことができます。ひとつひとつのシェイプを回転させるとなると大変な作業になりますが、「リピーター」を活用することで比較的簡単に制御することができます。

制作・文
サプライズ栄作

主な使用機能

シェイプレイヤー | リピーター

1 ベースとなる円形を作成する

ツールパネルから「楕円形ツール」を選択します。ツールパネルの右側に表示される[塗り]をクリックして「塗りオプション」から[なし]を選択します。同様に[線]をクリックして「線オプション」から[円形グラデーション]を選択し、[線幅：65px]に変更します。

MEMO

[塗り]と[線]の右側にあるカラーボックスをAlt〔Macではoption〕キーを押しながらクリックすることで、オプションを開かずに切り替えることも可能です。

[線]の右側にあるカラーボックスをクリックしてグラデーションエディターから色を設定します。左端のカラーを[#FFFFFF]、右端のカラーを[#000713]に設定します。これで円形を作成する準備ができたので、Shiftキーを押しながら「楕円形ツール」をダブルクリックして正円のシェイプレイヤーを作成します。

MEMO

Shiftキーを押しながら図形を作成するツールをダブルクリックすると、コンポジションの中心に正確な比率の図形を作成することができます。

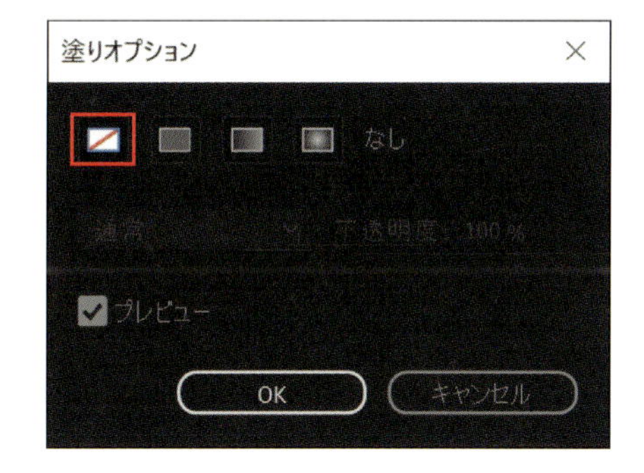

2 サイズとグラデーションの位置を調整する

シェイプレイヤーの「楕円形パス1」を展開し[サイズ：290]に変更します。「グラデーションの線1」を展開し、[開始点：-90,-115][終了点：80,100]にそれぞれ変更します。

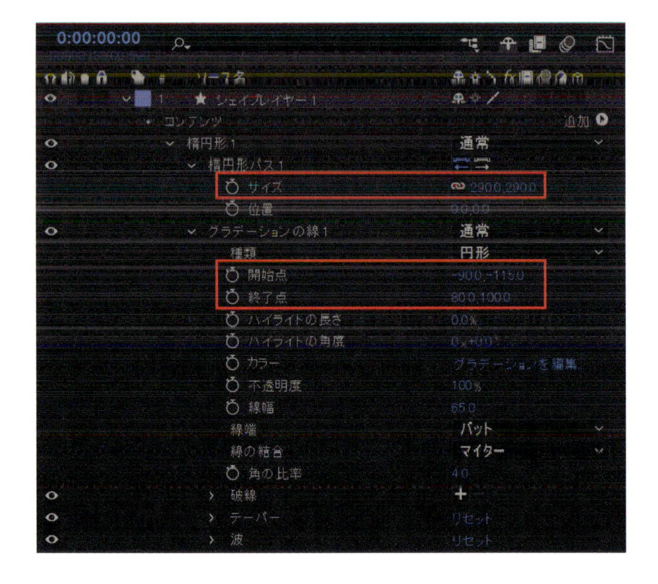

MEMO

「選択ツール」を選んでいる状態でコンテンツ内の項目を選択すると、グラデーションの開始点と終了点をコンポジションパネル内で操作できるようになります。これにより直感的にグラデーションを調整することができます。

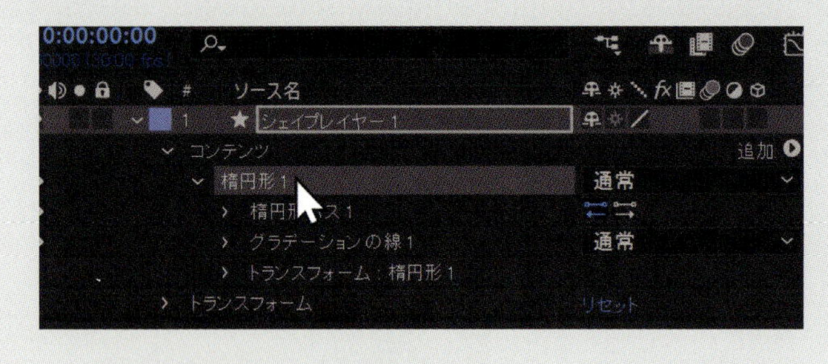

3 リピーターを使ってアニメーションを作成する

コンテンツの右側にある、追加▶から"リピーター"を選択します。[コピー数：8]に増やします。「トランスフォーム：リピーター1」を開いて、[位置：0,0]に変更し、コピーされた円形をすべて同じ位置に配置します。[スケール：130]に変更し、コピーした円形で画面が埋まるように広げます。

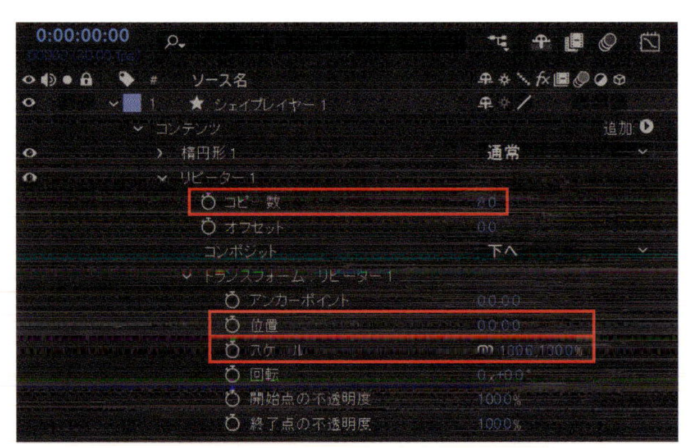

「トランスフォーム：リピーター 1」の[回転]にキーフレームを打ってアニメーションさせます。

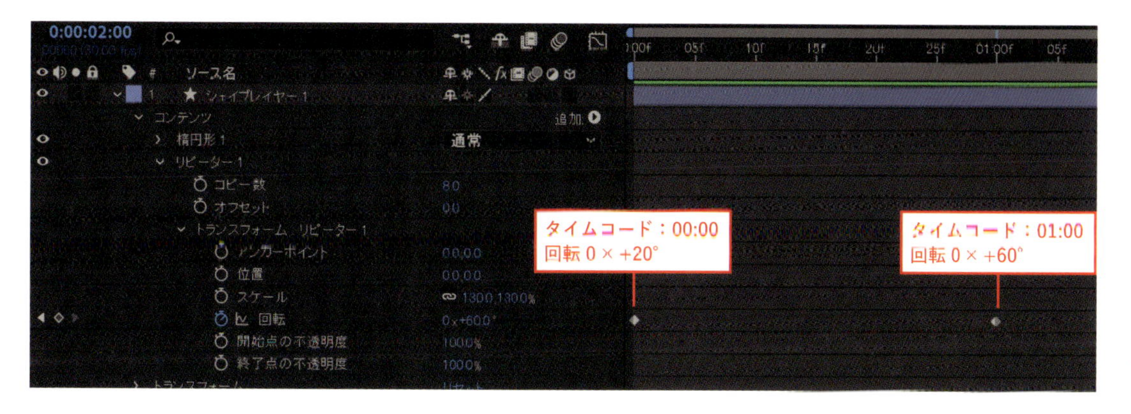

4 動きに緩急をつけて、回転し続ける設定を行う

作成したアニメーションに動きの緩急を設定します。「トランスフォーム：リピーター」の[回転]に打たれたキーフレームを全て選択した状態で、いずれかのキーフレームにカーソルを合わせ、右クリックして“キーフレーム速度”を選択します。[入る速度]、[出る速度]ともに[影響：70%]に変更します。

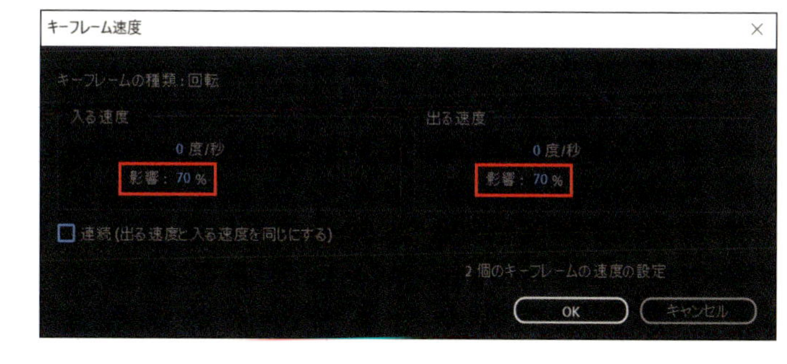

MEMO

ショートカットキー Ctrl〔⌘〕+ Shift + K でもキーフレーム速度ダイアログボックスを開くことができます。

回転する動きを持続させたいので、「トランスフォーム：リピーター」の[回転]のストップウォッチアイコン アイコンを Alt〔option〕キーを押しながらクリックして、エクスプレッションを追加します。
エクスプレッションフィールドに、以下のエクスプレッションを入力します。このエクスプレションは最後のキーフレームの速度を維持する効果を持ちます。

```
loopOut(type = "continue")
```

現在、最後のキーフレームの速度は[0]となっているため停止してしまいます。速度を追加して最後の動きを維持するように調整します。「トランスフォーム:リピーター」の［回転］に打った最後のキーフレームを選択して、Ctrl（⌘）+Shift+Kで「キーフレーム速度」を開きます。[入る速度:12度/秒]に変更して速度を加えます。エクスプレッションの効果で、キーフレーム後も回転し続けるようになります。

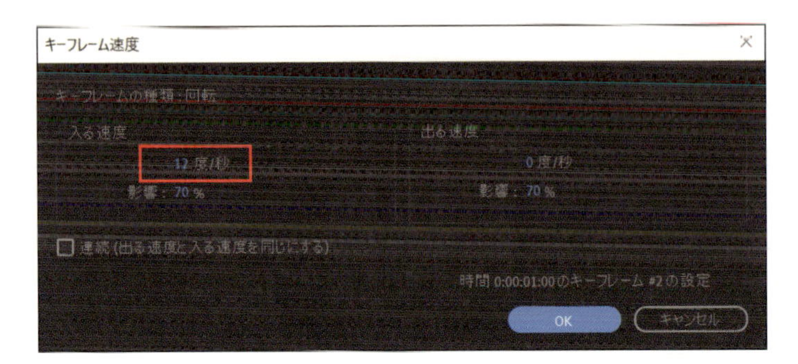

5 透明な部分を埋める

画面の中心が空白となったままなので、メニューバー“エフェクト”→“チャンネル”→“単色合成”を適用して透明部分を埋めます。［カラー：#000713］に設定して完成です。

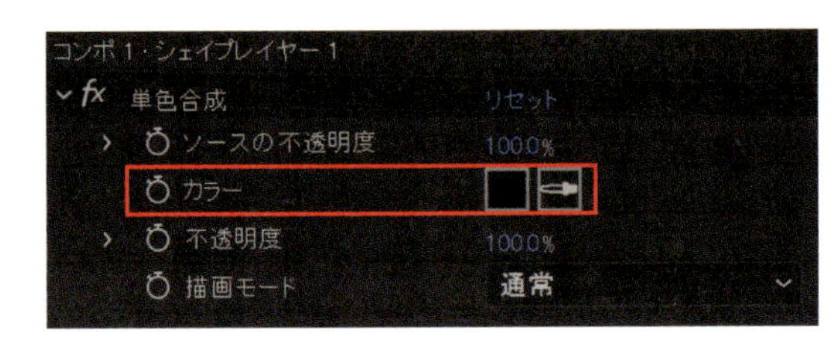

作例ではシェイプレイヤーを使用しているので様々なアレンジが可能となっています。コンテンツの追加▶から「ジグザグ」や「パスのオフセット」などを追加することでイメージを変えることができます。

「パスのオフセット」を追加した例

「ジグザグ」を追加した例

サンプルデータでは、テキストを追加したり、エフェクトの「グレイン（追加）」などを使用しています。その他にもシェイプレイヤーの属性を使用したバリエーションを用意していますので、是非ご確認ください。

Section
03 どんなパースも自由自在!
スクロールバックグラウンド

動画で確認!

平面的な静止背景は、時に味気なく感じられることがあります。単純にスクロールさせるだけでも印象が変わり、さらにパースを加えることで、クオリティを一層高めることができます。

制作・文
ナカドウガ

主な使用機能

オフセット | CC Power Pin

まず初めに、あらかじめサンプルデータ「AE_B_ch05-03.aep」をAfter Effectsに読み込んでおきましょう。

Step 1 背景を作る

スクロール背景の元になるコンポジションを作ります。

[コンポジション名：Sub_Offset]
[幅：1920px][高さ：216px]
[デュレーション：8秒]

続いて、2つのシェイプを作っていきます。長方形ツールに切り替え、[塗り：青(#2B6EB2)][線：なし]にしておきます。その状態で長方形ツールをダブルクリックします。[コンテンツ＞長方形＞長方形パス1]を開き、[サイズ：1920 , 108]に変更します。整列パネルの[レイヤーを整列：上揃え]でコンポジションの上側に配置します。
さらにレイヤーを複製して、[塗り：クリーム色(#FEDEAE)]に変更します。整列パネルで[レイヤーを整列：下揃え]で下位置に配置し、右のような見た目になればOKです。

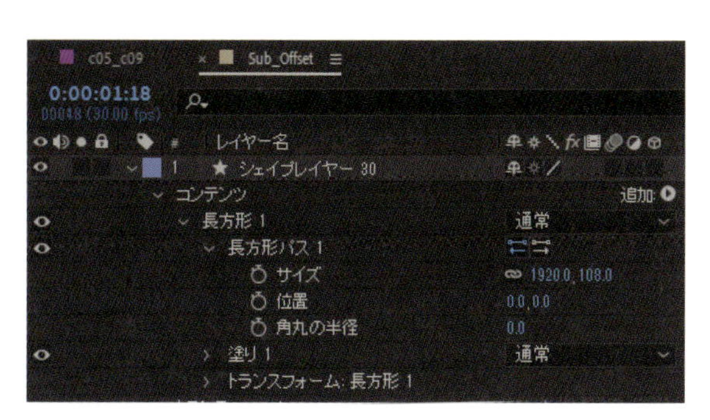

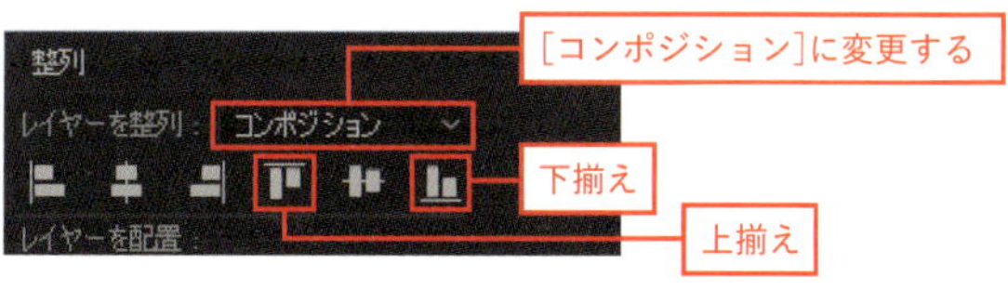

新規コンポジション「Main」を作り、その中に「Sub_Offset」を追加します。
最初にエフェクト「オフセット」を使って縦方向にスクロールする動きを作ります。
[中央をシフト]に以下のエクスプレッションを追加します。

```
s=value+time*100;
[960,s[0]]
```

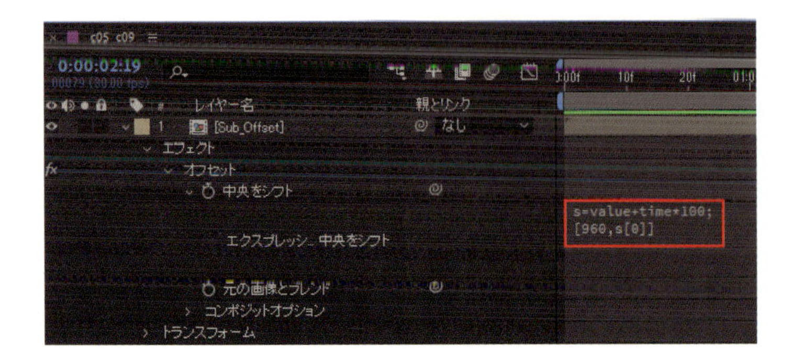

これは1秒間に100毎、縦方向に影響するエクスプレッションです。2行目の[960]は、X位置を示しています。今回は横方向のスクロールはありませんので、[960]で固定しています。[s[0]]は縦方向の移動を示します。移動量を増減したい場合は、1行目の「time*100」の数値を変更して調整することができます。

次に、「モーションタイル」を[出力高さ：1080]とし、コンポジションの上下の空白部分を埋めます。これで下方向に向かってスクロールする背景を作ることができました。

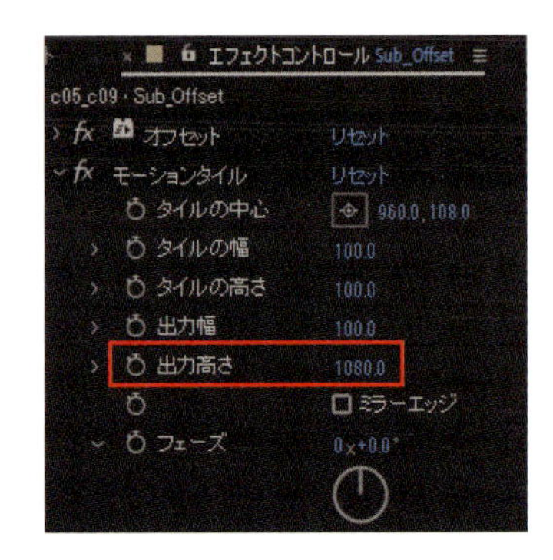

Step 2 テキストを作る

テキストのコンポジションを2つ作ります。
[コンポジション名：Sub_Text1・2]
[幅：1440px] [高さ：720px]

コンポジション幅いっぱいになるようにテキストをレイアウトしていきます。作例で使用しているフォントはAdobe Fontsの「AB-kirigirisu」です。テキストは[塗り：黒(#030D16)]にしておきましょう。
それぞれのコンポジションをコンポジション「Main」に追加します。

Sub_Text1：
SCOTTISH FOLD（猫種）

Sub_Text2：
YAWN（あくび）

全体デュレーションのおよそ4秒の位置でコンポジションが切り替わるようにレイヤーを設定します。

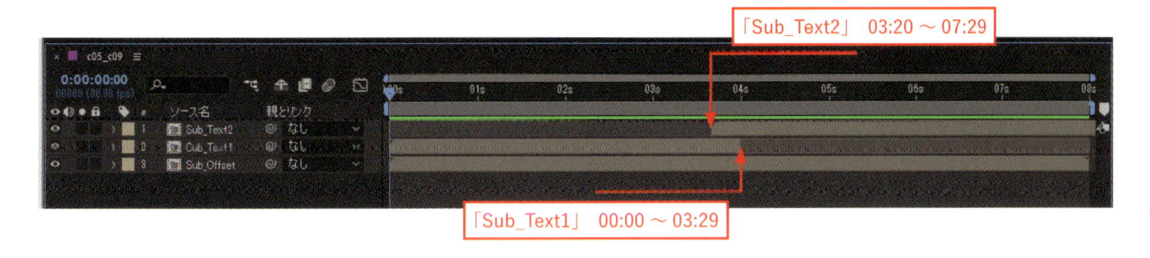

Step 3 猫を作る

サンプルデータの「Cat_illustration_01・02.psd」の2枚の画像を配置します。こちらもテキストと同様におよそ4秒の位置でレイヤーを切り替えます。

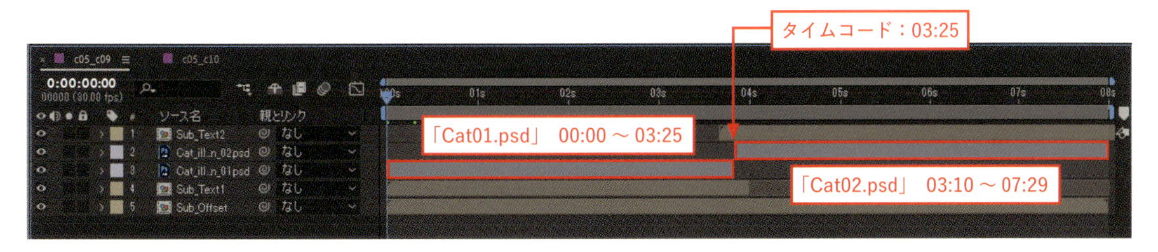

それでは猫のイラストに簡単なアニメーションを付けていきます。「Cat01」をコンポジション中央から右に移動し、続いて左側に移動しながら、後続の「Cat02」と切り替えるようなアニメーションです。

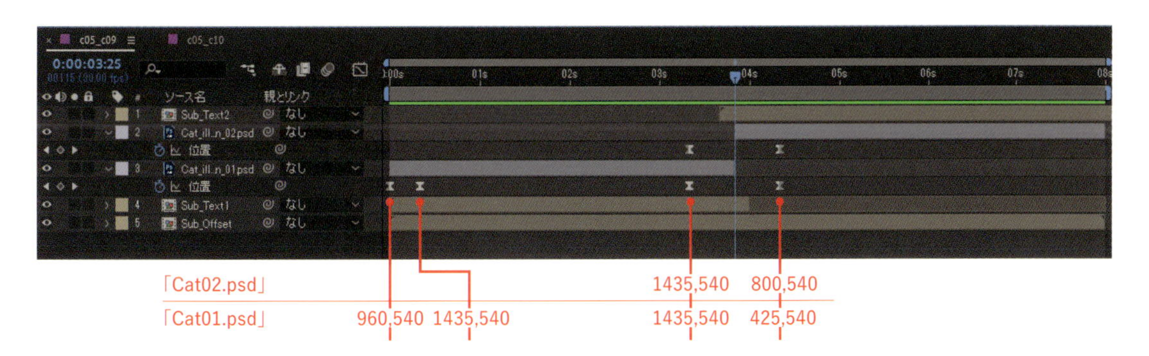

クイックなアニメーションにさせるため、すべてのキーフレーム速度を[90%]にしておきます。

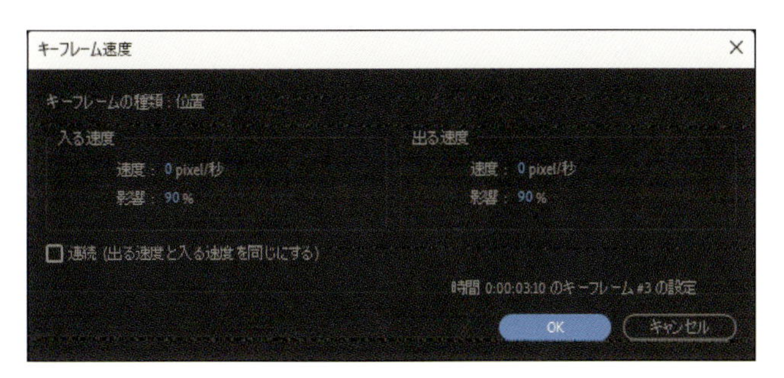

速度グラフエディターに切り替え、グラフの頂点がもっとも高い位置で「Cat01・02.psd」のレイヤーの開始・終了位置をずらします。この時キーフレームの位置はそのままにしておいてください。

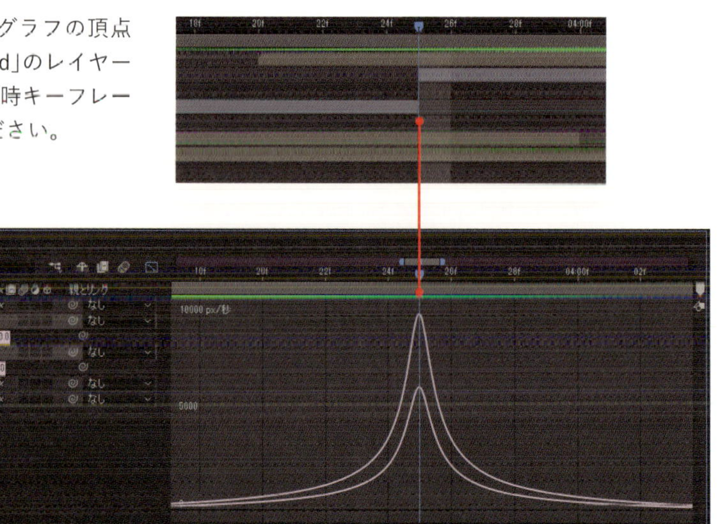

Step 4 全体の動きを作る

4-1 背景の動きを作る

背景の動きを作ります。
「Sub_Offset」にエフェクト「CC Power Pin」を追加します。次の通りにキーフレームを入力して下さい。

MEMO

エフェクト「CC Power Pin」は、4つの頂点を移動させ、レイヤーに遠近感やゆがみを再現することができます。

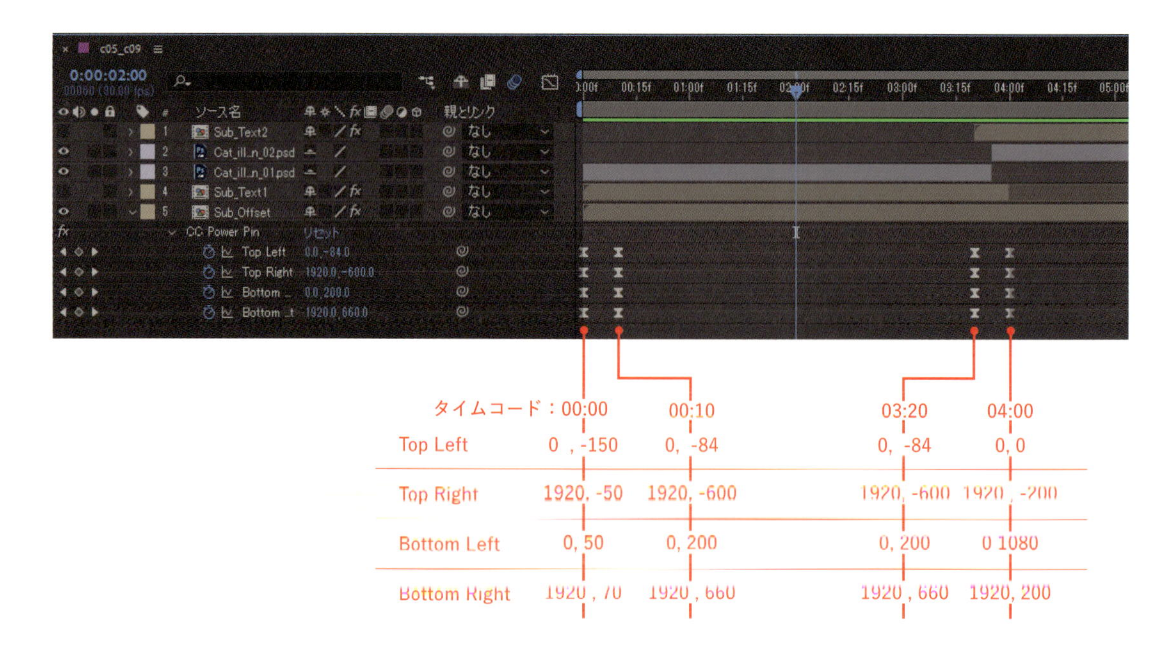

4-2 テキストの動きを作る

「Sub_Text1」の動きを付けていきます。こちらも「CC Power Pin」でパースを付けていきます。

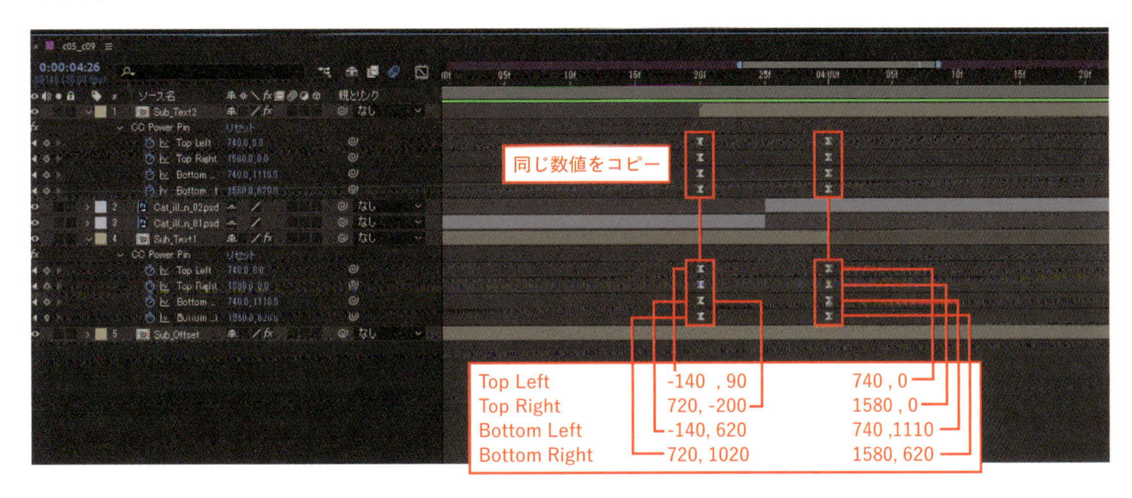

「Sub_Text2」にも同じ数値を設定します。
また、[Expansion(%)]の数値を「Sub_Text1」は[Rigth：15]、「Sub_Text2」は[Left：18]とし、範囲を拡張しておきます。
さらに、エフェクト「トランスフォーム」を追加し、テキスト全体が落下するアニメーションを作ります。

エフェクトコントロールパネル上で、「CC Power Pin」の上になるように移動しておきます。

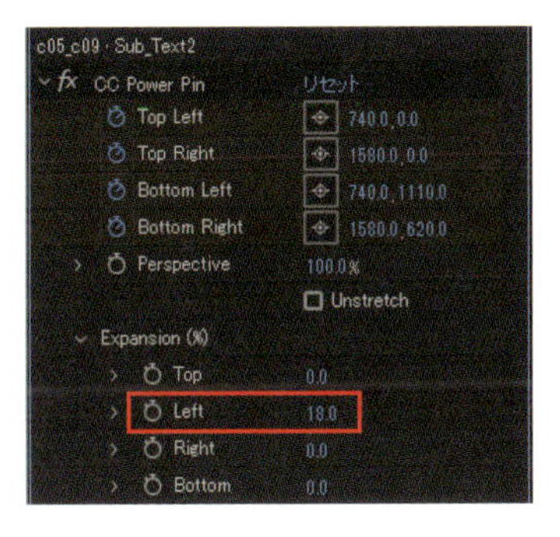

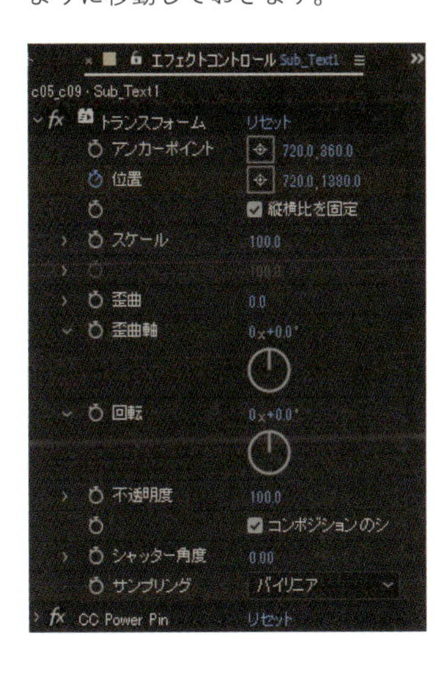

2つのテキストレイヤーの[位置]にキーフレームを入力します。
最後にすべての「キーフレーム速度」を[90%]にして完成です。

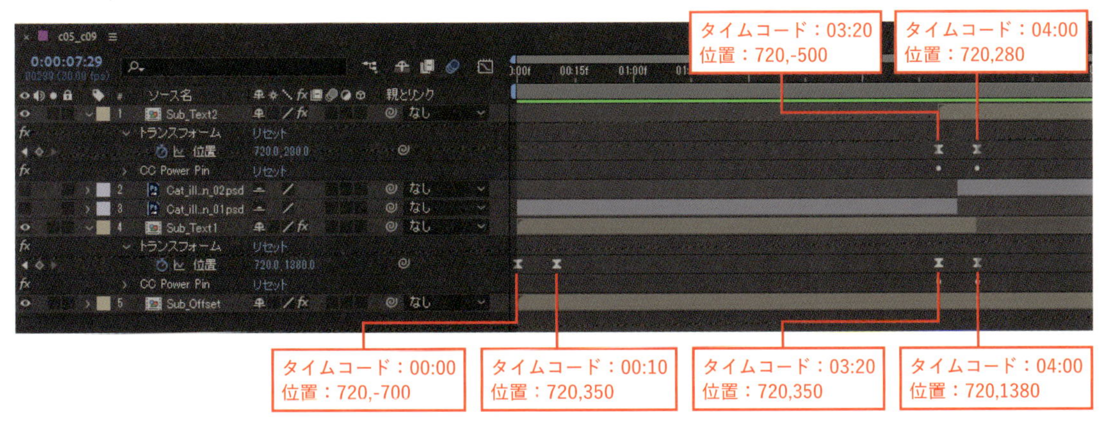

Section

04 成長イメージを演出！ のびのび植物

動画で確認！

下から上へ伸びていく植物をカメラで追う表現です。人や企業の成長を表現するシーンにおすすめです。

制作・文

この

主な使用機能

Create Nulls From Paths.jsx | パスのトリミング

Step 1 葉っぱのパーツを作る

1-1 葉っぱのイラストを用意する

新規コンポジションを Ctrl〔Macでは ⌘〕+ N で作成し、[コンポジション名：Leaf]［幅：120px］［高さ：200px］［デュレーション：0:00:05:00］とします。葉っぱの形のイラストをコンポジションサイズに合わせて作成します。レイヤー名は「Leaf_shape」とします。

MEMO

作例ではシェイプレイヤーを使ってイラストを描いていますが、読み込んだ画像素材を使ってもOKです。

1-2 葉っぱにスケールのアニメーションをつける

ツールパネルから「アンカーポイントツール」を選択し、「Leaf_shape」レイヤーのアンカーポイントを葉っぱの付け根に移動します。

アンカーポイントツール

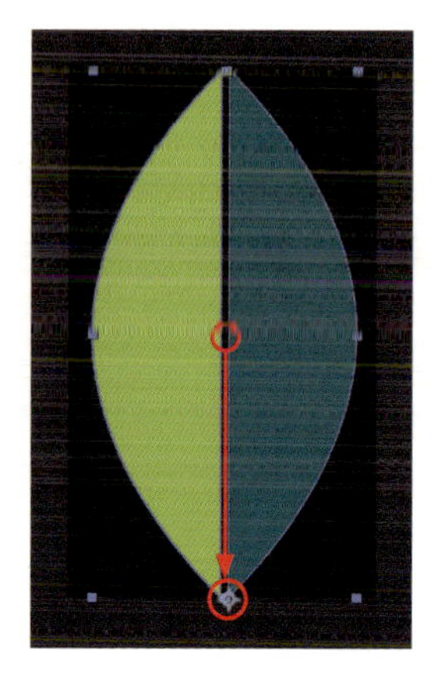

「Leaf_shape」レイヤーの［スケール］に次のようにアニメーションをつけます。
キーフレームを選択した状態でF9キーを押し、イージーイーズをかけます。

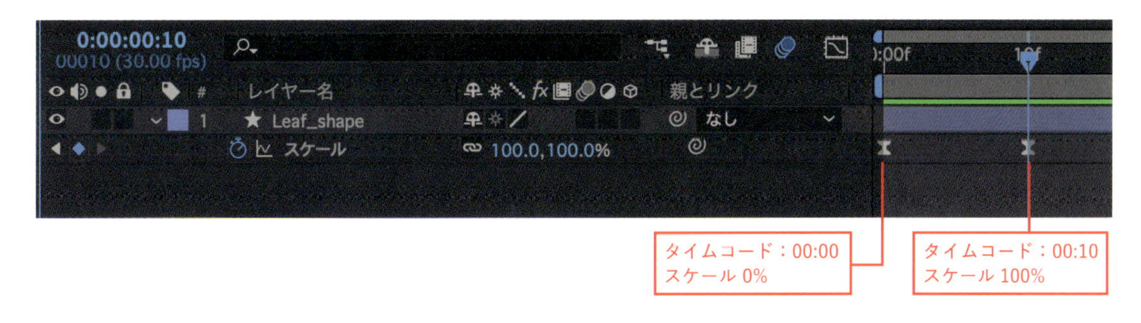

Step 2 枝のパーツを作る

2-1 パスで枝を描く

新規コンポジションをCtrl〔⌘〕+Nで作成し、［コンポジション名：Branch_1］［幅：600px］［高さ：600px］［デュレーション：0:00:05:00］とします。
ツールパネルから「ペンツール」を選択し、［塗り：なし］［線のカラー：#FFFFFF］［線幅：30px］に設定します。

ビュー上で画像のように枝の形を描きます。この時、枝が伸びる順番に（付け根の方から）描くようにしましょう。タイムラインに生成されたシェイプレイヤーのレイヤー名を「Branch_1_shape」に変更します。作例では1本目の枝を「シェイプ1」、枝分かれした2本目の小枝を「シェイプ2」として、2つのシェイプグループからできています。

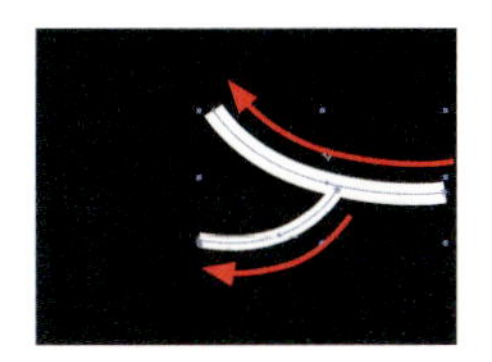

［コンテンツ＞シェイプ1＞線1＞テーパー］を展開して、［後端部の長さ：100］［終了幅：30］に設定します。［コンテンツ＞シェイプ2＞線1＞テーパー］も同様に設定します。「シェイプ2」は［線幅：20px］に変更し、枝のフォルムを整えます。

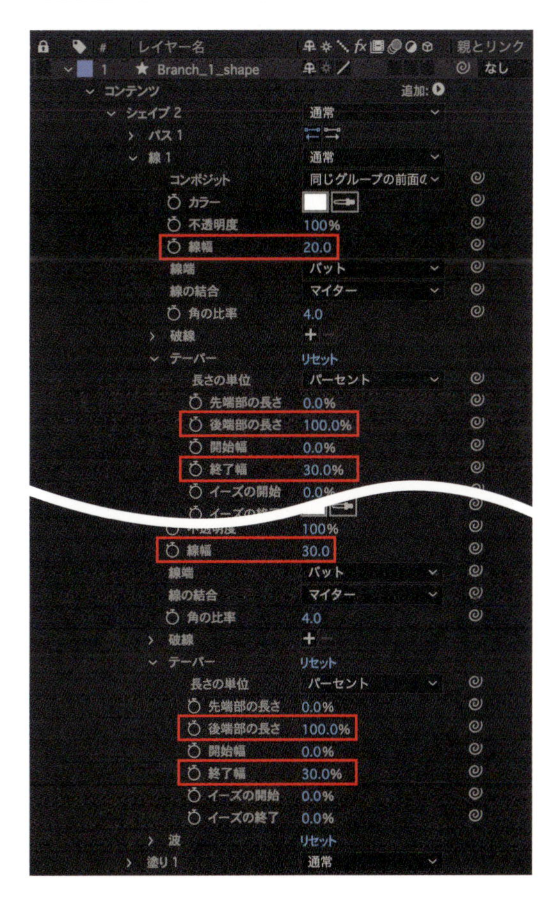

2-2 枝に葉っぱを配置する

「Branch_1」コンポジションにプロジェクトパネルから「Leaf」コンポジションをドラッグ＆ドロップで配置します。「Leaf」コンポジションレイヤーをいくつか複製し、枝とのバランスを見ながら配置します。

MEMO

「Leaf」コンポジションレイヤーは、1-2 で設定したアニメーションがついています。タイムラインのインジケーターを[0:20]に移動し、葉っぱの[スケール]が[100%]になっている状態でレイアウト作業を行いましょう。

2-3 枝が伸びるアニメーションをつける

「Branch_1_shape」シェイプレイヤーの「コンテンツ＞シェイプ1」を選択した状態で、追加▶から“パスのトリミング”を選択します。同様に［コンテンツ＞シェイプ2］にも「パスのトリミング」を追加します。それぞれ[終了点]の値に次のようにアニメーションをつけます。すべてのキーフレームを選択した状態でF9キーを押し、イージーイーズをかけます。

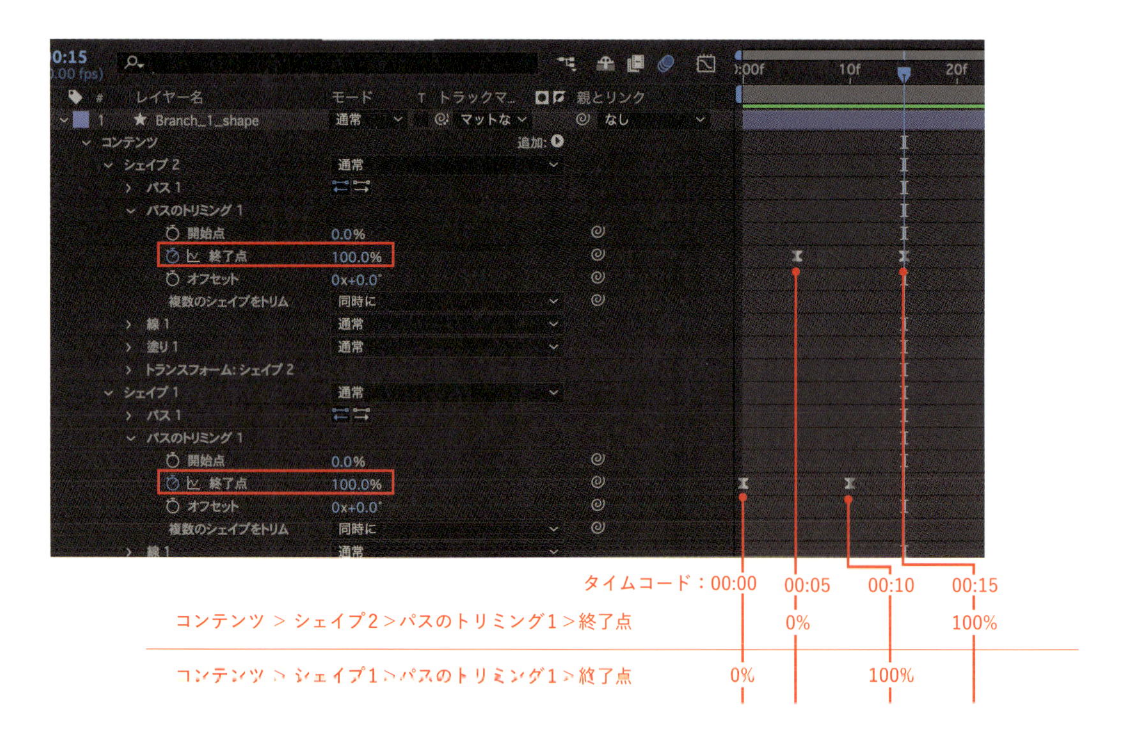

2-4 葉っぱの出現タイミングを調整する

タイムラインパネル上で「Leaf」コンポジションレイヤーの始まり位置を後ろに移動し、枝が伸びるアニメーションに合わせて葉っぱが出現するように調整します。

2-5 枝のパーツを何種類か用意する

プロジェクトパネルで「Branch_1」コンポジションをいくつか複製し、枝と葉っぱの配置を変えてバリエーションを作ります。作例では4種類の枝のパーツを用意しています。

「Branch_1」コンポジション

「Branch_2」コンポジション

「Branch_3」コンポジション

「Branch_4」コンポジション

Step 3 幹のパーツを作る

3-1 パスで幹を描く

新規コンポジションを Ctrl (Macでは ⌘)+N で作成し、[コンポジション名:Plant][幅:1920px][高さ:5760px][デュレーション:0:00:05:00]とします。ツールパネルからペンツールを選択し、[塗り:なし][線のカラー:#FFFFFF][線幅:100px]に設定します。

ビュー上で画像のように幹の形を描きます。この時、下から描くようにしましょう。タイムラインに生成されたシェイプレイヤーのレイヤー名を「Stem」に変更します。「Stem」シェイプレイヤーの[コンテンツ>シェイプ1>線1>テーパー]を展開して、[後端部の長さ:100][終了幅:10]に設定します。

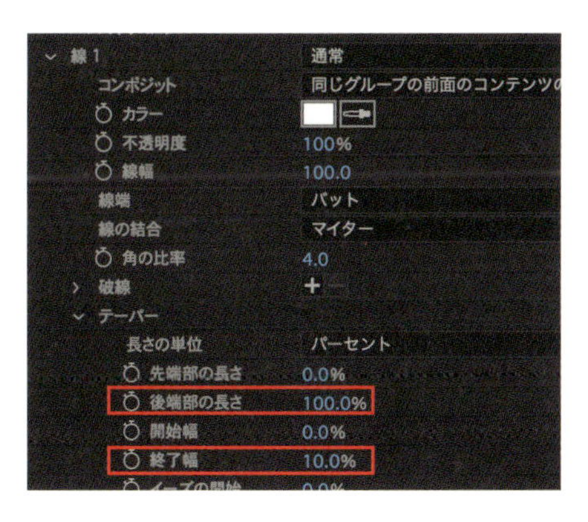

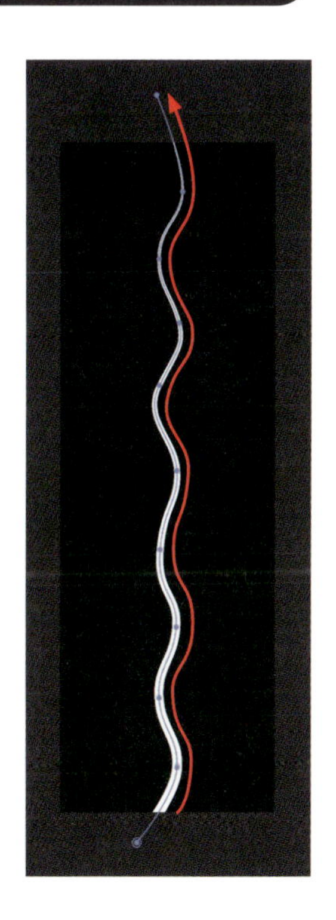

3-2 スクリプトを適用する

「Stem」シェイプレイヤーの[コンテンツ>シェイプ1>パス1>パス]を選択します。
メニューバー"ウィンドウ"→"Create Nulls From Paths.jsx"を選択し「Create Nulls From Paths」ダイアログボックスを表示します。メニューの中から[パスをトレース]を選択します。

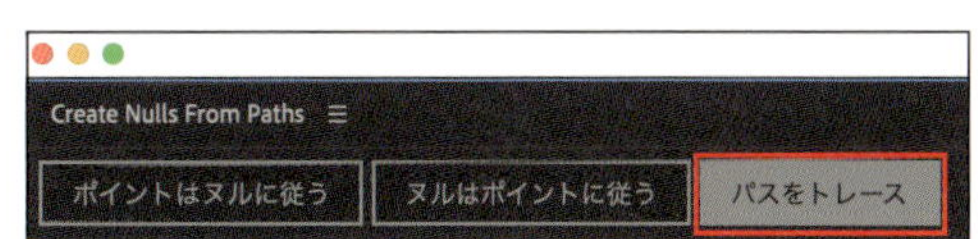

すると、ヌルオブジェクトが自動的に生成されます。ヌルオブジェクトのレイヤー名を「Tip」とします。「Tip」ヌルオブジェクトを選択し、エフェクトコントロールから「パスをトレース」のプロパティ[ループ]のチェックを外します。

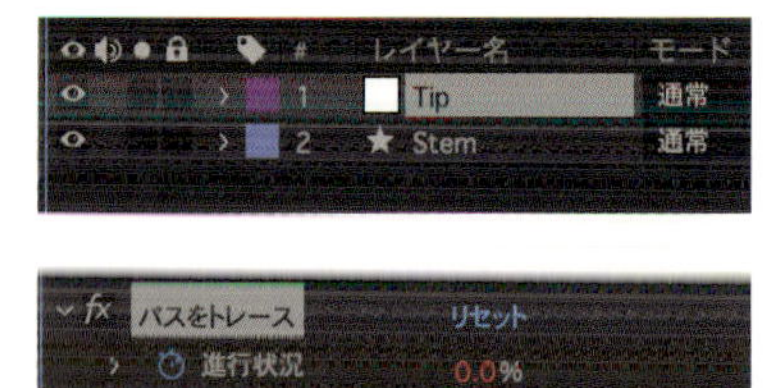

タイムラインパネルで「Tip」ヌルオブジェクトを選択した状態でショートカットキー U を押します。展開された[パスをトレース>進行状況]のストップウォッチアイコンを押し、予め自動的につけられていたキーフレームを削除します。

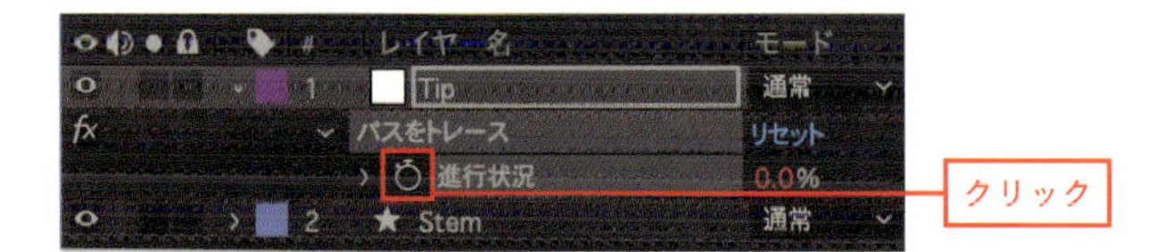

3-3 幹が伸びるアニメーションをつける

「Stem」シェイプレイヤーの[コンテンツ>シェイプ1]を選択した状態で、追加から“パスのトリミング”を選択します。[終了点]の値に次のようにアニメーションをつけます。キーフレームを選択した状態で F9 キーを押し、イージーイーズをかけます。

「Tip」ヌルオブジェクトの[パスのトレース>進行状況]のピックウィップを「Stem」シェイプレイヤーの[コンテンツ>シェイプ1>パスのトリミング1>終了点]につなげます。

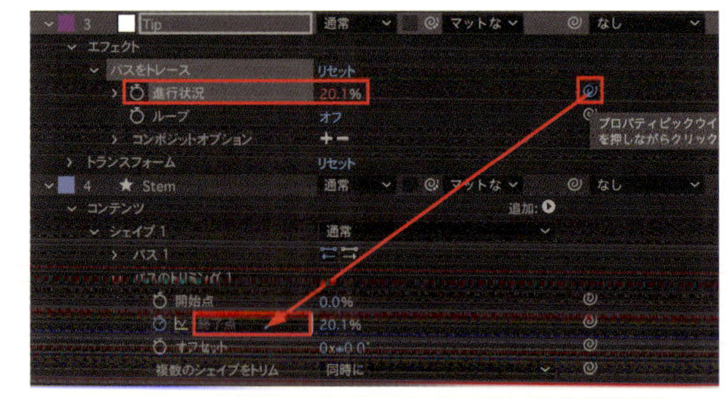

3-4 幹の先端にふた葉をつける

「Plant」コンポジション内にプロジェクトパネルから「Leaf」コンポジションをドラッグ&ドロップで配置します。タイムラインパネルで「Leaf」コンポジションレイヤーを複製し2つにします。インジケータをタイムコード[01:00]の時点に移動します。「Stem」シェイプレイヤーのパスの先端に「Leaf」コンポジションレイヤーをふた葉の形になるように配置します。

ふた葉を作っている2つの「Leaf」コンポジションレイヤーの「親子とリンク」を「Tip」ヌルオブジェクトに設定します。これでふた葉が伸びる幹に合わせて動くようになりました。

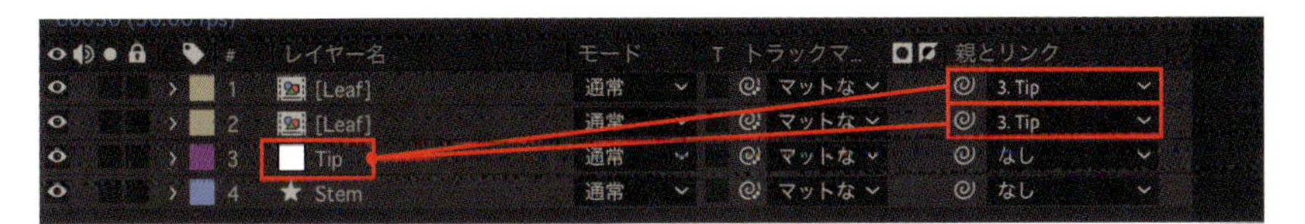

Step 4 幹に枝のパーツつける

4-1 幹に枝のパーツを配置する

「Plant」コンポジション内にプロジェクトパネルから「Branch_1」「Branch_2」「Branch_3」「Branch_4」コンポジションをドラッグ＆ドロップで配置します。インジケータをタイムコード 4:29 の時点に移動し、幹の「Stem」シェイプレイヤーのパスが全て表示されている状態にします。「Branch_1」「Branch_2」「Branch_3」「Branch_4」コンポジションレイヤーを適宜複製しながらバランス良く配置していきます。

MEMO

左右反転させたい場合は、レイヤーのトランスフォーム[スケール]の「縦横比を固定」アイコンを外し、右側の値に「-」を入れます。

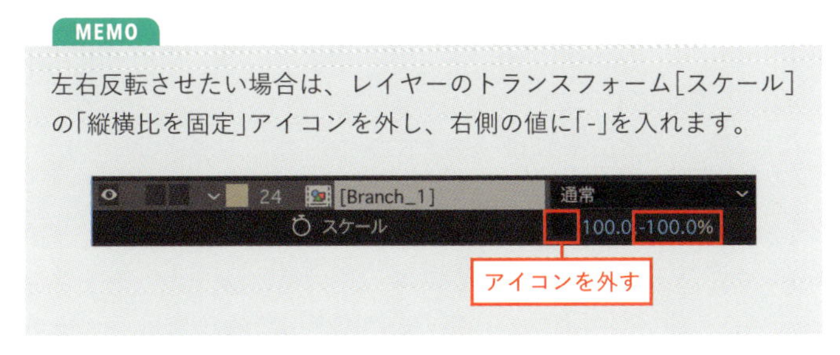

4-2 枝の出現タイミングを調整する

「Branch_1」「Branch_2」「Branch_3」「Branch_4」コンポジションレイヤーには、2-3 でつけた枝が伸びるアニメーションがついています。3-3 でつけた幹のアニメーションに合わせて、下から順番に枝が伸びていくようにレイヤーの始まり位置を後ろへずらします。こうして、幹が伸びたところから枝分かれしていくような表現になります。

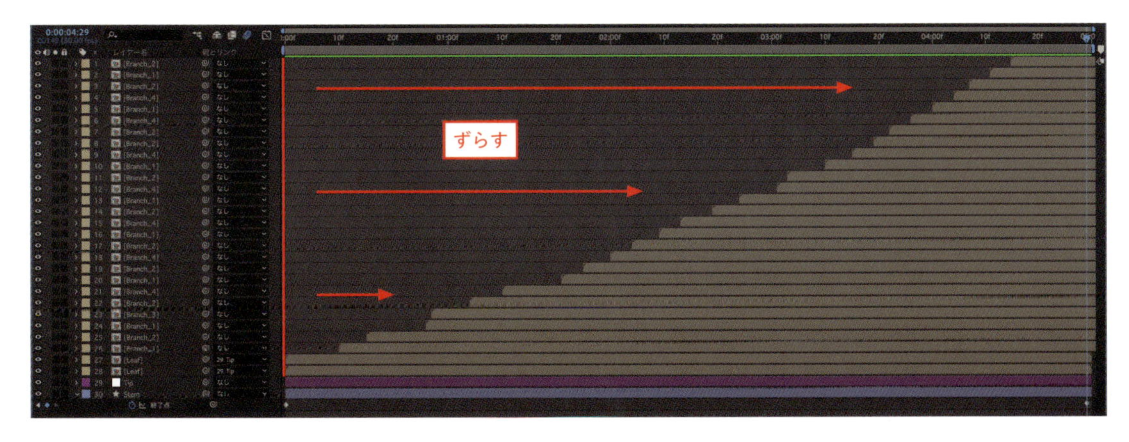

Step 5 カメラをつける

5-1 「Main」コンポジションに配置する

「Main」コンポジションを開きます。背景素材として新規平面レイヤーを Ctrl（Macでは ⌘）+ Y で作成し、［カラー：#138FA8］に設定します。プロジェクトパネルから「Plant」コンポジションをドラッグ＆ドロップで配置します。「Plant」コンポジションレイヤーのトランスフォームを［ 位置：960,-1800 ］に設定します。

5-2 カメラレイヤーを作成する

「Main」コンポジションに、メニューバー“レイヤー”→“新規”→“カメラ”で新規カメラレイヤーを追加します。
カメラ設定から［種類：1ノードカメラ］［プリセット：50mm］に変更しましょう。タイムラインパネルで「Plant」コンポジションレイヤーの「3Dレイヤースイッチ」をクリックして、3Dレイヤーに切り替えます。

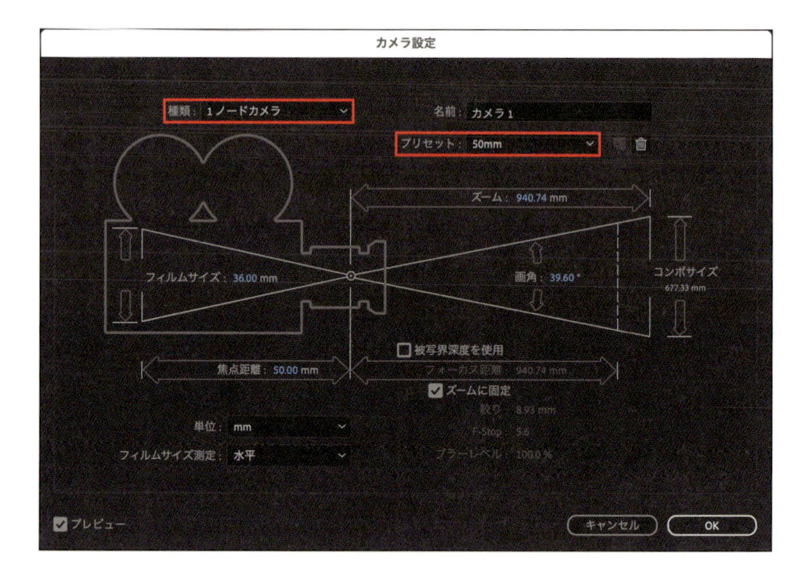

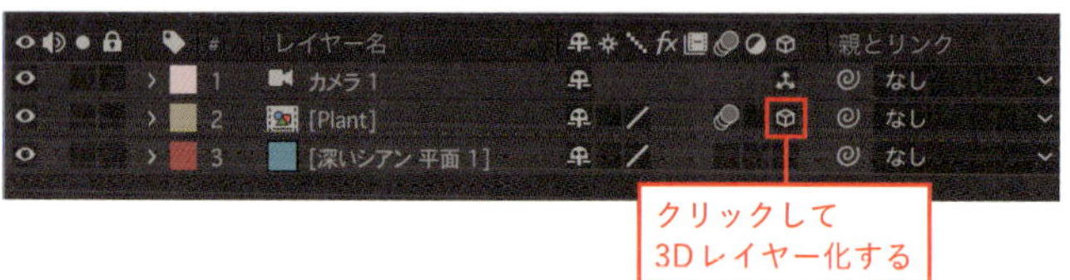

5-3 カメラにアニメーションをつける

カメラレイヤーの［位置］の値に次のようにアニメーションをつけます。キーフレームを選択した状態で F9 キーを押し、イージーイーズをかけます。これで下から上へ伸びていくのびのび植物のできあがりです。作例では、仕上げにレイヤースタイルの「ドロップシャドウ」や「モーションブラー」を適用しています。

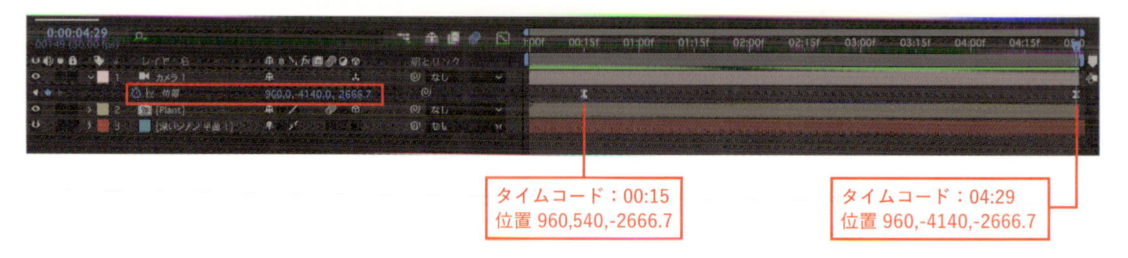

Section

05 コツを掴んで素早く作る！ジオメトリフレーム

動画で確認！

幾何学模様を使用した背景アニメーションの作り方と効率的な作業方法を解説します。シンプルでありながらインパクトのあるデザインは、様々なジャンルで活用されています。

制作・文

ヌル1

主な使用機能

グリッド ｜ スナップ ｜ タイムリマップ ｜ エクスプレッション ｜ CC RepeTile ｜ ブラインド

Step 1 コンポジションを作る

1-1 グリッドの間隔を設定する

メニューバー"編集"〔Macでは"After Effects"〕→"環境設定"→"グリッド＆ガイド"を選択して環境設定を開きます。[グリッドの間隔:90]、[分割数:2]にします。

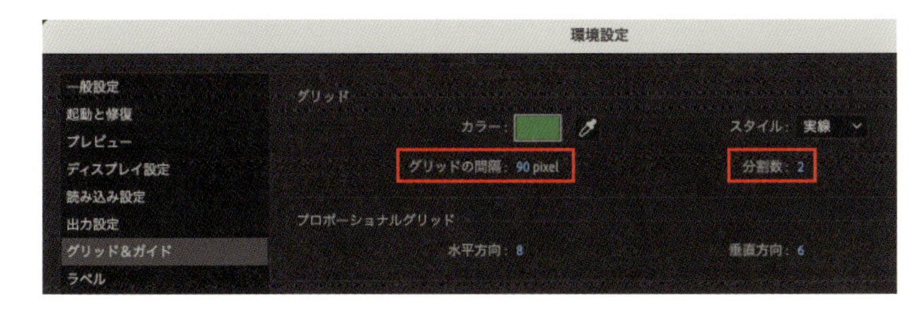

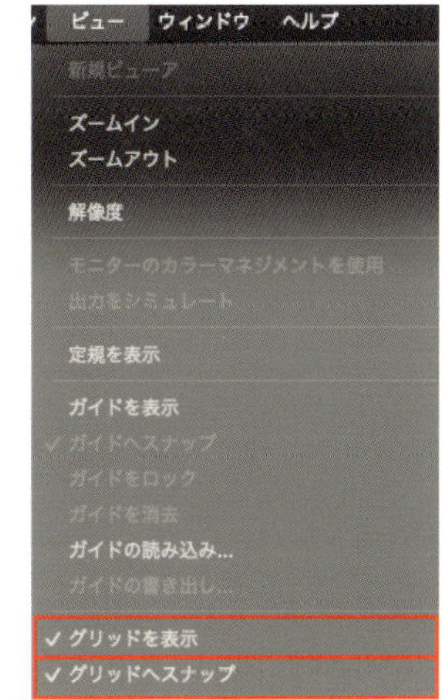

メニューバー"ビュー"→"グリッドを表示"を選択して、グリッドを表示させます。同様に、メニューバー"ビュー"→"グリッドへスナップ"を選択して、グリッドへのスナップを有効にしましょう。
ツールバーの「スナップチェックボックス」も有効にしましょう。これで、グリッドとレイヤー、それぞれのスナップが有効になりました。

1-2 コンポジション設定

1-1で設定したグリッド間隔に適したコンポジションを作ります。[幅：360]、[高さ：180]の横長、もしくは[幅：180]、[高さ：180]の正方形コンポジションを作りましょう。デュレーションは[0:00:02:10]にします。
作成したコンポジションに、幾何学模様のデザインを作成しましょう。本作例では「A ～ K」まで、11個のコンポジションを作成しています。

Step 2 アニメーションを付ける

2-1 キーフレームの間隔を統一する

作成した各コンポジションにおいて、「00:00 ～ 01:00で、デザインが切り替わるアニメーション」、「01:00 ～ 01:05は静止」、「01:05 ～ 02:05で、00:00のデザインへ戻るアニメーション」を付けます。

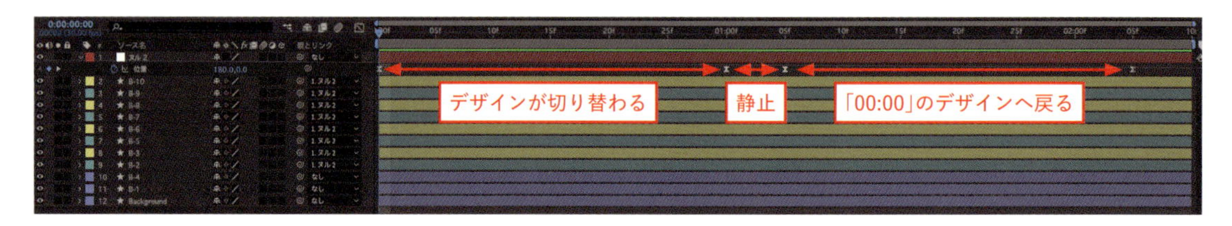

[位置] プロパティにアニメーションを付ける際は、コンポジションビューでレイヤーをドラッグします。「スナップ」と「グリッドへスナップ」を活用することで、移動する距離や角度に統一感を出し、効果的に作ることができます。

2-2 イージーイーズを統一する

イージーイーズも決まった値に統一しましょう。作成した各コンポジションにおいて、全てのキーフレームを選択した状態で、Ctrl（Macでは⌘）+ Shift + K を押して、「キーフレーム速度」を開きます。[入る速度] と [出る速度] のプロパティをそれぞれ[0度/秒] 「影響：80]とします。

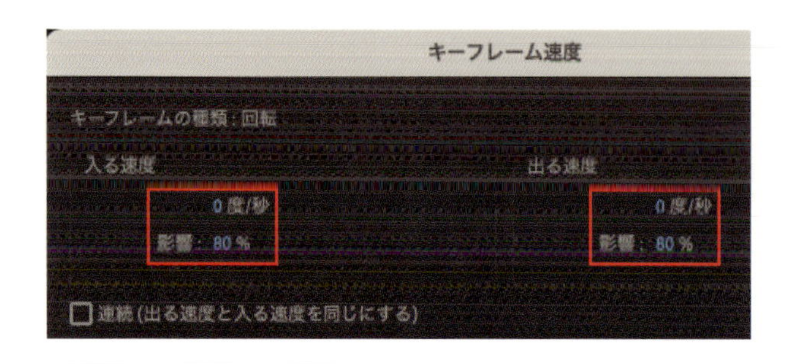

MEMO

「キーフレームの間隔」と「イージーイーズ」を作成した全てのコンポジションで揃えることで、作品全体のアニメーションに統一感を出すことが出来ます。また、イージーイーズの値を統一する際、「EaseCopy」というスクリプトを使用することで、値をコピー＆ペーストすることが出来ます。

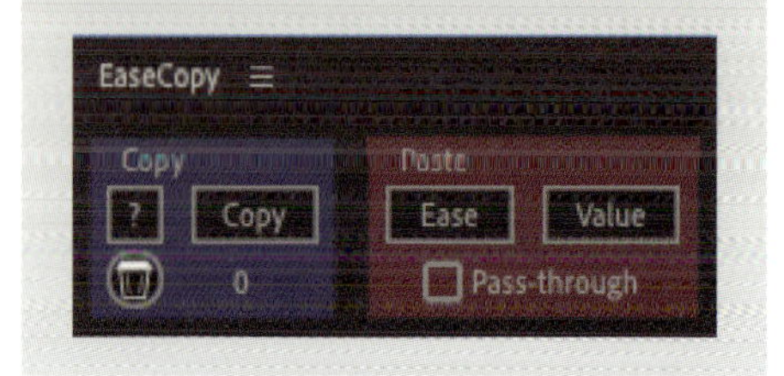

2-3 コンポジションレイヤーを並べて配置する

新規コンポジションを作成します。コンポジション名を「Top」として、コンポジションサイズは[幅：2250]、[高さ：180]デュレーションは[0:00:10:00]にしましょう。幾何学模様の各コンポジションを読み込み、「Top」コンポジションの横幅に収まるように配置します。ここでも「スナップ」と「グリッドへスナップ」を活用して効率良く配置しましょう。

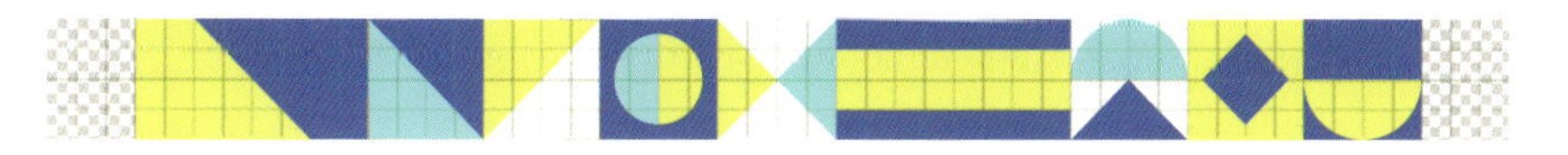

レイヤーメニュー→"Auto Crop"を選択して、左右の余白を削除します。

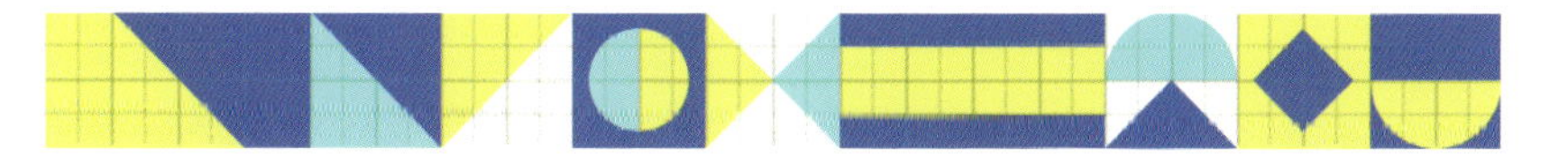

「Top」コンポジションと同様の手順で、「Bottom」コンポジションを作成します。「Top」とは別の幾何学模様を使用したり、並び順や角度を変更して、「Top」コンポジションとはパターンの異なるものを作成しましょう。

MEMO

横並びにした際、隣り合わせの幾何学模様が同色になると、境目が無くなり意図しないデザインになってしまいます。4色以上の色数にすると、隣り合わせの同色を避けやすいのでオススメです。

2-4 アニメーションをループさせる

「Top」コンポジション内のいずれかのコンポジションレイヤーを選択した状態で、Ctrl＋Alt〔⌘＋option〕＋Tを押してタイムリマップを追加します。
タイムリマップをループさせるためストップウォッチアイコンをAlt〔option〕キーを押しながらクリックして、以下のエクスプレッションを入力します。

```
loopOut(type ="cycle")%(timeRemap.key(2));
```

「タイムリマップ」プロパティをキーフレームとエクスプレッションごとコピーして、「Top」コンポジション内にある他のコンポジションレイヤーにペーストしましょう。

「Bottom」コンポジション内の全レイヤーにも同様にペーストします。

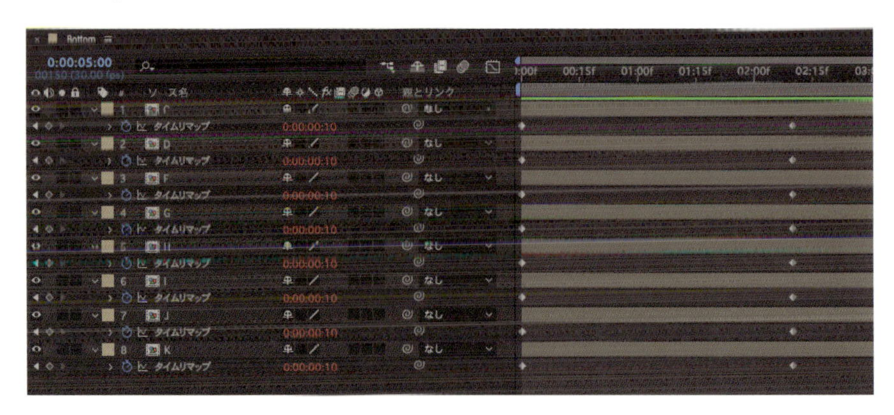

2-5 幾何学模様を上下に配置する

新規コンポジションを作成します。コンポジション名を「Main」として、[プリセット：ソーシャルメディア（横長HD）・1920 × 1080・30fps]［デュレーション：0:00:10:00］にしましょう。

「Top」と「Bottom」コンポジションを読み込みます。[位置] プロパティを右クリックして、“次元に分割”を選択します。

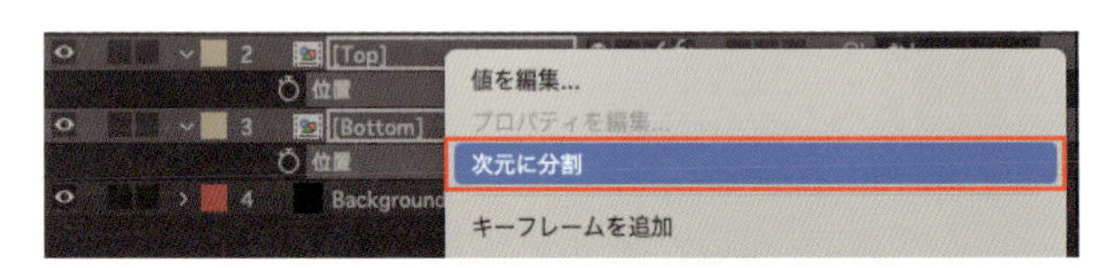

「Top」コンポジションレイヤーを［Y位置：90］へ、「Bottom」コンポジションレイヤーを[Y位置：990]へ変更します。

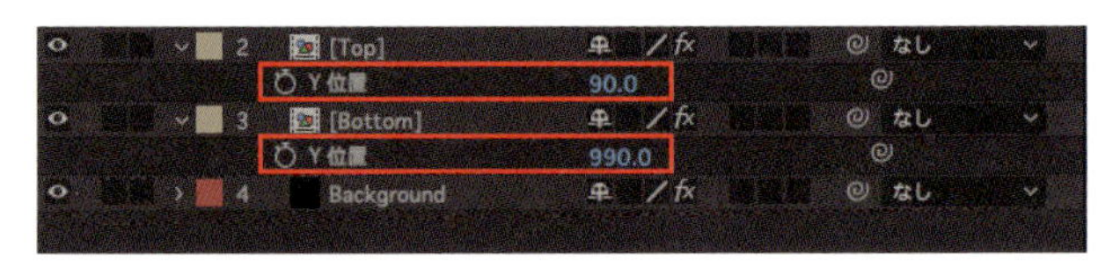

「Top」コンポジションレイヤーに、メニューバー“エフェクト”→“スタイライズ”→“CC RepeTile”を適応します。プロパティを［Expand Right：1000］［Expand Left：1000］に変更しましょう。これで「Top」コンポジションレイヤーの左右が拡張されます。

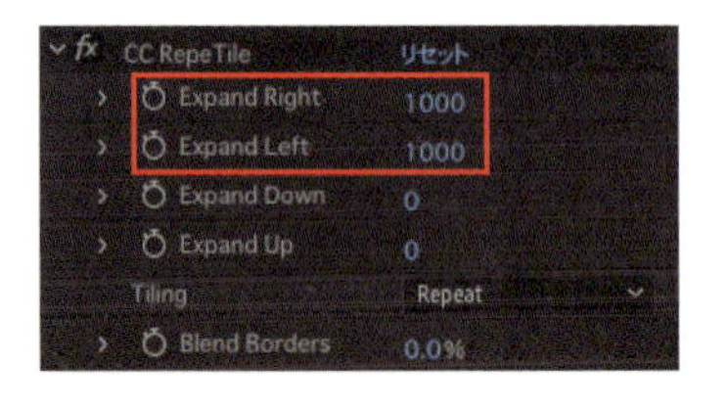

「Top」コンポジションレイヤーの「CC RepeTile」をコピーして、「Bottom」コンポジションレイヤーにペーストしましょう。[位置] にキーフレームを打ち、「Top」コンポジションレイヤーを左へ、「Bottom」コンポジションレイヤーを右へ移動させます。作品のイメージに応じて移動距離は任意に調整しましょう。

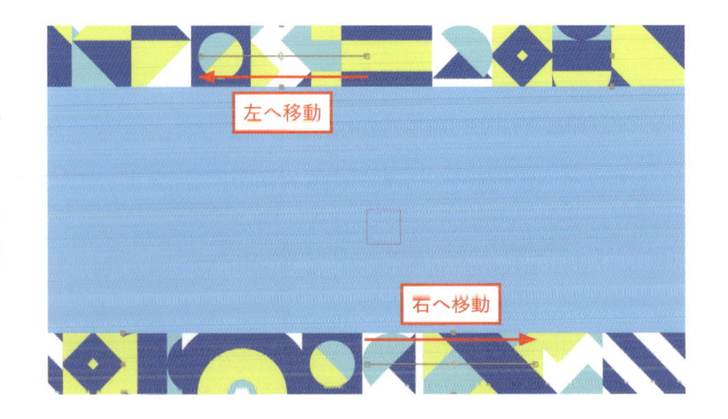

Section

06 空間演出の大定番 3Dトンネル表現

動画で確認！

3D機能を使用して、立体的なビジュアルを作成する方法を紹介します。カメラが進んでいくアニメーションを加えることで、疾走感のある映像を作ることができます。

制作・文
サプライズ栄作

主な使用機能

シェイプレイヤー ｜ 3D レイヤー ｜ アドバンス 3D レンダラー

1 ベースとなる形状を作成する

ツールパネルから「長方形ツール」を選択します。ツールパネルの右側に表示される［塗り］の文字をクリックして「塗りオプション」から［単色］を選択し、［塗りのカラー：青(#0052E7)］に設定します。［線］の文字をクリックして「線オプション」を開き、［なし］を選択します。

「長方形ツール」をダブルクリックして、コンポジションサイズの長方形を作成します。［パスの結合］を使用して形状を変化させたいので、長方形パスをもう1つ用意します。コンテンツ内の「長方形 1」を選択して、Ctrl〔Macでは⌘〕+Dで複製します。

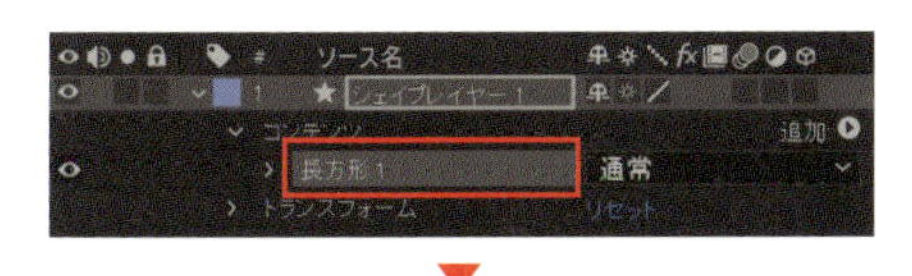

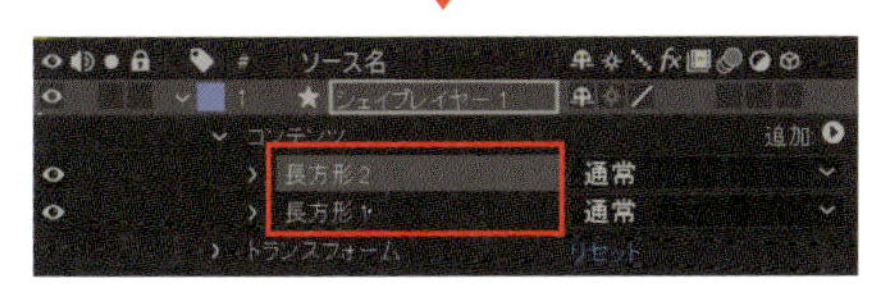

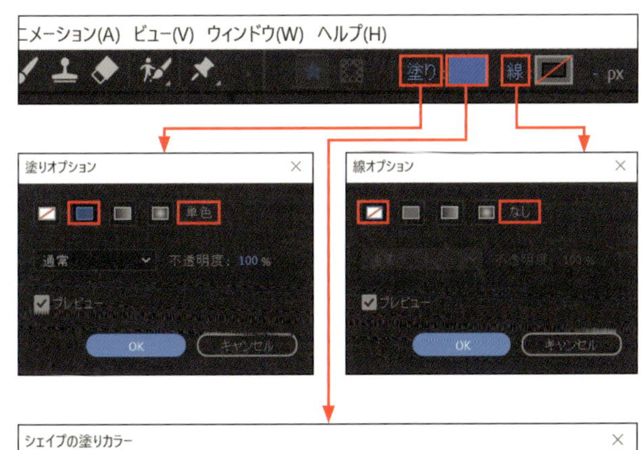

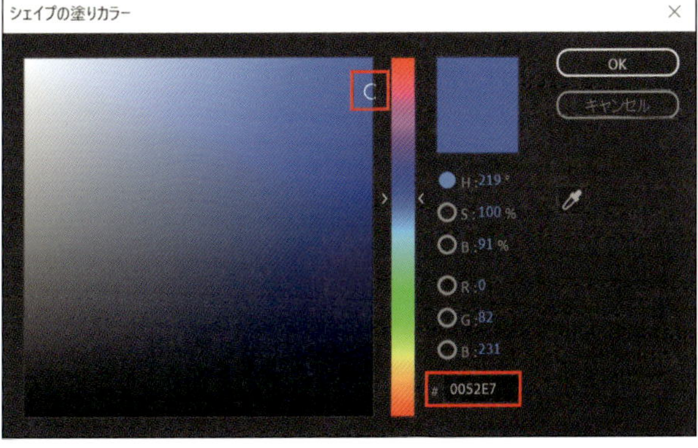

「長方形 1」を展開して、[サイズ：1000,400]、[角丸の半径：200]に変更します。
レイヤー内の項目が何も選択されていないことを確認して、コンテンツの右側の追加▶から"パスの結合"を選択します。
「パスの結合」を展開し、[モード：型抜き] に変更します。

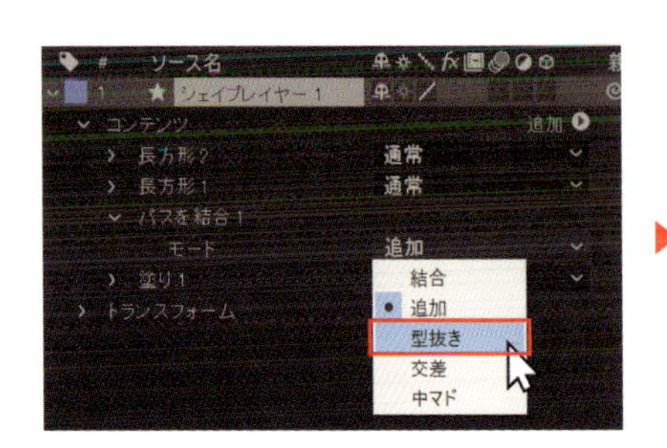

長方形2から長方形1を引いた形状

2 3D レイヤーで厚みをつける

レイヤーのスイッチから「3D レイヤー」を有効にします。コンポジションパネルの下側にある、レンダラー設定から「アドバンス 3D」に変更します。

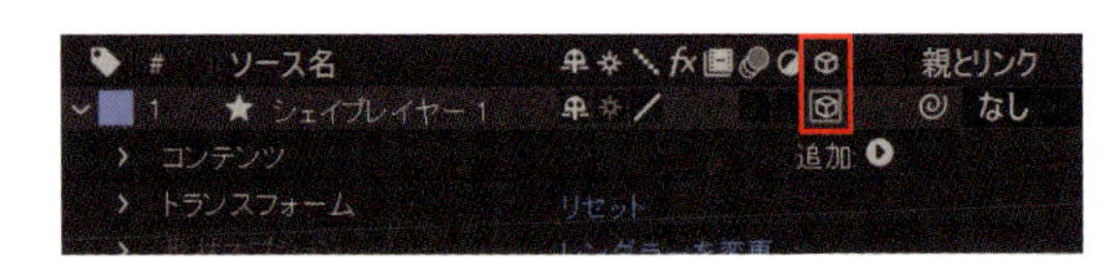

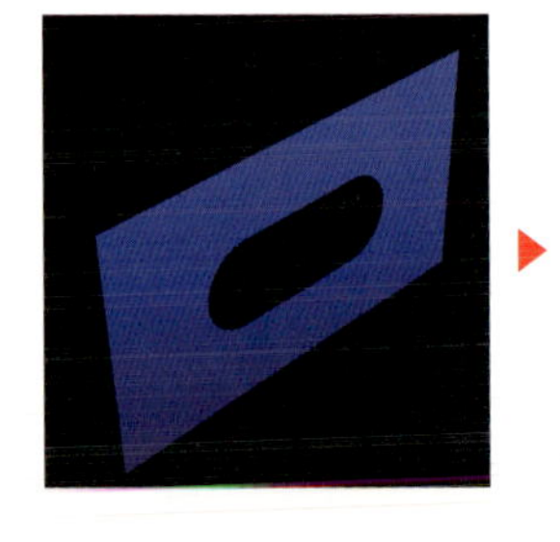

シェイプレイヤーの「形状オプション」を展開し、[押し出す深さ：150]にして厚みを追加します。

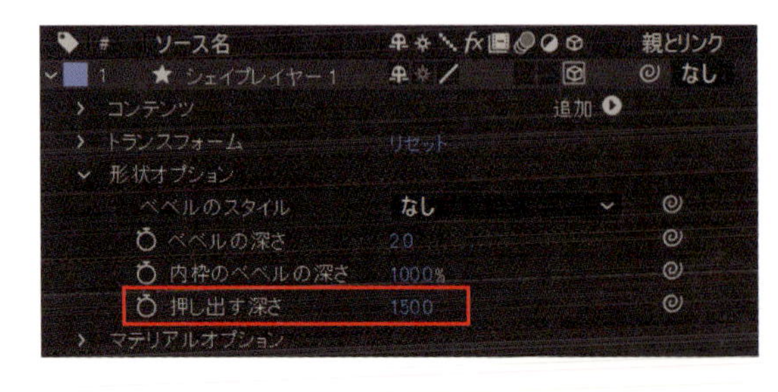

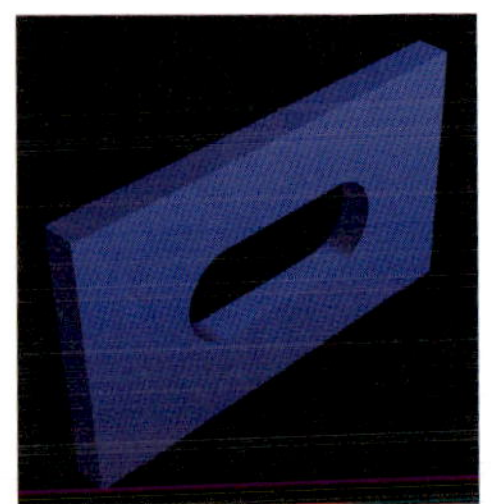

「マテリアルオプション」を展開し、[鏡面光沢:40%]に変更して質感を調整します。鏡面光沢を上げることでオブジェクトの反射がクリアになり、プラスチックのような質感を追加できます。好みに合わせて変更してください。

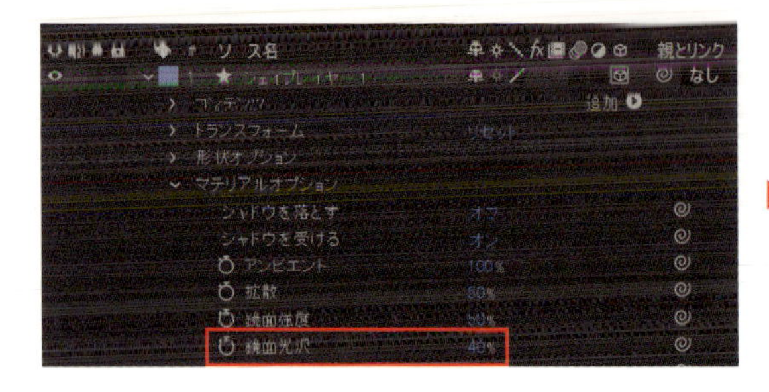

❸ 複製して奥行きを表現する

シェイプレイヤーを複製して配置し、奥行きのある空間を作っていきます。「複製して手動で配置」という工程を繰り返しても問題ないですが、少し楽をするためにエクスプレッションを使用します。奥行きを表現するために必要な軸は［Z位置］です。レイヤーのトランスフォームを展開し、［Z位置］プロパティを確認してください。環境設定によっては位置の次元が分割されておらず、X、Y、Zの位置が個別に表示されていない場合があります。

MEMO

次元が分割されていない場合は、［位置］にカーソルを合わせて右クリックして、"次元に分割"を選択し、X、Y、Zの位置を個別に扱えるようにしておきます。

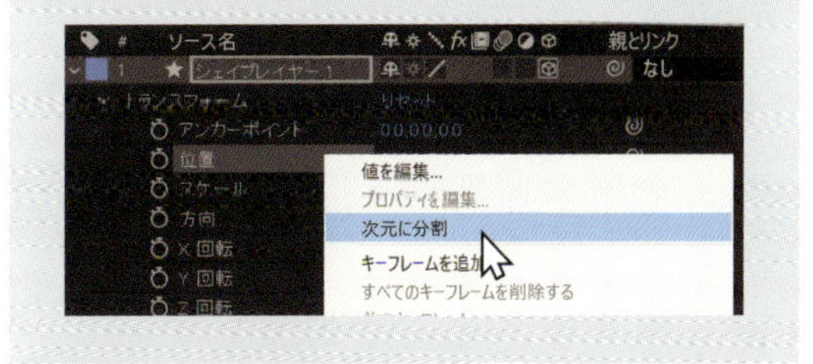

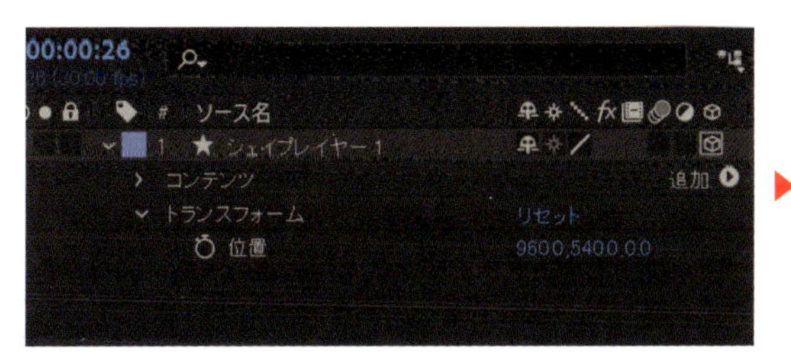

位置の次元が分割されていない状態

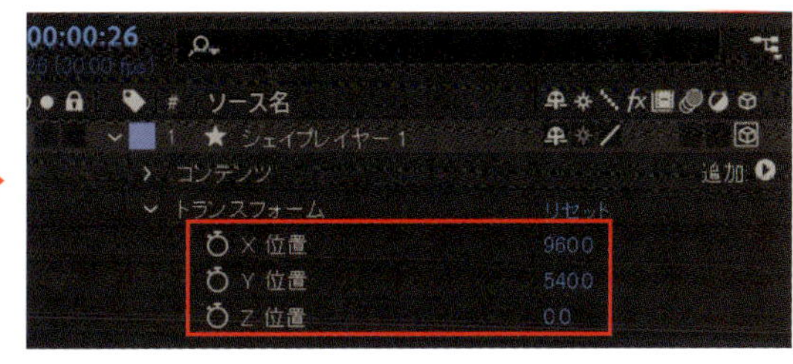

位置の次元が分割された状態

［Z位置］のストップウォッチアイコンをAlt〔option〕キーを押しながらクリックしてエクスプレッションを追加します。エクスプレッションフィールドに以下のエクスプレッションを入力します。

```
zOffset = -500 * (index - thisComp.layer("シェイプレイヤー 1").index);
thisComp.layer("シェイプレイヤー 1").transform.position[2] + zOffset;
```

（"シェイプレイヤー 1"）の部分はシェイプレイヤー名を入力

このエクスプレッションは、「シェイプレイヤー 1」のZ位置を基準にして複製したレイヤーのZ位置を自動設定してくれます。レイヤーを複製する度に、複製されたレイヤーのZ位置が500ずつずれていくため、奥行きを表現することに利用できます。複製される度に回転も加えたいので、レイヤートランスフォームの［回転(R)］を表示します。［Z回転］に対して以下のエクスプレッションを入力します。

```
rotationOffset = -10 * (index - thisComp.layer("シェイプレイヤー 1").index);
thisComp.layer("シェイプレイヤー 1").transform.zRotation + rotationOffset;
```

準備が整ったので、シェイプレイヤーを複製していきます。「シェイプレイヤー 1」を選択して、Ctrl〔⌘〕+Dで複製します。
エクスプレッションの効果で複製される度に、Z位置は500ずつ、Z回転は10°ずつ増えていくので、奥に進みながらツイストするイメージを作ることができます。作例では合計18個になるように複製しました。

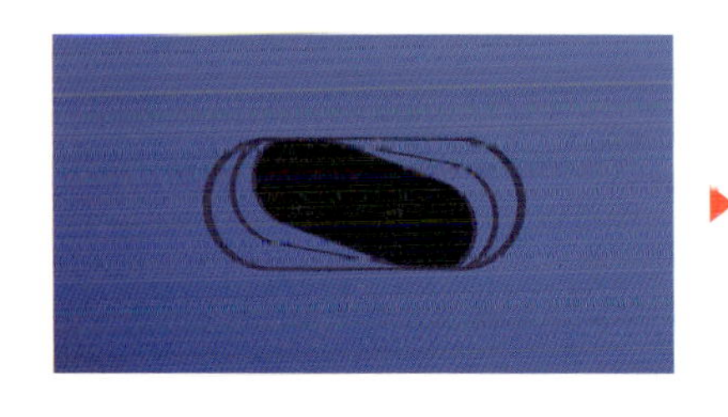

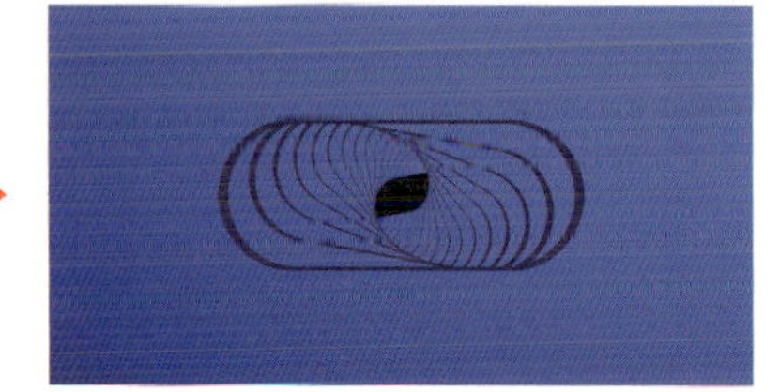

4 カメラを追加して奥に進む表現を作成する

メニューバー"レイヤー"→"新規"→"カメラ"を選択します(Ctrl〔⌘〕+Alt〔Option〕+Shift+C)。[種類：1ノードカメラ]にして、[プリセット：28mm]に設定します。
カメラレイヤーを展開し、[Z位置]と［Z回転］にキーフレームを設定してアニメーションを作成します。

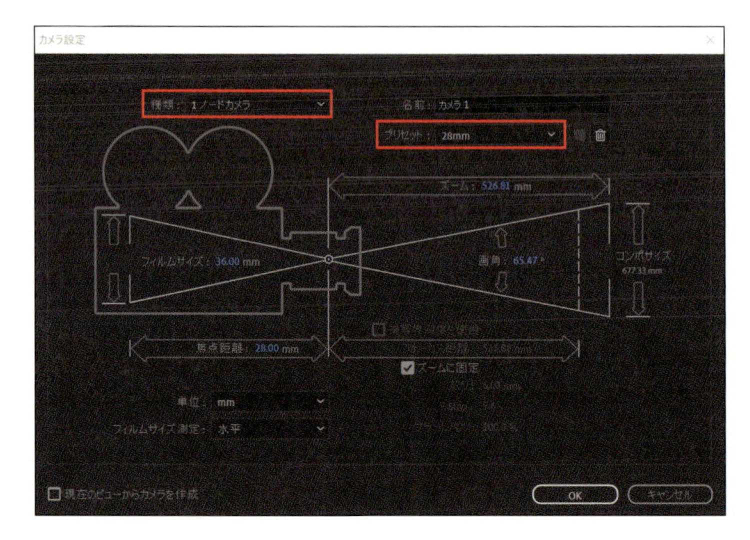

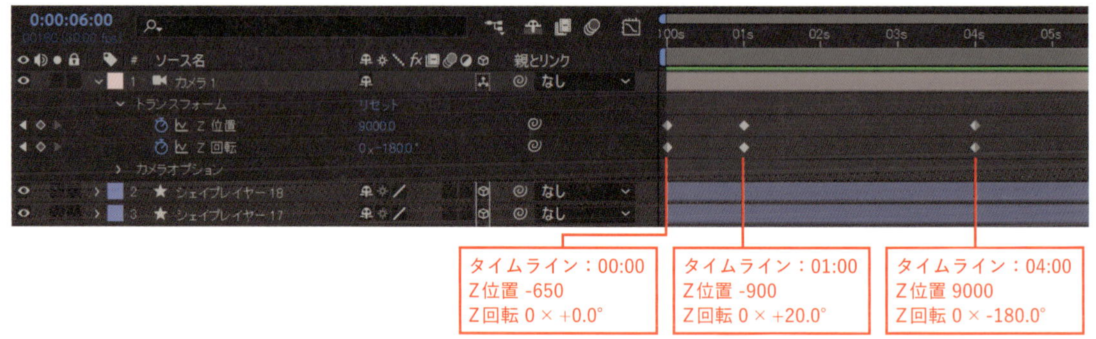

5 動きに緩急を加える

予備動作から徐々に加速するイメージで編集します。［Z位置］に設定した最後のキーフレーム以外を選択して、いずれかのキーフレームにカーソルを合わせ、右クリックして"キーフレーム速度"を選択します(Ctrl〔⌘〕+Shift+K)。
[入る速度]［出る速度]ともに、[影響：70%]に変更します。[Z回転]も同じように[入る速度]［出る速度]ともに、[影響：70%]に変更します。
最後のキーフレームはリニアのままでも良いですが、リニアのままだと最後に少し減速します。動きにこだわりたい方はグラフエディターを使って編集してください。作例のカメラの動きを考えると速度が出た状態で終わることが好ましいので、グラフエディターを開いて画像を参考に調整してみてください。

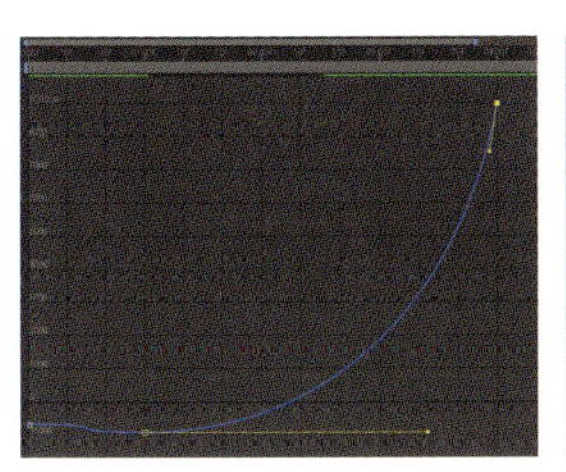
[位置]の値グラフ

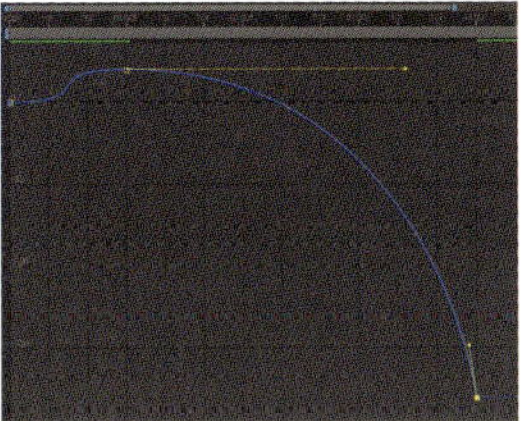
[回転]の値グラフ

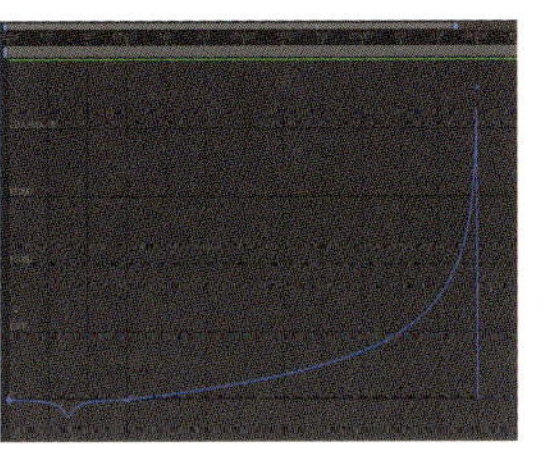
[位置]の速度グラフ

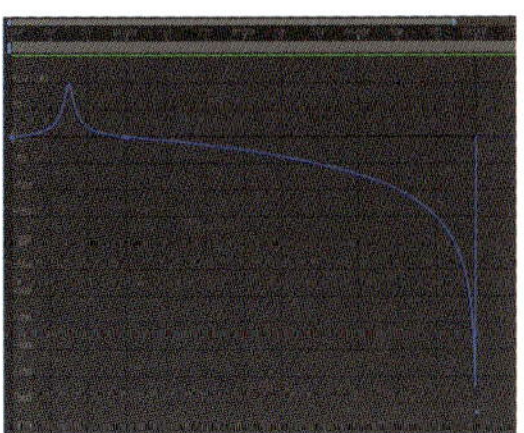
[回転]の速度グラフ

6 ライティングを設定する

カメラが奥に進むにつれて、徐々に背景が照らし出されるようにライトを設定します。メニューバー“レイヤー”→“新規”→“ライト”を選択します（Ctrl+Alt〔⌘+option〕+Shift+L）。［ライトの種類：ポイント］、［カラー：#FFFFFF］、［強度：150%］、［フォールオフ：スムーズ］にそれぞれ変更します。作成したライトを一旦カメラの位置に合わせます。ライトの「親ピックウイップ」をShiftキーを押しながらカメラにリンクさせます。

#	ソース名	親とリンク
1	ポイントライト 1	なし
2	カメラ 1	なし
3	シェイプレイヤー 18	なし
4	シェイプレイヤー 17	なし
5	シェイプレイヤー 16	なし

MEMO

「ピックウイップ」でリンクさせる際に、Shiftキーを押しながら行うことで、親レイヤーの位置に合わせることができます。

リンクさせた後に、ライトを［Z位置：300］にしてカメラよりやや前方に配置し直します。

#	ソース名		親とリンク
1	ポイントライト 1		2. カメラ 1
	トランスフォーム	リセット	
	位置	0.0,0.0,300.0	
	X 位置	0.0	
	Y 位置	0.0	
	Z 位置	300.0	
	ライトオプション	ポイント	
2	カメラ 1		なし
3	シェイプレイヤー 18		なし

ライティングの結果を見ながらライトの［半径］と［フォールオフの距離］を調整して完成です。作例では［半径:550］、［フォールオフの距離：2000］としています。

#	ソース名		親とリンク
1	ポイントライト 1		2. カメラ 1
	トランスフォーム	リセット	
	ライトオプション	ポイント	
	強度	150%	
	カラー		
	フォールオフ	スムーズ	
	半径	550.0	
	フォールオフの距離	2000.0	
2	カメラ 1		なし
3	シェイプレイヤー 18		なし

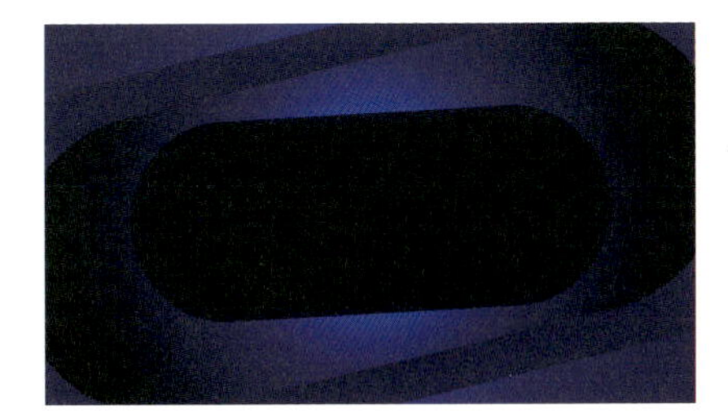
ライト調整前

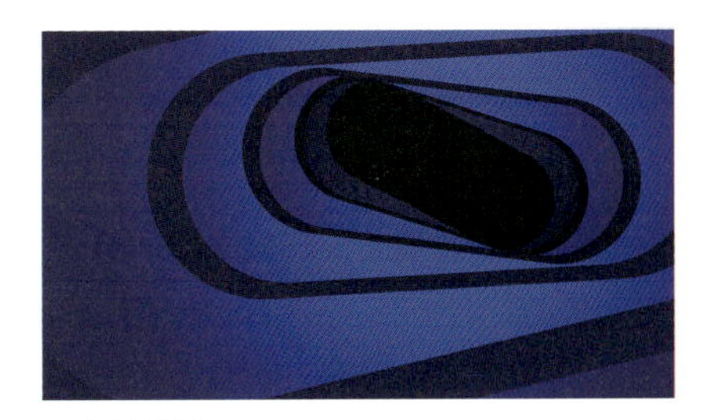
ライト調整後

サンプルデータでは奥に進む効果を高めるため、エフェクト「CC Particle World」を使用してパーティクルを追加して空間を表現したり、シェイプレイヤーを使用して奥に進む球体を作成しています。是非ご確認ください。

Section

07 奥へと突き進む！ シェイプ＆グリッドトンネル

動画で確認！

配置したシェイプとグリッドの中を進んでいくトンネルアニメーションです。作品に奥行き感を加えることで表現の幅が広がります。インパクトの強い表現なので、タイトルの背景などにもオススメです。

制作・文

ヌル1

主な使用機能

3D レイヤー ｜ カメラレイヤー ｜ グリッド ｜ ブラインド

Step 1 壁面デザインをつくる

1-1 左右用のデザインを作る

Ctrl〔Macでは⌘〕+Nで、新規コンポジションを作成します。［コンポジション名：Left］［幅：10000］［高さ：1080］［デュレーション：0:00:10:00］とします。「長方形ツール」を使用して［サイズ：2000,80］の細長い長方形をつくります。

このシェイプレイヤーを選択した状態でCtrl〔⌘〕+Dを押して、レイヤーを複製します。位置と色を任意に設定しましょう。同様に複製を繰り返し、コンポジション全体にシェイプレイヤーを配置します。

ストライプ柄のレイヤーをつくります。「長方形ツール」で［サイズ：1500,300］のシェイプレイヤーをつくり、メニューバー“エフェクト”→“トランジション”→“ブラインド”を追加します。プロパティを［変換終了：60］［方向：45］［幅：140］に変更します。
ストライプ柄のレイヤーを複製して、位置、色を任意に調整します。

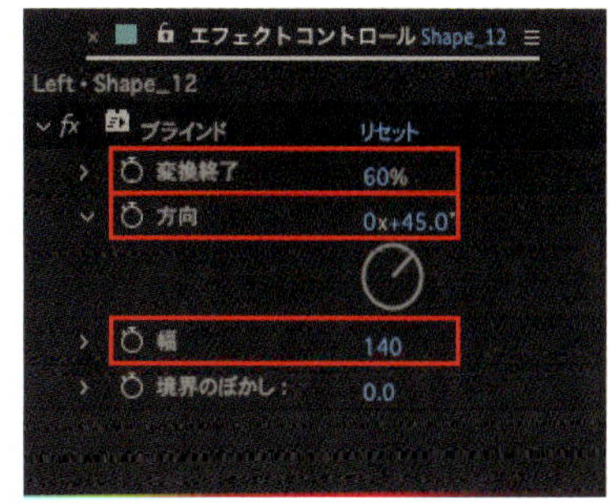

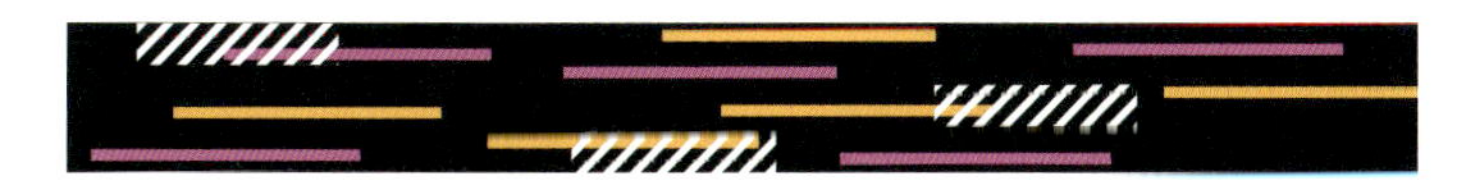

1-2 グリッドを作る

Ctrl〔Macでは⌘〕+Yで、新規平面レイヤーを作成します。「名前：Grid」として、［コンポジションサイズ作成］をクリックします。「Grid」レイヤーを選択した状態で、メニューバー“エフェクト”→“描画”→“グリッド”を追加します。
プロパティは［アンカー：5000,0］［グリッドサイズ：幅&高さスライダー］［幅：1000］［高さ：1080］［ボーダー：15］とします。これで、コンポジションと同じサイズのグリッドが出来ました。

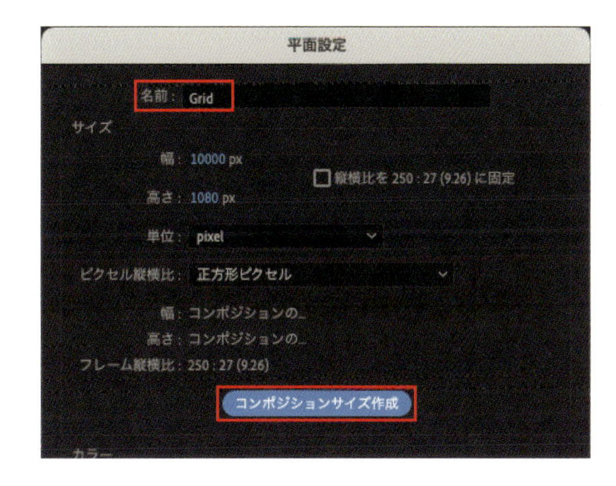

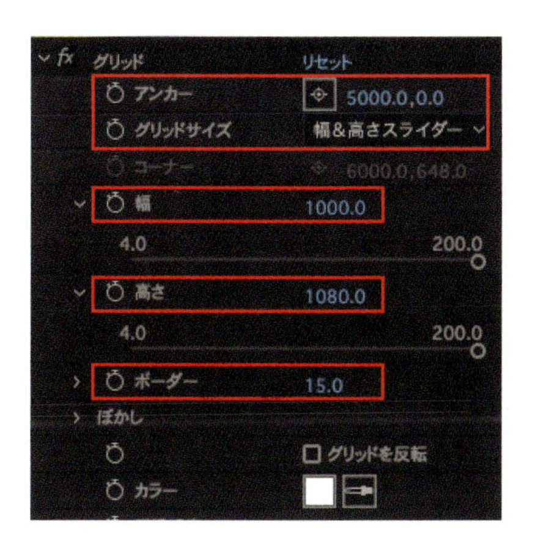

MEMO

「グリッド」エフェクトの［幅］と「高さ」プロパティは、エフェクトコントロールパネルのスライダーで調整すると「4～200」の値しか設定できません。本作例では、数値を直接入力するか、数値をドラッグして設定しましょう。

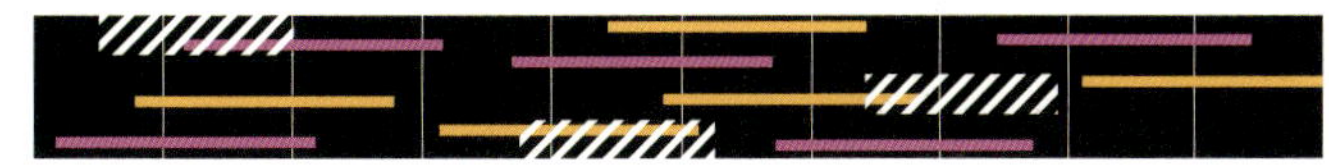

1-3 上下用のデザインを作る

プロジェクトパネルで「Left」コンポジションを選択した状態でCtrl〔⌘〕+Dを押して複製します。

複製したコンポジションのコンポジション設定を開き、［コンポジション名：Top］［高さ：1920］に変更します。シェイプレイヤーを移動・複製してコンポジション全体に配置します。

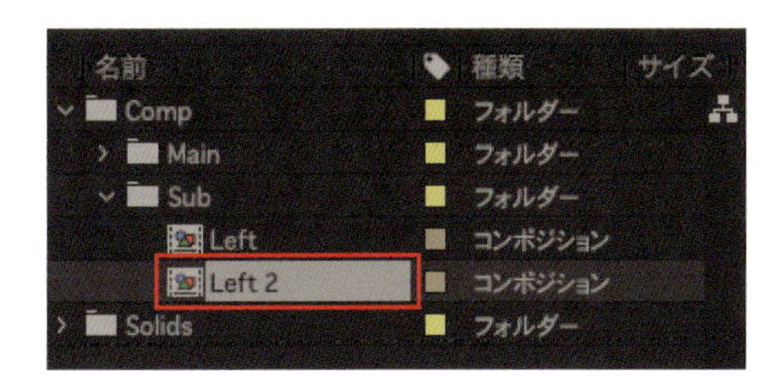

「Grid」レイヤーを選択して、メニューバー“レイヤー”→“平面設定”を開きます。[高さ：1920][コンポジションサイズ作成]をクリックします。「この平面を使用する全てのレイヤーに適用」のチェックボックスは外しましょう。
「グリッド」エフェクトのプロパティを[高さ：1920]に変更します。本作例では、ストライプ柄のシェイプレイヤーは上下の面では使用しないので削除しています。これで、壁面デザインが出来上がりました。

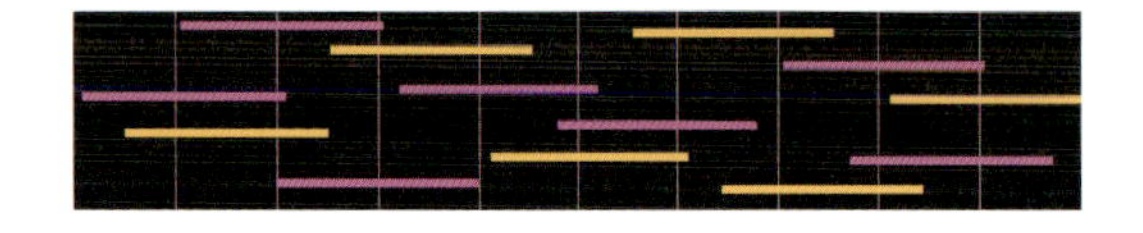

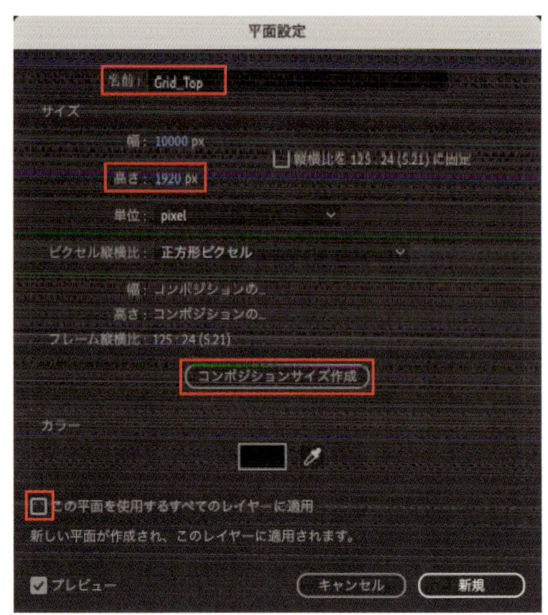

Step 2 トンネルの壁面を組み立てる

2-1 面を上下左右に配置する

新規コンポジションを作成します。コンポジション名を「Main」として、[プリセット：ソーシャルメディア（横長HD）・1920 × 1080・30fps][デュレーション：0:00:10:00]としましょう。必要に応じて背景用のレイヤーをつくります。
「Top」と「Left」コンポジションを読み込みます。「Top」コンポジションレイヤーを複製して、レイヤー名を「Bottom」に変更、「Left」コンポジションレイヤーを複製して、レイヤー名を「Right」に変更します。各コンポジションレイヤーの3Dレイヤースイッチを選択して、3Dレイヤーに変換します。

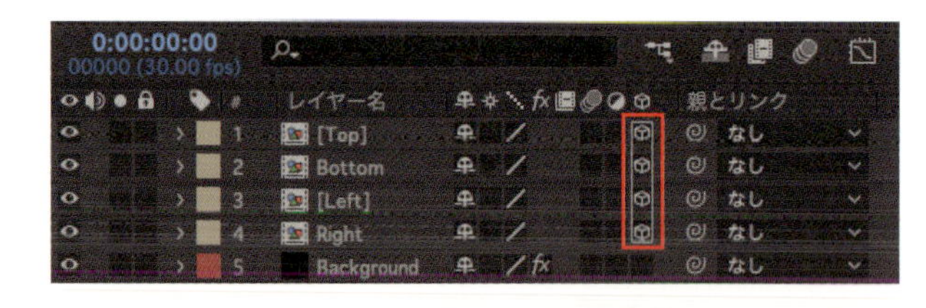

トランスフォームの[位置]と[回転]のプロパティを調整し、上下左右に配置しましょう。

- 「Top」コンポジションレイヤー
[位置：960,0,0]
[X回転：90]
[Z回転：90]
- 「Bottom」コンポジションレイヤー
[位置：960,1080,0]
[X回転：90]
[Z回転：270]
- 「Left」コンポジションレイヤー
[位置：0,540,0]
[Y回転：90]
- 「Right」コンポジションレイヤー
[位置：1920,540,0]
[Y回転：90]
[Z回転：180]

2-2 トンネルの奥行きを延長する

「Top」、「Left」、「Bottom」、「Right」の各コンポジションレイヤーに、メニューバー“エフェクト”→“スタイライズ”→“CC RepeTile”を追加します。プロパティを次のように調整して、トンネルを奥へ延長しましょう。

「Top」、「Left」コンポジションレイヤー
[Expand Right：20000]

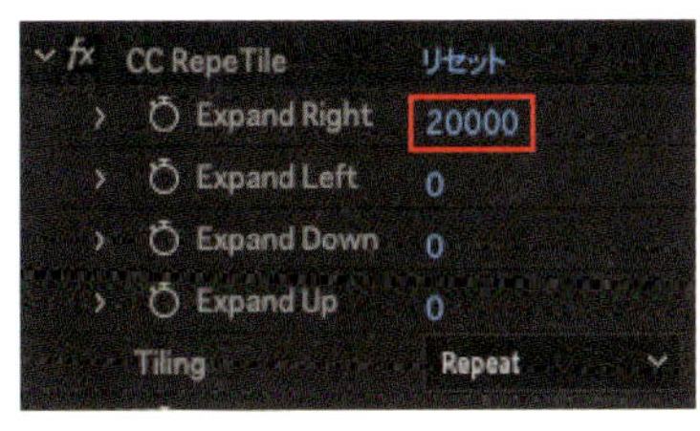

「Bottom」、「Right」コンポジションレイヤー
[Expand Left：20000]

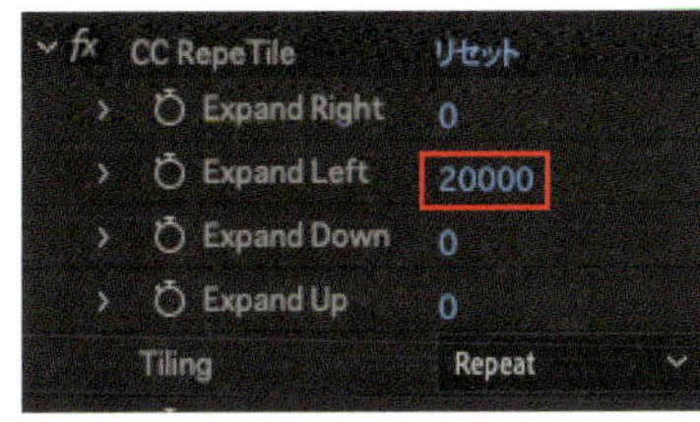

Step 3 奥へ進むアニメーションを付ける

メニューバー“レイヤー”→“新規”から「カメラ」レイヤーを追加します。カメラ設定から［種類：1ノードカメラ］［プリセット：28mm］に変更しましょう。最後に、カメラレイヤーの［位置］にキーフレームを追加してシェイプレイヤーとグリッドを使用したトンネルアニメーションの完成です。

MEMO

カメラ設定のプリセット名は、一眼レフカメラにおけるレンズのミリ数を表しています。本作例では、奥行きを強く感じるように広角レンズの設定を使用しています。

タイムコード：00:00
位置 960,540,-6400

タイムコード：09:29
位置 960,540,16000

Section

08 タイリングで増殖！ ループテクノロジーパターン

動画で確認！

デジタルや仮想空間を想起させる背景はよく用いられるモチーフの1つです。この作例ではなるべく少ないレイヤーで複雑なパターン（模様）を描くことを優先しました。

制作・文
ナカドウガ

主な使用機能

ミラー ｜ CC Ball Action ｜ パスのトリミング ｜ CC Cylinder ｜ モーションタイル

Step 1 デジタルパターンを作る

1-1 コンポジションを作る

デジタルパターンの元になるコンポジションを作ります。

［コンポジション名：Element_Base］
［幅：314px］［高さ：314px］
［デュレーション：36秒］

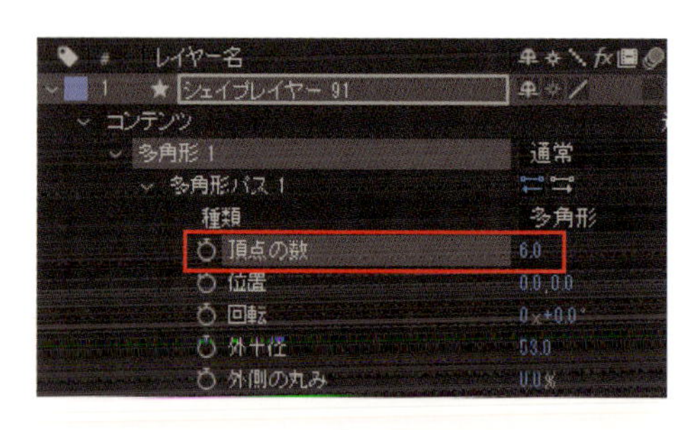

多角形ツールで6角形の図形を作成します。Shift キーを押しながら、コンポジション上を任意にドラッグしシェイプを作ってください。この多角形ツールは、初期設定では5角形になっていますので、［コンテンツ＞多角形1＞多角形パス1＞頂点の数］を「6」にして六角形にしましょう。
六角形はコンポジションに対し、およそ4分の1程度の大きさにし、中央にくるようにレイアウトしてください。

続いてこの六角形を「リピーター」で複製していきます。コンテンツの右側の追加▶から“リピーター”を追加し、右図のように設定し、六角形が斜めに並ぶように配置します。

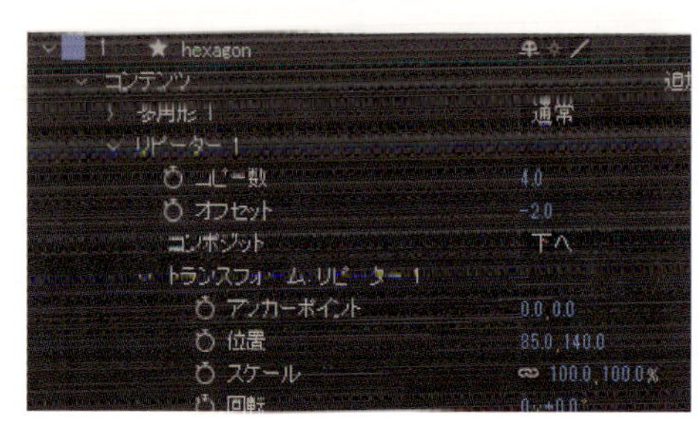

上と下の六角形は途切れていて構いません。残りの空白部分は後ほどエフェクトによって補完します。

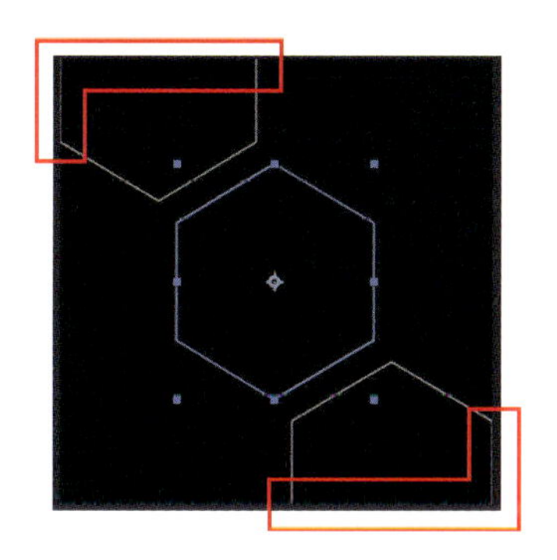

さらに「ペンツール」で装飾していきます。中央の六角形の内側に4本の横線、右側に1本の縦線を追加します。

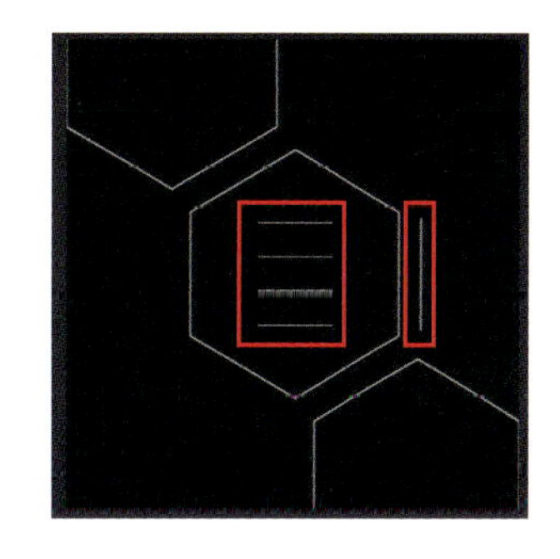

新規調整レイヤーを作成して、エフェクト「ミラー」を追加します（レイヤー名「Mirror」）。[反射の中心]をコンポジションの中心である[157,157]にし、[反射角度：0°]にします。この調整レイヤーを複製し（レイヤー名「Mirror2」）、さらに反転します。次は、[反射角度：90°]に変更してパターンを補完します。

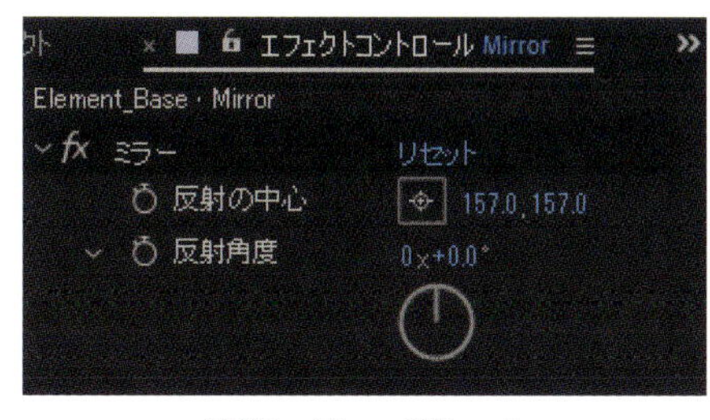

調整レイヤー「Mirror」

調整レイヤー「Mirror2」

さらに6角形レイヤーに［パスのトリミング］を追加し、スクロールするアニメーションを作ります。[パスのトリミング 1]の[開始点]を「25%」、[終了点]を「75%」とし、[オフセット]に以下のエクスプレッションを入力しましょう。

```
time*30
```

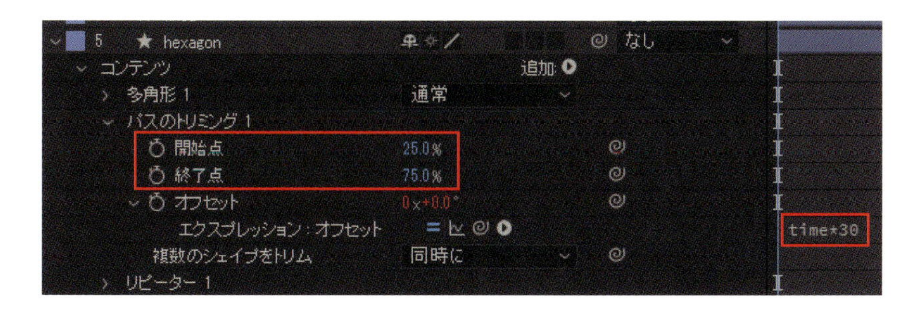

1-2 パターンを複製する

続いて、このパターンを複製して帯状に並べます。新規コンポジション「Sub_Base」を作成してください。

[コンポジション名：Sub_Base]
[幅：6280px][高さ：1080px]
[デュレーション：36秒]

MEMO

このようなデジタルな雰囲気を出したい場合は、ある程度の規則性があるパターンの方がそれらしくなるでしょう。

この中にコンポジション「Element_Base」を追加し、エフェクト「モーションタイル」を追加します。[出力幅]を[9300]に、[出力高さ]を[350]にしておきます。

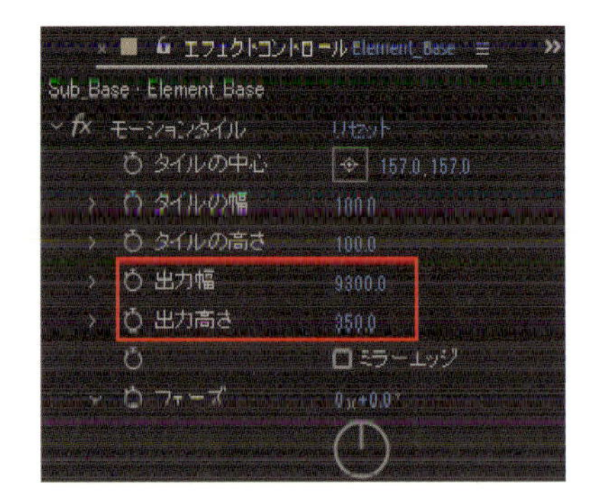

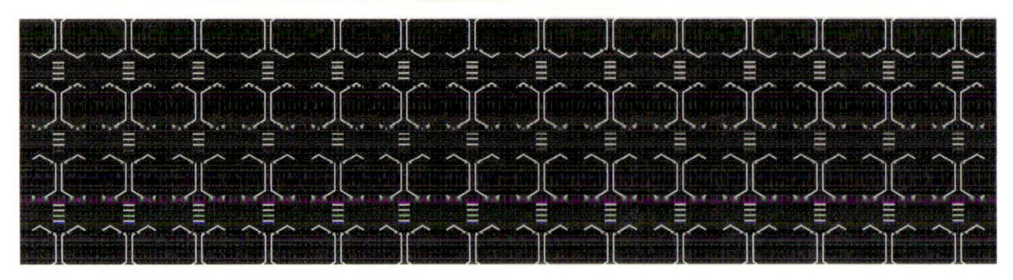

このように帯状にタイリングします

Step 2 湾曲と回転の動きを作る

メインコンポジションを新規作成し、平面レイヤーを追加します。
さらにエフェクト「グラデーション」を追加して、全体のベースとしています。

[グラデーションの開始] を [250,250]、[グラデーションの終了] を [1670,830] にします。色は黒〜紺になるように、やや暗めの色合いにしておきます。

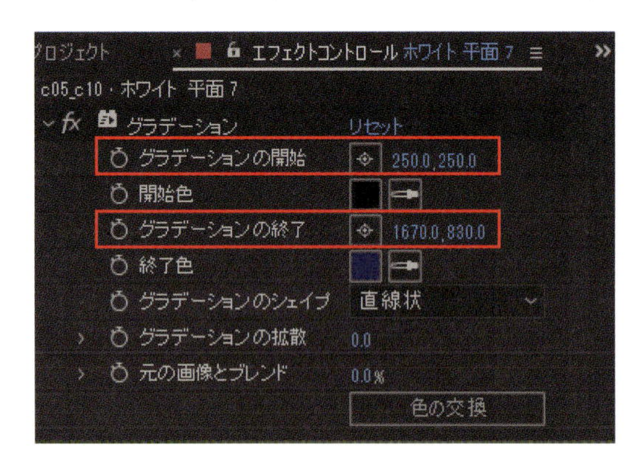

新規カメラレイヤー作成します。
[プリセット：15mm]を選択してください。

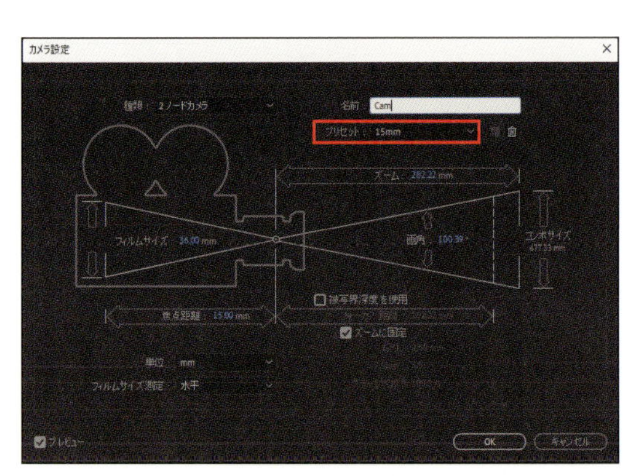

さらに、コンポジション「Sub_Base」を追加し、エフェクト「CC Cylinder」を追加します。この時点ではプロパティを変更することはありません。
続いて、レイヤーを2つ複製し、上段・中段・下段と縦に積み上げるように配置します。配置を変更するには「CC Cylinder」の「Position Y」を次のように変更します。

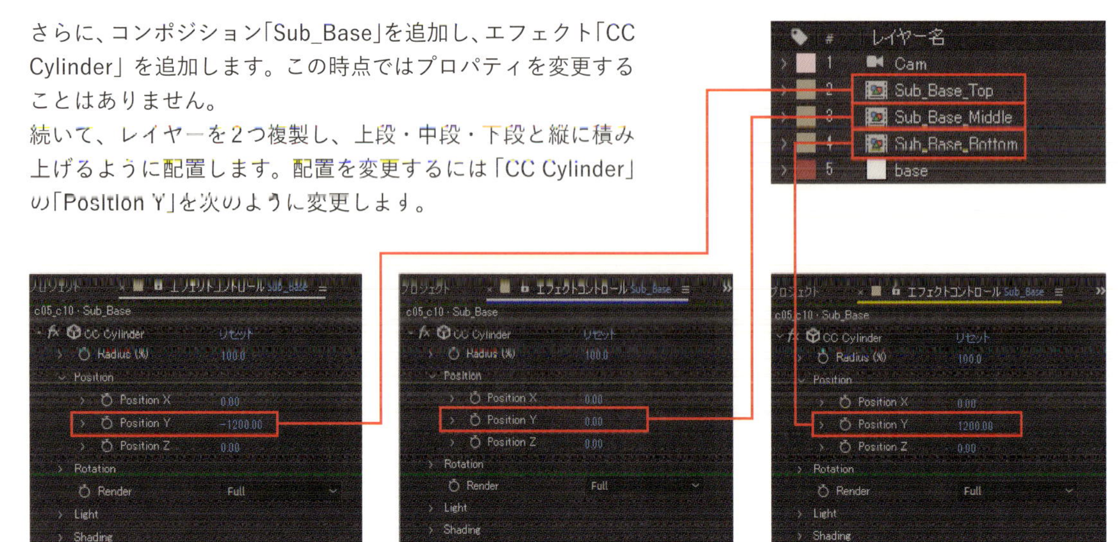

次に回転する動きを作っていきます。[Rotation Y] にエクスプレッションを入力します。

Sub_Base_Top	time*10
Sub_Base_Middle	time*-10
Sub_Base_Bottom	time*10

これにより、横方向に回転する動きを作ることができます。コンポジションサイズを円周率と近似値にしているため、つなぎ目が途切れません。また1秒毎に10°回転するため、36秒間で1周するループアニメーションとなっています。

MEMO

エフェクト「CC Cylinder」はレイヤーを円柱状に丸めることができます。3Dの属性を持っており、2Dレイヤーでもカメラの影響を受けることができます。

Step 3 パーティクルを作る

新規平面レイヤーを「Sub_Base_Top」レイヤーの上に追加します。この平面レイヤーにエフェクト「CC Ball Action」を追加します。こちらも遠近感を出すために、プロパティを設定します。レイヤーの[描画モード]を[オーバーレイ]にし、うっすら見える程度に調整しておきます。

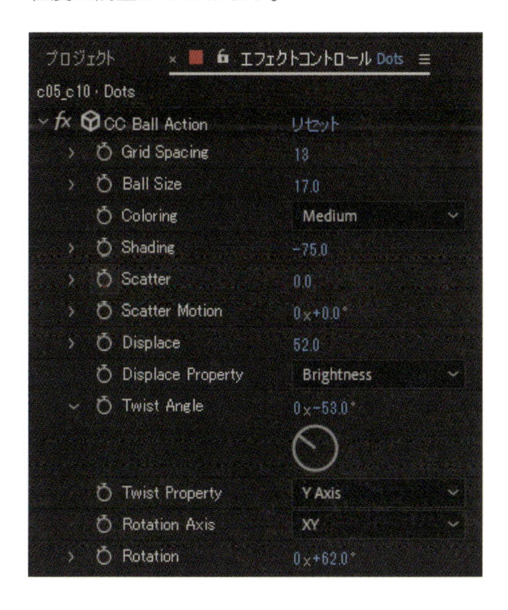

Step 4 仕上げる

最後に、エフェクト「グロー」を追加します。全体が鈍く光るように見せることでよりデジタル感が強まります。設定は次の通りです。[描画モード] を [スクリーン]にして完成です。

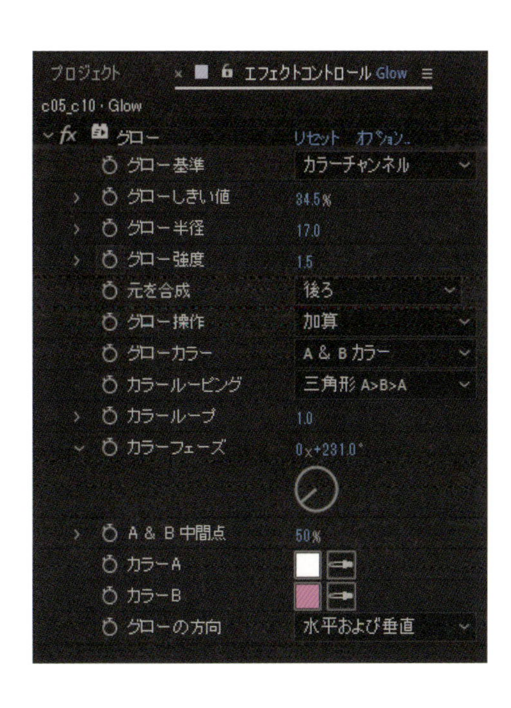

Section

09 ぐるぐる回り続ける 球体背景

動画で確認!

レイヤーを球状にラッピングするエフェクト「CC Sphere」を使用してアニメーションを作成します。レイヤーイメージによって様々な球体を作りだすことができますが、今回はエフェクトを組み合わせて作成する方法を紹介します。

制作・文

サプライズ栄作

主な使用機能

CC Sphere | グラデーション | コロラマ

1 新規平面レイヤーを2つ作成する

メニューバー“レイヤー”→“新規”→“平面”をクリックして平面レイヤーを作成します(Ctrl〔Macでは⌘〕+Y)。
作成した平面レイヤーは背景として使用しますので、お好みの背景色を設定してください。作例では[カラー：#E8E8E8]を使用しています。
同じ工程を行うか、複製などを利用して平面レイヤーをもうひとつ作成します。メニューバー“編集”→“複製”をクリックするか、Ctrl〔⌘〕+Dで複製してください。

2 球体のベースマップを作成する

上の階層にある平面レイヤーを選択して、メニューバー“エフェクト”→“描画”→“グラデーション”を適用します。水平方向のグラデーションを作るために、[グラデーションの開始：0,0]、[グラデーションの終了：1920,0]に変更します。

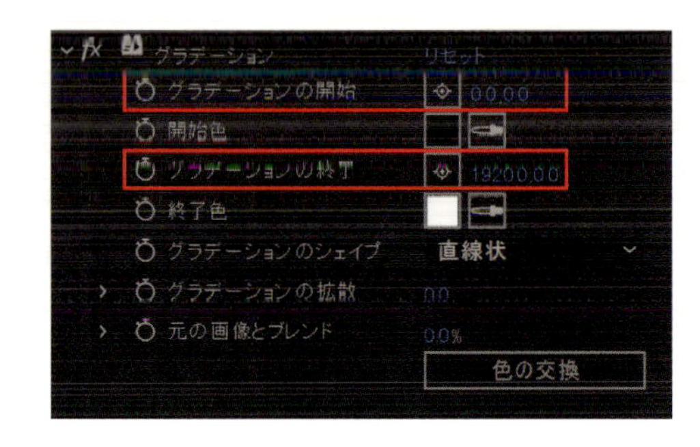

作成した水平方向のグラデーションに対して、メニューバー“エフェクト”→“カラー補正”→“コロラマ”を追加してグラデーションを元に色を加えます。

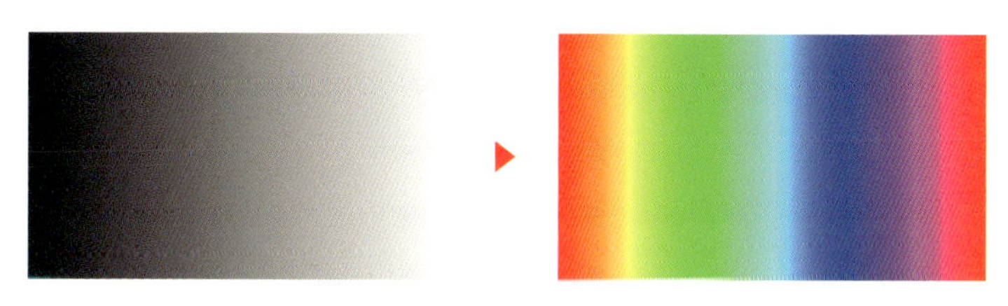

MEMO

「コロラマ」を使うことで、グラデーションの明度を参照して別の色へと変換することが可能です。

「出力サイクル」の［パレットの補間］のチェックを外して、[サイクル反復:2.00]に変更します。「出力サイクル」の配色は図を参考にしてください。
不要な色は「三角形のアイコン」を外側にドラッグすることで削除することができます。色を追加したい場合は、色相を表す円形の内部か外側をクリックすることで追加することができます。

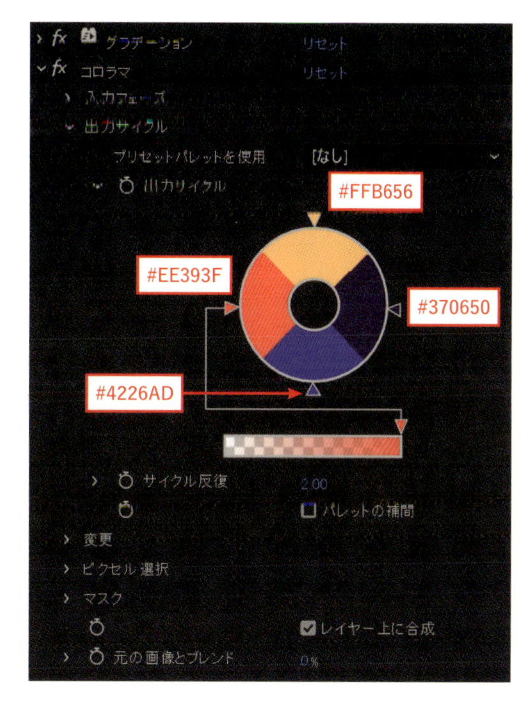

パレットの補間：[オフ]にすると、色の遷移が滑らかではなく段階的に変化するようになる

サイクルの反復：値を増やすと、色の変化が繰り返される

3 「CC Sphere」で球体を作成する

手順2で作成したレイヤーを選択して、メニューバー“エフェクト”→“遠近”→“CC Sphere”を適用します。「CC Sphere」は、レイヤーを球状にラッピングするエフェクトです。[Radius：1100]に変更して球体のサイズを大きくします。[Offset：960,-560]に変更して球体の下側が画面中央にくるように調整します。
球体の質感をフラットにするため、「Shading」の項目から、[Ambient：100]、[Diffuse：0]、[Specular：0]に変更します。
「CC Sphere」の[Rotation Y]にキーフレームを設定して球体が回転するアニメーションを作成します。

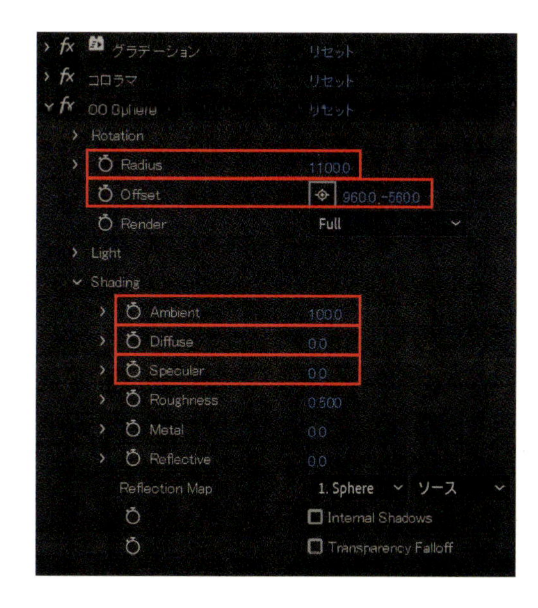

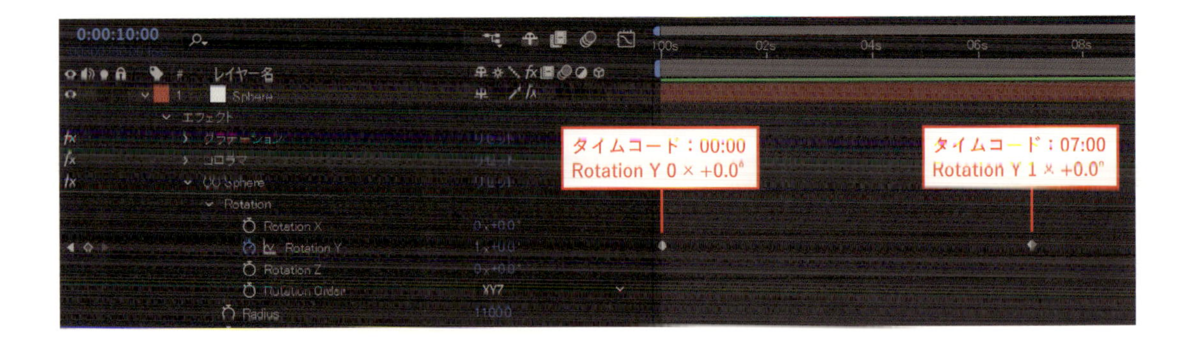

4 球体を複製して全体を動かす

球体を作成したレイヤーを選択して、Ctrl〔⌘〕+Dで複製します。複製したレイヤーのトランスフォームを開いて、[回転(R)：180°]にします。回転する2つの球体が隣接した状態を作ることができました。これらをまとめて回転させます。

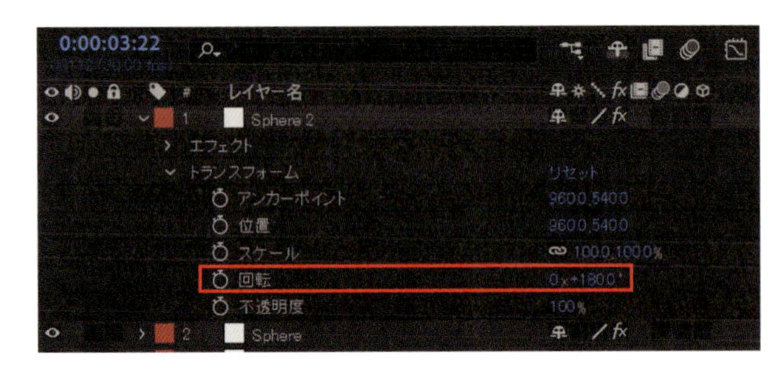

メニューバー"レイヤー"→"新規"→"ヌルオブジェクト"を選択して「ヌルオブジェクト」を作成します(Ctrl+Alt〔⌘+option〕+Shift+Y)。
平面レイヤーをヌルオブジェクトにリンクさせます。対象の平面レイヤーを選択して「親ピックウイップ」をヌルオブジェクトにドラッグするか、「親とリンク」列のメニューから作成した"ヌルオブジェクト"を選択します。

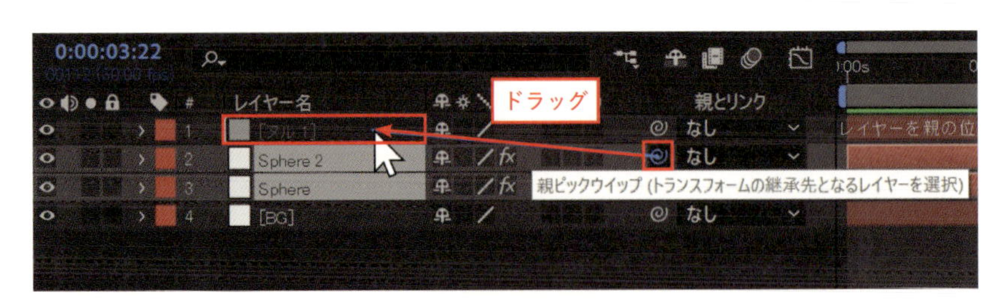

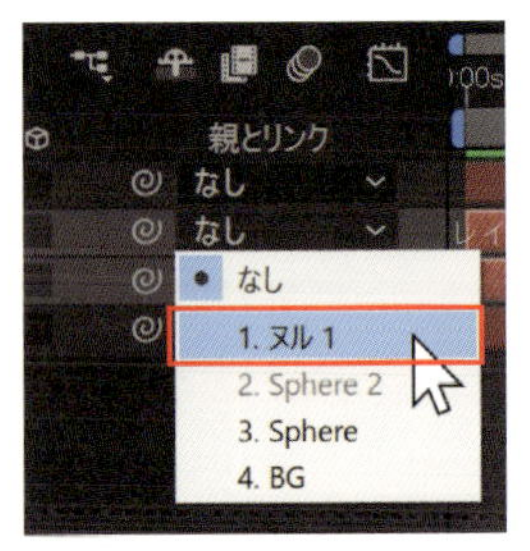

ヌルオブジェクトの[回転(R)]にキーフレームを設定してアニメーションを作成します。以上で、回転し続ける2つの球体アニメーションの完成です。

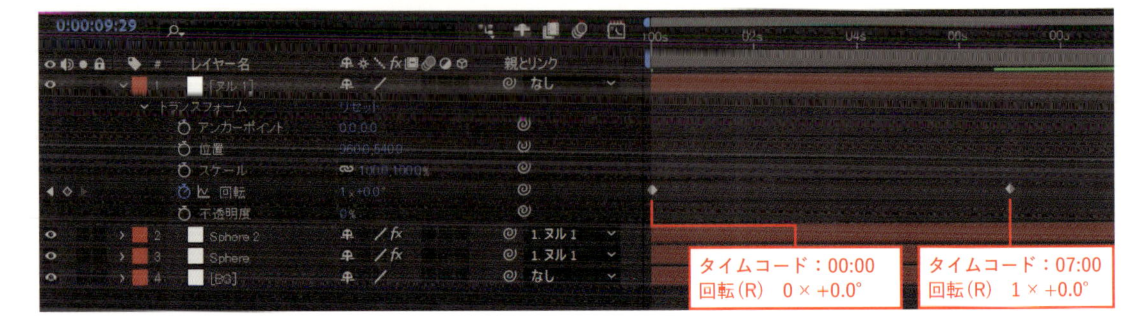

Section

10 リピーターで作る スピードライン

動画で確認！

リピーターを使用して、1つのシェイプから疾走感のある背景イメージを作成します。面倒に感じるアニメーションも各種機能を使うことで効率よく作ることができます。

制作・文

サプライズ栄作

主な使用機能

シェイプレイヤー | リピーター | ミラー

1 背景を作成する

メニューバー“レイヤー”→“新規”→“平面”を選択して平面レイヤーを作成します（Ctrl〔Macでは⌘〕+Y）。背景色を［カラー：#D9E7E9］に変更し、レイヤーをロックしておきます。

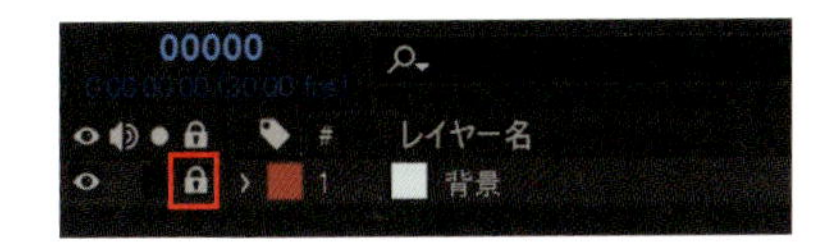

2 ペンツールでパスを作成する

ツールパネルから「ペンツール」を選択します。ツールパネルの右側に表示される[塗り]という文字をクリックし、[塗りのオプション：なし]を選択します。[線]という文字をクリックし、[線のオプション：線形グラデーション]に変更し、[線幅：100px]に変更します。

[線]の右側にあるカラーボックスをクリックして色を設定します。[左端のカラー：#D9E7E9][右端のカラー：#2B4AF5]に設定し、グラデーションの中心付近に「カラー分岐点」を追加して[#F28AF5]に変更します。

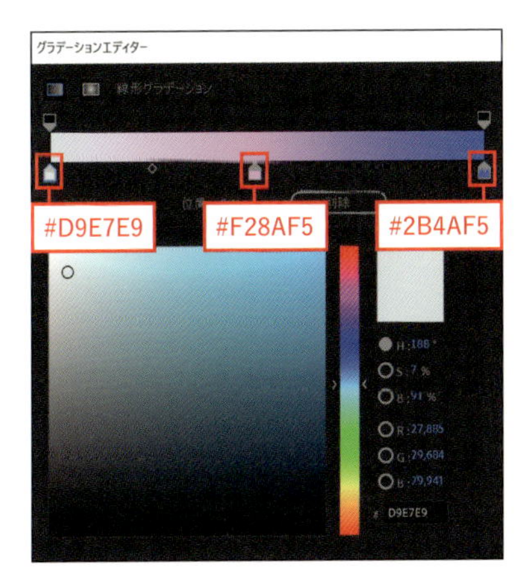

MEMO

赤枠の箇所をクリックすることで「カラー分岐点」を追加することができます。また、「カラー分岐点」を下側にドラッグすると削除が可能です。

コンポジションの中心から、左端に向かってパスを作成します。
シェイプレイヤーを展開し、「グラデーションの線1」の中から[終了点：-960,0]に変更し、グラデーションを調整します。
環境設定により、シェイプレイヤーのアンカーポイントの位置が異なるケースがあります。
アンカーポイントの値を確認し、[0, 0] でない場合は、メニューバー"レイヤー"→"トランスフォーム"→"リセット"を選択し、[アンカーポイント：0, 0] にリセットしてください。

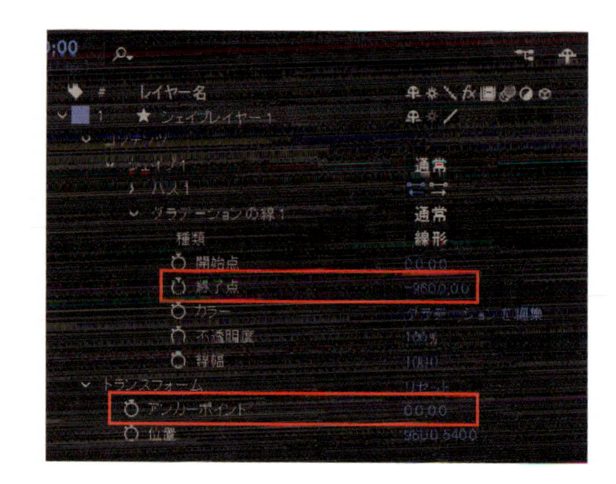

3 リピーターで配置する

パスをコピーして横方向に並べます。「コンテンツ」の追加▶から「リピーター」を選択し、[コピー数：11] に増やし、「トランスフォームリピーター」を開いて [位置：960,0]に変更します。

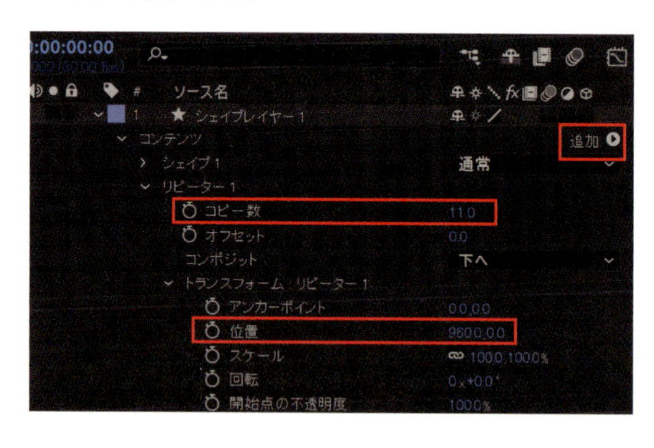

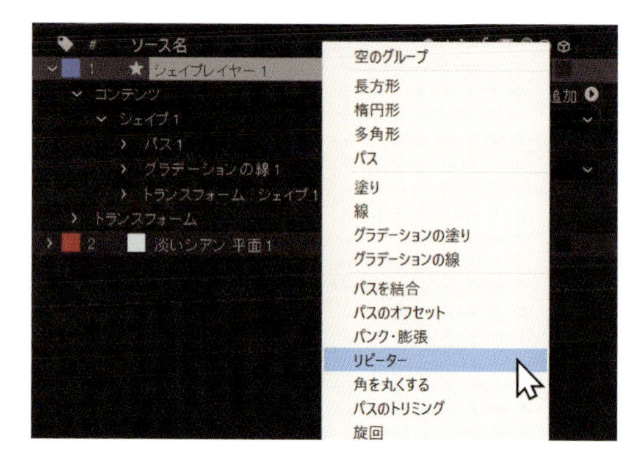

MEMO

パスの長さによりトランスフォームリピーターの [位置] を決めます。今回のパスの長さは、コンポジション幅(1,920px)の半分なので[960, 0]となっています。

4 再度リピーターを追加して配置する

今度は縦方向にコピーして並べます。コンテンツ右側の追加▶から再度「リピーター」を選択します。[コピー数：6] に増やし、トランスフォームリピーターを展開して[位置：0,100]に変更します。

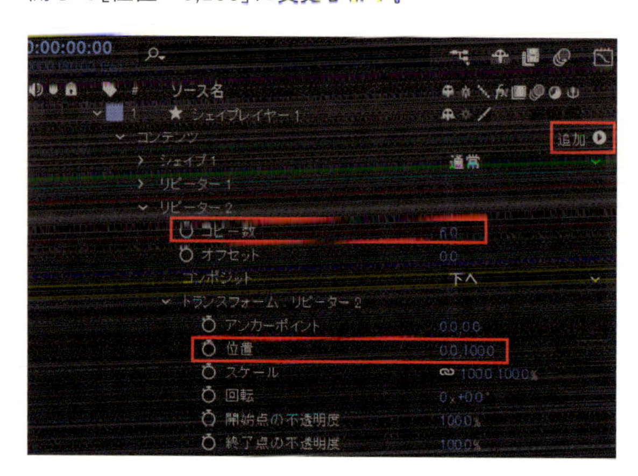

リピーターを2つ使用して画面の下半分を埋めることができました。

5 エフェクトの「ミラー」で画面を埋める

シェイプレイヤーに対して、メニューバー“エフェクト”→“ディストーション”→“ミラー”を適用します。エフェクトコントロールから[反射の中心：1920,539]、[反射角度：0 × -90°]に変更し、上下にミラーさせます。

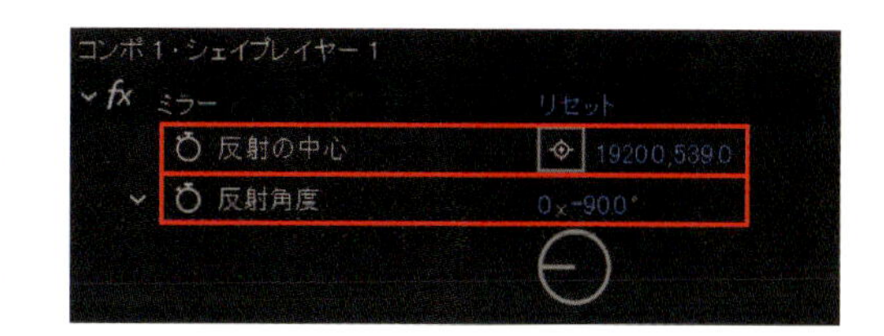

MEMO

エフェクトの「ミラー」を使用して対称にしようとすると、少しずれが生じます。作例では[反射の中心]を調整して、そのずれに修正を加えています。

6 アニメーションを作成する

「リピーター 2」の[位置]と、レイヤートランスフォームの[位置(P)]を動かしてアニメーションを作成します。

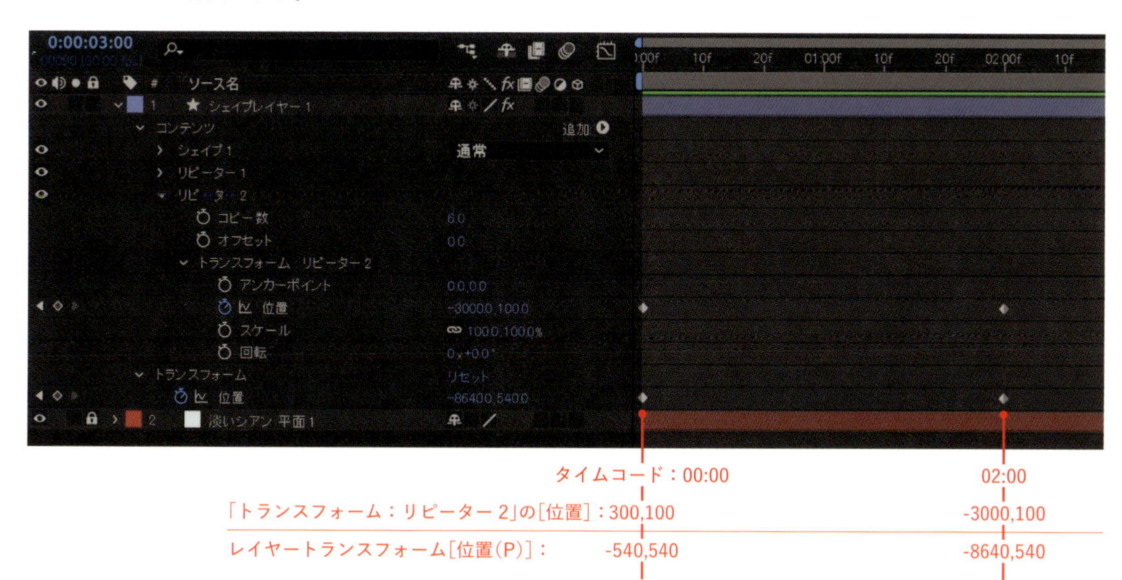

作成したアニメーションに動きの緩急を設定します。「トランスフォーム：リピーター 2」の[位置] に打たれたキーフレームを全て選択し、いずれかのキーフレームにカーソルを合わせて右クリックし、“キーフレーム速度”を選択します。[入る速度]、[出る速度] ともに、[影響：80%]に変更します。

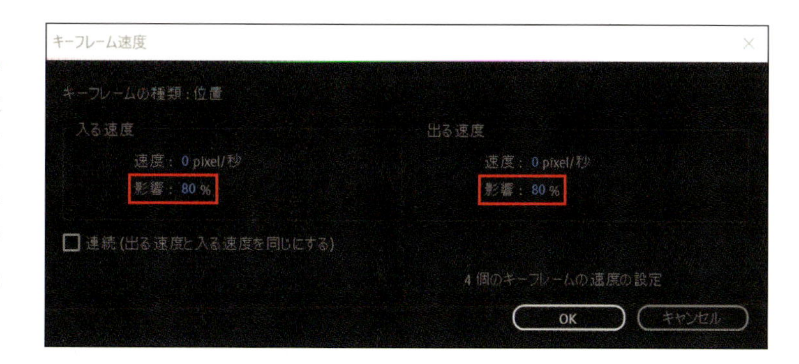

レイヤートランスフォームの[位置(P)]にも同じ工程を行い完成です。
サンプルデータでは、シェイプの移動に合わせてテキストを表示したり、エフェクトの「グレイン(追加)」を使った質感付けや「ドロップシャドウ」などで空間を演出しています。

Section 11
作品に勢いをプラス！ 疾走ライン

動画で確認！

横・放射状にラインが走るスピード感のある背景です。勢いや移動感が出るので、走るキャラクターや車の背景の他、タイトルバック、トランジションに応用するなど様々な使い方ができます。

制作・文

ヌル1

主な使用機能

フラクタルノイズ ｜ テーパー ｜ エクスプレッション ｜ カメラレイヤー ｜ マスク ｜ タイムリマップ

Step 1 横の疾走ラインを作る

1-1 フラクタルノイズで流れるラインを作る

新規平面レイヤーを作成します。
レイヤー名を「FractalNoise_01」へ変更して、［カラー］を任意に設定しましょう。
続いて、「FractalNoise_01」レイヤーを選択した状態で、メニューバー"エフェクト"→"ノイズ＆グレイン"→"フラクタルノイズ"を追加します。プロパティを次のように調整しましょう。

［コントラスト：1000］
［明るさ：-300］
［縦横比を固定：オフ］
［スケールの幅：3000］
［スケールの高さ：10］
［複雑度：1］
［描画モード：スクリーン］

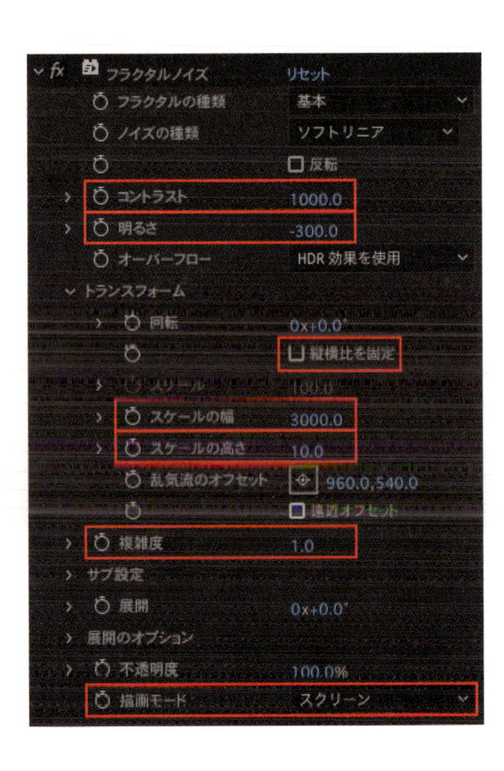

次に[乱気流のオフセット]にアニメーションを付けます。

さらにスピード感を出すために［展開］にエクスプレッションを追加しましょう。［展開］のストップウォッチアイコンを Alt（Macでは option）キーを押しながらクリックして、エクスプレッションを記入します。

```
time*1000
```

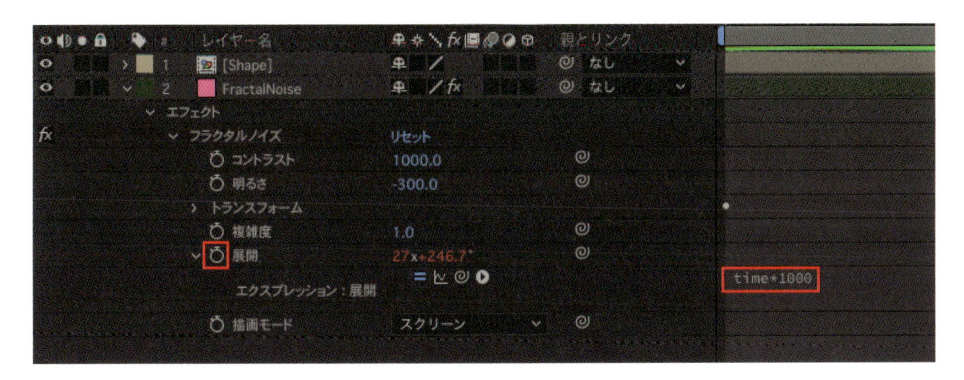

これで、フラクタルノイズで作る流れるラインは完成です。

1-2 シェイプレイヤーで流れるラインを作る

「ペンツール」を使ってコンポジションの横幅よりも長い線のシェイプレイヤーを作ります。

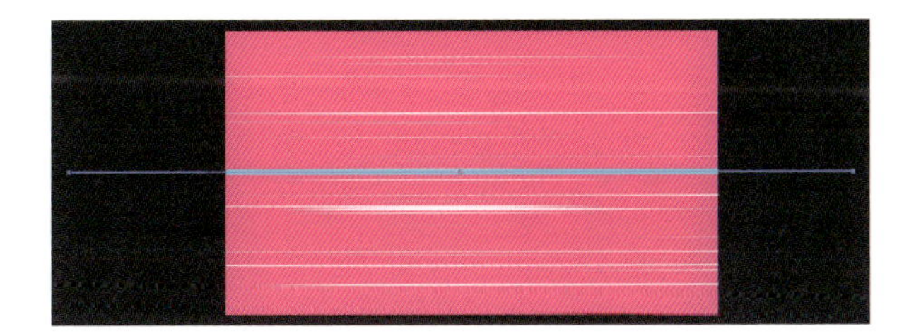

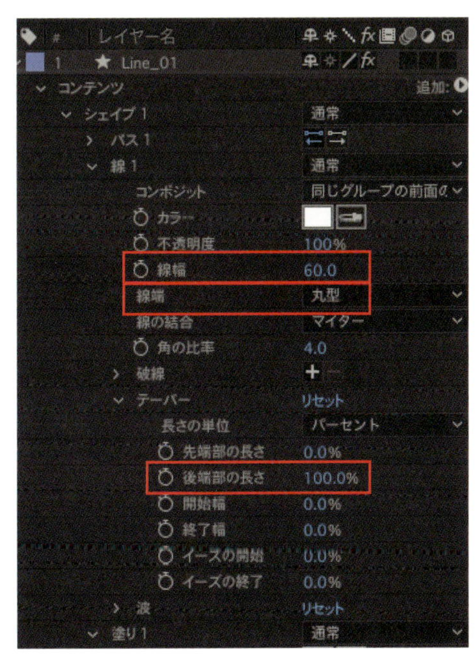

MEMO

ペンツールは、Shift キーを押しながらポイントをクリックすることで水平・垂直な線を描くことができます。

［コンテンツ＞シェイプ1＞線1］に展開して［線幅：60］［線端：丸型］とします。さらに［テーパー］を展開して［後端部の長さ：100］としましょう。［カラー］を任意に設定します。

[コンテンツ>トランスフォーム：シェイプ1]に展開して、[位置]にアニメーションを付けます。タイムコード[00:00]で、コンポジションの右端から入り、[00:29]で、左端から出ていくように調整します。
本作例では、タイムコード[00:00]で[位置：3050,0]、[00:29]で[位置：-2900,0]となりますが、作成したシェイプレイヤーの長さや配置によって［位置］の値は変化します。

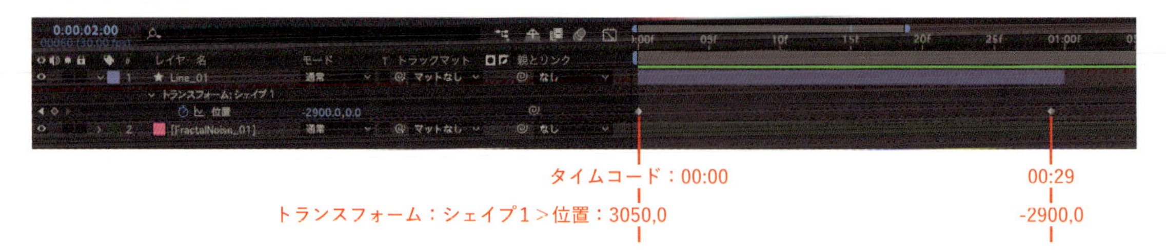

このシェイプレイヤーを Ctrl〔⌘〕+ D で数回複製して上下に並べます。[カラー］を任意に設定しましょう。

MEMO

設定したカラー毎にラベルを分けておくと管理しやすいのでオススメです。

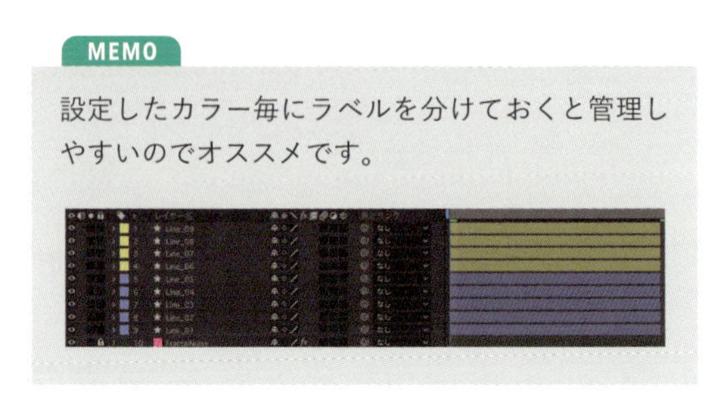

タイムラインパネルで各シェイプレイヤーのタイミングをずらして、シェイプレイヤーがランダムに流れるように調整します。

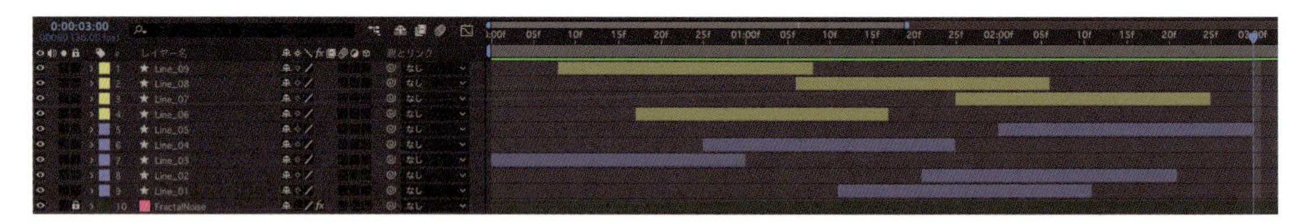

シェイプレイヤーを全て選択した状態で、Ctrl〔⌘〕+ Shift + C を押してプリコンポーズします。コンポジション名を「Shape」として、[選択したレイヤーの長さに合わせてコンポジションのデュレーションを調整する］のチェックボックスを[オン]にします。

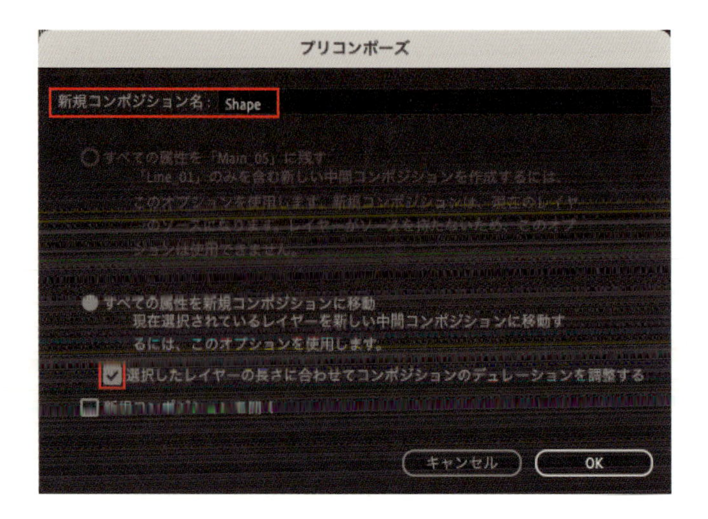

「Shape」コンポジションレイヤーをループさせるために「タイムリマップ」にエクスプレッションを追加します。Ctrl+Alt〔⌘+option〕+Tで「タイムリマップ」を追加します。ストップウォッチアイコンをAlt〔option〕を押しながらクリックして、下記エクスプレッションを記入します。

```
loopOut(type ="cycle")%(timeRemap.key(2));
```

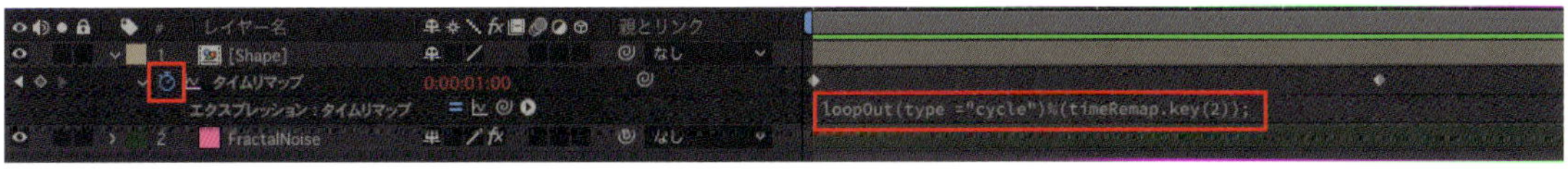

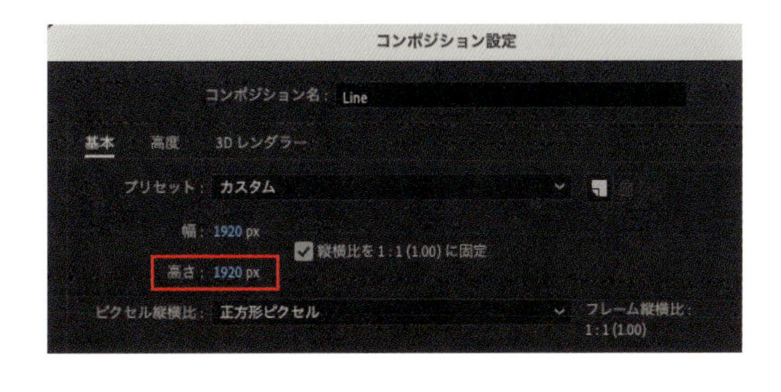

これで、シェイプレイヤーの流れるラインがループして流れ続けるようになり、横の疾走ラインは完成です。

Step 2 放射状の疾走ラインを作る

2-1 横の疾走ラインを縦に変更する

プロジェクトパネルで、Step 1のコンポジションを選択して、Ctrl〔⌘〕+Dで複製します。コンポジション名は「Main_02」としましょう。

「Main_02」コンポジション内の「Shape」と「FractalNoise_01」レイヤーを選択してプリコンポーズします。[新規コンポジション名：Line]へ変更します。

「Line」コンポジション内でCtrl〔⌘〕+Kを押して、コンポジション設定を開き［高さ：1920]に変更します。

「FractalNoise_01」レイヤーを選択した状態で、メニューバー“レイヤー”→“平面設定”を開き、[名前：FractalNoise_02]、[高さ：1920]、[この平面を使用するすべてのレイヤーに適用］のチェックボックスを外して、[新規]を選択します。

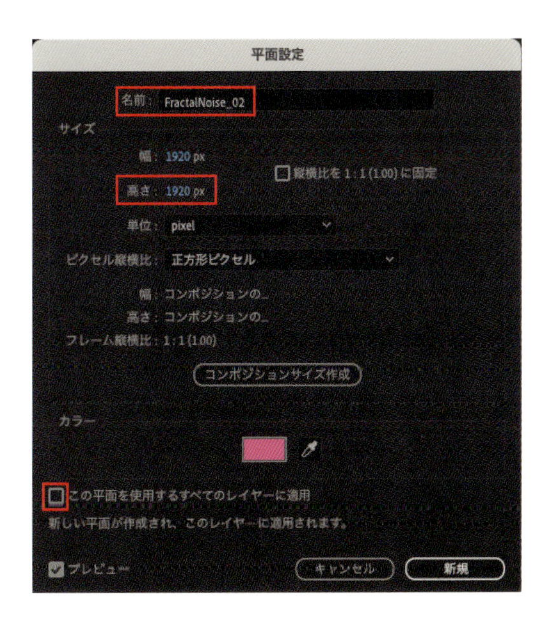

「Shape」コンポジションレイヤーを複製して、名前を「Shape_02」とします。コンポジションパネルで、「Shape」、「Shape_02」コンポジションレイヤーを上下に並べましょう。

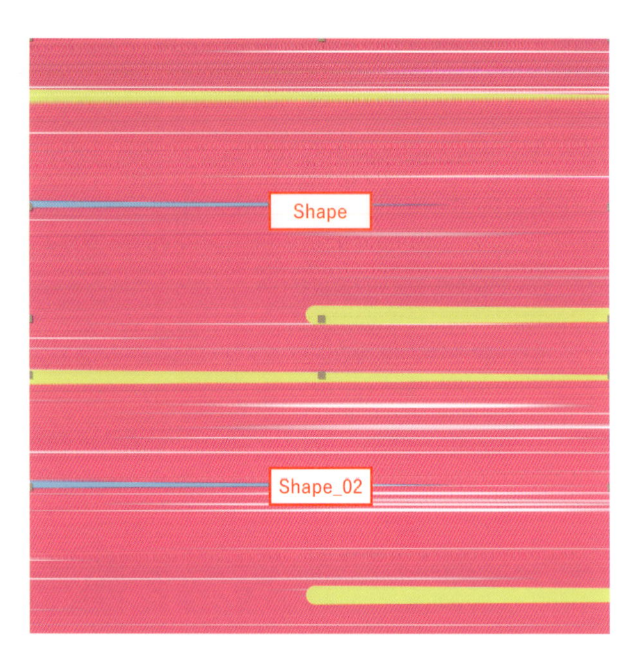

上下の疾走ラインのタイミングを変えるため、タイムラインパネルで「Shape_02」コンポジションレイヤーをドラッグして、1秒15フレーム前にずらします。レイヤーアウトポイントをドラッグして、[10:00]まで伸ばしましょう。

「Shape」と「Shape_02」コンポジションレイヤーを選択します。「親とリンク」列からピックウィップをドラッグして「FractalNoise_02」レイヤーに親子関係を設定します。

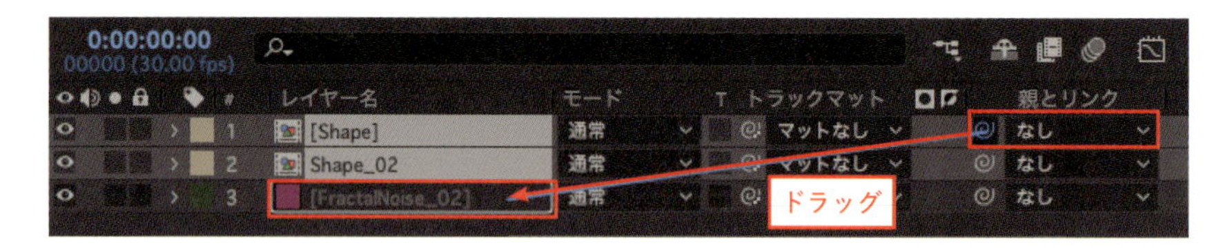

放射状ラインを作るため、横のラインを回転して縦にします。「FractalNoise_02」の[回転]を[90]に変更します。

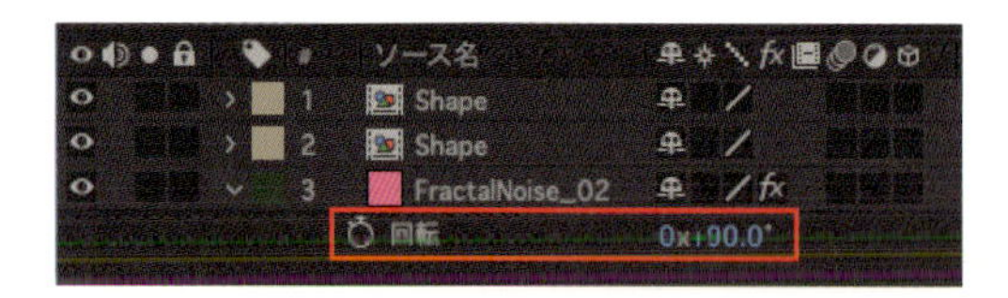

2-2 縦のラインを放射状のラインに変更する

「Main_02」コンポジションで、「Line」コンポジションレイヤーを選択して、メニューバー“エフェクト”→“遠近”→“CC Cylinder”を追加します。プロパティを[Rotation X:90]、[Light Intensity：0]、[Ambient：100]に変更します。縦のラインが放射状になります。

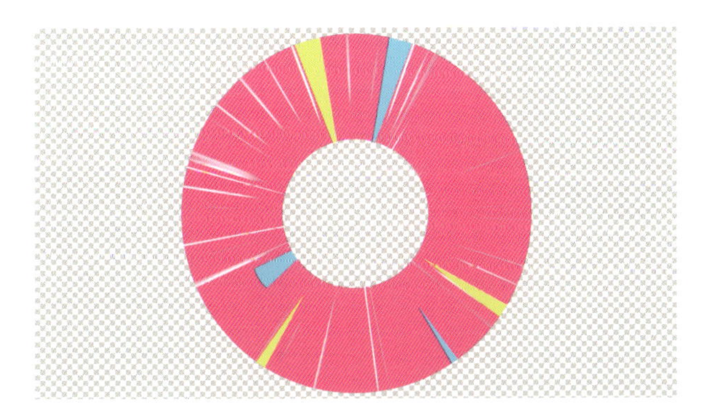

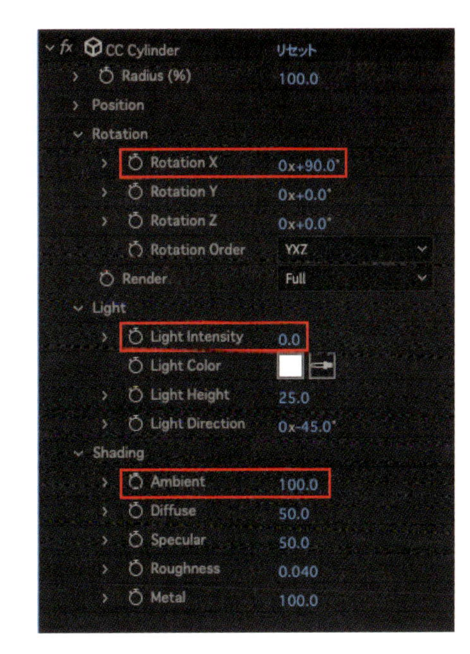

メニューバー“レイヤー”→“新規”から「カメラレイヤー」を作成します。[種類：1ノードカメラ]、[画角：120]に変更しましょう。

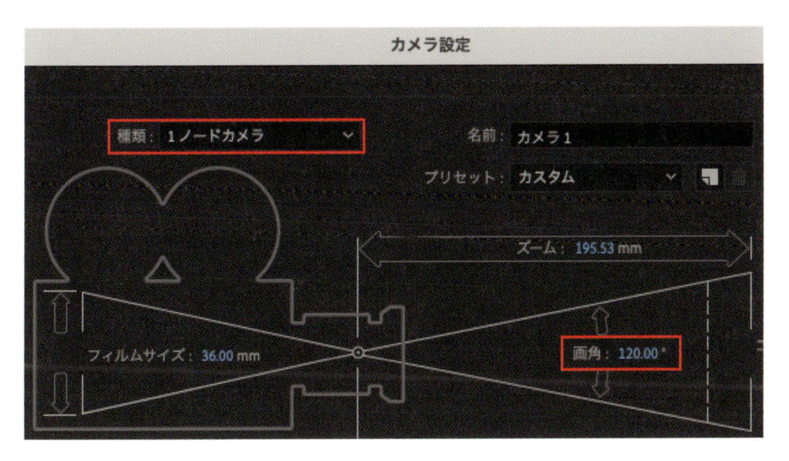

中心に穴が空いているので、平面レイヤーで覆い隠します。タイムラインパネルで、「Line」コンポジションレイヤーの上に新規平面レイヤーを作成します。名前を「Mask」に変更して、カラーは背景と同じ色にしましょう。

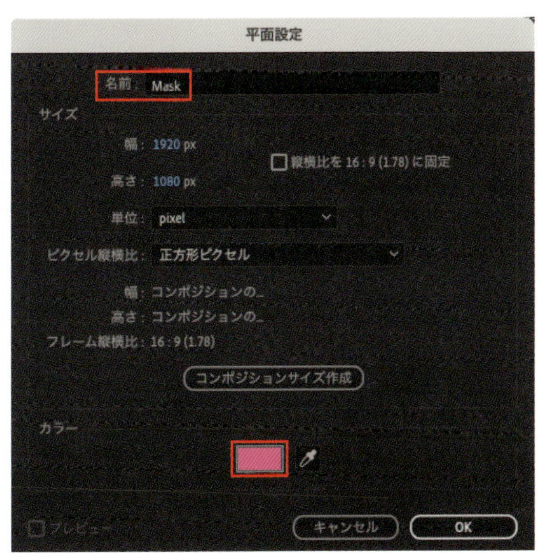

「楕円形ツール」を使用して、中心の穴を覆うように円形のマスクを描きます。「マスク 1」プロパティを[マスクの境界のぼかし：100,100]に変更しましょう。これで、放射状疾走ラインの完成です。

Chapter 6

仕上げのアイデア

Section

01 光と影にザラザラをつける！ 粒子シェーディング

動画で確認！

フラットなシェイプアニメーションに対して「何か物足りない」「アナログ感を加えたい」、そんな時にピッタリの仕上げ加工です。粒子状の質感をつけることで、レトロな雰囲気が生まれ画面の密度も上がります。

制作・文

この

主な使用機能

ディザ合成 ｜ ベベルとエンボス ｜ グラデーション ｜ トラックマット

Case 1 単色パーツにザラザラをつける場合

1-1 レイヤースタイル「ベベルとエンボス」を適用する

タイムラインパネルでザラザラをつけたいレイヤーを選択した状態で、メニューバー"レイヤー"→"レイヤースタイル"→"ベベルとエンボス"を適用します。

1-2 サイズを調整する

タイムラインパネルからレイヤースタイル「ベベルとエンボス」のプロパティを開き、[サイズ：120]に変更します。

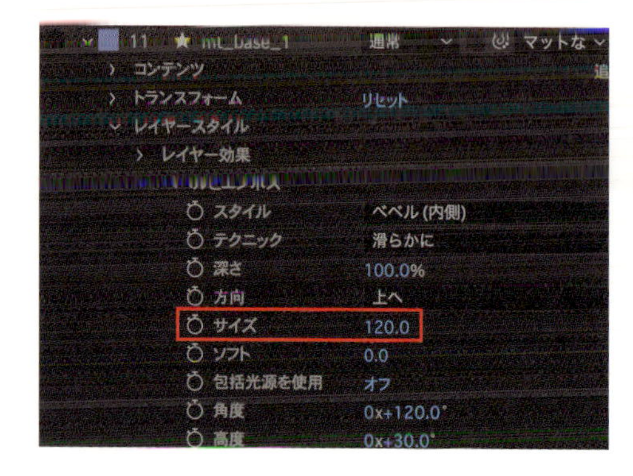

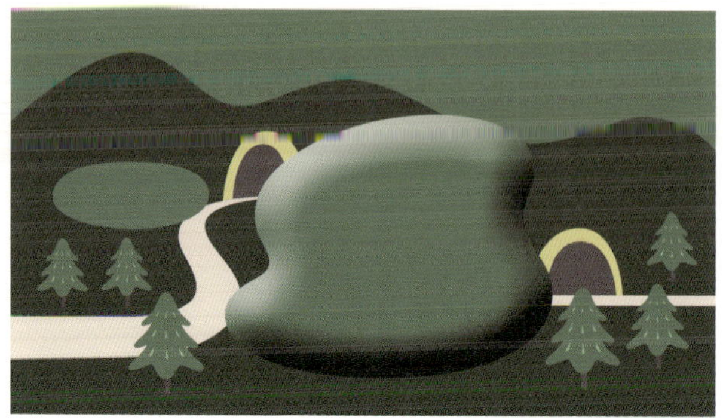

1-3 ハイライトとシャドウのモードを「ディザ合成」にする

「ベベルとエンボス」プロパティの［ハイライトのモード］と［シャドウのモード］を［ディザ合成］に変更します。

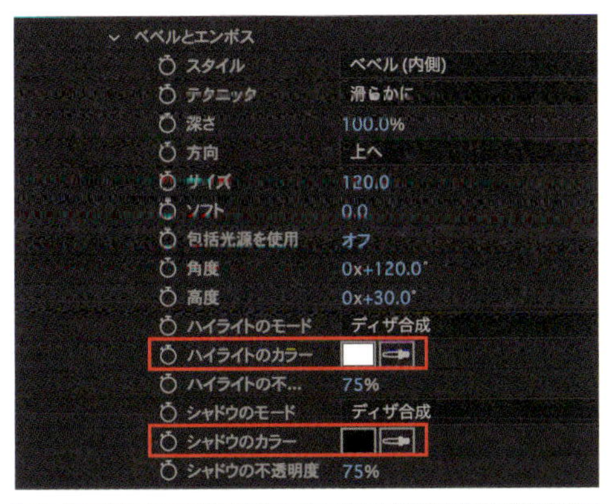

1-4 色を指定する

「ベベルとエンボス」プロパティの［ハイライトのカラー］と［シャドウのカラー］に任意の色を指定したらできあがりです。必要なレイヤーそれぞれに設定しましょう。

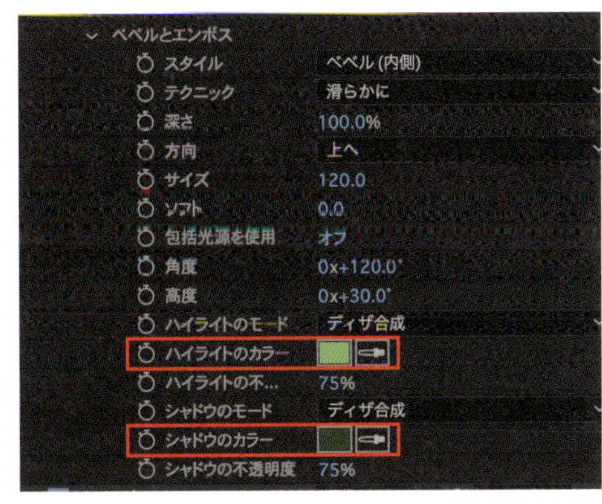

Case 2 配色されたパーツの色を活かしてザラザラをつける場合

「ベベルとエンボス」を使った方法では、光と影の色をそれぞれ1色でしか指定できません。すでに2色以上で配色されたパーツ（レイヤー）を一括で加工するには、「グラデーション」と「トラックマット」を使った方法がおすすめです。

2-1 レイヤーを複製して5つにする

タイムラインパネルで、加工をしたいレイヤーを複製して合計5つにします。それぞれの役割がわかるようにレイヤー名を次のように変更しましょう。

- tree_highlight_matte
- tree_highlight
- tree_shadow_matte
- tree_shadow
- tree_base（元のレイヤー）

MEMO

この時点で5つのレイヤーをプリコンポーズしておくことをおすすめします。

2-2 ハイライト・シャドウの色を調整する

ハイライトの色を調整します。「tree_highlight」レイヤーを選択した状態で、メニューバー“エフェクト”→“カラー補正”→“色相/彩度”を適用します。

エフェクトコントロールから「色相/彩度」プロパティを［マスターの明度：50］に設定します。これで元の「tree_base」レイヤーから一段明るいレイヤーができます。

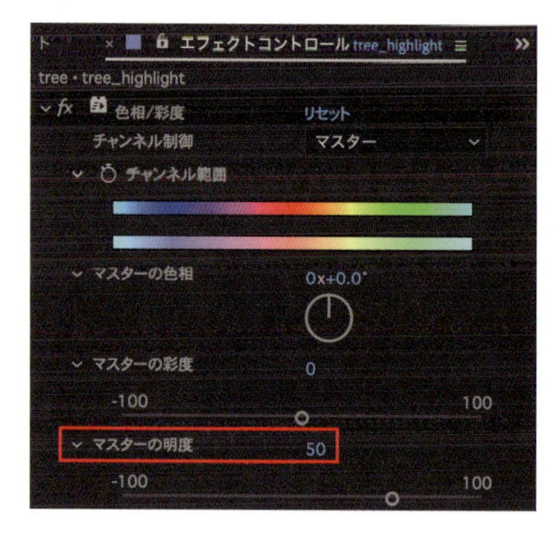

同様にシャドウの色を調整します。「tree_shadow」レイヤーにエフェクトの［色相/彩度］を適用し、［マスターの明度：-50］に設定します。これで、一段暗いレイヤーができます。

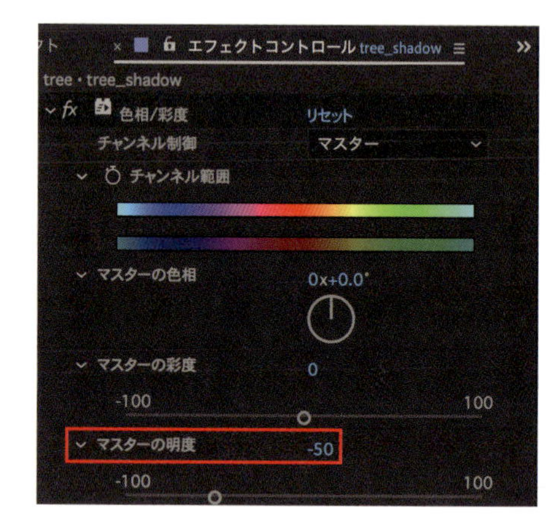

2-3 「トラックマット」用に白黒のグラデーションを作る

「tree_highlight_matte」レイヤーを選択した状態で、メニューバー“エフェクト”→“描画”→“グラデーション”を適用します。
エフェクトコントロールから「グラデーション」プロパティの［グラデーションの開始］と［グラデーションの終了］の値をそれぞれ設定します。位置座標のアイコンをクリックし、ビュー上でポイントを指定します。ハイライトの色をつけたい範囲が白くなるようにグラデーションを調整します。

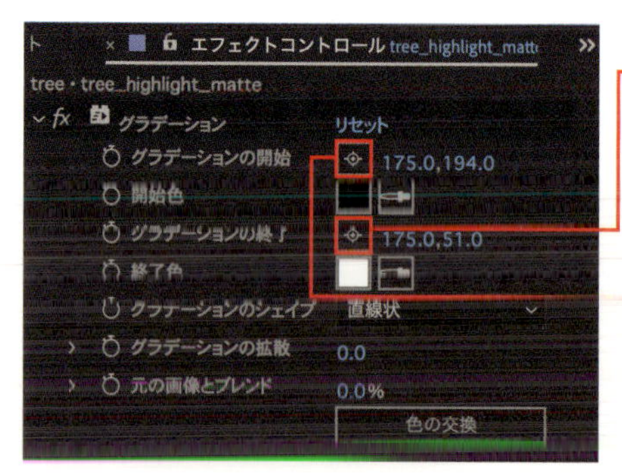

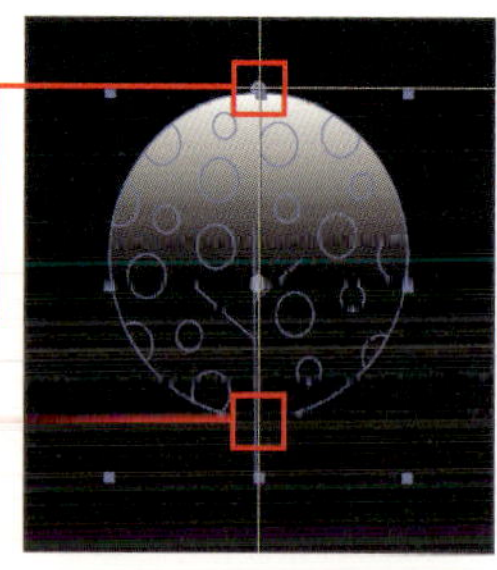

「tree_shadow_matte」レイヤーも同様に設定します。今度はシャドウの色をつけたい範囲が白くなるようにグラデーションを調整します。

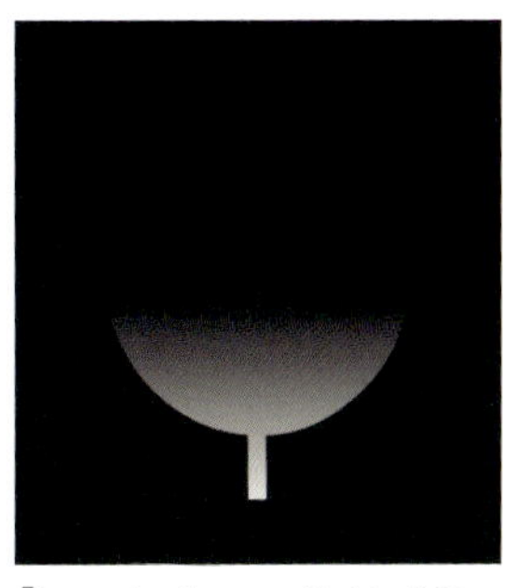

「tree_highlight_matte」レイヤー　「tree_shadow_matte」レイヤー

2-4 「トラックマット」を設定する

「tree_highlight」レイヤーの「トラックマット」を 2-3 でグラデーションをつけた「tree_highlight_matte」レイヤーに設定します。デフォルトではトラックマットの種類が[アルファマット]になっているため、「トラックマット」の右側のアイコンをクリックして[ルミナンスマット]に切り替えます。こうすることでグラデーションの黒い部分が透明になります。
同様に「tree_shadow」レイヤーのトラックマットは「tree_shadow_matte」レイヤーに設定します。右側のアイコンをクリックして[ルミナンスマット]に切り替えます。

#	レイヤー名	モード	トラックマット	親とリン
1	tree_highlight_matte	通常	マットなし	なし
2	tree_highlight	通常	1. tree_highlight_matte	なし
3	tree_shadow_matte	通常	マットなし	なし
4	tree_shadow	通常	3. tree_shadow_matte	なし
5	tree_base	通常	マットなし	なし

クリックすると
[ルミナンスマット]に切り替わる

2-5 レイヤーの描画モードを「ディザ合成」にする

「tree_highlight」レイヤーと「tree_shadow」レイヤーの描画モードを「ディザ合成」に変更します。これでハイライトとシャドウそれぞれにザラザラの質感がつきました。その他のレイヤーもパーツの配色や特性に合わせて同様に調整しましょう。すべてのパーツにザラザラがついたら完成です。

MEMO

作例では仕上げに、P.246「うねうねアウトライン」を適用しています。

Section

02 アナログな質感をつける！ うねうねアウトライン

動画で確認！

画面内を細かく波打たせることで、直線を手書き風にアレンジします。可愛さ・カジュアルさ・レトロ感を出したい場面で特に役立つエフェクトです。

制作・文

ヌル1

主な使用機能

タービュレントディスプレイス ｜ グレイン（追加） ｜ ポスタリゼーション時間

1 輪郭を波打たせる

Ctrl + Alt〔Macでは ⌘ + option〕+ Y で新規調整レイヤーを作成します。
メニューバー“エフェクト”→“ディストーション”→“タービュレントディスプレイス”を追加します。

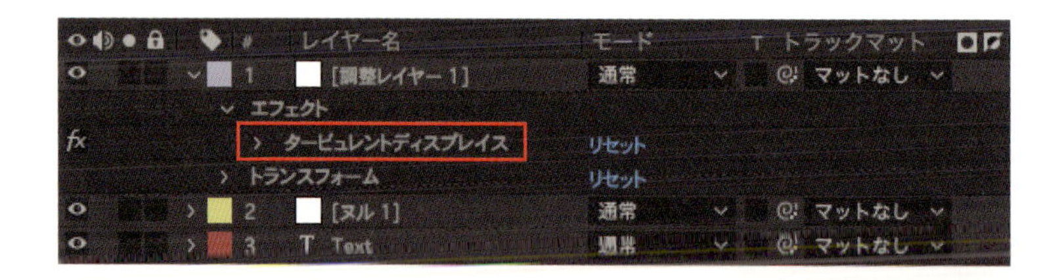

「タービュレントディスプレイス」のプロパティを［量：20］、［サイズ：10］、［複雑度：2］に変更します。

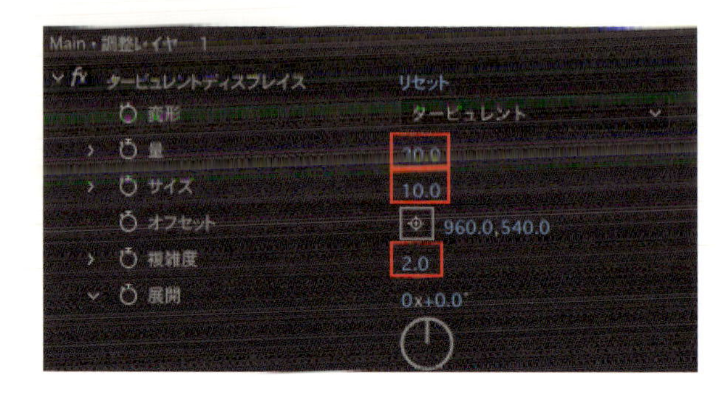

これで、画像が細かく波打つように変形されました。

波にアニメーションを付けるために「タービュレントディスプレイス」の「展開」プロパティのストップウォッチアイコンを Alt〔Mac では option〕キーを押しながらクリックして、下記のエクスプレッションを記入します。

```
time*1000
```

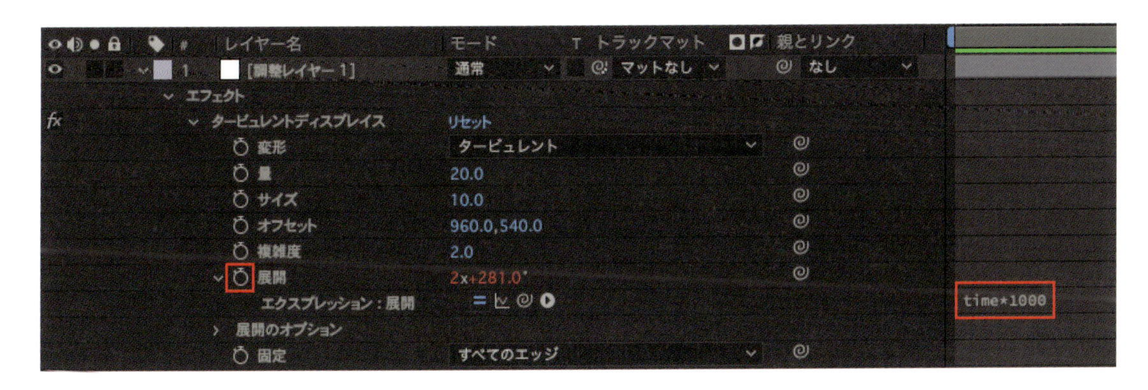

WHAT'S MORE

ノイズを加える

更に質感をUPさせるひと工夫として、ノイズを加えましょう。調整レイヤーに、メニューバー“エフェクト”→“ノイズ＆グレイン”→“グレイン（追加）”を追加します。プロパティを[表示モード：最終出力]に変更します。

2 アニメーションをコマ落ちさせる

「タービュレントディスプレイス」で加える変形は動きが滑らかなので、「手書き風」な質感を付けるためコマ落ちを加えましょう。

調整レイヤーに、メニューバー“エフェクト”→“時間”→“ポスタリゼーション時間”を追加して[フレームレート：10]に変更します。

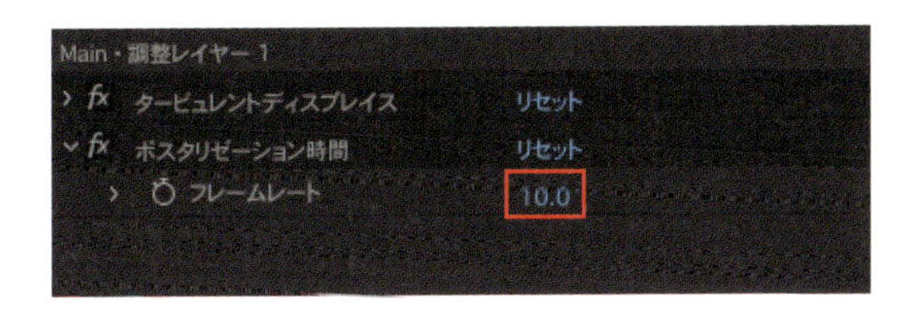

Section

03 3Dオブジェクトにラインを描く 輪郭検出

アドバンス3Dレンダラーを使用して、立体化したレイヤーに線画を追加する方法を紹介します。

制作・文

サプライズ栄作

主な使用機能

シェイプレイヤー ｜ 3D レイヤー ｜ 輪郭検出 ｜ リニアカラーキー ｜ トーンカーブ ｜ チョーク

1 ベース形状を作成

図形ツールを使用して適当な図形を用意します。作例では3つの図形を作成しました。

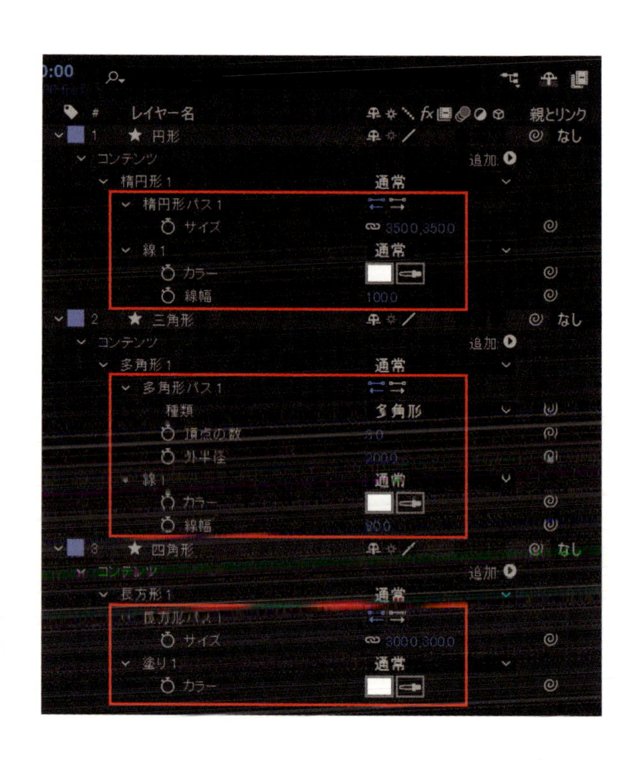

● 円形

［塗り：なし］、［線：単色］、［線幅：100］、［線のカラー：#FFFFFF］ に設定し、楕円形ツールで円形を作成。［サイズ：350,350］に変更。

● 三角形

［塗り：なし］、［線：単色］、［線幅：80］、［線のカラー：#FFFFFF］ に設定し、多角形ツールで多角形を作成。［頂点の数：3］、［外半径：200］に変更。

● 四角形

［塗り：単色］、［線：なし］、［塗りのカラー：#FFFFFF］ に設定し、長方形ツールで四角形を作成。［サイズ：300, 300］に変更。

❷ 図形を立体化

レイヤーのスイッチから［3D レイヤー］を有効にします。コンポジションパネルの下側にあるレンダラー設定から、［アドバンス 3D］に変更します。

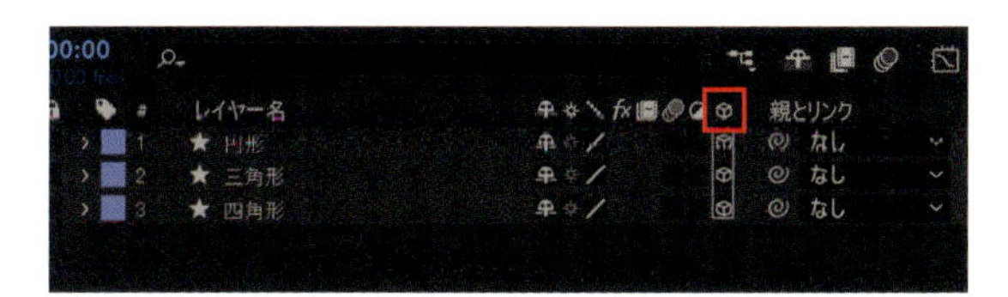

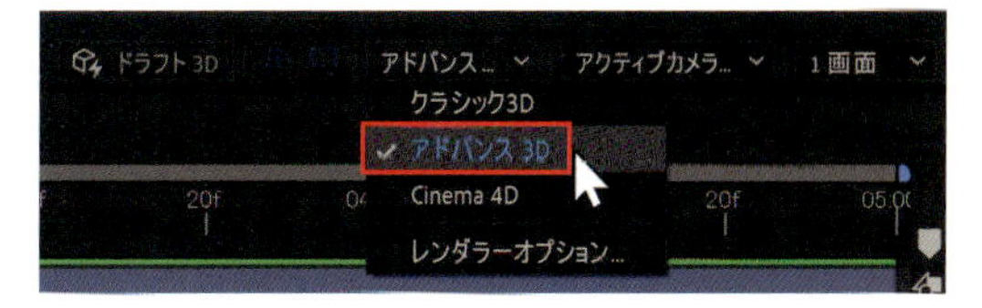

円形と三角形のレイヤーを展開し、［形状オプション］から［押し出す深さ：80］に変更。［トランスフォーム］から［アンカーポイント：40］に変更し、立体物の中心に動きの基点がくるように調整しておきます。四角形のレイヤーは、［押し出す深さ：300］に変更し、［トランスフォーム］の［アンカーポイント（A）：150］に変更します。

MEMO

［アンカーポイント］に入力する値は、［押し出す深さ］の半分の値を入れると、押し出したシェイプの中心に基点を作ることができます。

それぞれの図形を回転させてアニメーションを設定しておきます。作例では、「X回転」と「Y回転」をそれぞれ1回転させています。

円形
00:00　X回転　0 × -54°　Y回転　0 × -29°
04:00　X回転　-1 × -54°　Y回転　-1 × -29°

三角形
00:00　X回転　0 × -46°　Y回転　0 × +42°
04:00　X回転　-1 × -46°　Y回転　1 × +42°

四角形
00:00　X回転　0 × +33°　Y回転　0 × +33°
04:00　X回転　1 × +33°　Y回転　1 × +33°

③ 輪郭検出の効果を引き出すための準備

3Dレイヤーでは立体物の前面、背面、側面などに設定を加える「マテリアルオプション」と呼ばれる項目を追加できます。正面と側面の色を変えることで、コントラストが生まれ、輪郭検出する際に優位に働きます。
それぞれの図形に、コンテンツの右側の追加▶から"側面"→"カラー"をを追加します。追加する場合は、シェイプグループを選択している必要があります。円形の場合は、コンテンツ内にある「楕円形 1」、三角形の場合は、「多角形 1」、四角形の場合は、「長方形 1」を選択した状態で追加を行います。

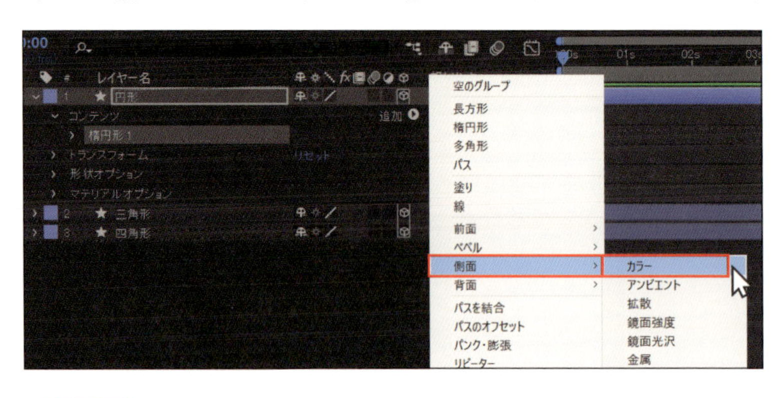

MEMO

「After Effects 2023」以前のバージョンを使用している場合、対象のシェイプをグループ化しないと「マテリアルオプション」を追加できません。コンテンツ直下にある「楕円形 1」や「長方形 1」を選択して、Ctrl〔Macでは⌘〕+Gでグループ化してから、「側面のカラー」を追加することで対応してください。

円形のシェイプは、側面に角がなく丸みを帯びているため、輪郭検出の際に意図しない線を検出する可能性があります。対処法はいくつかあり、一番確実なのは「アンビエントライト」を置いて、影やツヤなどを強制的に消す対処法です。ただし、この方法は角のある立体物との共存ができないため、プリコンポーズを行う必要があります。

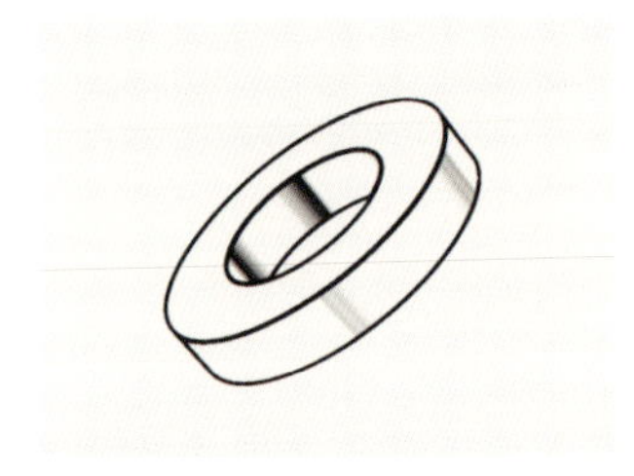

影の輪郭も検出してしまうため綺麗な仕上がりにならない

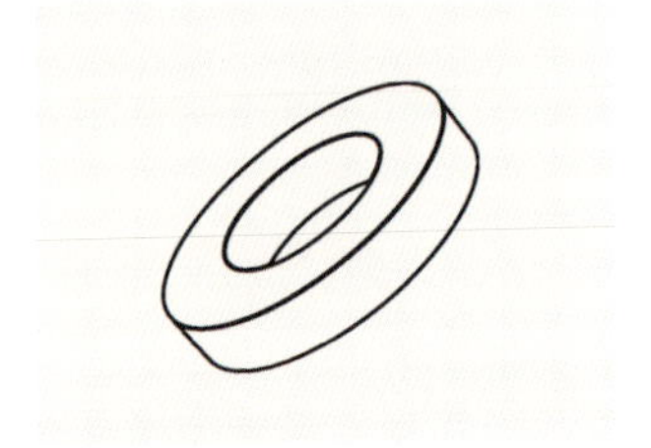

綺麗に輪郭を検出した場合

それ以外の方法で、比較的綺麗に仕上げることができる方法を紹介します。[コンテンツ＞楕円形 1]を選択した状態で、追加▶から"側面"→"拡散"と"金属"を追加して、[側面の拡散：20%][側面の金属：0%]に変更します。質感の設定次第で、輪郭検出で意図しない線の検出をある程度防ぐことができます。

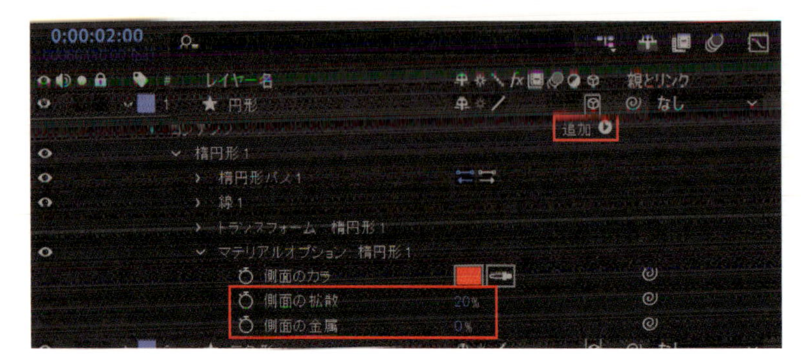

4 エフェクト「輪郭検出」で線を描画

メニューバー“レイヤー”→“新規”→“調整レイヤー”を選択します（Ctrl＋Alt〔⌘＋option〕＋Y）。調整レイヤーに対して各種エフェクトを適用してラインを描画します。

●“エフェクト”→“スタイライズ”→“輪郭検出”
画像や映像内で変化の多い箇所を基に輪郭を検出するエフェクトです。[反転：有効]に変更。

輪郭検出で線を描画

●“エフェクト”→“キーイング”→“リニアカラーキー”
設定したキーカラーに近い箇所を透明にするエフェクトです。[キーカラー：#000000]に設定。

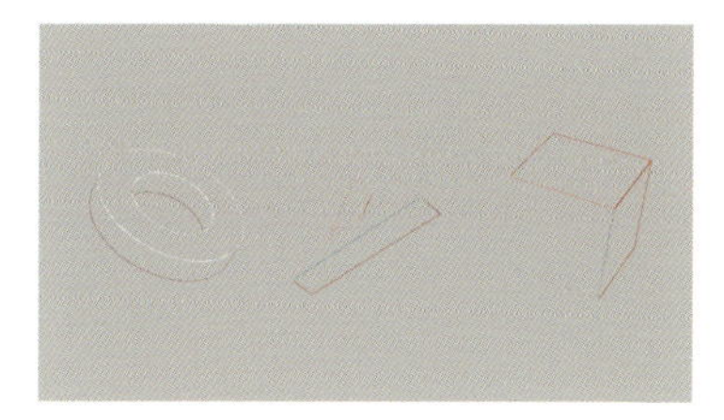

リニアカラーキーで黒を排除

●“エフェクト”→“描画”→“塗り”
線の色を指定するためのエフェクトです。
[カラー：#000000]に設定。

●“エフェクト”→“カラー補正”→“トーンカーブ”
明度やコントラストの調整に使用するエフェクト。アルファのコントラストを上げて輪郭検出された線画を強調させます。

●“エフェクト”→“マット”→“チョーク”
検出したラインの幅を調整するエフェクトです。
[チョークマット：-4]に変更して、線幅を太くします。

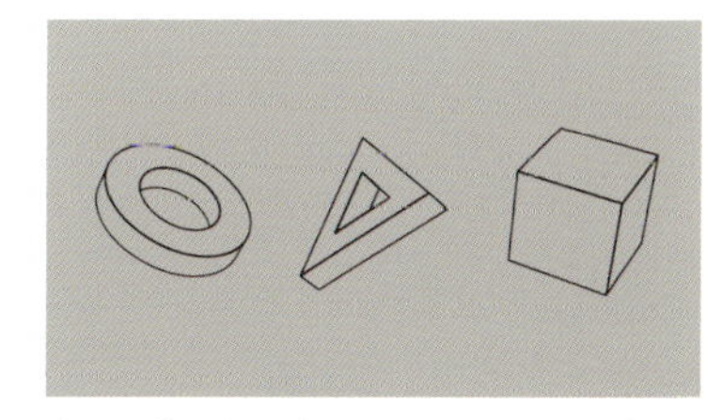

塗りで線の色を変更し、トーンカーブでコントラストを強め、チョークで線幅を調整

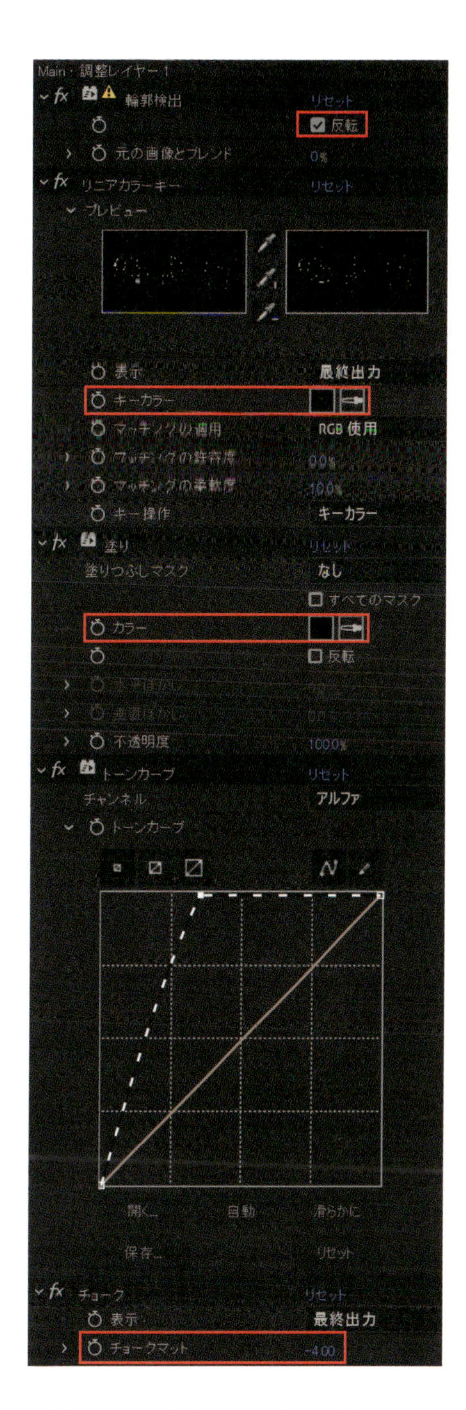

オブジェクトの形状によっては、これらの工程を行っても線が上手く表示されない場合があります。考えられる原因は、線を検出するための変化量がないことです。
そういった場合は、ライトを配置して、異なる面同士のコントラストを調整するなどして、イメージ通りの線が検出されるような工夫が必要になります。
最後に、線のみを表示したコンポジションと、カラーのみを表示したコンポジションを重ね合わせて完成です。

Section

04 生成AIでやってみる Adobe Fireflyと描画モードでお気軽テクスチャ合成

動画で確認！

作品の質感を高めるために、よく使用されるのがテクスチャーを合成する手法。生成AI Adobe Fireflyを使用して、オリジナルのテクスチャーを生成し、効率化を目指しましょう。

制作・文

ナカドウガ

主な使用機能

Adoe Firefly ｜ 描画モード ｜ タイムリマップ

この作例ではAdobe Photoshopも使用します。

1 Adobe Fireflyとは

Adobe社が提供している生成AI「Firefly」。特徴は著作権に配慮した設計になっていることで、商用利用が可能です。またプロンプトを日本語で入力できるのも、手軽に試せるポイントと言えるでしょう。ここではPhotoshopに実装されているFireflyを使った事例を紹介します。

2 Photoshopでテクスチャーを生成する

ドキュメントの新規作成をします。プリセットタブ［フィルムとビデオ］から［HDTV 1080p］を使用します。

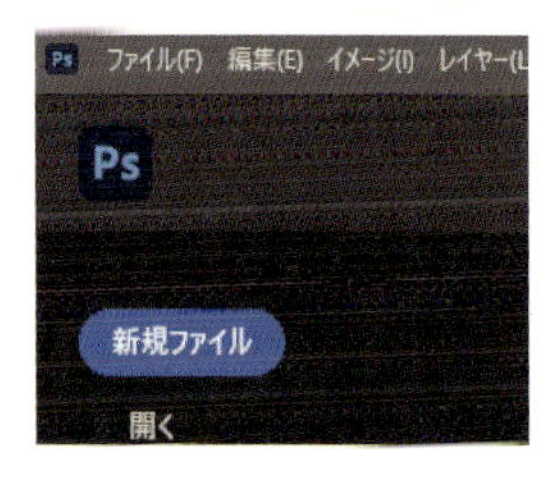

ドキュメントが立ち上がったら、パネルレイアウトを初期化します。メニューバー“ウィンドウ”→“ワークスペース”→“初期設定”を選びます。次に、メニューバー“選択範囲”→“すべてを選択“を選択し、コンテキストタスクバーの[生成塗りつぶし]をクリックします。このときコンテキストタスクバーが表示されない場合は、メニューバー“ウィンドウ”→“コンテキストタスクバー”で表示させてください。

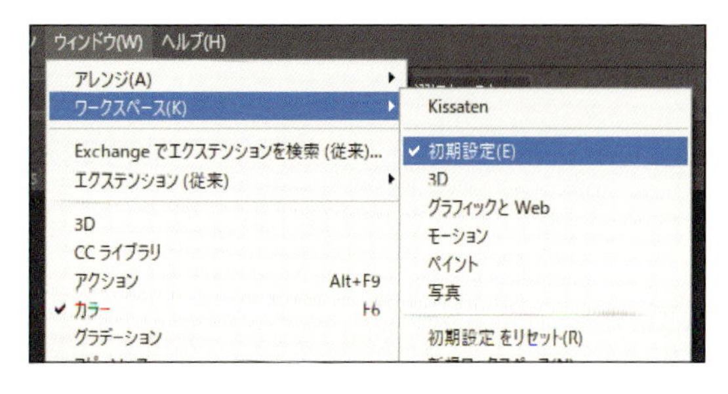

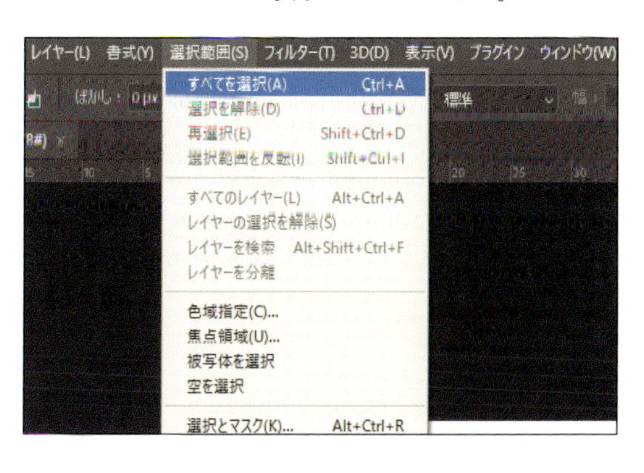

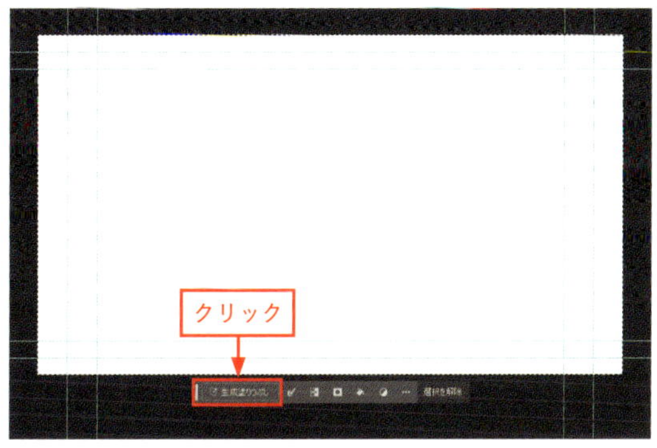

出てきたダイアログに、以下のようなプロンプトを記入しましょう。

「水彩　重ね塗り　テクスチャー　画用紙　高精細」

MEMO

プロンプトとは、生成したい画像を指定するキーワードのこと。同じキーワードを指定したとしても、まったく同じ結果になるわけではなく、その都度違う結果を返してくれます。

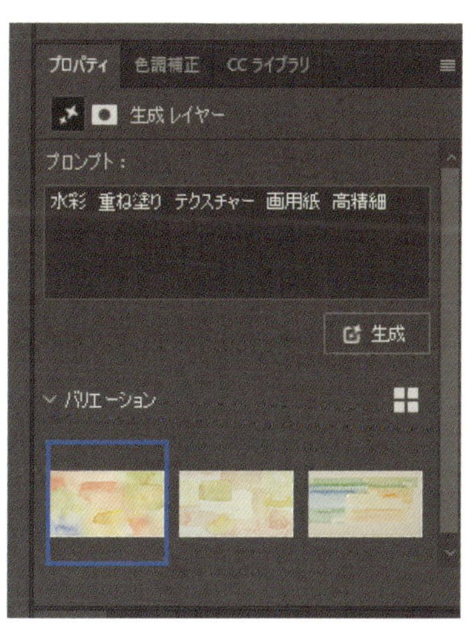

1度の実行で3つのバリエーションが生成されます。 気に入った画像が生成されるまで繰り返しましょう。プロンプトを少しずつ変更しながら、最適なものができるのを探ってもよいでしょう。作例では10～15パターン程度生成しました。

ある程度生成できたら気に入った画像を選んでいきます。最初にレイヤーを12個複製します。そして、プロパティパネルに表示されている生成結果一覧から、好きなものを選びましょう。12個のレイヤーはすべて違う画像になるようにしてください。

レイヤー名をリネーム
元々あった背景レイヤーは削除

12個複製

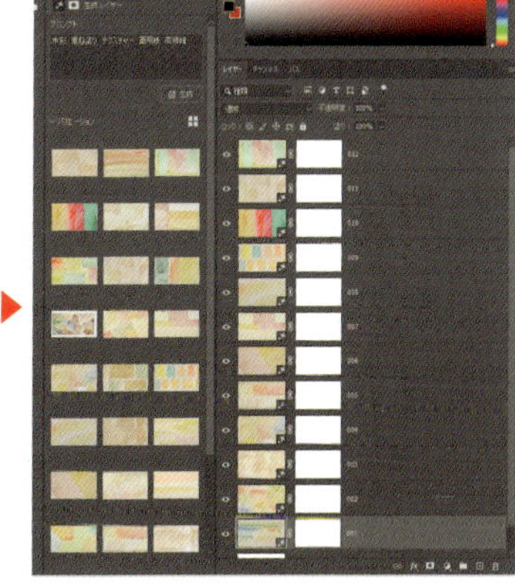

プロパティパネルから選ぶ

画像を選び終えたら、メニューバー“ファイル”→“書き出し”→“レイヤーからファイル”を選び、画像として保存します。

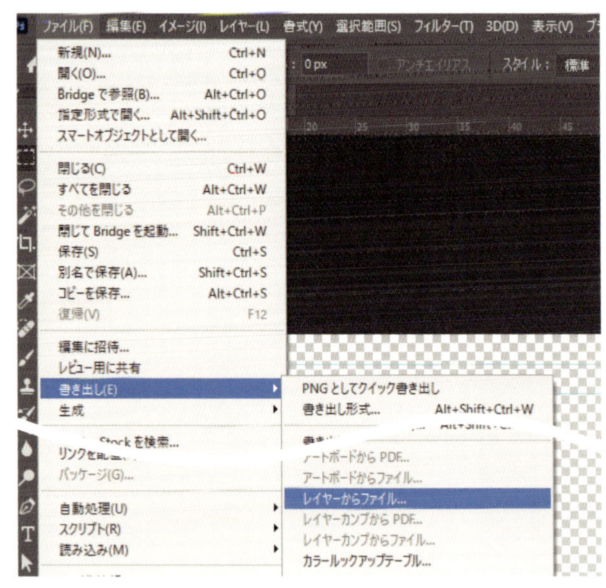

表示されたダイアログでは、保存先や保存形式を指定することができます。
以下のように設定してください。

[ファイルの先頭文字列：c06_Texture]
[ファイル形式：PNG-24]
「表示されているレイヤーのみ」にチェックを入れる

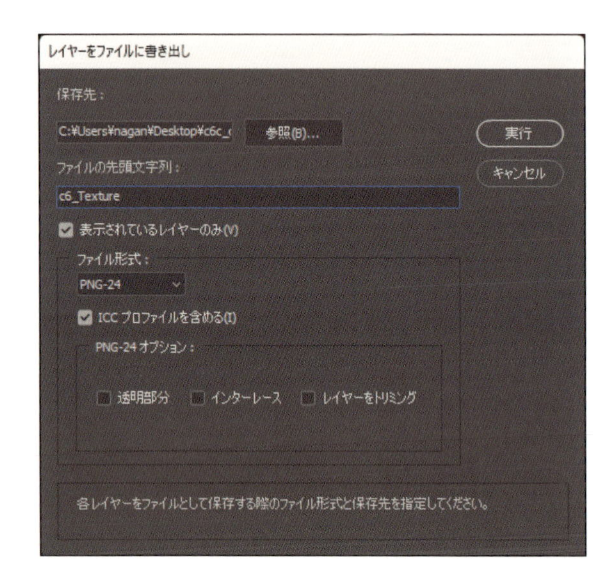

続いてAfter Effectsの操作に移ります。

MEMO

生成した画像数が多くなると、以下のメッセージが出てくる場合があります。その場合は、必要のない生成結果を削除するか、.psb形式で保存してください。

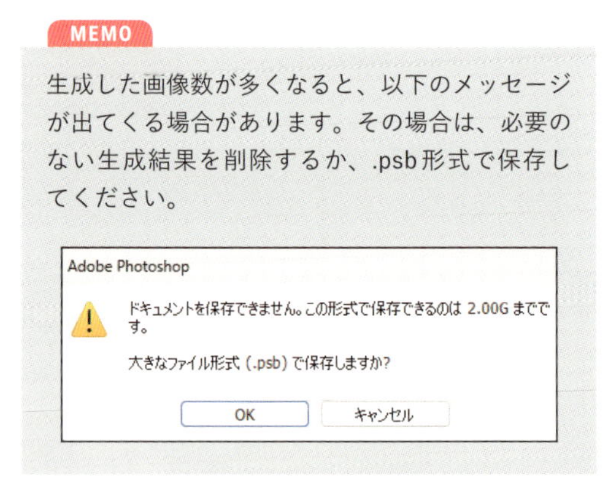

3 After Effectsでテクスチャーを合成する

あらかじめ、サンプルデータ「AF_B_ch06 04.aep」をAfter Effectsに読み込んでおきましょう。続いてPhotoshopで作成したテクスチャーをAfter Effectsに読み込みます。メニューバー“ファイル”→“読み込み”→“ファイル”から先ほど保存したテクスチャ画像を選択します。

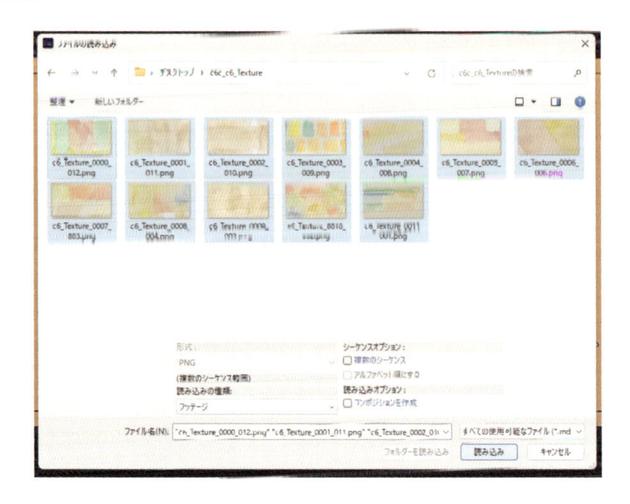

ファイルを読み込んだら、フォルダ内にあるレイヤーをすべて選択し、プロジェクトパネルの下部にある、「新規コンポジションを作成」アイコンにドロップしましょう。
1枚の画像が5フレームで切り替わるように配置します。以下のように設定して下さい。

[1つのコンポジション：オン]
[静止画のディレーション：00:05]
[シーケンスレイヤー]にチェックを入れる

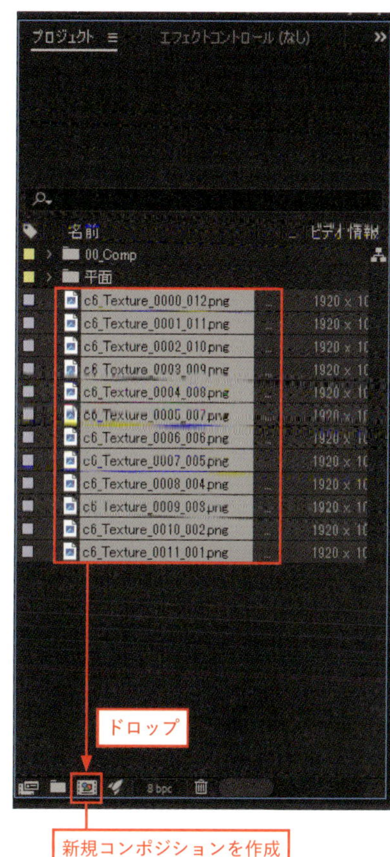

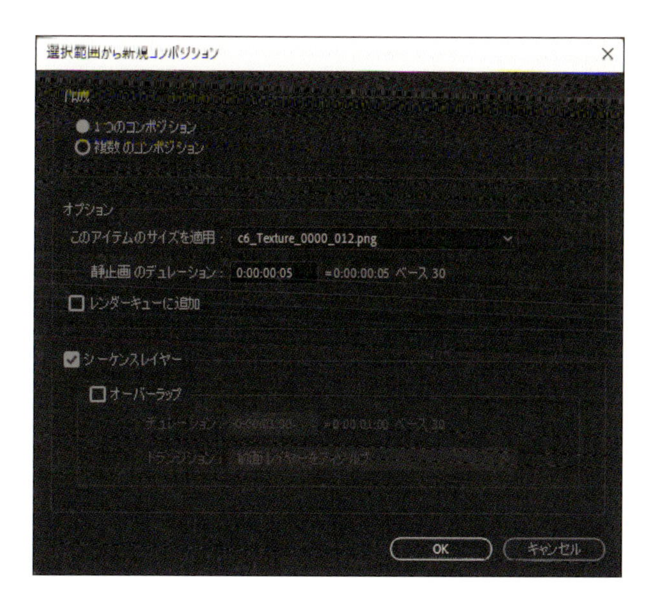

できあがったコンポジションを「c6_Texture」とリネームし、あらかじめ読み込んでおいたコンポジション「Main」に追加してください。
追加した「c6_Texture」レイヤーを右クリックして、“時間”→“タイムリマップ使用可能”を選びます。これによりレイヤーの再生時間をコントロールできるようになります。

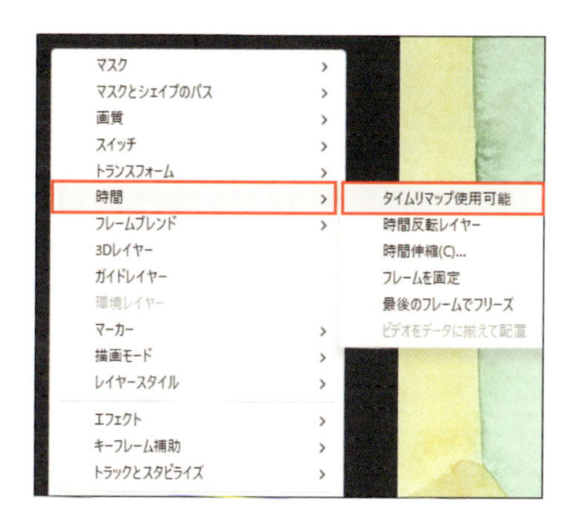

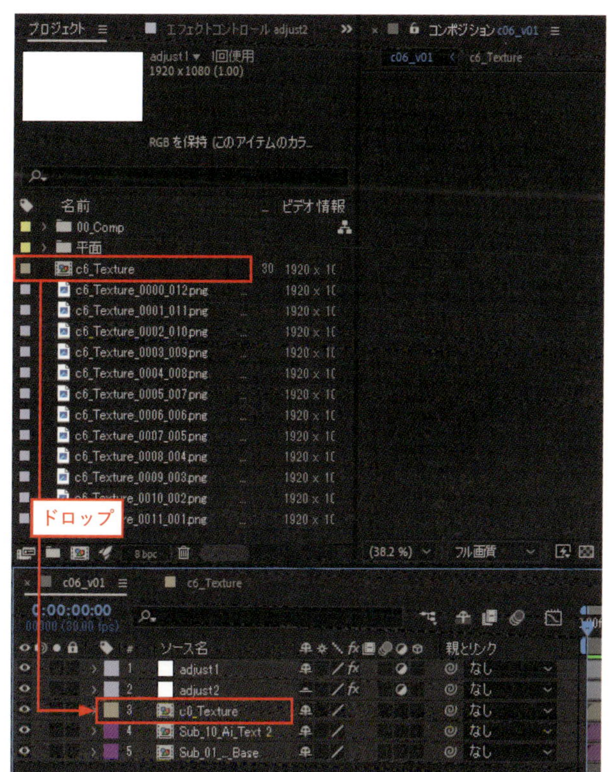

ここで、レイヤーをコンポジションの最後まで伸ばしておきます。

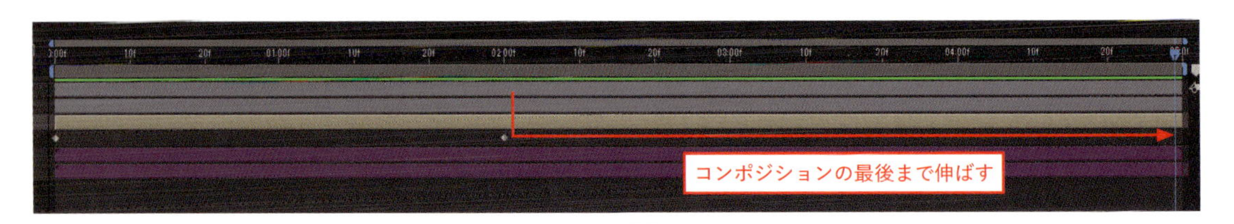

次に、ランダムにテクスチャーが切り替わるようにするため「タイムリマップ」に以下のエクスプレッションを記入してください。

MEMO

タイムリマップで、早回し、逆再生、スローなどの時間演出が可能です。

```
posterizeTime(5);
Math.floor(random(60))/30 ;
```

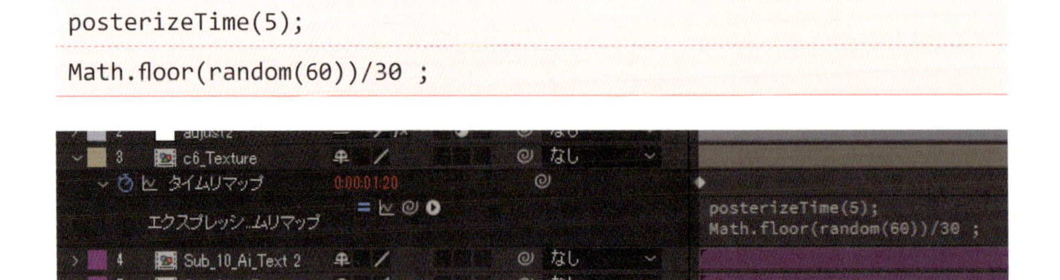

最後に描画モードを[乗算]にして完成です。

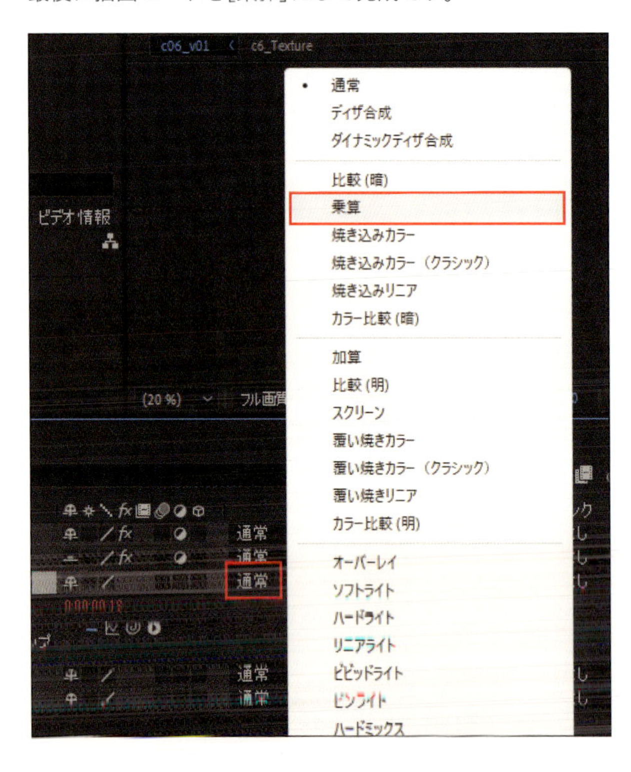

Section

05 ポップに仕上げる！ レトロふちどり

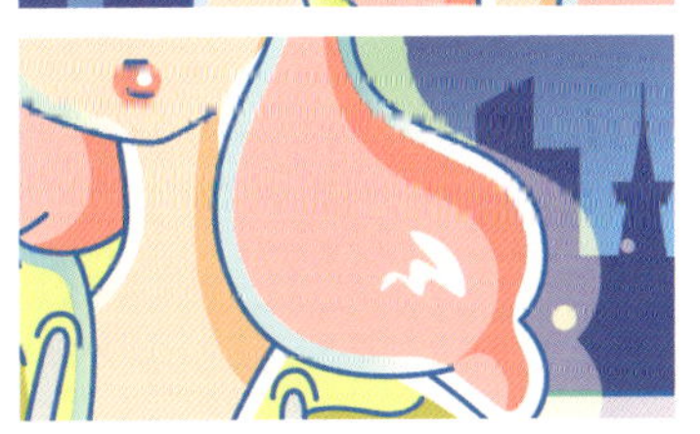

レトロポップな雰囲気におすすめの仕上げ加工です。輪郭線の内側にアクセントカラーや白色でふちどりを入れる方法をご紹介します。

制作・文

この

主な使用機能

チョーク | 色相 / 彩度 | 塗り | トラックマット

1 イラスト素材を線と塗りで分ける

After Effectsにイラスト素材を読み込む際、あらかじめ線と塗りでレイヤーを分けておきます。さらに、塗りのレイヤーはふちどりをつけたいパーツごとにレイヤーを分けておきましょう。「Main」コンポジションに各イラスト素材を配置します。本解説では、前髪の塗りのパーツ「Fill_bangs」レイヤーを例にご説明します。

MEMO

作業中のレイヤー以外は非表示にしながら作業を行うとスムーズです。

「Stroke」レイヤー

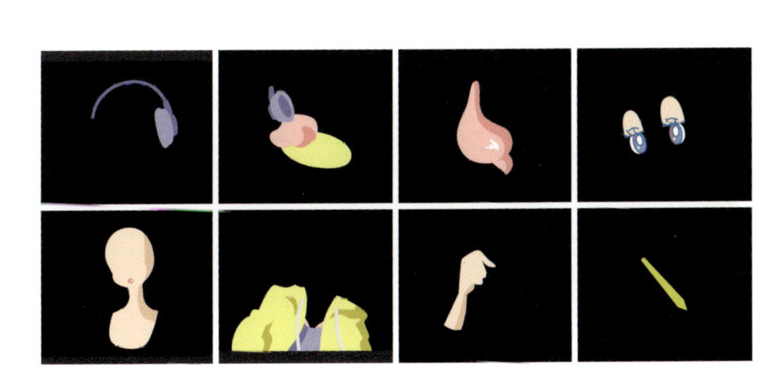

「Fill_bangs」レイヤー

2 塗りのレイヤーを複製する

「Fill_bangs」レイヤーを複製し、合計4つにします。複製したレイヤーは次のようにレイヤー名を変更します。

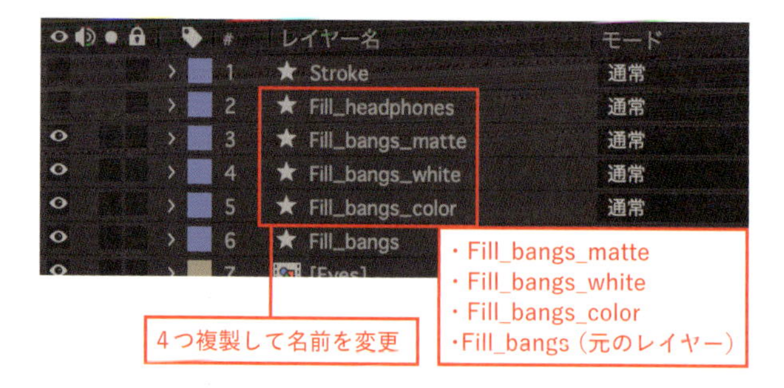

3 「トラックマット」用のレイヤーを作る

「Fill_bangs_matte」レイヤーに メニューバー“エフェクト”→“マット”→“チョーク”を適用します。エフェクトコントロールから[チョーク]のプロパティを[チョークマット：50]に変更します。そうすると外側から削りとられたように塗りの範囲が縮みます。

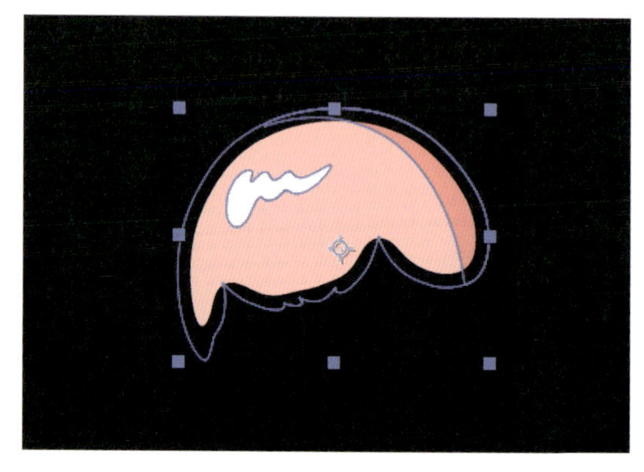

MEMO

「チョーク」は透明部分から範囲を拡大・縮小してエッジの調整を行うエフェクトです。

4 白色のレイヤーを作る

「Fill_bangs_white」レイヤーにメニューバー“エフェクト”→“描画”→“塗り”を適用します。エフェクトコントロールから「塗り」のプロパティを[カラー：#FFFFFF]に変更します。
続いて「Fill_bangs_white」レイヤーにメニューバー“エフェクト”→“トランジション”→“リニアワイプ”を適用します。ちょうどイラストのパーツが半分隠れるように[変換終了]の値を調整します。作例では[変換終了：50%][境界のぼかし：50]に設定しています。

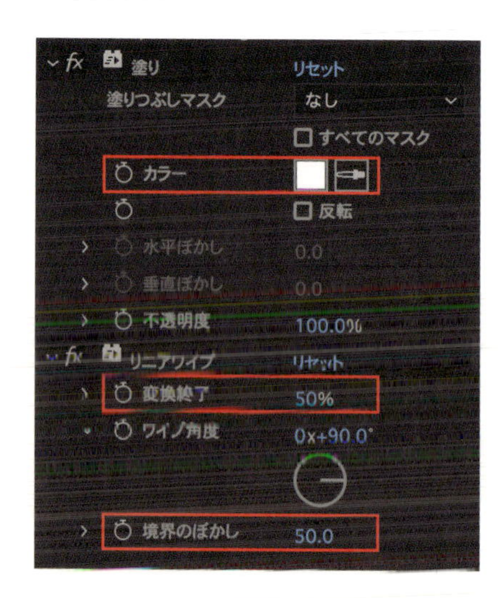

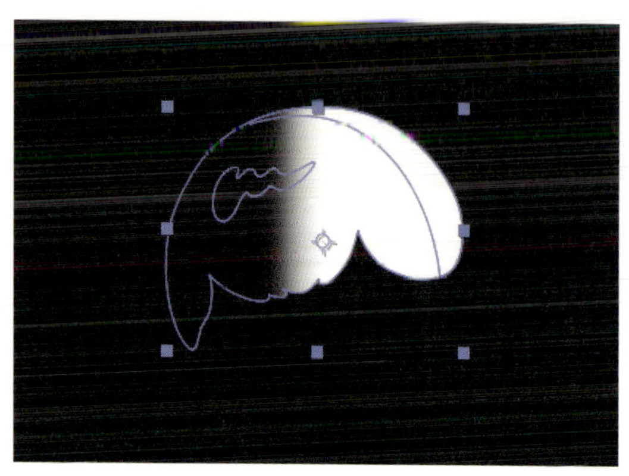

「Fill_bangs_white」レイヤー

5 アクセント色のレイヤーを作る

「Fill_bangs_color」レイヤーに、メニューバー“エフェクト”→“カラー補正”→“色相/彩度”を適用します。エフェクトコントロールから「色相/彩度」プロパティの［マスターの色相］の値を調整し、任意の色に変更します。作例では［マスターの色相：180°］に変更し、補色にしています。
続けて「Fill_bangs_color」レイヤーにメニューバー“エフェクト”→“トランジション”→“リニアワイプ”を適用します。
4と同様にちょうどイラストが半分隠れるように［変換終了］の値を調整します。作例では［変換終了：50%］［境界のぼかし：50］に設定しています。また、［ワイプ角度：-90°］に変更します。こうすることで4の白色とは反対側が隠れるようになります。

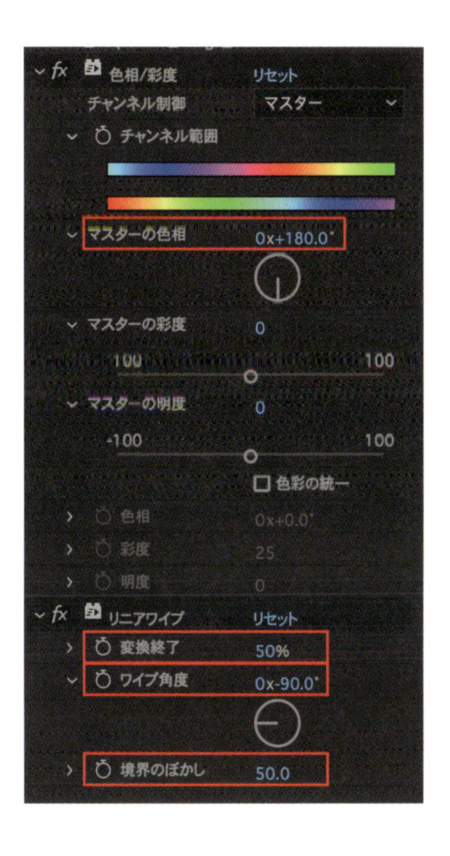

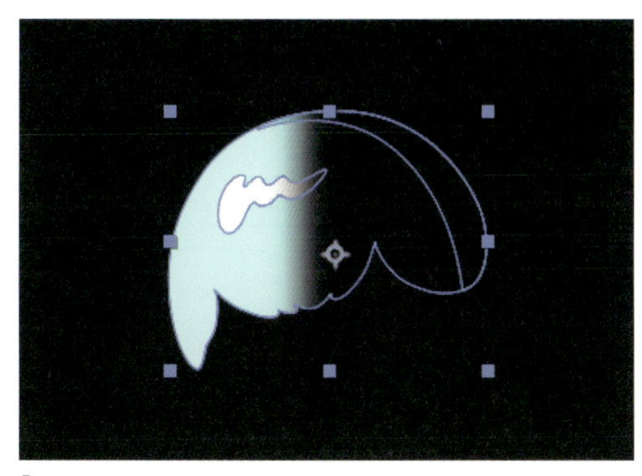
「Fill_bangs_color」レイヤー

6「トラックマット」を設定する

タイムラインパネルにて「Fill_bangs_white」レイヤーと「Fill_bangs_color」レイヤーの「トラックマット」に「Fill_bangs_matte」を設定します。［アルファマット］アイコンのとなりにある［マットを反転］アイコンをクリックし、アルファマットを反転させます。

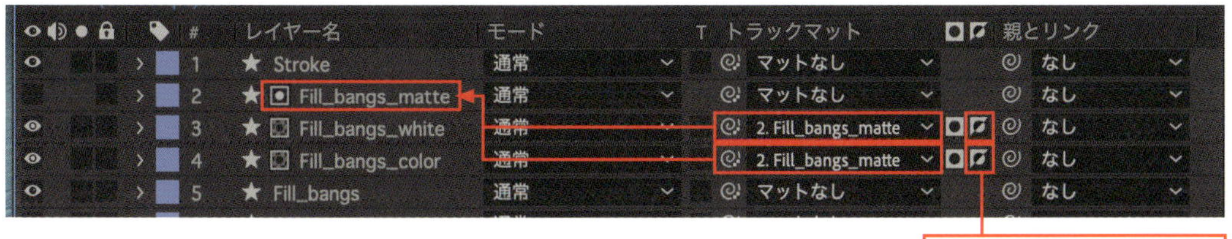

4つのレイヤーを合成

2～6の手順を他の塗りのパーツにも行いましょう。必要なレイヤーをすべて表示させたらできあがりです。

WHAT'S MORE

ポップなドロップシャドウをつける

仕上げとして、背景色を活かした明るいドロップシャドウを加えます。
キャラクターを構成するレイヤーすべてを選択し、Ctrl〔⌘〕+Shift+Cでプリコンポーズします。プリコンポーズしてできたコンポジションレイヤーを選択した状態で、メニューバー“レイヤー”→“レイヤースタイル”→“ドロップシャドウ”を適用します。
プロパティの値を次のように設定します。
特に背景がグラデーションの時に相性が良くおすすめです。ぜひ、さまざまにアレンジしてみてください。

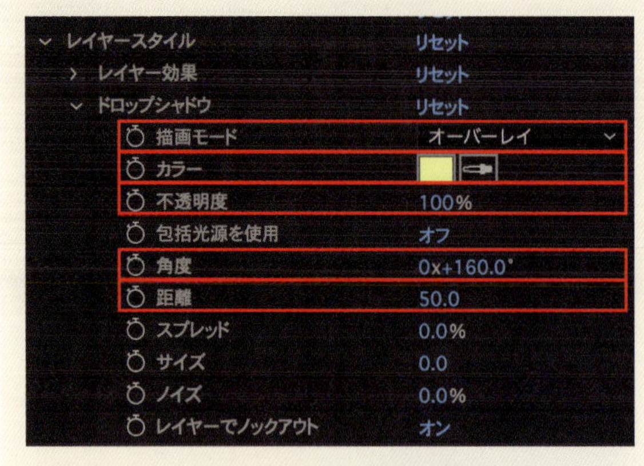

描画モード：オーバーレイ
カラー：#FFF87B
不透明度：100%
角度：160°
距離：50

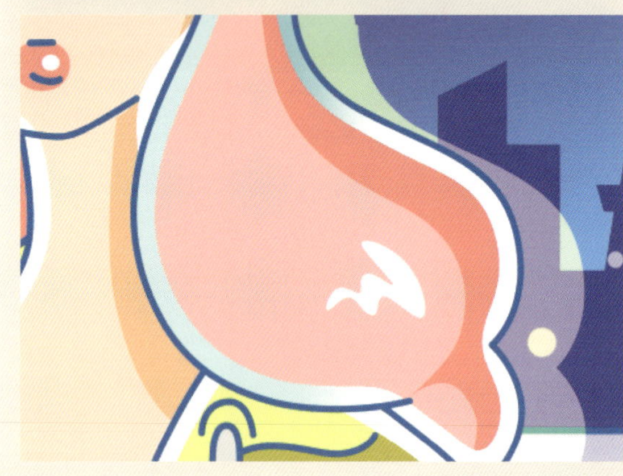

Appendix

よく登場する機能まとめ

Section 01

グラフエディターとキーフレーム速度

グラフエディターは、グラフを使ってキーフレーム間の動きを調整する機能です。加減速に緩急をつけることができ、より生き生きとしたアニメーションを作ることができます。キーフレーム速度は、キーフレーム間の動きの緩急を数値でコントロールできる機能です。

文

この

グラフエディターを表示する

グラフエディターを表示するには、タイムライン上部のグラフエディターアイコンをクリックします。 キーフレームが打たれたプロパティを選択すると、グラフのアニメーションカーブが表示されます。

グラフエディターを切り替える

After Effectsのグラフエディターは「速度グラフ」と「値グラフ」の2種類があり、またそれら両方を表示する「参照グラフ」があります。切り替え方法は、グラフエディターを表示した状態で右クリック、または下部にある「グラフの種類とオプションを選択」アイコンをクリックして、“値グラフを編集”“速度グラフを編集”“参照グラフを表示”のいずれかを選択します。

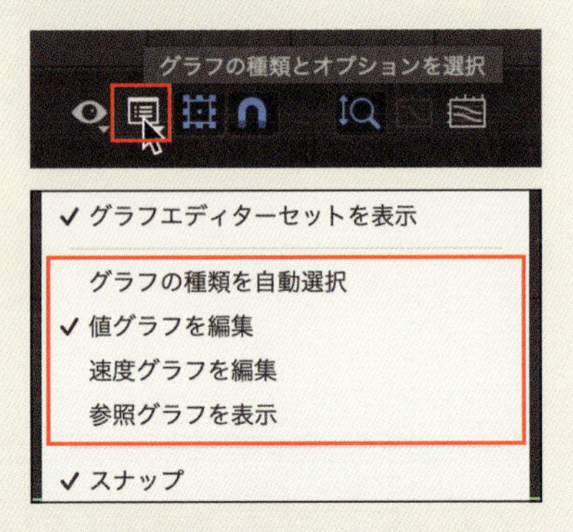

MEMO

速度グラフ

速度グラフは、時間の経過に伴う速度変化を表示・調整することができ、グラフの山の頂点が一番スピードが速いことを表しています。また、コンポジションパネル上に軌道の曲線を描く「モーションパス」を扱うことができます。

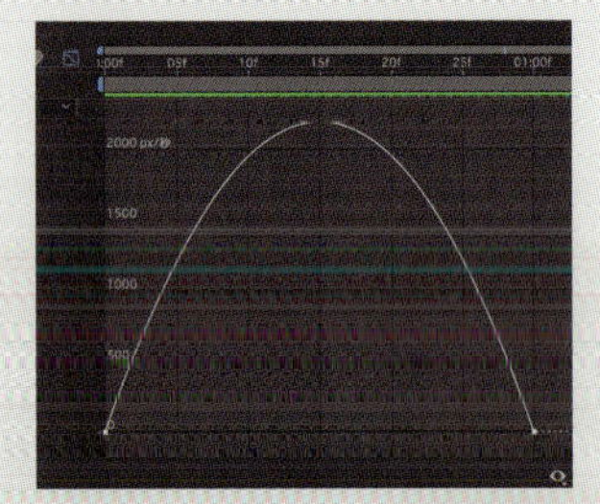

値グラフ

値グラフは時間の経過に伴う値の変化を表示・調整することができ、Illustratorのベジェハンドルのような操作感で、グラフのアニメーションカーブを調整することができます。ただし、[位置]プロパティの場合、デフォルトではX、Y（Z）の値が合わさって1つのパラメータで制御しているため、個別にハンドルを動かし調整することができません。そのためX、Y（Z）の値を分割する「次元分割」を適用する必要があります。「次元分割」を行うと「モーションパス」が使えなくなるため、適用するタイミングには注意が必要です。

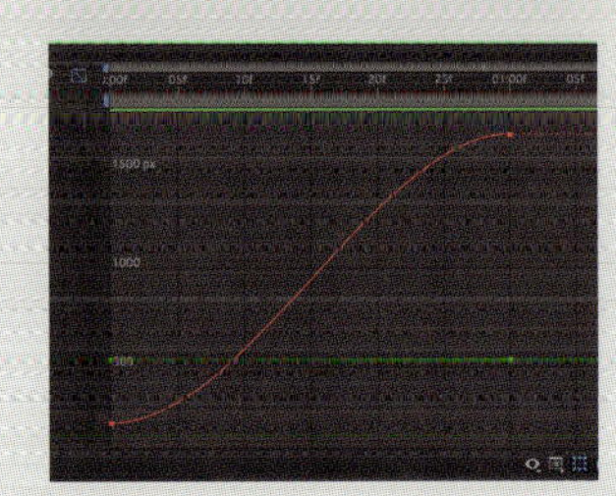

位置プロパティを次元に分割する

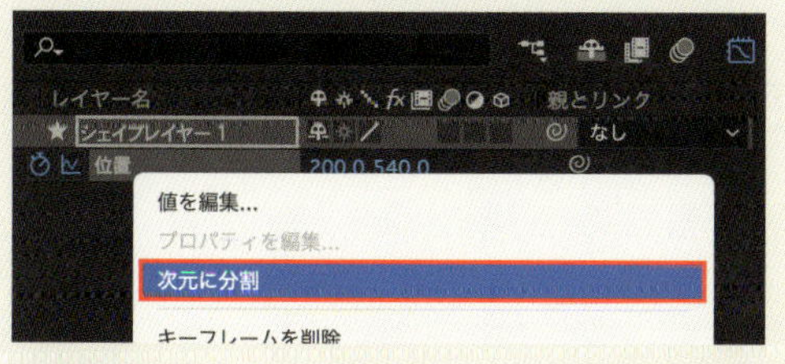

[位置] プロパティの上で右クリックして“次元に分割”を選択

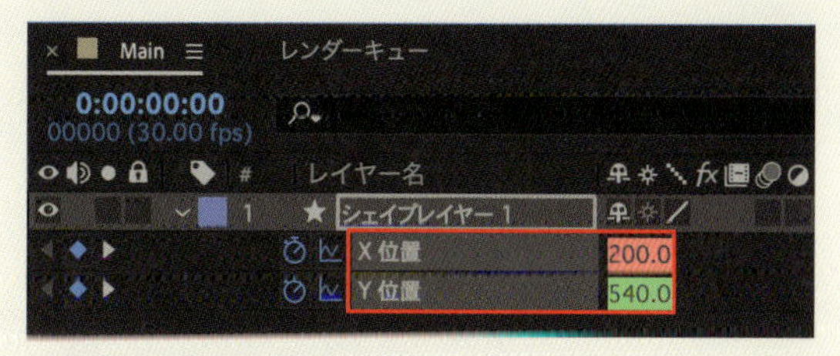

[X位置] [Y位置]が分割される

キーフレーム速度を表示する

キーフレームを選択した状態で、Ctrl(Macでは⌘)+Shift+Kで「キーフレーム速度」のダイアログボックスを表示することができます。[入る速度]は選択中のキーフレームより前の速度、[出る速度] は後の速度を表しています。数値入力なので再現性が高く、また素早い操作で作業が終えられるメリットがあります。

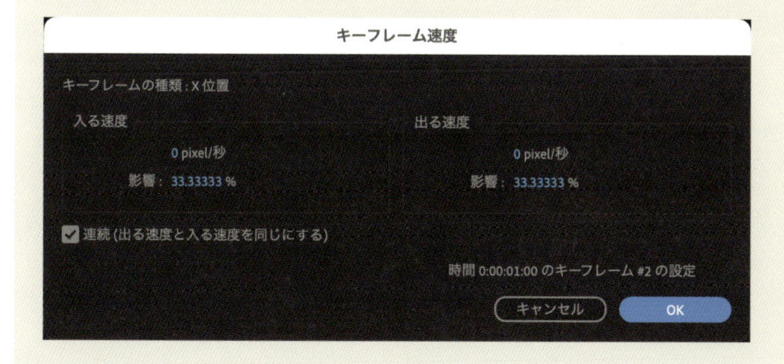

Section

02 イージーイーズ

イージーイーズは、動きに緩急をつけるキーフレームの種類の一つです。「ゆるやかにスタートし、中間まで加速、中間から減速し、ゆるやかにゴールする」といった動きを作り出せます。機械的な印象を緩和し、なめらかで自然な動きを表現しやすくなります。

文

この

イージーイーズに切り替える

キーフレームを選択した状態でF9キーを押すと、砂時計のような形をした「イージーイーズ」に切り替わります。デフォルトで追加されるのは、ひし形の「リニア」と呼ばれる一定の速度（等速）で動くキーフレームです。「リニア」「イージーイーズ」の他にもキーフレームにはいくつかの種類があります。表現したい動きに合わせて使い分けていきましょう。

「リニア」
等速の動き

「イージーイーズ」
加速・減速する動き

Section

03 プリコンポーズ

プリコンポーズは、選択したレイヤーから新しいコンポジションを作成し、入れ子構造にする機能です。新しく作成されたコンポジションは、「プリコンポジション」と呼びます。

文

この

プリコンポーズを実行する

タイムライン上でプリコンポーズしたいレイヤーを選択し、Ctrl〔Macでは⌘〕+Shift+Cでプリコンポーズのダイアログボックスが表示されます。[すべての属性を「(元のコンポジション名)」に残す][すべての属性を新規コンポジションに移動]のいずれかを選択して[OK]を押すと、プリコンポーズが実行されます。

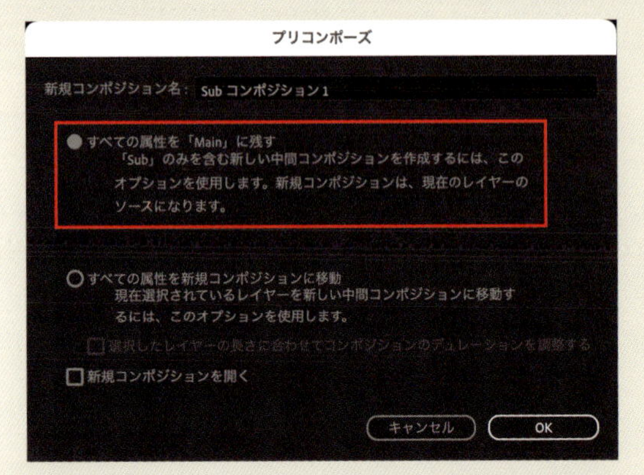

[すべての属性を「(元のコンポジション名)」に残す]

プリコンポーズするレイヤーのエフェクトやキーフレームを、元のコンポジションに残すオプションです。複数レイヤーを選択している時や、テキストレイヤー、シェイプレイヤーの時は選択することができません。

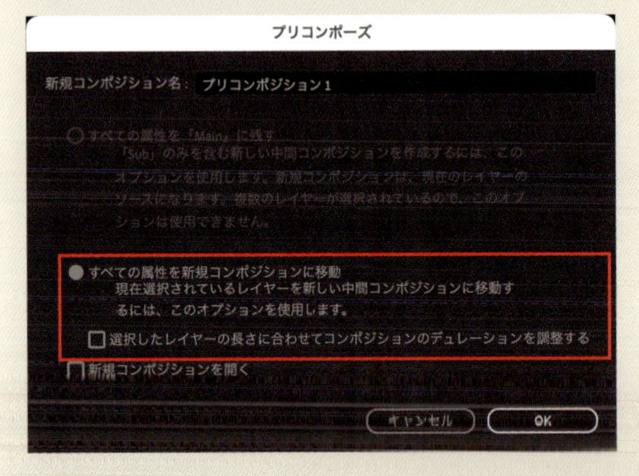

[すべての属性を新規コンポジションに移動]

エフェクトやキーフレームごと、新しく作成されるコンポジションに持っていくオプションです。本書では、基本的にこちらを多く使用しています。

プリコンポーズは、複数レイヤーを整理するグループ化としての機能だけでなく、コンポーネント（参照パーツ）として使いまわしたい時にも有効です。また、プリコンポジションは、予め合成された結果を読み込んでいる状態です。特に調整レイヤーや3Dレイヤーなどを使っている場合は、合成する順番が変わることで意図しない結果になる恐れがあるので注意しましょう。

Section

04 テキストレイヤー

テキストレイヤーは、テキストを入力して表示、アニメーションできるレイヤーです。連続ラスタライズされるため、「スケールやテキストサイズを大きくしても鮮明なエッジが維持される」という特徴があります。

文
ヌル 1

テキストの種類

横書き、縦書きの2種類があり、追加方法によって、「ポイントテキスト」と「段落テキスト」に分けられます。

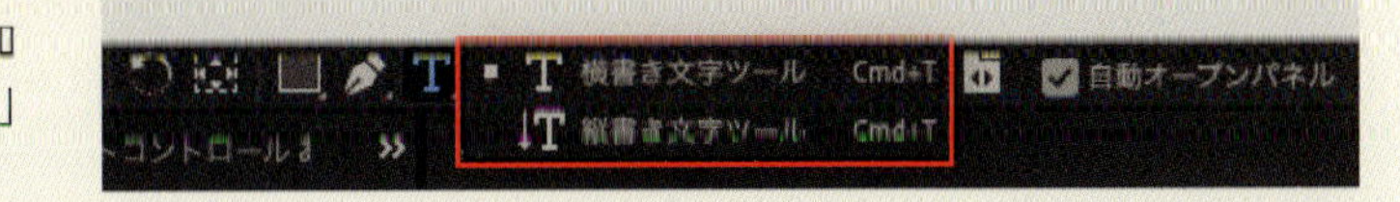

テキストの装飾

フォント、サイズなどの装飾は「文字」パネルで行い、段落の切り替えは「段落」パネルで行います。また、この2つのパネルの機能をプロパティパネルからまとめて操作することも可能です。

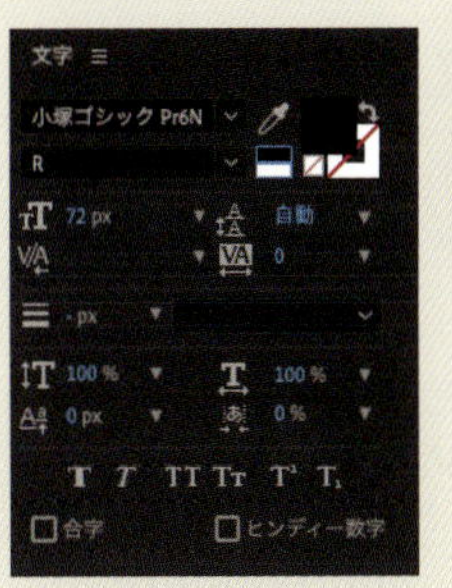
文字パネル

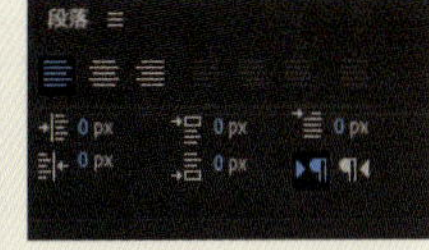
段落パネル

アニメーション用の機能

● パスのオプション

テキストレイヤーに追加したマスクの形状に沿わせて、テキストをアニメーションさせることができます。

● アニメーター

位置、回転、スケールなど、様々なプロパティにキーフレームを追加して、複雑なアニメーションを作ることができます。

また、「エフェクトプリセット」パネル内に標準搭載されている様々なプリセットを利用することもでき、オリジナルのテキストアニメーションを、プリセットとして登録しておくこともできます。

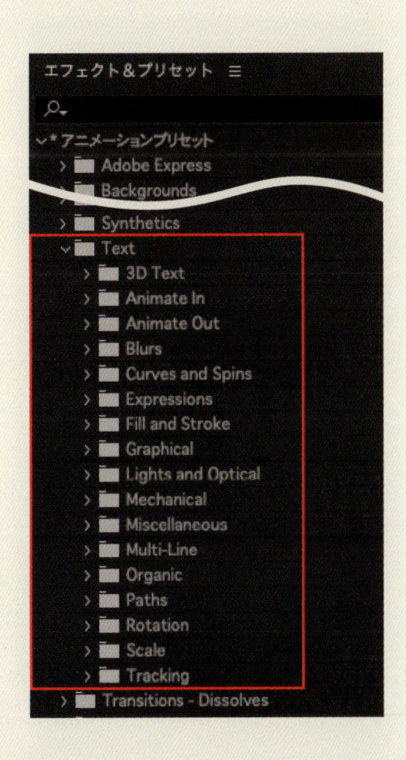

Section

05 シェイプレイヤー

シェイプレイヤーは、After Effectsでグラフィック要素を作成するためのツールです。ツールパネルにある、楕円形ツール、長方形ツール、ペンツールなどの図形を作成するツールを使うことで、簡単にグラフィックを作成することが可能です。

文
サプライズ栄作

シェイプレイヤーの特徴

シェイプレイヤーはベクター形式で作成されるため、「解像度に依存せず、拡大しても画質が劣化しない」という特徴を持ちます。
さらに、シェイプレイヤーには、[塗り]や[線]など、様々な属性が含まれており、これらを個別に編集することで、自由にデザインすることが可能です。

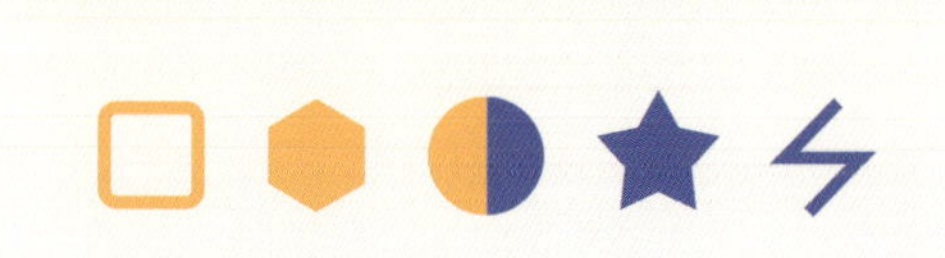

シェイプレイヤーの代表的な属性

シェイプレイヤーは、任意で新たな属性を追加することができます。アニメーションを作ったり、形状を変化させることに長けています。代表的な属性をいくつか紹介します。

●パスのトリミング

パスをアニメーションさせるための便利な機能です。開始点と終了点を指定して、パスの一部をトリミングすることで、線が描かれていく様子を表現するアニメーションによく使われます。

●リピーター

シェイプをコピーして増やすことができる機能です。コピーされたシェイプに対して、位置や回転、スケールといった動きを設定できます。これにより、複雑なパターンを作成したり、配置することが可能です。

●パスの結合

シェイプのパス同士を組み合わせ、別の形状を作りだすことができる機能です。結合方法を[結合][追加][型抜き][中マド]の4つから選択して形状を制御します。

本書でもシェイプレイヤーを扱った作例が登場しますので、使用例を見てご自身の作品に取り入れてください。

Section

06 ヌルオブジェクトと親子関係

ヌルオブジェクトは、他のレイヤーと同じプロパティを持ちながらも、レンダリング結果には表示されない非表示レイヤーです。親子関係は、親レイヤーを基準として子レイヤーをコントロールする機能です。

文

ヌル1

ヌルオブジェクト

親子関係の親として設定することで、複数レイヤーのアニメーションをまとめて制御します。

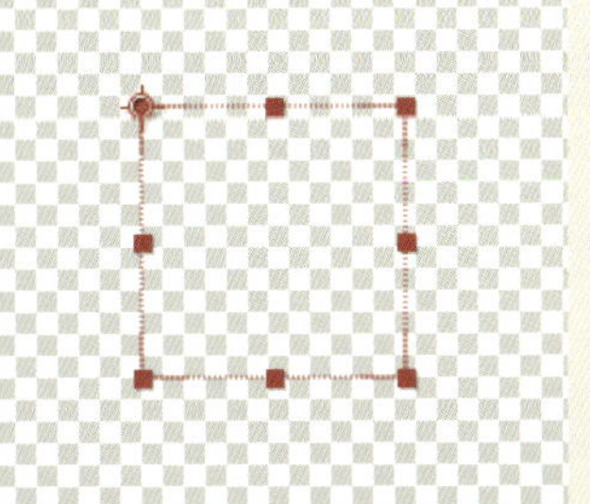

親子関係の設定方法

トランスフォームの中で、[アンカーポイント][位置][回転][スケール]の値が親レイヤーに連動します。[不透明度]は連動しません。タイムラインパネルの「親とリンク」列から設定することができ、設定方法は以下の2通りあります。

①子に設定したいレイヤーから親レイヤーへピックウィップをドラッグ

②「親とリンク」列のメニューから親にしたいレイヤーを選択

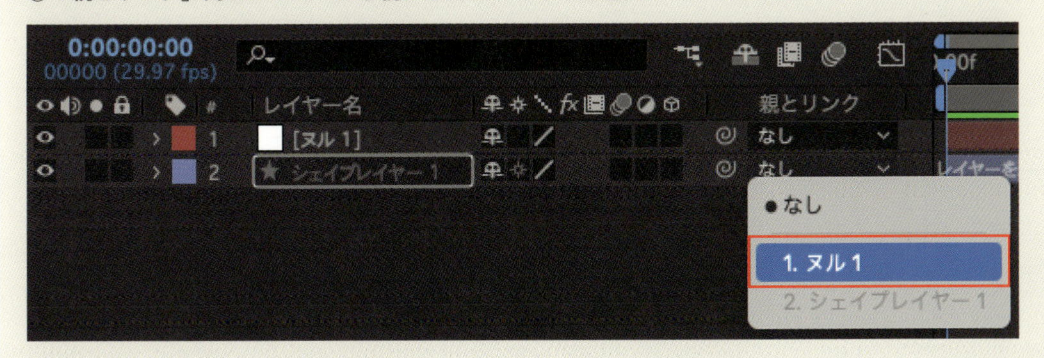

Section

07 トラックマット

トラックマットは、レイヤーの表示／非表示や不透明度を、他のレイヤーの情報を参照して制御する機能です。参照されるレイヤーのことを「マットレイヤー」と呼び、自由に指定することが可能です。

文
サプライズ栄作

トラックマット（Track Matte）

トラックマットは、2つのレイヤーを使います。レイヤー情報（アルファチャンネルまたはピクセルの輝度）を参照して表示領域を制御できます。これにより、特定の形状やパターンを使用して、レイヤーを表示したり隠したりすることができます。

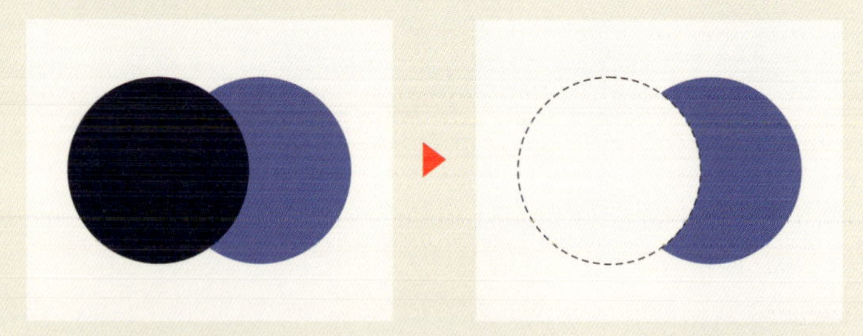

トラックマットを使用する場合は、「トラックマット」列のメニューから参照するレイヤーを選択します。

または、トラックマットのマットピックウィップを参照するレイヤーにドラッグすることでも使用可能です。

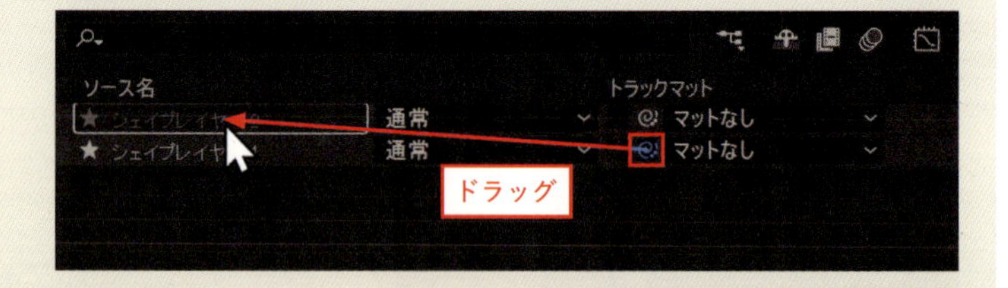

参照するレイヤーの情報は「アルファマット」と「ルミナンスマット（輝度）」の2つの種類があります。「トラックマット」の列のメニューの右側にあるスイッチで、現在参照する情報が「アルファマット」か「ルミナンスマット」なのかを確認することができます。トラックマットを適用した際の初期状態は「アルファマット」になっています。

スイッチをクリックすることで、「アルファマット」から「ルミナンスマット」へ切り替えることができます。

さらに右隣にあるスイッチをクリックすることで、マットの反転を行うことができます。

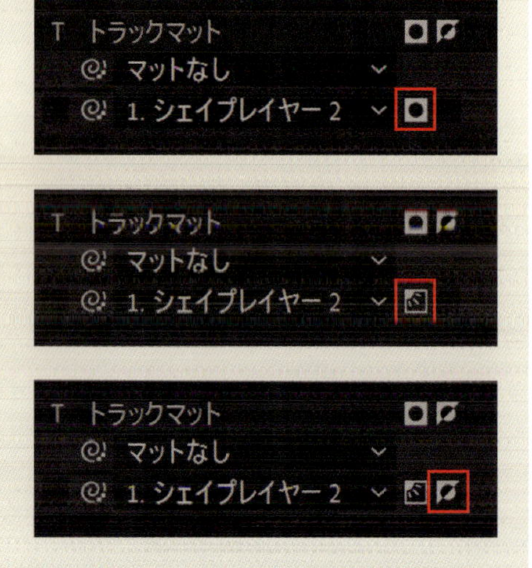

Section

08 エクスプレッション

エクスプレッションは、プログラムを用いて動作を制御するための機能です。動きをループさせたり、他のレイヤーやプロパティと連動したりなど、複雑なアニメーションを効率的に作成することができます。

文

サプライズ栄作

エクスプレッションを追加する

エクスプレッションは、各プロパティ名の左側にあるストップウォッチアイコンを、Alt〔Macでは option〕を押しながらクリックすることで追加できます。

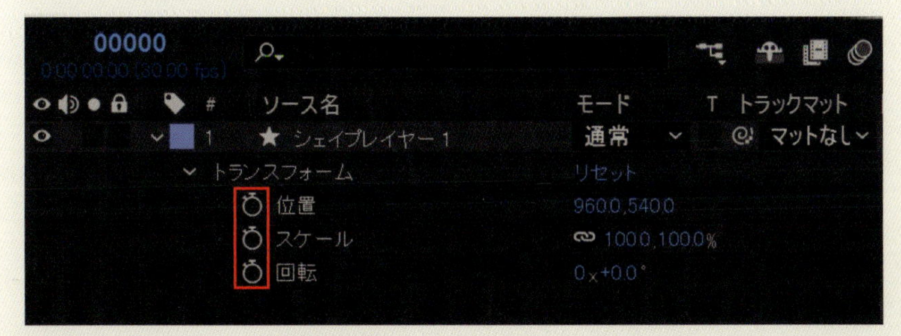

ストップウォッチアイコンを Alt〔option〕+クリック

エクスプレッションを記述する

エクスプレッションを追加することで、タイムライン上に「エクスプレッションフィールド」が表示されます。ここに文字を入力し、指示することでエクスプレッションが動作します。

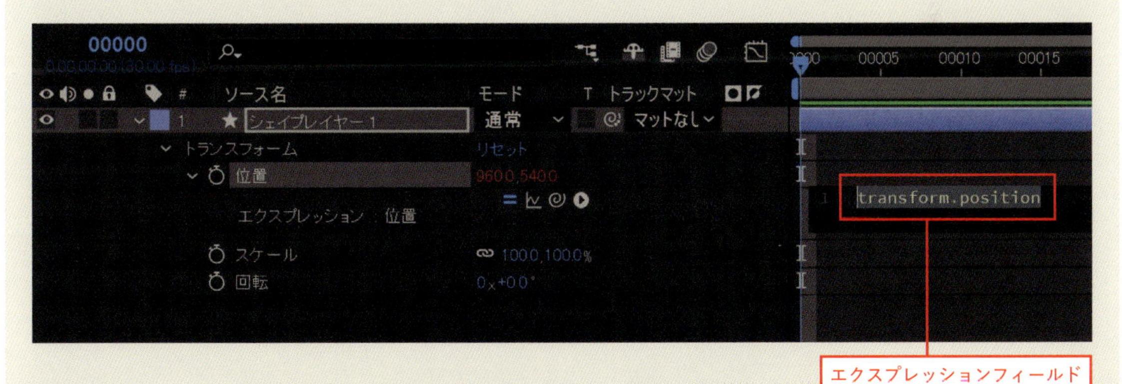

エクスプレッションを使うことで、手動での調整が難しい複雑な制御や、単純な繰り返し作業などを自動化することができるようになります。最初は難しく感じるかも知れませんが、まずは基本的なものから始めて慣れていくことをおすすめします。

Section 09

3Dレイヤーとカメラレイヤー

文
ナカドウガ

3Dレイヤー

After Effectsでは、2D表現だけではなく3D表現も可能です。
タイムラインパネルでレイヤーの「3Dレイヤースイッチ」をオンにすると3Dレイヤー化され、Z（奥行き）位置が追加されます。「位置」「回転」「スケール」の各プロパティに影響し、レイヤー同士の奥行き・重なり具合を表現できます。

カメラレイヤー

「カメラレイヤー」を追加することで、3D空間を疑似的に再現することができます。これにより実世界と同じように、被写体にズームしたり、回り込むようなカメラワークを再現できます。

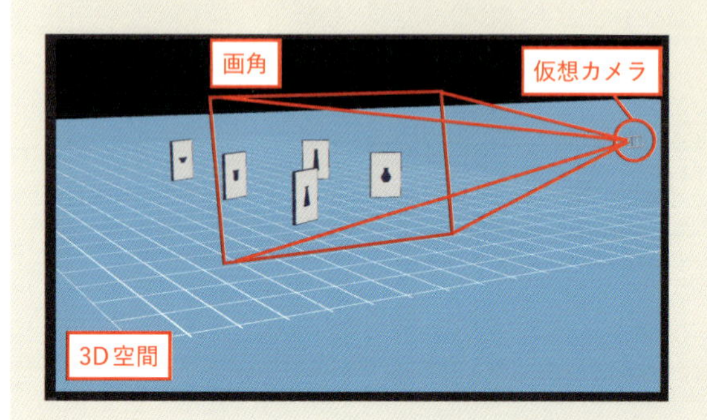

実際の見た目

カメラレイヤーには、「1ノードカメラ」と「2ノードカメラ」の2つのモードがあります。それぞれの違いは「目標点」と呼ばれる、カメラが注目するポイントが有るか無いかです。この特徴によって、制御方法に違いがあります。

・1ノードカメラ（目標点なし）

このモードではパンやズームなどの、シンプルなカメラワークや、特定のオブジェクトを常に捉える必要がないシーンで有効です。

・2ノードカメラ（目標点あり）

カメラの位置を変更すると、カメラは常に目標点を捉えるように回転します。あるオブジェクトを中心にして、回り込むカメラワークなどを表現するのに向いています。

著者プロフィール

この（北川好美）

モーションデザイナー／株式会社1コマ 代表。After Effectsと出会って20年。コマ撮り→3DCG→モーションデザインとさまざまな手法を渡りながら映像制作を続けている。現在は三重県を拠点にWebCMをはじめとする販促ツールを制作。また、2022年から映像制作の講師業も始め、「初学者目線の解説」に定評がある。

X @Cono_1coma

Web https://1coma.co.jp/

サプライズ栄作

ゲーム会社のデザイナーであり、個人事業主のモーションデザイナーとしても活動中。キャラクターや背景のモデル制作／ゲームエフェクト／映像制作全般（主に遊技機、ゲームPV）を担当。After EffectsのTipsやモーショングラフィックス作品を不定期で発信したり、イベント登壇を行う。

X @AMAIMASK914

ナカドウガ

映像エディター／テロップ漫談家／モーションデザイナー／アドビ・コミュニティ・エキスパート。約20年間在籍した制作会社時代には、ATP上方番組大賞やギャラクシー賞に選抜される作品に数多く参加。映像制作支援事業にも注力し、クリエイター向けの映像制作講師のほか、自身のSNS でも長年の制作実績から得た知識を広く発信。

X @douga_nakagawa

ヌル1

モーションデザイナー／エディターとして北海道を拠点に活動。制作会社時代に様々な映像作品の編集を経験し、モーショングラフィックスから複雑な合成まで、幅広くAfter Effectsの技術を習得。制作業務で培った知見を活かし映像制作の講師としても活動しており、後進の育成に力を注いでいる。

X @null1tips

Web https://green-ml.jp/

minmooba

mooba studio Inc.主宰。ビジュアルアーティスト。東京在住。英国留学後、制作会社、外資系企業を経て独立。イラストやデザインを活かしたやわらかい表現が得意。ストーリードリブンで「伝わる」映像制作を軸に、メディアや手法を問わず活動。講師業やセミナー登壇、執筆も精力的に行っている。

受賞・出演歴：映像作家100人選出、Adobe MAX登壇、Adobe Creative Cloud広告出演、株式会社リコー講師など。

X @minmooba

Instagram @moobastudio

Web https://moobastudio.com

制作スタッフ

［装丁・本文デザイン］齋藤州一（sososo graphics）
［編集・DTP 制作］氷室久美（株式会社ウイリング）

［編 集 長］後藤憲司
［担当編集］塩見治雄

After Effects モーションデザイン すぐに使える実用アイデア見本帳

2024 年 10 月 1 日　初版第 1 刷発行
2024 年 11 月 1 日　初版第 2 刷発行

著　　者　この、サプライズ栄作、ナカドウガ、ヌル1、minmooba
発 行 人　諸田泰明
発　　行　株式会社エムディエヌコーポレーション
　　　　　〒101-0051　東京都千代田区神田神保町一丁目 105 番地
　　　　　https://books.MdN.co.jp/
発　　売　株式会社インプレス
　　　　　〒101-0051　東京都千代田区神田神保町一丁目 105 番地
印刷・製本　中央精版印刷株式会社

Printed in Japan

落丁・乱丁本などのご返送先
〒101-0051　東京都千代田区神田神保町一丁目 105 番地
株式会社エムディエヌコーポレーション カスタマーセンター　TEL：03-4334-2915

書店・販売店のご注文受付
株式会社インプレス　受注センター　TEL：048-449-8040 ／ FAX：048-449-8041

●内容に関するお問い合わせ先
株式会社エムディエヌコーポレーション カスタマーセンター メール窓口
info@MdN.co.jp

ISBN978-4-295-20708-5　C3055